eXamen.press

eXamen.press ist eine Reihe, die Theorie und Praxis aus allen Bereichen der Informatik für die Hochschulausbildung vermittelt.

Thomas Huckle · Stefan Schneider

Numerische Methoden

Eine Einführung für Informatiker, Naturwissenschaftler, Ingenieure und Mathematiker

2. Auflage
Mit 103 Abbildungen und 9 Tabellen

Thomas Huckle
Technische Universität München
Institut für Informatik
Boltzmannstr. 3
85748 Garching
huckle@in.tum.de

Stefan Schneider
BMW Group
Max-Diamand-Str. 13
80937 München
stefan-alexander.schneider@bmw.de

Bibliografische Information der Deutschen Bibliothek
Die Deutsche Bibliothek verzeichnet diese Publikation in der Deutschen Nationalbibliografie; detaillierte bibliografische Daten sind im Internet über http://dnb.ddb.de abrufbar.

Die 1. Auflage erschien 2002 unter dem Titel „Numerik für Informatiker"

ISSN 1614-5216
ISBN-10 3-540-30316-2 Springer Berlin Heidelberg New York
ISBN-13 978-3-540-30316-9 Springer Berlin Heidelberg New York
ISBN 3-540-42387-7 1. Auflage Springer Berlin Heidelberg New York

Springer ist ein Unternehmen von Springer Science+Business Media
springer.de

Satz: Druckfertige Daten der Autoren
Herstellung: LE-TEX, Jelonek, Schmidt & Vöckler GbR, Leipzig
Umschlaggestaltung: KünkelLopka Werbeagentur, Heidelberg
Gedruckt auf säurefreiem Papier 33/3100 YL - 5 4 3 2 1 0

„*The purpose of computing is insight, not numbers.*“

R.W. Hamming

Vorwort

Das vorliegende Buch entstand aus dem Skript zur Vorlesung „Konkrete Mathematik – Numerische Programmierung“, die an der TU München für Informatikstudenten seit dem Wintersemester 1995 angeboten wird. Das Ziel dieser Veranstaltung, und somit auch des Buches, ist es, Informatikstudierende mit den wesentlichen Problemen und Lösungsmethoden der Numerischen Mathematik vertraut zu machen. Daher orientieren sich Stoffmenge, Niveau, Präsentation und Anwendungsbeispiele an dem entsprechenden Wissensstand und Interessengebiet.

Viel Wert wird auf aktuelle Anwendungsbeispiele aus dem Umfeld Computer Science gelegt, wie z.B. Bildverarbeitung, Computer-Graphik, Data Mining und Wettervorhersage. Historische Bemerkungen ergänzen die Darstellung.

Dieses Lehrbuch eignet sich auch für Studierende der Mathematik, sowie der Ingenieurs- und Naturwissenschaften, die einen modernen Zugang zum Einsatz numerischer Methoden suchen.

An der Fertigstellung dieses Buches waren viele Mitarbeiter beteiligt.

Im Einzelnen danken wir allen, die im Rahmen der Vorlesung „Konkrete Mathematik“ zum Erstellen von Übungs- und Programmieraufgaben beigetragen haben, so Herrn Dr. Michael Bader, Markus Pögl, Andreas Krahnke, Dr. Miriam Mehl, Dr. Florian Meier, Dr. Anton Frank, Dr. Christoph Kranz, Max Emans, Frank Günther und Dr. Jochen Staudacher.

Ganz besonderer Dank gebührt Frau Britta Liebscher, die sich aufopferungsvoll darum bemühte, das Skript mittels LaTeX in eine lesbare und ansprechende Form zu bringen und viele Graphiken beisteuerte. Herr Dr. Markus Kowarschik hat durch intensives Lesen von Korrekturen viel zu einer verständlicheren Darstellung beigetragen.

München,
Juni 2002

Thomas Huckle
Stefan-Alexander Schneider

Die zweite Auflage wurde inhaltlich erweitert sowohl um einige aktuelle Aspekte der Software-Entwicklung als auch neue Beispiele, wie die numerische Modellierung von *Tsunamis*, *Audio-Verarbeitung* und das Abspielformat *mp3*, die Mathematik der Suchmaschine *Google* und der Begriff des *Pagerank*, *Bildkomprimierung* und *digitaler Autofokus*.

Der Anhang wurde ergänzt um ein neues Kapitel mit Hinweisen zu Übungsaufgaben, Softwarequellen und Literaturangaben. Das Kapitel „Rechnerarithmetik und Rundungsfehler“ erläutert nun zusätzlich grundlegende technische Begriffe des Rechnens mit dem Computer.

Auf den Webseiten `www5.in.tum.de/lehre/vorlesungen/konkr_math/` zur Vorlesung „Konkrete Mathematik - Numerisches Programmieren“ finden sich inzwischen vielfältige Hinweise und Hilfestellungen zu vielen Übungsaufgaben dieses Buches.

Durch die Titeländerung soll deutlich gemacht werden, dass wegen der verständlichen Darstellung und der Einbeziehung vieler Anwendungsbeispiele dieses Lehrbuch nicht nur für Informatikstudierende sondern auch für andere Studiengänge als Einstieg in die Numerische Mathematik geeignet ist.

Die zweite Auflage ist der Verdienst vieler Mitarbeiter. Ganz besonderer Dank gebührt hier Antje Roser-Huckle für intensives Korrekturlesen. Dadurch wurde die Lesbarkeit und Verständlichkeit wesentlich verbessert.

München,
Dezember 2005

Thomas Huckle
Stefan-Alexander Schneider

Inhaltsverzeichnis

Teil III Lineare Gleichungssyteme

Teil IV Interpolation und Integration

Teil VI Iterative Verfahren

Teil VII Numerische Behandlung von Differentialgleichungen

Teil VIII Anhang

Teil VII Anhang

Teil I

Motivation und Einordnung

1 Die Entwicklung des Rechnens

„Das Einmaleins ist mir bis auf diese Stunde nicht geläufig.“

Franz Grillparzer

Die Geschichte der Menschheit ist untrennbar verbunden mit der Verwendung von Zahlen. Während Naturvölkern zum Rechnen die beiden Hände genügten, so ist die moderne Wissenschaft und Technik auf komplizierte Rechenverfahren angewiesen. Dabei haben sich Zahldarstellung, Rechenverfahren, Rechenmaschinen und technische Entwicklung, sowie der sich daraus ergebende gesellschaftliche Nutzen gegenseitig beeinflusst und vorangetrieben.

Bereits zu Beginn des 2. Jahrtausends v. Chr. kannten die babylonischen Mathematiker eine Zahlenschrift, die nur einen senkrechten Nagel für eine Eins und einen offenen Winkel für die 10 benutzte. Ein Nagel konnte dabei – je nach seinem Abstand zu den anderen Winkeln oder Nägeln – eine 1 oder eine 60 bedeuten. $3661 = 60 \cdot 60 + 60 + 1$ wurde so also durch drei Nägel mit Abstand angezeigt, während die drei Nägel ohne Abstand einfach für 3 standen. Das Problem der eindeutigen Darstellung der Zahl 3601 wurde fast 2000 Jahre später gelöst, indem man als Platzhalter für eine fehlende Stelle zwei schräg hochgestellte oder liegende Nägel einführte; daher wurde also $3601 = 60 \cdot 60 + 0 \cdot 60 + 1$ dargestellt durch zwei Nägel, getrennt durch die beiden hochgestellten Nägel.

Im dritten Jahrhundert v. Chr. wurde in Nordindien ein Zehnersystem entwickelt, das für die Ziffern 1 bis 9 graphische Zeichen benutzte, und dabei für diese Ziffern in verschiedenen Zehnerpotenzen auch verschiedene Zeichen zur Verfügung hatte, also z.B. für 9, 90, 900, usw. jeweils ein eigenes Zeichen. Im 5. Jahrhundert n. Chr. fanden indische Mathematiker heraus, dass ihr Zahlensystem sich stark vereinfachen ließ, wenn man auf diese Unterscheidung der Potenzen verzichtete und stattdessen durch eine eigene neue Ziffer, die Null, die Auslassung einer Zehnerpotenz anzeigte. Das indische Wissen wurde durch Araber wie Mohammed Ibn Musa al-Charismi[1] nach Europa weiter vermittelt. Anfang des 13. Jahrhunderts verbreitete vor allem der Mathematiker Leonardo Fibonacci aus Pisa die Kenntnis der arabischen

[1] Von seinem Namen leitet sich der Begriff Algorithmus ab

Ziffern in seinem *„liber abaci"*. Aus dem arabischen Wort *as-sifr* (die Leere) kreierte er den lateinischen Namen zefirum, aus dem sich sowohl das Wort Ziffer, als auch das englische *„zero"* ableitet. Mit den indisch-arabischen Zeichen konnte sich so das schriftliche Rechnen langsam durchsetzen und die römischen Ziffern verdrängen. Aber selbst Adam Ries (1492 bis 1559) beschrieb in seinen Rechenbüchern neben dem schriftlichen Rechnen mit den arabischen Ziffern hauptsächlich noch das Rechnen mit Abakus, Linien und Steinen, das nur wenige, meist Verwaltungsbeamte, Kaufleute und Gelehrte beherrschten. So war wegen der Notwendigkeit des Umgangs mit immer größeren Zahlen durch die Einführung der Null die Grundlage gelegt worden, auf der sich später einfachere Rechenverfahren durchsetzen und in der Bevölkerung verbreiten konnten.

Michael Stifel führte bereits kurze Zeit später die negativen Zahlen ein und prägte den Begriff Exponent. Lord John Napier (1550-1617) entdeckte den natürlichen Logarithmus und konnte auf Rechenstäbchen (den *Napier-Bones*) eine logarithmische Skala herstellen, die das Multiplizieren von Zahlen auf einfache Weise auf die Addition zurückführte[2]. Diese Napier Bones wurden 1650 von Edmund Gunter und William Oughtred zum ersten funktionsfähigen Rechenschieber verbessert und später von Isaac Newton und John Warner weiterentwickelt.

Die neue Zahldarstellung mit der Null ermöglichte auch das Automatiseren von Rechenschritten. So baute bereits 1623 Wilhelm Schickard in Tübingen die erste *„Rechenuhr"*, und daraufhin stellte 1642 Blaise Pascal das erste mechanische Rechenwerk für Addition und Subtraktion mit durchlaufendem Zehnerübertrag vor. Im Jahre 1671 entwickelte Gottfried Wilhelm Leibniz eine Rechenmaschine, die bereits alle vier Grundrechenarten beherrschte. Kurz darauf beschrieb er das binäre Zahlensystem, ohne das die heutige elektronische Datenverarbeitung nicht vorstellbar wäre. Im 19. Jahrhundert entwarf Charles Babbage eine Maschine, die sogar Logarithmen berechnen konnte. Außerdem plante er seine *„Differenzmaschine Nr. 2"*, die getrennte Baugruppen für Speicher und Rechenwerk und sogar ein Druckwerk vorsah. Diese Maschine sollte mittels Lochkarten gesteuert werden, die von Joseph-Marie Jacquard 1805 zur Steuerung von Webstühlen erfunden worden waren.

In der Zeit von 1848 bis 1850 entwickelte George Boole die „Boole'sche Algebra", die Grundlage der heutigen binären Rechenschaltungen. Die technische Entwicklung wurde vorangetrieben 1890 durch die Lochkartenmaschine von Herman Hollerith, die zur Volkszählung in den USA entwickelt wurde. In den dazugehörigen Lesegeräten steckten kleine Metallstäbe, die an den Stellen, wo die Karte gelocht war, einen Kontakt zuließen, so dass elektrischer Strom fließen konnte. Die Auswertung der Daten dauerte mit dieser Technik statt mehrerer Monate nur einige Wochen.

---

[2] Für positive Zahlen x und y können wir das Produkt $x \cdot y = \exp(\log(x)) \cdot \exp(\log(y)) = \exp(\log(x) + \log(y))$ auf die Addition $\log(x) + \log(y)$ zurückführen.

Der Höhepunkt der mechanischen Rechenmaschinen war wohl mit dem ersten Taschenrechner, der Curta, erreicht. Im Konzentrationslager Buchenwald vollendete der jüdische Häftling Curt Herzstark die Pläne für seinen „*Lilliput*“-Rechner, der von der SS als Siegesgeschenk an den Führer vorgesehen war. Wieder in Freiheit wurde Herzstark in Liechtenstein Technischer Direktor der Cortina AG zur Herstellung und Vertrieb der Curta, einer verbesserten Form des Lilliput.

Zur gleichen Zeit setzte die Entwicklung der elektronischen Rechner ein. Konrad Zuse entwickelte 1941 mit der Zuse Z3 den ersten Relaisrechner. Dabei verwendete er als Kompromiss zwischen der Festkomma-Zahldarstellung, mit der problemlos addiert werden kann, und einer logarithmischen Darstellung, die das Multiplizieren vereinfacht, die heute übliche Gleitpunktdarstellung. 1946 stellte John von Neumann die Fundamentalprinzipien eines frei programmierbaren Rechners auf (Prozessor, Speicher, Programm und Daten im Prozessor). Der ENIAC[3] war im gleichen Jahr der erste Rechner, der Röhren verwendete. Die Telefunken TR 4 war der erste Computer auf der Basis von Transistor-Bausteinen. 1958 entstand der erste Chip, und 1967 eroberte der erste Taschenrechner den Markt. Neun Jahre später wurde der erste Home-Computer Apple geboren, und 1981 begann der Siegeszug des PC[4]. Inzwischen dokumentieren Schlagworte wie VLSI-Design, RISC-Architektur, Pipelining, Vektor- und Parallelrechner die rasante Entwicklung.

Mit dem frei programmierbaren Computer entfiel die Beschränkung auf wenige, einfache Grundrechenarten, wie sie noch mechanische Rechner prägte. Ein Computer kann eine riesige Zahl unterschiedlichste Kombinationen von Rechnungen in kürzester Zeit ausführen. Damit kommt der Software, also den Programmen, die diese Computer mit Anweisungen versorgen, eine immer größere Bedeutung zu. Es werden auch immer komplexere Algorithmen möglich, so dass ein Betriebssystem wie Windows 95 z.B. aus ca. 10 Millionen Zeilen Code besteht.

Für Aufgabenstellungen, die die Leistungsfähigkeit von PC's weit übersteigen, werden heutzutage auch Supercomputer entwickelt, um immer größere und kompliziertere Fragestellungen in den Griff zu bekommen. Die Erstellung einer verlässlichen Wettervorhersage, aber auch Schach-Computer oder die Berechnung von immer mehr Stellen der Kreiszahl π sind Herausforderungen, die sowohl die Entwicklung der Hardware als auch der Software vorantreiben. Getragen wird diese Entwicklung von der Erwartung, dass der Fortschritt in der Computerisierung auch der Menschheit dient.

---

[3] *Electronic Numerical Integrator and Calculator*

[4] Computer kommt von lateinisch „*computare*“. Damit bezeichneten die Römer das Zusammenzählen von Kerben, die man in Holz schnitzte (*putare* = schneiden) um einfache Rechnungen durchzuführen. In Zusammenhang mit Rechenmaschinen wurde das Wort compute zum ersten Mal von John Fuller zur Verwendung eines Rechenschiebers 1850 gebraucht

Die Zukunft wird voraussichtlich stark geprägt von der weiteren Entwicklung des Computers. So könnte sich in kommenden Jahren der DNS-Computer durchsetzen, der mittels biologischer Prozesse Rechenaufgaben löst. Einen alternativen Ansatz stellt der Quantencomputer dar, der auf der Basis von Energiezuständen von Atomen rechnet, und dadurch unvorstellbar viele Operationen parallel durchführen kann. Ausgangspunkt aber wird stets das menschliche Gehirn bleiben, das sich als Rechner immer schnellere Supercomputer ausdenkt und realisiert. Auch auf diesen zukünftigen Rechenanlagen wird Numerische Mathematik betrieben werden.

2 Numerische Mathematik, Reine Mathematik und Informatik

„Wissenschaftliche Forschung läuft immer darauf hinaus, dass es plötzlich mehrere Probleme gibt, wo es früher ein einziges gegeben hat.“

Norman Mailer

2.1 Informatik als die Wissenschaft vom Computer

Versteht man die Informatik – wie im englischen Sprachgebrauch – als die „Wissenschaft vom Computer“ *(Computer Science)*, so ist durch diese Definition die Numerische Mathematik in natürlicher Weise darin eingeschlossen. Jeder, der mit dem Computer arbeitet, kommt daher auch direkt oder indirekt mit Grundverfahren der Numerik in Berührung. Dies gilt insbesondere für die Bereiche Zahldarstellung und -arithmetik, Bildverarbeitung, Computergraphik und Parallelrechner, die in beiden Fachgebieten behandelt werden. Andere Verfahren wie die Gauß-Elimination oder das Newton-Verfahren sind von so grundsätzlicher Bedeutung, dass sie jedem natur- oder ingenieurswissenschaftlich Tätigen geläufig sein sollten.

2.2 Informatik und Numerik im Wissenschaftlichen Rechnen

Ein großer Bereich, in dem Numeriker und Informatiker tätig sind, ist der Bereich des Wissenschaftlichen Rechnens. Hier geht es darum, ein Anwendungsproblem fachübergreifend in Zusammenarbeit verschiedener Wissenschaften zu lösen. An der Wettervorhersage arbeiten z.B. Meteorologen, die gewisse Modelle und Zusammenhänge entwickeln, die das natürliche Wettergeschehen möglichst gut darstellen. In Zusammenarbeit mit Mathematikern werden diese Vorgänge dann durch physikalische Gesetze näherungsweise als mathematische Gleichungen geschrieben. Die Numerische Mathematik ist dafür zuständig, für diese komplizierten mathematischen Gleichungen Lösungsverfahren zu entwickeln, die dann in Zusammenarbeit mit Informatikern implementiert werden. Dazu ist es notwendig, dass die beteiligten Wissenschaftler über eine „gemeinsame Sprache" verfügen und daher in den beteiligten Fächern „mitreden" können.

Auf jeder dieser Abstraktionsstufen von der Natur bis zur Implementierung können Fehler und Unzulänglichkeiten auftreten. So kann das mathematische Modell zu grob sein, der numerische Algorithmus falsche Ergebnisse liefern, oder die Implementierung ineffizient sein. In einem solchen Fall muss jeweils das beteiligte Verfahren ausgetauscht oder verbessert werden.

Der Informatiker ist in diesem Prozess für die Effizienz der Implementierung verantwortlich; Stichworte sind hier Rechenzeit, Speicherverwaltung, Berücksichtigung von Cache-Effekten, Einsatz von Parallelrechnern. Daneben beschäftigt sich die Informatik aber auch mit Fragen der Entwicklung und dem Einsatz geeigneter Rechnerarchitekturen, Compiler, Programmiertechniken und Visualisierungstools.

Der Numeriker beschäftigt sich u.a. mit der Entwicklung effizienter, schneller Algorithmen und Methoden, die das mathematische – zumeist kontinuierliche – Problem möglichst gut diskret approximieren. Besondere Aufmerksamkeit muss dabei auf Rechengenauigkeit und Rundungsfehlerentwicklung gelegt werden.

Im Wissenschaftlichen Rechnen treten auf jeder Ebene Fehler auf:

- Die Natur lässt sich offensichtlich nicht vollständig durch mathematische Gleichungen beschreiben; einige Effekte wie Reibung werden oft vernachlässigt oder die Größe des betrachteten Gebietes wird reduziert, um überhaupt bei der derzeitigen Rechnerkapazität und -geschwindigkeit eine Lösung in vernünftiger Zeit zu erhalten.
- Die kontinuierlichen Gleichungen werden diskretisiert, um z.B. Gleichungssysteme zu erhalten, die auf dem Rechner gelöst werden können. Hierbei tritt ein sogenannter Diskretisierungsfehler auf. Durch ungeschickte Wahl des Modells kann es passieren, dass das diskretisierte Modell zu Ergebnissen führt, die mit dem Ausgangsproblem nicht mehr übereinstimmen, die die Wirklichkeit also schlecht oder gar nicht beschreiben.
- Bei der numerischen Lösung des diskretisierten Problems können sich durch Rundungsfehler während der Berechnung so viele zusätzliche Fehler ansammeln, dass die berechneten Werte weit entfernt von der gesuchten Lösung des diskretisierten Problems sind.

Um in diesem Prozess der Modellierung auf jeder Stufe brauchbare Ergebnisse zu erhalten, werden also Wissenschaftler benötigt, die auch in der Numerischen Mathematik über Vorkenntnisse verfügen (genauso wie Mathematiker, Numeriker und Naturwissenschaftler, die zusätzlich auf dem Gebiet der Informatik ausgebildet sind).

2.3 Numerische Methoden in der Informatik

Auch in eigentlichen Kernbereichen der Informatik treten Probleme auf, die sich nur mit Mitteln der Numerik behandeln lassen. Als wichtigste Gebiete wären hier zu nennen:

- Implementierung mathematischer Funktionen
- Computergraphik (Darstellung von Objekten)
- Bildverarbeitung (Kompression, Analyse, Bearbeiten)
- Neuronale Netze (Lernverfahren)
- Information Retrieval (Vektorraummodell)
- Chip Design (Algebraische Differentialgleichungen)
- stochastische Automaten und Markov-Ketten (Prozessverwaltung, Warteschlangen)

Wir werden in den jeweiligen Kapiteln für die Informatik besonders relevante Anwendungsbeispiele aus den oben genannten Bereichen präsentieren.

3 Benötigtes Grundwissen aus Informatik und Mathematik

„Der Anfang ist die Hälfte des Ganzen."

Aristoteles

3.1 Informatik

In einführenden Informatik-Vorlesungen wird üblicherweise die Zahldarstellung im Rechner behandelt. Entscheidend für uns ist dabei die Tatsache, dass ein endlicher Speicher selbstverständlich auch nur eine beschränkte Anzahl von Stellen einer potentiell unendlich langen Zahl aufnehmen kann. Die Anzahl der auf dem Computer darstellbaren Zahlen ist somit beschränkt. Damit unmittelbar verbunden sind Rundungsfehler, die beim Darstellen bzw. beim Rechnen mit beliebigen Zahlen unausweichlich auftreten werden.

Bei der Programmierung orientiert sich die Informatik an funktionalen, objekt-orientierten, maschinennahen und imperativen Sprachen. In der Numerik werden hauptsächlich einfache imperative Sprachen wie FORTRAN oder C verwendet, inzwischen aber auch verstärkt objekt-orientierte Sprachen (C++, JAVA). Die wesentlichen Befehle sind dabei `FOR`- und `WHILE`-Schleifen sowie die `IF`-Anweisung in Verbindung mit mehrdimensionalen Feldern (Arrays, Vektoren, Matrizen). Auch komplexe Zahlen können als Datentyp auftreten. In einzelnen Fällen spielen auch Rekursionen in Verbindung mit *divide-and-conquer*-Strategien eine wichtige Rolle.

Weitere Teilgebiete der Informatik mit direktem Bezug zur Numerik sind die Komplexitätstheorie und die Beschäftigung mit effizienten Algorithmen. Relevante Fragestellungen sind hier z.B. die Bestimmung der Zeit- und Speicherkomplexität wichtiger numerischer Verfahren.

3.2 Einordnung in die Mathematik

Die sogenannte „Reine Mathematik" liefert i.Allg. Aussagen über die Existenz und Eindeutigkeit von Lösungen, aber nicht unbedingt die Lösung selbst.

So kann es aus Sicht der Existenz- und Eindeutigkeitstheorie vollkommen genügen, eine Lösung in der Form

$$a = \int_0^\infty e^{-t^2} \mathrm{d}t, \qquad x = A^{-1}b \in \mathbb{R}^n \qquad \text{oder} \qquad y \text{ mit } f(y) = 0,$$

anzugeben, während der Anwender natürlich die Lösungszahlen a und y bzw. den Lösungsvektor x in expliziter Form benötigt. Auf dieser Basis lassen sich aber nur unbefriedigend quantitative Aussagen gewinnen. Daher wird es im Folgenden unsere Aufgabe sein, diese in expliziter Form anzugeben, und zwar möglichst exakt und möglichst effizient. In Computeralgebrasystemen wie MAPLE oder MATHEMATICA wird dieser Unterschied sehr deutlich: Bis zu einem gewissen Punkt ist es möglich, Ergebnisse formal implizit zu beschreiben; dann muss aber oft doch zu numerischen Rechnungen übergegangen werden, um quantitative Resultate zu erhalten.

Numerik lässt sich somit vereinfachend als die Wissenschaft umschreiben, die versucht, die mathematischen Probleme, die im Zusammenhang mit quantitativen Aussagen auftreten, möglichst effizient und exakt zu lösen.

Voraussetzung zum Verständnis dieses Buches sind nur elementare Vorkenntnisse aus der Mathematik, die normalerweise Stoff einführender Mathematik-Vorlesungen für Informatiker und Naturwissenschaftler sind. Hilfsmittel, die darüber hinaus gehen, sind im Anhang kurz und verständlich zusammengefasst. Dies sind im Wesentlichen:

- Ableitungen und Integrale,
- Taylor-Reihe und Mittelwertsatz,
- Matrizen und Normen,
- komplexe Zahlen.

3.3 Beziehung zu anderen natur- und ingenieurwissenschaftlichen Fachgebieten

Naturwissenschaftler und Ingenieure verfügen in der Regel über gute mathematische Vorkenntnisse, so dass die Lektüre des Buches auch für diesen Personenkreis ohne Schwierigkeiten möglich sein sollte. Viele der beschriebenen Anwendungsbeispiele sind außerdem eng verknüpft mit naturwissenschaftlichen oder technischen Fragestellungen, so dass sich das vorliegende Werk auch gerade für Studierende eignet, die nicht Mathematik oder Informatik studieren.

Teil II

Rechnerarithmetik und Rundungsfehler

4 Rundungs- und Rechenfehler

„Was immer ein endliches Wesen begreift, ist endlich."

Thomas von Aquin

Die Leistung von integrierten Schaltkreisen, gemessen in ausgeführten Transistorfunktionen, verdoppelt sich seit ca. 1962 im Durchschnitt alle 18 Monate, siehe [13] und Abb. 4.1 links. Der Herstellungspreis pro Transistor fällt entsprechend rasant, siehe Abb. 4.1 rechts: Ein Transistor kostet zur Zeit ungefähr soviel wie das Drucken eines einzelnen Buchstabens in einer Zeitung. Gordon E. Moore, ein Gründer der Firma Intel, erkannte in der damals noch jungen Halbleitertechnologie diese Gesetzmäßigkeit, siehe [84], die als *Moores Gesetzmäßigkeit* bekannt wurde. Daran gekoppelt steigt die Anzahl der vier arithmetischen Grundoperationen $+$, $-$, $\cdot$ und $\div$, die ein Rechner pro Sekunde durchführen kann, und liegt im Vergleich zum Kopfrechnen um Größenordnungen höher, siehe die Aufgaben 25 und 26. Wir kommen nochmals in der Anmerkung 11 auf den technischen Zusammenhang zwischen Transistoren und arithmetischen Grundoperationen zurück. Ein Ende dieser Leistungssteigerung ist nicht abzusehen. Zwar sind die Grenzen der Silizium-Technik bald erreicht, wie vorher auch schon die Grenzen der Relais-, Elektronenröhren- oder Transistortechnik, doch kann man davon ausgehen, dass Computer auch in der Zukunft immer weiter verkleinert werden.

Im Vergleich zur Anwendung eines Taschenrechners oder dem Kopfrechnen werden mit dem Computer die vier Grundoperationen sogar noch mit unüberbietbarer Zuverlässigkeit ausgeführt. Arithmetische Berechnungen lassen sich effizient und verlässlich durchführen und finden immer mehr relevante Anwendung in der Praxis, z.B. in der

- Telekommunikationstechnik für Mobiltelefone,
- Verkehrstechnik für Eisenbahnsignalanlagen, Antiblockiersysteme, Aufzüge, Fahrtreppen und Verkehrsampeln,
- Medizintechnik für Infusionspumpen und Beatmungsgeräte,
- Be- und Verarbeitungstechnik für Pressen, Industrieroboter und Werkzeugmaschinen sowie
- Energie- und Verfahrenstechnik für Reaktorschutz, Chemieanlagen, Brennersteuerung und Flammüberwachung

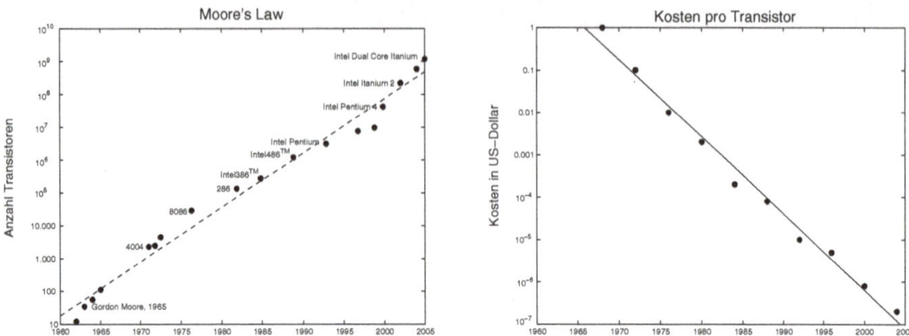

Abb. 4.1. Die Leistungssteigerung der jeweils aktuellsten Rechner seit 1962 ist links dargestellt: Die Anzahl der Transistorfunktionen ist halblogarithmisch gegen die Jahreszahl aufgetragen. Die Abbildung rechts zeigt die Herstellungskosten eines einzelnen Transistors seit 1968: Der Preis der Transistoren ist in US-Dollar halblogarithmisch gegen die Jahreszahl aufgetragen.

und sind so unbemerkt als sogenannte *reaktive Systeme*[1], wie z.B. ein Kraftfahrzeug in Abb. 4.2, ein Teil des täglichen Lebens

Abb. 4.2. Ein Autombil als Beispiel für ein reaktives System (Grafik: Mit freundlicher Genehmigung der BMW AG).

[1] Ein *reaktives System* bezeichnet allgemein ein ereignisgesteuertes System, in dem die Ausführungsreihenfolge der Berechnungsmethoden wesentlich durch externe Ereignisse und Daten aus der Umgebung bestimmt ist. Ein reaktives System beobachtet ständig seine Umgebung und ist daher auch ein Echtzeitsystem.

geworden. Die Rechner in diesen reaktiven Systemen werden häufig nicht sachgemäß eingesetzt und die daraus resultierenden Probleme mit dem rechnergestützten Lösen insbesondere mathematischer Aufgabenstellungen übersehen, nämlich

1. eine Zahl kann nur mit endlicher Genauigkeit in einem Rechner gespeichert und verarbeitet werden,
2. in einem Speicher kann nur eine endliche Anzahl von Zahlen aufgenommen werden sowie
3. jeder Rechner kann die vier arithmetischen Grundoperationen $+$, $-$, $\cdot$ und $\div$ nur näherungsweise korrekt durchführen.

Der Umgang mit diesen Ungenauigkeiten ist ein wesentlicher Gegenstand der numerischen Mathematik und ist auf ein gemeinsames Grundproblem zurückzuführen:
Jeder Rechner verfügt nur über einen begrenzten, endlichen Speicherplatz, während die zu lösenden Aufgabenstellungen meist mit Hilfe umfassenderer Mengen, wie etwa der Menge der reellen Zahlen $\mathbb{R}$ formuliert werden. Wir stecken somit in dem Dilemma, die unendliche Menge $\mathbb{R}$, deren Zahlen auch aus unendlich vielen Ziffern bestehen, approximieren zu müssen mit einer endlichen, noch zu wählenden Menge $\mathbb{M}$ der in einem Rechner repräsentierbaren Zahlen. Wir geben dieser Menge $\mathbb{M}$ einen Arbeitstitel in der

Definition 1 (Maschinenzahlen). *Die **endliche** Menge* $\mathbb{M} \subset \mathbb{R}$ *der in einem Rechner darstellbaren Zahlen heißt* Menge der Maschinenzahlen.

Wir analysieren die Eigenschaften der endlichen Menge $\mathbb{M}$ ohne zunächst auf eine konkrete Konstruktion der Menge $\mathbb{M}$ einzugehen. Die vom Rechnen mit den reellen Zahlen $\mathbb{R}$ gewohnten Eigenschaften, wie z.B. Assoziativität, Kommutativität oder Monotonie der Rundung, sind z.T. prinzipiell nicht mit einer endlichen Menge $\mathbb{M}$ vereinbar oder sind nur für konkret angegebene Mengen $\mathbb{M}$ nachweisbar, siehe [74]. Beispiele für Mengen $\mathbb{M}$ von Maschinenzahlen werden wir in Abschnitt 5 kennen lernen.

Wir interessieren uns zunächst allgemein für die Auswirkungen der Endlichkeit der Menge $\mathbb{M}$ auf das Rechnen mit einem Computer. Die daraus resultierenden Folgerungen untersuchen wir in den anschließenden Kapiteln.

Das zentrale Problem basiert unmittelbar auf der Endlichkeit der Menge $\mathbb{M}$: Denn sei $m > 1$ die größte positive Maschinenzahl der Menge $\mathbb{M}$, so sind z.B. die beiden Zahlen $m + m > m$ und $m \cdot m > m > 1$ nicht mehr in der Menge $\mathbb{M}$ enthalten. Weniger offensichtlich entsteht dieses Problem auch bei der Berechnung des arithmetischen Mittelwerts $(m + n)/2$ zweier Maschinenzahlen $m, n \in \mathbb{M}$, die in der Menge $\mathbb{M}$ direkt aufeinander folgen. Denn wenn keine Zahl $r \in \mathbb{R}$ mit $m \leq r \leq n$ in der Menge $\mathbb{M}$ enthalten ist, kann folglich auch das arithmetische Mittel nicht dargestellt werden. Wir verdeutlichen dies im

Beispiel 1. Wir wählen die Menge $\mathbb{M} = \{0, \ldots, 10\}$. Das sind gerade alle ganzen Zahlen, die wir mit den Fingern beider Hände darstellen können. Die

Zahlen $10+10 = 20$, $10{\cdot}10 = 100$ oder das arithmetische Mittel $(5+6)/2 = 5.5$ der aufeinander folgenden Zahlen 5 und 6 sind in $\mathbb{M}$ nicht repräsentierbar, wie Sie sich eigenhändig überzeugen können.

Diesen Sachverhalt halten wir fest im

Theorem 1 (Endlichkeit und Abgeschlossenheit von $\mathbb{M}$). *Die beiden Bedingungen* Endlichkeit der Menge $\mathbb{M}$ *und* Abgeschlossenheit der Menge $\mathbb{M}$ gegenüber den vier arithmetischen Grundoperationen *sind nicht vereinbar.*

Diese grundlegende Erkenntnis hat weitreichende Konsequenzen für die Durchführung der arithmetischen Grundoperationen in einem Rechner, mit der wir uns in Abschnitt 4.2 sowie Kapitel 6 beschäftigen. Wir entwickeln die wesentlichen Gedankengänge exemplarisch am Beispiel der Addition. Die Ergebnisse gelten in gleicher Weise auch für die drei anderen arithmetischen Grundoperationen: Subtraktion, Multiplikation sowie Division.

4.1 Rundungsfehler

Die Menge der reellen Zahlen $\mathbb{R}$ approximieren wir durch die Menge der Maschinenzahlen $\mathbb{M}$. Die Darstellung einer reellen Zahl $r \in \mathbb{R}$ als Maschinenzahl $m \in \mathbb{M}$ wird durch Abbildungen vermittelt. Diese Abbildungen müssen mindestens zwei Anforderungen erfüllen, siehe dazu die

Definition 2 (Rundung). *Eine Abbildung $rd : \mathbb{R} \longrightarrow \mathbb{M}$ von den reellen Zahlen $\mathbb{R}$ in die Teilmenge der Maschinenzahlen $\mathbb{M} \subset \mathbb{R}$ bezeichnen wir als* Rundung, *wenn die zwei Bedingungen*

$$rd(m) = m \quad \forall\, m \in \mathbb{M}.$$

und

$$r \leq s \quad \Rightarrow \quad rd(r) \leq rd(s) \quad \forall\, r, s \in \mathbb{R}$$

erfüllt sind[2].

Die Rundungsabbildung ist in Programmiersystemen unterschiedlich umgesetzt. Die Diskussion der Eigenschaften einer Rundung rd führt an dieser Stelle zu weit und wir verweisen auf die detaillierte Analyse der Rundungsabbildung im Zusammenhang mit endlichen Mengen $\mathbb{M}$ ebenfalls auf [74]. Ein Beispiel für eine konkrete Rundung findet sich in der Definition 16 im Abschn. 5.5.3.

Die Vielzahl existierender Rundungen unterscheidet sich genau in der Zuordnung der Zahlen aus $\mathbb{R}\backslash\mathbb{M}$ auf $\mathbb{M}$.

[2] Andere Definitionen verlangen zusätzlich die Bedingung $rd(-r) = -rd(r)$ $\forall r \in \mathbb{R}$.

Anmerkung 1 (Implementierung der Rundungsabbildung). Die Mehrdeutigkeit in der Implementierung der Rundung rd stellt eine zusätzliche Fehlerquelle dar. Dies muss insbesondere bei der Entwicklung von robuster Software[3] beachtet werden, die auf verschiedenen Plattformen zuverlässig ausgeführt werden soll; so z.B. bei Entwicklung der Software auf einem Hostprozessor und Einsatz der Software auf einem Targetprozessor.

Übung 1 (Doppeldeutige Abbildung). Warum definiert die Gleichung $m = rd_{\min}(r)$ mit $|r - m| = \min_{n \in \mathbb{M}} |r - n|$ keine Rundung $rd_{\min}$?

Wir wollen den prinzipiellen Fehler, den wir bei der Rundung machen, analysieren. Wir abstrahieren von der konkreten Wahl der Rundung in der

Definition 3 (Rundungsfehler). *Der Fehler $f_{rd}(r) \in \mathbb{R}$, der beim Runden nach Definition 2 für die reelle Zahl $r \in \mathbb{R}$ gemacht wird, heißt* Rundungsfehler *und ist gegeben durch*

$$f_{rd}(r) := \delta_r := r - rd(r). \tag{4.1}$$

Jede Zahl $r \in \mathbb{R} \backslash \mathbb{M}$ produziert nach (4.1) den Rundungsfehler $f_{rd}(r) \neq 0$. Wir halten dies fest in der

Anmerkung 2 (Charakterisierung der Maschinenzahlen). Die Zahl $r \in \mathbb{R}$ ist genau dann eine Maschinenzahl aus der Menge $\mathbb{M}$, wenn $f_{rd}(r) = 0$, d.h.

$$f_{rd}(r) = 0 \Leftrightarrow r \in \mathbb{M}.$$

In einem Rechner werden auch die Rechenoperationen nur innerhalb der Maschinenzahlen $\mathbb{M}$ durchgeführt. Diese zusätzliche Fehlerquelle analysieren wir im folgenden Abschnitt.

4.2 Rechenfehler

Die Addition $+$ ist eine zweistellige Verknüpfung von reellen Zahlen $r, s \in \mathbb{R}$ in die reellen Zahlen $\mathbb{R}$

[3] Software-Schwachstellen werden mit dem englischen Begriff *bug* bezeichnet und bedeutet auf Deutsch *Käfer* oder *Insekt*. Diese Bezeichnung geht angeblich auf ein Ereignis aus dem Jahr 1945 zurück:
Der Großrechner *Harvard Mark II* des US-Marine-Waffenzentrum in Dahlgren, Virginia, einer der damals ersten Großrechner der Welt, arbeitete noch mit mechanischen Relais. Der Rechner wurde lahm gelegt durch eine Motte, die in einem der Schalter festgeklemmt war. Die Wissenschaftlerin Grace Hopper entfernte diese Motte und klebte sie in ihr Fehler-Logbuch und dokumentierte so das erste „debugging“ eines Systems. Dieser Fehlerreport inklusive der Motte soll noch heute im Smithsonian Institute zu besichtigen sein.

$$\begin{aligned} + \; : \; \mathbb{R} \times \mathbb{R} &\longrightarrow \mathbb{R}, \\ (r,s) &\longmapsto r+s. \end{aligned} \tag{4.2}$$

Das Ergebnis einer Verknüpfung, wie z.B. der Addition, muss nach Theorem 1 nicht notwendigerweise in der Menge der Maschinenzahlen $\mathbb{M}$ enthalten sein. Die Summe muss allerdings wieder durch eine Zahl der Menge $\mathbb{M}$ dargestellt und dafür ggf. in die Menge der Maschinenzahlen $\mathbb{M}$ gerundet werden. Dieses Vorgehen führt zu einem systematischen Fehler, den wir untersuchen wollen. Wir führen dazu eine zweite binäre Verknüpfung $+_{\mathbb{M}}$ ein, die die Addition im Rechner auf der Basis der Maschinenzahlen $\mathbb{M}$ vermittelt. Zur Vereinfachung fordern wir von der diskreten Maschinenoperation $+_{\mathbb{M}}$, dass zwei Maschinenzahlen m und n wegen $\mathbb{M} \subset \mathbb{R}$ zunächst wie reelle Zahlen exakt addiert werden und erst dann deren Summe $m+n$ in die Menge der Maschinenzahlen gerundet wird

$$\begin{aligned} +_{\mathbb{M}} \; : \; \mathbb{M} \cdot \mathbb{M} &\longrightarrow \mathbb{M}, \\ m +_{\mathbb{M}} n &\longmapsto rd(m+n). \end{aligned} \tag{4.3}$$

Der dabei auftretenden Fehler soll quantifiziert werden können. Wir machen daher analog zur Definition 3 die

Definition 4 (Rechenfehler). *Den Fehler $f_{re}(m,n) \in \mathbb{R}$, der beim Rechnen durch (4.3) für die Zahlen $m,n \in \mathbb{M}$ gemacht wird, bezeichnen wir als* Rechenfehler *und er ergibt sich aus*

$$f_{re}(m,n) := (m+n) - (m +_{\mathbb{M}} n)\,. \tag{4.4}$$

Die Basis für eine Analyse ist damit geschaffen und wir können den Gesamtfehler einer arithmetischen Operation untersuchen.

4.3 Gesamtfehler

Wir interessieren uns für den Gesamtfehler $f_+ \in \mathbb{R}$ der näherungsweisen Addition, den wir durch die Rundung rd der Eingabedaten $r, s \in \mathbb{R}$ in Maschinenzahlen und die darauf folgende Maschinenoperation $+_{\mathbb{M}}$ verursachen. Wir ersetzen die beiden Summanden r und s durch ihre Approximationen $rd(r)$ und $rd(s)$ sowie die exakte Addition $+$ durch die Maschinenaddition $+_{\mathbb{M}}$ und erhalten für den Gesamtfehler

$$f_+ := (r+s) - (rd(r) +_{\mathbb{M}} rd(s))\,. \tag{4.5}$$

Wir fügen die Zahl Null

$$0 = -\left(rd(r) + rd(s)\right) + \left(rd(r) + rd(s)\right)$$

in (4.5) ein und erhalten

$$f_+ = \underbrace{(r+s) - (rd(r) + rd(s))}_{\substack{=:f_{\mathbb{R}\to\mathbb{M}} \\ \text{Übergang von } \mathbb{R} \text{ zu } \mathbb{M}}} + \underbrace{(rd(r) + rd(s)) - (rd(r) +_{\mathbb{M}} rd(s))}_{\substack{=:f_{+\to+_{\mathbb{M}}} \\ \text{Übergang von } + \text{ zu } +_{\mathbb{M}}}}. \tag{4.6}$$

Aus Gleichung (4.6) lernen wir, dass sich der Gesamtfehler f_+ aus zwei Anteilen zusammensetzt, die sich jeweils beim Übergang von einer idealisierten zu einer im Rechner formulierten Aufgabenstellung ergeben. Dabei entsteht der erste Fehleranteil $f_{\mathbb{R}\to\mathbb{M}}$ in (4.6) aus der Summe der Rundungsfehler (4.1) für die beiden Summanden r und s

$$\begin{aligned} f_{\mathbb{R}\to\mathbb{M}} &:= (r+s) - (rd(r) + rd(s)) \\ &= (r - rd(r)) + (s - rd(s)) \\ &= f_{rd}(r) + f_{rd}(s), \end{aligned} \tag{4.7}$$

und der zweite Fehleranteil $f_{+\to+_{\mathbb{M}}}$ in (4.6) aus der Rechnerarithmetik auf den Maschinenzahlen $rd(r)$ und $rd(s)$ der auszuführenden Summe

$$\begin{aligned} f_{+\to+_{\mathbb{M}}} &:= (rd(r) + rd(s)) - (rd(r) +_{\mathbb{M}} rd(s)) \\ &= f_{re}(rd(r), rd(s)). \end{aligned} \tag{4.8}$$

Wir wollen die Fehleranteile (4.7) und (4.8) so klein wie möglich halten. Dazu müssen wir verstehen, wie

1. die Menge der Maschinenzahlen $\mathbb{M}$ konstruiert und dargestellt wird, siehe Abschnitt 5,
2. die elementaren arithmetischen Grundoperationen, wie z.B. die näherungsweise Addition $+_{\mathbb{M}}$, durchgeführt werden, siehe Abschnitt 6 und
3. sich ein Fehler in einer Folge von hintereinander auszuführenden elementaren Rechenoperationen fortpflanzt, siehe Abschnitt 7.

Abschließend soll der Inhalt dieses Abschnitts vertieft werden, in der

Übung 2 (Gesamtfehler für Multiplikation). Führen Sie den Gesamtfehler $f_.$, der durch die näherungsweise Multiplikation $\cdot_{\mathbb{M}}$ im Rechner entsteht, analog auf die beiden Fehleranteile Rundungsfehler und Rechenfehler zurück. Was muss zusätzlich beachtet werden?

4.4 Analyse weiterer Fehlerquellen

Rundungs- und Rechenfehler sind nicht die einzigen Fehler, die bei reaktiven Systemen auftreten können: Sensoren liefern z.B. Messwerte mit begrenzter Genauigkeit. Diese dritte Fehlerquelle beruht auf unvermeidlichen Fehlern in den Eingabedaten. In diesem Abschnitt weisen wir zusätzlich auf weitere methodische Fehlerquellen hin.

Eine Aufgabenstellung leitet sich in der Regel von einem vorliegenden Problem P ab. Die entsprechende Ausgangsbeschreibung ist i.Allg. zu abstrakt formuliert und kann nur mit hinreichender Aufbereitung von einem Rechner gelöst werden. So erfordert z.B. die numerischen Vorhersage des Wetters, die das Wetter bestimmenden physikalischen Gesetze in mathematische Formeln zu fassen. Die Abhängigkeiten der relevanten Größen voneinander beschreiben wir quantitativ mit einem System partieller Differentialgleichungen, siehe auch Abschnitt 28.1. Wir erhalten ein Modell M des Problems P. Wenn wir das zugrunde liegende Modell M rechnergestützt lösen wollen, müssen wir eine rechnergeeignete Formulierung des Modells M finden. Dieser Übergang ist i.Allg. nicht einfach, denn kontinuierliche Operatoren wie z.B. Differentialquotienten oder Integrale müssen durch eine endliche Folge der vier arithmetischen Grundoperationen approximiert[4] werden. Wir bezeichnen diese Transformation als Diskretisierung und erhalten ein diskretes Modell D des ursprünglichen Problems P. Die Wahl der angemessenen Datentypen und der numerischen Berechnungsmethoden ist in diesem Schritt von zentraler Bedeutung. In vielen Anwendungsbeispielen können wir das diskrete Modell D aufgrund nicht akzeptabler Rechenzeiten nicht exakt lösen und müssen uns mit einer näherungsweisen Lösung L des diskreten Modells D zufrieden geben. So brechen z.B. iterative Berechnungsmethoden beim Erreichen einer vorgegebenen Genauigkeit den Lösungsvorgang ab. Schließlich müssen wir die gefundene Lösung, die i.Allg. durch eine nicht überblickbare Anzahl von Zahlen repräsentiert wird, geeignet aufbereiten. Wir müssen die Lösung L z.B. graphisch anzeigen und stellen die Lösung L mittels einer Visualisierung V dar. Die Güte einer Darstellung V des ursprünglichen Problems P lässt sich mit dem Gesamtfehler, symbolisiert mit $|P-V|$[5], abschätzen. Der Gesamtfehler $|P-V|$ setzt sich aus folgenden vier Teilen zusammen

1. *Modellierungsfehler* $|P-M|$ beim Übergang vom konkret gestellten Problem P zum Modell M,
2. *Diskretisierungsfehler*[6] $|M-D|$ beim Übergang vom aufgestellten Modell M zum diskreten Modell D,
3. *Abbruchfehler* $|D-L|$, der entsteht, wenn ein unendlicher durch einen endlichen Lösungsprozess ersetzt wird wegen beschränkter Ressourcen Speicherplatz und Laufzeit - häufig steht auch nicht so sehr der Wunsch

[4] Die vier arithmetischen Grundoperationen erlauben, wenn überhaupt, **nur** eine exakte Berechnung von rationalen Ausdrücken.

[5] Die ausführliche Definition der Begriffe *Differenz* $-$ und *Norm* $|.|$ sind sehr spezifisch für die unterschiedlich abstrakten Beschreibungen P, M, D, L und V und damit abhängig von der vorliegenden Aufgabenstellung und für das weitere Verständnis an dieser Stelle nicht notwendig.

[6] Aufgabenstellungen bzw. numerische Algorithmen werden in der Regel mit Hilfe der reellen Zahlen $\mathbb{R}$ formuliert bzw. hergeleitet und in einem Rechner mit Hilfe von Maschinenzahlen $\mathbb{M}$ **sowie** der vier Grundrechenarten Addition, Subtraktion, Multiplikation und Division implementiert.

nach exakten Ergebnissen im Vordergrund, sondern schnell und einfach zu brauchbaren Näherungsergebnissen zu kommen - und

4. *Darstellungsfehler* $|L - V|$, den wir im letzten Schritt machen.

Ein anschauliches Beispiel für einen Darstellungsfehler ist der so genannte

Anmerkung 3 (Heisenberg-Effekt der Arithmetik). Die Gleitkommaeinheit eines Rechners kann intern mit höherer Genauigkeit rechnen, so verwenden z.B. Intel Prozessoren den Datentyp *long double* mit der Wortbreite von 80 Bit. Viele Software-Werkzeuge arbeiten allerdings nicht mit der internen Genauigkeit, sondern **nur** mit doppelter Genauigkeit, und so kann es vorkommen, dass die Genauigkeit des Endergebnisses einer Berechnung davon abhängt, ob und ggf. mit welcher Genauigkeit Zwischenergebnisse einer internen Berechnung gespeichert werden. So kann z.B. die Darstellung eines Zwischenergebnisses auf dem Bildschirm das Zahlenformat der Zwischenergebnisse ändern und somit die Genauigkeit des Endergebnisses[7].

Der Gesamtfehler $|P - V|$ kann mit den vier Fehleranteilen durch die untere Schranke

$$\max\{|P - M|, |M - D|, |D - L|, |L - V|\} \leq |P - V| \tag{4.9}$$

und die obere Schranke

$$|P - V| \leq |P - M| + |M - D| + |D - L| + |L - V| \tag{4.10}$$

abgeschätzt werden.

Wir lesen aus (4.9) ab: Eine konkrete Lösung L können wir nur dann akzeptieren, wenn in allen vier Schritten Fehler derselben Größenordnung gemacht wurden. Es ist daher z.B. nicht nötig, das diskrete Problem D ohne Fehler zu lösen, wenn das zugrunde liegende Modell M das Problem P nur unzureichend beschreibt. Häufig sind Modelle M auch zu detailliert, um eine Lösung L in absehbarer Zeit berechnen zu können. In beiden Fällen müssen wir abwägen, denn ein „zu viel“ an Modell M bedeutet im Gegenzug oft ein „zu wenig“ an Lösung L und umgekehrt. Die Abschätzung (4.10) zeigt andererseits, dass für eine Aussage über die Güte der Lösung L der gesamte Lösungsprozess beachtet werden muss.

Bevor wir zum Ende dieses Kapitels kommen, machen wir nochmals einen Exkurs in eine ganz menschliche Fehlerquelle in der

Anmerkung 4 (Weltraumsonde auf Crashkurs). Die Mars-Sonde *Climate Orbiter* verfehlte im Jahr 1999 kurz vor dem Ende der Reise das Ziel. Eine falsche Maßeinheit war daran schuld. Die vom Zulieferer Lookheed Martin Astronautics verwendeten Steuerungsdüsen arbeiteten bei der Angabe der wirkenden Kraft mit englischen Einheiten und nicht mit den von der

---

[7] Ein Beispiel findet sich z.B. auf `www.inf.ethz.ch/news/focus/res_focus/april_2005/`.

US-Raumfahrtbehörde NASA geforderten metrischen Einheiten. Der Fehler wurde weder vor dem Start erkannt noch während des Fluges korrigiert. Die falsch interpretierten Werte für die „small forces“ veränderten den Kurs auf der 670 Millionen Kilometer langen und zehn Monate dauernden Reise nur leicht. Die 125 Millionen US-Dollar teure Sonde kam dann dem Mars beim Einschwenken auf eine Umlaufbahn zu nahe und wurde dabei zerstört.

4.5 Sicherheitsrelevante Entwicklungsprozesse und Standards

Diese und ähnliche Missverständnisse ergeben sich z.B. aus fehlerhafter Kommunikation zwischen den Entwicklungsingenieuren[8] oder fehlendem Gesamtsystemverständnis, siehe dazu die Anmerkung 13. Die zusätzlichen Fehlerquellen sind z.B. *Spezifikations-, Programmier-* oder *Fertigungsfehler* sowie *Instandhaltungs-, Nutzungs-* und *Handhabungsfehler* bis hin zum bewusst falschen Einsatz: der *Sabotage*. Diese Fehlerquellen können z.B. auf mangelnde prozesstechnische Vorgaben in der Entwicklung oder auf unvollständigen Übergabeprozessen der Entwicklungsartefakte zwischen den Entwicklungsabteilungen, wie auch zwischen Zulieferer und Hersteller, zurückgeführt werden. Der Gesetzgeber fordert daher fehlerrobuste Entwicklungsprozesse, um Vertrauen in die Entwicklungsprodukte, wie z.B. Steuergerätesoftware, gewinnen zu können.

Diese Anforderungen können aus abstrakt formulierten, international gültigen Normen abgeleitet werden, wie z.B. aus der Norm *ISO 9000 - Quality Management and Quality Assurance Standards*, siehe [62], die einen allgemeinen Rahmen für Qualitätsmanagementsysteme unabhängig vom angewendeten Entwicklungsbereich definiert. Die beiden Normen *IEC 60880 - Software for Computers important to Safty for Nuclear Power Plants; Software aspects of Defence against common Cause Failures, Use of Software Tools and of Predeveloped Software*, siehe [58], die speziell für die Sicherheitssoftware in Kernreaktoranlagen entwickelt wurde und die *IEC 61508 - Functional Saftety of Electrical/Electronic/Programmable Electronic Safety-Related Systems*, siehe [59], die aus der Anlagensteuerung stammt, sind spezifisch für die Softwarebranche und geben vor, wie sowohl die Software zu entwickeln ist, als auch, wie die Software auszusehen hat, um in sicherheitsrelevanten Systemen eingesetzt werden zu können. Der Anwendungsbereich speziell der IEC 61508 ist somit die funktionale Sicherheit von Rechnern, die in rechnergestützten Systemen Einfluss auf die Abwendung von Gefahren für Leib und Leben oder die Gesundheit von Personen sowie Umweltschäden haben. Die IEC 61508 fordert z.B. die Verwendung einer formalen Methode um verschiedenartige

[8] Ein klassisches Beispiel für ein Missverständnis zwischen Informatikern und Mathematikern ist, ob mit der Zahl 0 oder der Zahl 1 begonnen wird zu zählen.

Klassen von Unstimmigkeiten und Fehlern erkennen zu können. Eine formale Methode bietet i.Allg. an:

1. eine Notation, wie z.B. diskrete Mathematik,
2. ein Verfahren zur Aufstellung einer Beschreibung in dieser Notation und
3. verschiedene Formen der Analyse zur Überprüfung einer Beschreibung auf unterschiedliche Eigenschaften der Korrektheit.

Die Norm *RTCA*[9] *DO-178B*, siehe [95] ist der aktuelle Standard für *Software Considerations in Airborne Systems and Equipment Certification* und regelt die Freigabe von Systemen und Geräten, die Software enthalten, für die Anwendungen in der Luftfahrt.

Anmerkung 5 (Reifegradmodelle). Entwicklungsprozesse können auch sinnvoll klassifiziert werden unter der Annahme, dass die Qualität eines Entwicklungsproduktes entscheidend von der Güte des zugehörigen Entwicklungsprozesses abhängt. Die beiden folgenden Reifegradbewertungen haben sich in Amerika und Europa etabliert:

– ***C****apability* ***M****aturity* ***M****odel*, kurz *CMM*, siehe z.B. [22], beschreibt die Prozessfähigkeit im Bereich System- und Softwareentwicklung, ist ein Stufenmodell mit strukturiertem Leitfaden und ermöglicht eine verbesserte Einschätzung und gezielte Verbesserung von Entwicklungsprozessen sowie
– ***S****oftware* ***P****rocess* ***I****mprovement and* ***C****apability* ***D****etermination*, abgekürzt mit *SPICE*, siehe [105]. Diese Norm *ISO 15504* wurde 1998 als technischer Report verabschiedet und soll Ende 2005 komplett veröffentlicht werden. Die Kernpunkte dieses Modells sind Verbesserungen von Prozessen und die Bestimmung des Prozessreifegrades; dies dient als Grundlage für das Bewerten von Unternehmensprozessen.

Beide Normen überprüfen im Wesentlichen nur die Reife der einzelnen Prozessschritte und haben **leider** keinen anleitenden Charakter.

Ein beschreibender Entwicklungsstandard wurde als Reaktion auf eine Vielzahl fehlgelaufener Software-Projekte der Bundeswehr vom Bundesministerium für Verteidigung in Auftrag gegeben: der Entwicklungsstandard für IT-Systeme des Bundes, siehe [116], der dann auf die anderen Bundesministerien übertragen wurde und mittlerweile in der Software-Branche etabliert ist. Die Version von 1997

– regelt in einem ganzheitlichen Ansatz die Software- und Hardwareentwicklung als Bestandteile der Systementwicklung,
– unterteilt in Anwenderanforderungen und technologische Anforderungen,
– unterstützt damals neue Technologien wie inkrementelle Systementwicklung oder objektorientierte Vorgehensweisen und
– unterstützt den Einsatz von Standard-Software.

[9] Die Abkürzung RTCA steht für Radio Technical Commission for Aeronautics, Inc.

Die bisher beschriebenen Methoden unterstützen die Erstellung sicherheitsrelevanter Software:

– Software für die Funktion des Systems: Betriebssystemen, Firmware oder Anwendersoftware als auch für die Software und
– Software, die für die Entwicklung und Herstellung benötigt wird, wie z.B. *C*-Codegeneratoren, Compiler, Assembler, Linker oder Steuerungen von Fertigungseinrichtungen.

Die bisher beschriebenen Vorgehensweisen erleichtern eine anschließende Begutachtung. Dieses Vorgehensmodell[10] ist unter dem Schlagwort *V-Modell* bekannt geworden und ist mittlerweile ein international anerkannter Standard, der einheitlich und verbindlich festlegt, wie die Aufgaben Projektmanagement, Systemerstellung, Qualitätssicherung und Konfigurationsmanagement in einem Systementwicklungsprojekt koordiniert und durchgeführt werden sollen. Die Anwendung des V-Modells ist in [33] ausführlich beschrieben und soll sicherstellen, dass keine relevanten Aspekte der Systementwicklung übersehen wurden und damit das Ergebnis den Anforderungen des Auftraggebers entspricht. Eine detaillierte Analyse des Systementwicklungsprozesses unter

[10] Der Begriff *Vorgehensmodell* stammt aus der Softwaretechnik oder englisch *Software-Engineering*. Die Vorgehensmodelle umfassen in diesem Zusammenhang alle Phasen von der Aufgabenstellung bis zur endgültigen Ausmusterung eines Programmes: Problemanalyse, Softwareentwurf, Implementierung, Funktionsüberprüfung, Leistungsüberprüfung, Installation und Abnahme sowie Wartung. Das Software-Engineering wiederum entstand Ende der 1960-Jahre als Antwort auf die immer noch andauernde Softwarekrise: Die ständig komplexer werdende Software wird immer fehleranfälliger. Die Softwarekrise konnte weder durch die Einführung strukturierter noch objektorientierter Methoden im Softwareentwurf und in der Programmierung beendet werden.

Dieser Umstand ist umso merkwürdiger, wenn man den Standpunkt einnimmt, dass Software nur eine endliche Folge von einfachen Ja/Nein-Entscheidungen umsetzt. Die große Anzahl nicht voneinander unabhängiger Ja-/Nein-Entscheidungen führt zu einer irreduziblen Komplexität, die im wahrsten Sinne des Wortes kein Mensch mehr überblicken kann und notgedrungen wird die Beherrschung dieser Komplexität aus der Hand der Entwickler auf immer geschicktere Übersetzungsprogramme für immer abstraktere, „höhere" Programmiersprachen delegiert. Diesen Compilern fehlt allerdings der Kontext der Realität.

Die Entwicklung der Hardware ist der Software-Technik weit voraus, da sich diese auf physikalische Gesetze stützen kann. Damit ist es möglich, Laufzeiten zu minimieren oder den Energieverbrauch einer logischen Operation zu bestimmen. Der Software-Technik fehlen ähnliche bestimmende Gleichungen. Steven J. Wallach, der seit 1970 führend an der Entwicklung von Computer-Hardware beteiligt ist, prägte in diesem Zusammenhang den Begriff *Softon* als Elementarteilchen für die Software, das ähnlich den physikalischen Elementarteilchen, das Verhalten der Software vollständig beschreiben können soll.

sicherheitsrelevanten Aspekten findet sich z.B. in [100]. Ein Beispiel für einen konkreten Entwicklungsprozess ist ausführlich in [16] beschrieben.

Zur konkreten Zulassung einer neuen technischen Applikation, wie z.B. in einem Typgenehmigungsverfahren für Kraftfahrzeuge, wird abhängig vom möglicherweise verursachten Gefährdungspotential ein unabhängiges Gutachten in Form eines Zertifikates eingeholt. Zertifizierungsberechtigt sind wiederum nur vom Gesetzgeber akkreditierte Stellen, wie z.B. der TÜV[11] oder die DEKRA[12]. Der Begriff *Gefährdungspotential* wird plausibilisiert in der

Anmerkung 6 (Safety Integrity Level / Sicherheitsintegritätslevel). Die Norm IEC 61508 unterscheidet z.B. vier Sicherheitsniveaus: die Anforderungsklassen oder *Safety Integrity Level* eins bis vier, kurz *SIL 1* bis *SIL 4*. Ausgangspunkt für diese Überlegung ist eine Risikobetrachtung, siehe [41]: Das Risiko R wird als Erwartungswert des Schadens interpretiert und ergibt sich für eine konkrete Schadensbetrachtung aus der zu erwartenden Häufigkeit $h \in [0,1]$ des Eintritts dieses Schadens und des verursachten Schadensausmaßes S, gemessen z.B. in Geldmenge oder Personenschaden, als

$$R = h \cdot S.$$

Dabei ist es das objektiv vorhandene Risiko und nicht das von der Gesellschaft oder von dem Einzelnen empfundene Risiko, das sich im Begriff *Risikoakzeptanz* niederschlägt.

Rundungs- und Rechenfehler sind sicherlich nicht die einzigen sicherheitsrelevanten Fehlerquellen in einem Entwicklungsprojekt. Allerdings trägt das Verständnis für diese Fehlerquellen zu einem wesentlichen Detailverständnis und somit zu einer Absicherung des Gesamtsystems bei.

Wir schließen das Kapitel mit der schon längst fälligen

Anmerkung 7 (Murphys Gesetzmässigkeit). „If anything can go wrong, it will.“[13]

[11] Die Abk. *TÜV* steht für Technischer Überwachungsverein.

[12] Die Abk. *DEKRA* steht für *Deutscher Kraftfahrzeug Überwachungsverein.*

[13] Die Bemerkungen auf der Internetseite `www.murphys-laws.com/` garantieren eine abschließende kurzweilige Unterhaltung.

5 Zahldarstellung

„Die natürlichen Zahlen hat der liebe Gott gemacht, alles andere ist Menschenwerk."

Leopold Kronecker

Die Fähigkeit des Zählens ist notwendig, um unterschiedliche Mengen ähnlicher Objekte miteinander vergleichen zu können. Die Einführung von Zahlen gehört zu den großen Kulturleistungen der Menschheit und ermöglicht, von einer betrachteten Menge zu abstrahieren und Eigenschaften abzuleiten, die nur in der zugeordneten Mächtigkeit der Menge begründet sind. So entspricht z.B. dem Vereinigen von Mengen unter bestimmten Annahmen das Addieren der Zahlen, bzw. dem Vergleichen von Mengen das Feststellen der Gleichheit der zugeordneten Mächtigkeiten. Diese und andere Fähigkeiten sind von elementarer Bedeutung.

Wir benötigen daher einheitliche Konventionen sowohl

1. zum Zählen von Mengen als auch
2. zur Darstellung dieser Zahlen,

um damit Eigenschaften von Mengen überhaupt langfristig verfügbar machen und Nachrichten übertragen zu können. Diese Zahlen werden dabei mit Symbolen kodiert.

Ein sehr anschauliches Beispiel für den Übergang vom *Prozess des Zählens* zur *Darstellung der Zahlen* vermitteln die bereits von den Inkas eingeführten *Quipus*. Diese Knotenschnüre[1], die auch heute noch auf Märkten in Peru verwendet werden, waren ca. 55 cm lang und hatten bis zu neun Knoten, die von einem Hauptstrang oder einem Stock ausgingen. Die Knotenanzahl und ihre Knüpfart entsprachen Zahlenwerten im Zehnersystem.

In den frühen Hochkulturen entwickelten sich unterschiedliche Konzepte zur Darstellung von Zahlen, die nach Art der Zusammenstellung und der Anordnung der Ziffern in *Additionssysteme* und *Positions- oder Stellenwertsysteme* einteilbar sind. Additionssysteme ordnen jeder Ziffer eine bestimmte

[1] Eine Nachbildung findet sich z.B. im Heinz Nixdorf Museums-Forum in Paderborn, siehe `www.hnf.de/`.

Zahl zu, wie z.B. beim Rechnen mit einem Abakus. Im Gegensatz dazu ordnen Positions- oder Stellenwertsysteme[2] jeder Ziffer aufgrund der relativen Position zu anderen Ziffern eine Zahl zu. So haben die beiden Ziffern 2 und 5 im Dezimalsystem je nach Zusammenstellung entweder den Wert 25 oder 52. Alle Zahlensysteme bauen auf einer so genannten ganzzahligen Grundzahl[3] $b > 1$, auch Basis genannt, auf.

Das ca. 5000 Jahre alte ägyptische Additionssystem dürfte das älteste logische Zahlensystem sein und baut auf der Basis $b = 10$ auf. Die ersten sieben Stufenzahlen 10^i mit $0 \leq i \leq 6$ verwendeten spezielle Hieroglyphen als Zahlzeichen, siehe Abb. 5.1. Die fehlende Null wird bei dieser Darstellungsart nicht als Mangel empfunden.

Abb. 5.1. Die antiken Ägyptern stellten Zahlen mit Hieroglyphen dar: Ein Strich war ein Einer, ein umgekehrtes U ein Zehner, die Hunderter wurden durch eine Spirale, die Tausender durch die Lotusblüte mit Stiel und die Zehntausender durch einen oben leicht angewinkelten Finger dargestellt. Dem Hunderttausender entsprach eine Kaulquappe mit hängendem Schwanz. Ergänzend ohne Bild hier: Die Millionen wird durch einen Genius, der die Arme zum Himmel erhebt, repräsentiert.

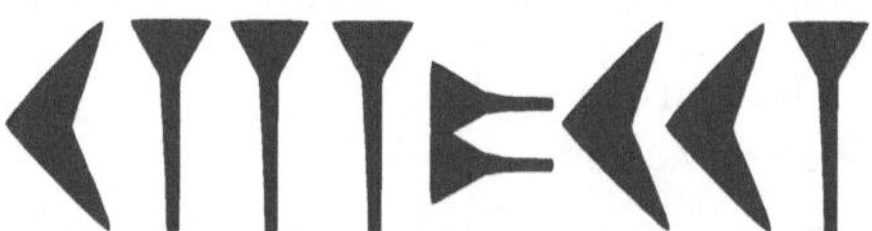

Abb. 5.2. Babylonische Repräsentation der Zahl $46821 = 13 \cdot 60^2 + 0 \cdot 60^1 + 21 \cdot 60^0$ als $13|0|21$.

Soll die Bedeutung einer Ziffer von der Position abhängen, kommen wir um die Darstellung einer leeren Position durch die Ziffer Null[4] nicht herum.

[2] Zahlensysteme in eindeutigen Positionen gab es bereits im 2. Jahrtausend v.Chr. in Mesopotamien.

[3] Die am weitesten verbreiteten Grundzahlen sind 2, 5, 10, 12, 20 und 60, von denen die wichtigsten Basen 2 und 10 sind. Die Zahl 60 ist besonders interessant, da sowohl die Zahl 30, das entspricht ungefähr der Anzahl der Tage der Mondperiode oder eines Monats, als auch die Zahl 12, die Anzahl der Monate in einem Jahr, Teiler sind.

[4] Die Babylonier führten um ca. 500 v. Chr. ein eigenes Zeichen für die Leerstelle im Ziffernsystem ein, siehe z.B. [61]. Auch wenn dieses Zeichen nicht als

Wir sind dann z.B. in der Lage, die beiden Zahlen 701 und 71 zu unterscheiden. Die Ziffer Null deutet das „Auslassen“ einer Stufenzahl b^i an und ermöglicht eine übersichtlichere Darstellung in der modernen Nomenklatur

$$z = \sum_{i=0}^{n} z_i \, b^i. \tag{5.1}$$

Die Symbole für die Ziffern $z_i \in \{0, 1, \ldots, b-1\}$ können wir als Koeffizienten der Stufenzahlen b^i interpretieren. Die möglichen Ziffern besteht aus der Menge $\{0, 1, \ldots, b-1\}$. Die Ziffer z_i gibt entsprechend der Position i in der Darstellung von z nach (5.1) an, mit welcher Stufenzahl b^i sie multipliziert werden muss.

Die Einführung der für uns heute nicht mehr wegzudenkenden Null als eigenständige Ziffer verdanken wir bekanntermaßen den Indern, siehe auch Abb. 5.3. Die Ziffer Null findet sich erstmalig in einer Handschrift von 976 n.Chr. und galt lange Zeit in Europa als Teufelswerk.

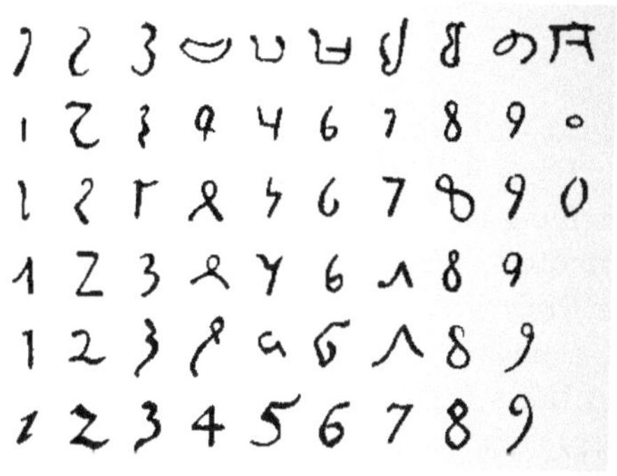

Abb. 5.3. Arabische und indische Symbole zum Darstellen von Zahlen:
In der ersten Zeile sehen wir die indischen Ziffern des 2. Jahrhunderts n.Chr. Diese bildhaften Ziffern wurden erst von den Arabern übernommen (zweite Zeile) und später von den Europäern (dritte bis sechste Zeile: 12., 14., 15. und 16. Jahrhundert) immer abstrakter dargestellt.

Zahlen wurden in Europa bis ins Mittelalter mit lateinischen Großbuchstaben repräsentiert. Im römischen Zahlensystem[5] standen I, V, X, L, C, D und M für 1, 5, 10, 50, 100, 500 und 1000. Größere Zahlen wurden einfach zusammengesetzt, so steht MMMDCCCLXXVI z.B. für die Zahl 3876. Die-

Zahl oder Menge Null verstanden wurde, wurden damit schon Bruchrechnungen durchgeführt. Die *Zahl* Null wurde auch in der geheimen heiligen Zahlenschrift der Priester bei den Mayas in Mittelamerika verwendet.

[5] Interessanterweise kamen die Zahlen D und M erst im 15. Jahrhundert hinzu.

ses Repräsentationssystem war allerdings kaum zum Rechnen geeignet und wurde daher ab dem 13. Jahrhundert von den arabischen Ziffern abgelöst.

Der Mathematiker Leonardo von Pisa, auch unter dem Namen Fibonacci bekannt, hatte eine arabische Ausbildung erhalten. Die moslemische Welt hatte damals von den Hindus ein neues Zahlensystem übernommen. Fibonacci führte die „arabischen" Ziffern im Jahr 1202 in seinem Buch *Liber Abaci* in Europa ein. Dieses Rechenbuch verbreitete die arabische Zahlschrift und ermöglichte neue Berechnungsmethoden. Diese Berechnungsmethoden fanden insbesondere für kaufmännische Zwecke praktische Anwendungen. Sein umfangreiches Werk erklärte detailliert das Multiplizieren, Dividieren, Bruchrechnen, Potenzrechnen, Wurzelziehen und die Lösung von quadratischen und kubischen Gleichungen.

Der Mathematiker und Philosoph Gottfried Wilhelm Leibniz legte den entscheidenden Grundstein zu einer automatisierten Durchführung von Berechnungsmethoden. Im folgenden Abschnitt stellen wir die von ihm im Jahre 1679 eingeführte binäre Zahldarstellung[6] vor.

5.1 Binärzahlen

Die exakte Darstellung (5.1) einer positiven ganzen Zahl $z \in \mathbb{Z}_{\geq 0}$ benötigt in Abhängigkeit der Basis $b \in \mathbb{N}^*$ mit $b > 1$ mindestens $s = [\log_b(z)] \in \mathbb{N}$ Stellen. Diese Darstellung ist kein Selbstzweck, sondern sollte wichtige Operationen effizient erlauben, z.B. die Multiplikation zweier s-stelliger Zahlen m und n: in einer arithmetischen Einheit wird ähnlich wie beim schriftlichen Rechnen auf die b^2 elementaren Multiplikationen $0 \cdot 0$ bis $(b-1) \cdot (b-1)$ zurückgegriffen. Die Basis b legt somit bei vorgegebenem darzustellendem Zahlenumfang $[0, z_{\max}]$ mit $z_{\max} > 0$ sowohl die Anzahl der abzuspeichernden Stellen $s \sim \log_b(z_{\max})$ als auch die Anzahl $\sim b^2$ der zu implementierenden elementaren Rechenoperationen fest. Der Speicher kostet nach Abb. 4.1 vergleichsweise wenig gegenüber der Rechenzeit der arithmetischen Operationen.

[6] Die *binäre* Zahldarstellung ist auch als *duale* oder *dyadische* Zahldarstellung bekannt, siehe dazu auch die *Bände der Akademie-Ausgabe* unter `www.leibniz-edition.de/`, Reihe I Allgemeiner, politischer und historischer Briefwechsel, Seiten 404 bis 409. Gottfried Wilhelm Leibniz hatte bereits im Jahr 1672 die Idee, das Rechnen von einer geeigneten Maschine durchführen zu lassen, die alle vier Grundrechenarten beherrschte. Die Idee basiert auf damals neuen mechanischen Schrittzähler, die die Anzahl der Schritte aufsummieren. Das einzige erhaltene Original von insgesamt vier gebauten, so genannten *Vierspeziesrechenmaschinen* wird heute in der *Gottfried Wilhelm Leibniz Bibliothek*, ehemals Niedersächsischen Landesbibliothek, aufbewahrt, siehe `www.nlb-hannover.de/`. Ein Nachbau aus dem Jahr 1924 ist öffentlich zugänglich. Das Original kann nur unter Voranmeldung besichtigt werden.

Die Wahl der Basis ist somit von zentraler wirtschaftlicher und technischer Bedeutung: Die Basis $b = 2$ wird daher im Wesentlichen aus zwei Gründen verwendet:

1. Die Mikroelektronik basiert auf den Zustandspaaren: leitende $\leftrightarrow$ nichtleitende elektrischen Leitungen und geladene $\leftrightarrow$ ungeladene Speichereinheiten jeweils in einer gewissen Zeiteinheit.
2. Die Grundrechenarten können auf die minimale Anzahl von vier elementaren Rechenoperationen reduziert und implementiert werden.

Anmerkung 8 (Alternative Basis b). Im Folgenden verwenden wir die Basis $b = 2$. Alle Überlegungen lassen sich auch auf andere Basen übertragen. Dies könnte insbesondere dann von Bedeutung sein, wenn der traditionelle RAM-Speicher[7] durch ein Speichermedium ersetzt würde, das wesentlich schnellere Zugriffe, eine effiziente Implementierung der Grundrechenarten gewährleistet sowie einen energiesparenderen Betrieb erlaubt und nicht notwendigerweise auf der Basis $b = 2$ beruht.

Anmerkung 9 (Technische Klassifizierung von Speichertechnologien). Halbleiterspeicher klassifiziert sich wie folgt in:

- nichtflüchtigen Speicher, der sich wiederum unterteilt in
  - herstellerprogrammierten Speicher, der nicht löschbar ist, als *Read Only Memory*, kurz **ROM**, oder *programmable ROM*, kurz **PROM**, und
  - anwenderprogrammierten Speicher, der durch ein Programmiergerät programmierbar ist, entweder ebenfalls als *programmable ROM*, wenn er nicht löschbar ist, als *erasable PROM*, kurz **EPROM**, wenn er nur durch UV-Licht löschbar ist oder als *flash EPROM*, kurz **Flash**, wenn er nur elektrisch löschbar ist,
  - anwenderprogrammierten Speicher, der in einer Schaltung programmierbar und zugleich elektrisch löschbar ist, als *electrical EPROM*, kurz **EEPROM**, sowie
- flüchtigen Speicher, entweder als
  - statischer Speicher *static RAM*, kurz **SRAM**, oder
  - dynamischer Speicher *dynamic RAM*, kurz **DRAM**.

Der Ingenieur Herman Hollerith verwendete im Jahr 1886 als erstes Speichermedium für Daten die bis dahin zur Steuerung von Webstühlen verwendeten Lochkarten[8], die die Größe einer Dollarnote hatten. Verwaltungs- und Bürotätigkeiten wurden durch die Lochkartenmaschine, für die Hollerith 1889

---

[7] Die englische Abkürzung RAM steht für *Random Access Memory* und wird für den Typ von Speicher verwendet, der sowohl gelesen als auch beliebig oft beschrieben werden kann, siehe auch Anmerkung 9.

[8] In den dazugehörigen Lesegeräten der Lochkarten steckten kleine Metallstäbe, die an den Stellen, wo die Karte gelocht war, einen Kontakt zuließen und somit elektrischer Strom fließen konnte. Lochkartenstanzer und Lesegeräte hatten ihren ersten bedeutenden Einsatz bei der elften US-Volkszählung im Jahr 1890: 43

die Goldmedaille der Pariser Weltausstellung bekam, weitgehend automatisiert und konnten wesentlich schneller erledigt werden.

Das Oktal- und Hexadezimalsystem mit den Basen 8 und 16 eignet sich sehr gut für die Darstellung von Bitfolgen zur Speicherung von größeren Zahlen. Insbesondere ist die Hexadezimaldarstellung einer Bitfolge, zu erkennen an den führenden `0x`, intuitiver zu erfassen als die entsprechende, vergleichsweise längere Bitfolge, z.B. für die Zahl

$$(848)_{10} = (0011\,0101\,0000)_2 = \texttt{0x350}.$$

Die binäre Zahldarstellung geht von der kleinstmöglichen ganzzahligen Basis $b = 2$ aus. Jede positive ganze Zahl $z \in \mathbb{Z}$ lässt sich eindeutig nach (5.1) zerlegen in

$$z = \sum_{i=0}^{s-1} z_i \cdot 2^i. \tag{5.2}$$

Die ganze Zahl z können wir nach (5.2) mit einer Folge von Ziffern z_{s-1}, $z_{s-2}, \ldots, z_0$ mit $z_i \in \{0, 1\}$ für $0 \leq i < s$ identifizieren. Die Anzahl $s \geq 1$ der verwendeten Ziffern bezeichnen wir als *Stellenzahl.* Die zugehörigen Stufenzahlen entsprechen gerade den Zweierpotenzen 2^i. Die Zahl z bezeichnen wir in diesem Zusammenhang auch kurz als *Binärzahl.*

Die Ziffern z_i mit $0 \leq i \leq s-1$ einer Binärzahl können genau zwei Werte annehmen: entweder Null oder Eins. Dieser minimale Informationsgehalt ist für die technische Realisierung von herausragender Bedeutung. Wir machen die

Definition 5 (Informationsgehalt). *Ein* Bit[9] *ist die Maßeinheit für den Informationsgehalt und kann genau zwei Werte annehmen: entweder Null oder Eins. Ein* Byte [10] *fasst acht Bits zusammen. In der Tabelle 5.1 sind*

Hollerithmaschinen werteten 62 Millionen Lochkarten aus und verkürzten die reine Datenauswertung von mehreren Jahren auf knapp zehn Wochen. Seine Firma *Tabulating Machine Company* verkaufte er 1911 an die Firma *Computing-Tabulating-Recording Company*, die 1924 in *International Business Machines*, kurz *IBM*, umbenannt wurde.

[9] Der Begriff *Bit* wurde wahrscheinlich das erste Mal von John Tukey 1949 als kürzere Alternative zu *bigit* oder *binit* für *binary digit* verwendet. Das Wort *digit* kommt aus dem Lateinischen und bedeutet *Finger.*

[10] Das Wort *Byte* ist eine künstliche Mischung von *bit* und *bite* und wurde 1956 von Werner Buchholz geprägt. Die Schreibweise *Byte* wurde *Bite* vorgezogen um Verwechslungen mit *Bit* zu vermeiden. Ein Byte umfasste bis in die 1980 Jahre nicht notwendigerweise genau 8 Bits, sondern konnte weniger mehr oder sogar unterschiedlich viele Bits bedeuten. Ein Tupel von 8 Bits wird in der Norm *IEC 60027-2 Letter Symbols to be used in Electrical Technology* aus dem Jahre 2000 daher korrekt als *Oktett*, englisch *octet*, bezeichnet. Erst als sich die Interpretation von IBM durchsetzte, konnten die Begriffe Byte und Oktett synonym verwendet werden. Der Begriff *Byte* kann darüber hinaus bedeuten: eine adressierbare Spei-

gängige Einheiten[11] *des Informationsgehalts und entsprechende Beispiele*[12] *angegeben.*

Tabelle 5.1. Übersicht zu Einheiten des Informationsgehalts mit Beispielen.

Einheit	Präfix	Abk.	Anzahl	Menge
Bit	-	b	Grundeinheit	Ja oder Nein
Byte	-	B	$2^3 = 8$ Bits	eine Zahl von 0 bis 255
Kibibyte	Kibi	KiB	$2^{10} = 1024$ Bytes	eine halbe Seite Text
Mebibyte	Mebi	MiB	$2^{20} = 1024$ KiB	ein Buch ohne Bilder, ein Fotofarbfilm
Gibibyte	Gibi	GiB	$2^{30} = 1024$ MiB	ein kurzer Videofilm, zwei Musik-CDs
Tebibyte	Tebi	TiB	$2^{40} = 1024$ GiB	Textmenge einer großen Bibliothek (1 Mio Bände)
Pebibyte	Pebi	PiB	$2^{50} = 1024$ TiB	geschätzte Datenmenge, die während eines hundertjährigen Menschenlebens auf Augen und Ohren einströmt
Exibyte	Exbi	EiB	$2^{60} = 1024$ PiB	Datenmenge mit rein philosophischem Charakter

Die Verwendung derselben Präfixe für binäre und dezimale Einheiten kann zur Verwirrung führen, wie demonstriert wird in der folgenden

Anmerkung 10 (Verwendung der SI- und IT-Präfixe). Eine 40-Gigabyte-Festplatte enthält nicht $40 * 1024^3 \approx 42,95 * 10^9$ Byte, sondern nur 40 *Milliarden* Byte. Ein PCI-Bus überträgt 32 *dezimale Bits* mit einer Rate von 33,3 MHz, also ca. 133,3 *Millionen Bytes pro Sekunde*. Das sind zwar, wie angegeben 133,3 dezimale *MBytes/s*, aber nur 127,2 *binäre MBytes/s*. Ein Modem mit 56,6 *kbit/s* überträgt nicht $56{,}6 \cdot 1024 = 57\,958$ *Bit pro Sekunde*, sondern nur 56 600. Eine so genannte 1,44-*MByte*-Diskette hat wiederum eine Kapazität von 1440 *binären KBytes*: entweder 1,41 oder 1,47 *MByte*.

Viele Programmiersprachen bieten den Datentyp *Bool* oder *Boolean* an um ein Bit abspeichern zu können.

---

chereinheit, die einem Zeichen aus dem *American Standard Code for Information Interchange*, kurz ASCII, entspricht, ein Datentyp für eine 8 Bit breite Einheit oder eine Datenmenge von zwei Nibbles zu je 4 Bit. Die Verwendung der Begriffe fällt bei den meisten Rechnern zusammen.

[11] Die Norm IEC60027-2 sieht in Anlehnung an die griechischen SI-Präfixe *kilo*, *mega*, *giga*, *tera*, *peta*, *exa* etc., die für die Werte 10^3, 10^6, 10^9, 10^{12}, 10^{15}, 10^{18} ... stehen, für die Klassifizierung von Speichern die IT-Präfixe *Kibi*, *Mibi*, *Gibi*, *Tibi*, *Pibi* und *Eibi* für die Werte 2^{10}, 2^{20}, 2^{30}, 2^{40}, 2^{50}, 2^{60} ... vor.

[12] Das Bonmot *„640 kB should be enough for everybody.“* wird Bill Gates zugeschrieben, 1981.

5.2 Addition und Subtraktion von Binärzahlen

Die Addition zweier s-stelliger Binärzahlen kann auf die Additionstabelle 5.2 für die zwei Ziffern 0 und 1 zurückgeführt werden. Die Implementierung einer Addition wird erläutert in

Anmerkung 11 (Implementierung einer Rechenoperation). Die Additionstabelle wird in einem Rechenwerk fest verdrahtet und **weder** als Tabelle **noch** als Fallunterscheidung in Software realisiert. Ein Addierwerk setzt sich kaskadisch aus Volladdierern zusammen, die wiederum jeweils aus zwei Halbaddierern bestehen.

Tabelle 5.2. Die Addition zweier ein-stelliger Binärzahlen reduziert sich auf die Unterscheidung der vier Fälle: $0+0=0$, $0+1=1$, $1+0=1$ und $1+1=10$. Die führende Eins im letzten Fall wird in den Übertrag geschoben. Die Tabelle wird in einem Rechenwerk direkt als Halbaddierer verdrahtet.

+	0	1
0	0	1
1	1	10

Die Addition zweier s-stelliger Binärzahlen $a = (a_s \dots a_1)_2$ und $b = (b_s \dots b_1)_2$ wird bitweise implementiert. Ein Halbaddierer verknüpft die beiden Bit-Eingänge a_i und b_i mit zwei elementaren logischen Operationen:

1. der exklusiven ODER-Verknüpfung `XOR`-Gatter zu dem ersten Bit-Ausgang, der so genannten *Halbsumme*

$$s_i = a_i \ \texttt{XOR} \ b_i := a_i \ \texttt{AND} \ \neg(b_i) \ \texttt{OR} \ \neg(a_i) \ \texttt{AND} \ b_i \quad \text{und} \tag{5.3}$$

2. der UND-Verknüpfung `AND`-Gatter, auch *Konjunktion*, zu dem zweiten Bit-Ausgang Übertrag oder auch Carry-Bit

$$c_i = a_i \ \texttt{AND} \ b_i. \tag{5.4}$$

Ein Halbaddierer berücksichtigt den Übertrag nicht. Ein Schaltbild des Halbaddierers, symbolisiert durch $\boxed{+\,/\,2}$, findet sich in der Abb. 5.4.

Ein Volladdierer $\boxed{+}$ berücksichtigt einen ggf. zu übernehmenden Übertrag im Carry-Bit c_{i-1} aus der vorangegangenen Bit-Halbaddition für die Stellen a_{i-1} und b_{i-1} und hat folglich die drei Bit-Eingänge a_i, b_i und c_{i-1}. Ein Schaltbild eines Volladdierers findet sich in der Abb. 5.5.

Anmerkung 12 (Herstellung eines integrierten Schaltkreises). Die Gleichungen (5.3) bzw. (5.4) stellen die *logische Repräsentation* des Halb- bzw. Volladdierers dar. Die entsprechenden Schaltbilder 5.4 bzw. 5.5 setzen die logische

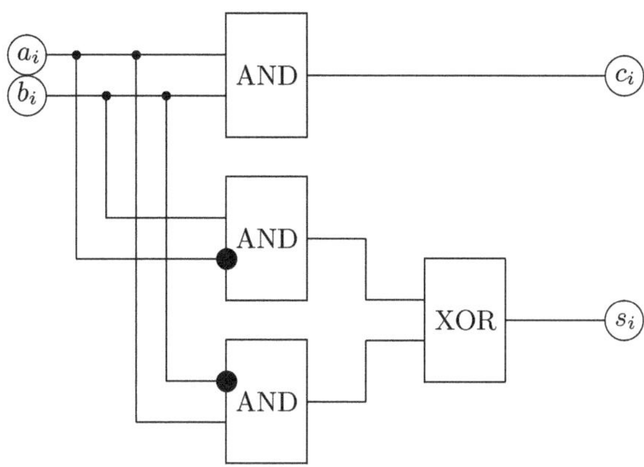

Abb. 5.4. Das Schaltbild eines 1-Bit-Halbaddierers, symbolisiert durch $\boxed{+\,/\,2}$, für a_i und b_i mit den logischen Verknüpfungen: dem XOR-Gatter für die so genannte *Halbsumme* s_i und dem AND-Gatter für den Übertrag c_i. Die beiden ausgefüllten Kreise repräsentieren die logische NICHT-Verknüpfung $\neg$.

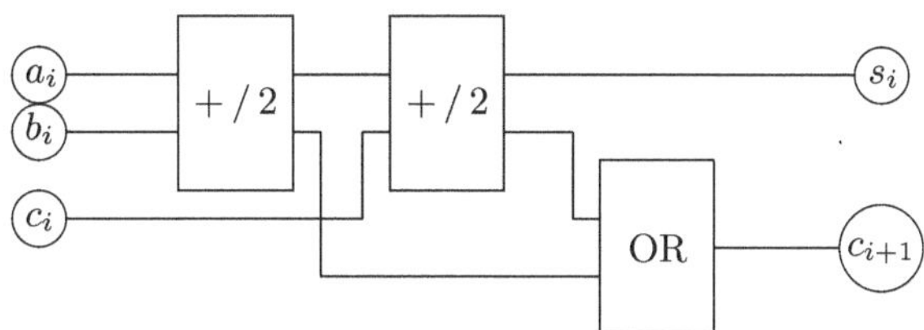

Abb. 5.5. Das Schaltbild eines 1-Bit-Volladdierers, der aus zwei 1-Bit-Halbaddierern, symbolisiert mit $\boxed{+\,/\,2}$, besteht.

Repräsentation in die *schematische Repräsentation* um. Der Herstellungsprozess eines integrierten Schaltkreises, wie z.B. der eines Addierwerks, sieht allgemein die folgenden unterschiedlichen Abstraktions- und Entwurfsschritte vor:

1. *Spezifikation* der gewünschten Funktionalität,
2. *logische Repräsentation* mit Funktionstabellen und der entsprechenden disjunktiven Normalform sowie bekannten Grundbausteinen der Digitaltechnik, z.B. elementare logische Verknüpfungen wie XOR- oder AND-Gatter,
3. *schematische Repräsentation* als Transistorschaltung,
4. *elektrische Repräsentation* als elektrisches Schaltbild, siehe dazu auch das Beispiel im Abschn. 9.1 ,

5. *physikalische Repräsentation* als Layout der Leiterbahnen auf einem Wafer[13],
6. *Maskenerzeugung* für die Belichtungsprozesse des Wafers,
7. *Herstellung* durch Belichtung, Ätzen und Schleifen, siehe z.B. die Leiterbahnen in Abb. 5.6,
8. *Test und Analyse* sowie
9. *Vertrieb* des integrierten Schaltkreises.

Die unterschiedlichen Entwurfsschritte werden z.B. durch Simulationen und / oder durch Regelprüfprogramme gegen die geforderte Spezifikation überprüft.

Die *Herstellung* basiert auf der MOS-Technik[14]. MOS-Schaltungen arbeiten mit spannungsgesteuerten Transistoren, die je nach Verschaltung entweder eine Kapazität oder einen nichtlinearen Widerstand repräsentieren können. Die Transistoren sind somit ein universelles Bauelement und bilden die Brücke zwischen der Funktionalität in Form der disjunktiven Normalform **und** dem Herstellungsprozess im Silizium einer integrierten Schaltung. Die technische Realisierung von Transistoren[15] ist somit von herausragender Bedeutung und leitete die Revolution in der Halbleitertechnik ein. Die MOS-Technik ermöglichte die Verkleinerung der Transistoren auf dem Wafer. Die Skalierung der folgenden physikalischen und technischen Größen mit dem Faktor α: Betriebsspannung U/α, Oxid-Dicke t_{Ox}/α, Leitungsbreite W/α, Gate-Länge L/α, Diffusionstiefe x_d/α und Dotierung des Substrates $N_A \cdot \alpha$ führt zu höherer Transistordichte $\sim \alpha^2$ auf dem Wafer, höherer Schaltungsgeschwindigkeit $\sim \alpha$, geringerer aufgenommener Leistung des Transistors $\sim \alpha^{-2}$ und zu konstanter Leistungsdichte $\sim c$.

Die Herstellung immer kleinerer Mikrochips ist aufgrund von geringeren Ausfallraten durch Verschmutzungen im Herstellungsprozess sogar noch kostengünstiger, siehe Abb. 4.1. Die Skalierung der Transistoren mit der MOS-Technik ist einer der entscheidenden Gründe für die Leistungssteigerung der integrierten Schaltungen über nunmehr vier Dekaden[16] und führt zu dem Selbstverstärkungseffekt: mit der jeweils aktuellen Generation von Rechnern, die aus Bauteilen der vorhergehenden Halbleitergeneration hergestellt wurden, wird die jeweils nächste Generation der Halbleitertechnik entworfen.

---

[13] Ein *Wafer* ist eine dotierte Siliziumscheibe mit einem Durchmesser von bis zu 300 mm und einer Dicke zwischen 100 und 900 μm. Ein Wafer ist eine Trägerstruktur, in den die Leiterbahnen eingearbeitet werden, und auf der der integrierte Schaltkreis so oft wie möglich plaziert wird.

[14] Die Abkürzung MOS steht für *Metal-Oxide-Semiconductor.*

[15] Die Abkürzung *Transistor* kommt von *trans*fer res*istor*. Der 23. Dezember 1947 markiert den Startschuß für die Revolution in der Halbleitertechnik, an diesem Tag die testeten die Ingenieure William Shockley, Walter Brattain und John Bardeen erstmals erfolgreich einen Transistor.

[16] Gordon E. Moore fasste dies 1995 kurz zusammen: „By making things smaller, everything gets better simultanously. There is little need for tradeoff.“

Abb. 5.6. Die Vergrößerung der Leiterbahnen eines integrierten Schaltkreises (Foto: Mit freundlicher Genehmigung der Infineon Technologies AG).

Das weitere Studium dieses Kapitels setzt elementare Kenntnisse der Landau-Notation $\mathcal{O}$ voraus, siehe Anhang A.2.

Der Aufwand für eine Addition ist proportional zur Stellenanzahl s: $\mathcal{O}(s)$. Dies entspricht genau dem Aufwand zum Transportieren des Ergebnisses in den Speicher. Die Addition benötigt somit für zwei s-stellige Binärzahlen für das Auslesen der Summanden aus dem Speicher, die Addition und das Rückschreiben des Ergebnisses in eine Speicherzelle die Rechenzeit $\mathcal{O}(s)$.

Übung 3. Kommentieren Sie folgendes, Gottfried Wilhelm Leibniz zugeschriebenes Bonmot: *„Das Addieren von Zahlen ist bei der binären Zahldarstellung so leicht, dass diese nicht schneller diktiert als addiert werden können“*[17].

Das Design von Rechenwerken wird maßgeblich durch effiziente und zuverlässige Rechenoperationen bestimmt. Die Konstruktion muss unterschied-

[17] Die gesamte Tragweite dieses Bonmots erschließt sich aus der folgenden Anekdote nach [27]: „Im 15. Jahrhundert hatte ein deutscher Kaufmann einen Sohn, den er im Handel weiter ausbilden lassen wollte. Er ließ einen bedeutenden Professor kommen, um ihn zu fragen, welche Institution zu diesem Zwecke die geeignetste sei. Der Professor antwortete, daß der junge Mann seine Ausbildung vielleicht auf einer deutschen Universität empfangen könne, wenn er sich damit bescheide, addieren und subtrahieren zu lernen. Wolle er es aber bis zur Multiplikation und Division bringen, so sei Italien nach seiner, des Professors Meinung, das einzige Land, wo man ihm dies beibringen könne.“ Die Rechenoperationen Multiplikation und Division hatten damals tatsächlich nicht viel gemein mit den Rechenarten, die heute diesen Namen tragen. So war z.B. die Multiplikation eine Abfolge von Verdopplungen und die Division beschränkte sich auf die Teilung in zwei gleiche Teile.

liche Aspekte gegeneinander abwägen, wie z.B. die durchzuführende Rechenoperation und die zu garantierende Genauigkeit des Ergebnisses, den Befehlssatz des Prozessors, die interne Registerbreite des Rechenwerkes, die Speicherarchitektur mit ggf. Verwendung von Cache-Speicher zum Abspeichern von Zwischenergebnissen, um schneller auf interne Tabellen zugreifen zu können, etc..

Die Automatisierung von Berechnungen ist nicht nur heutzutage eine zentrale Frage. Als es noch keine mechanischen oder elektrischen Rechner gab, wurden der Einfachheit halber Menschen mit der Durchführung von Berechnungen beauftragt.

Anmerkung 13 (Adam Ries). Ein berühmter Rechenmeister war der *Churfürstlich Sächs. Hofarithmetikus* Adam Ries, der durch seine Rechenbücher, z.B. *Rechenung auff den Linihen un Federn*[18], aus dem Jahr 1522 zum sprichwörtlichen Rechenlehrer der Deutschen wurde: *nach Adam Ries(e)* steht für richtig, genau gerechnet. Er trug nicht zuletzt durch sein didaktisches Geschick maßgebend zur Verbreitung des schriftlichen Rechnens in Deutschland bei.

Die Subtraktion zweier Binärzahlen führen wir auf die Addition zurück. Wir benötigen die

Definition 6 (Zweierkomplement). *Die* Zweierkomplementdarstellung *einer positiven ganzen Zahl z in Binärdarstellung nach (5.2) ist die Zahl*

$$\overline{z} = \sum_{i=0}^{s-1} (1 - z_i) \cdot 2^i + 1.$$

Alle Ziffern der binären Zahl werden durch ihr Komplement ersetzt: die binäre Eins wird zur binären Null und die binäre Null wird zur binären Eins. Das Zweierkomplement erhalten wir aus diesem Einserkomplement, wenn anschließend das Ergebnis um Eins erhöht wird. Das Ersetzen der Ziffern einer Binärzahl wird in einem Schaltbild einfach durch die NICHT-Verknüpfung realisiert. Diese Operation ist effizient implementierbar mit Aufwand $\mathcal{O}(s)$. Daran schließt sich die

Übung 4. Zeigen Sie, dass für die Summe einer s-stelligen Binärzahl $z \geq 0$ und ihres s-stelligen Zweierkomplements $\overline{z}$ gilt

$$z + \overline{z} = \sum_{i=0}^{s-1} 1 \cdot 2^i + 1 = 2^s. \tag{5.5}$$

Die Subtraktion zweier Binärzahlen $m \geq 0$ und $n \geq 0$ kann mit der Zweierkomplementdarstellung

---

[18] Das *Rechnen auf den Linien* steht für das Rechnen mit dem Abakus und das *Rechnen mit der Feder* für das Rechnen mit arabischen Ziffern.

$$m - n = m + \overline{n} - 2^s \tag{5.6}$$

auf die Summe der Binärzahlen m und $\overline{n}$ zurückgeführt werden:

1. Im Fall eines Übertrags bei der Addition $m+\overline{n}$ in der höchsten Stufenzahl 2^{s-1} in die nicht mehr repräsentierbare Stufenzahl 2^s, ist das Ergebnis positiv und die Differenz entspricht $m + \overline{n} + 1 - 2^s$, also dem Ergebnis der Addition ohne Übertrag.
2. Im anderen Fall, d.h. es gibt keinen Übertrag, ist das Ergebnis negativ und hat den Betrag des Zweierkomplements der Addition $\overline{m + \overline{n}}$.

Die Subtraktion von Binärzahlen kann mit einer zusätzlichen Fallunterscheidung auf die Addition und die Darstellung als Zweierkomplement zurückgeführt werden. Ein Schaltbild für die Subtraktion wird in Aufgabe 29 entwickelt.

5.3 Multiplikation und Division von Binärzahlen

Die Analyse der Multiplikation beginnen wir mit dem einfachen Fall der Multiplikation einer Zahl z in Binärdarstellung (5.2) mit einer Zweierpotenz 2^l mit $l \geq 0$. Das Produkt p kann dargestellt werden als

$$p = 2^l \cdot z = 2^l \cdot \sum_{i=0}^{s-1} z_i \cdot 2^i = \sum_{i=l}^{s+l-1} z_{i-l} \cdot 2^i. \tag{5.7}$$

Die Binärdarstellung des Produktes

$$p = \sum_{j=0}^{t-1} p_j \cdot 2^j$$

benötigt $t := s + l$ Stellen. Der Vergleich mit (5.7) liefert $p_j = z_{j-l}$ für $j \geq l$ und $p_j = 0$ für $j < l$. Das Bitmuster des Produktes p ergibt sich aus dem um l Stellen nach links verschobenen Bitmuster der Zahl z. Der Spezialfall $l = 0$ entspricht der Multiplikation mit der Zahl Eins und erfordert keine Bitverschiebung.

Dies motiviert die

Definition 7 (Verschiebeoperator). *Der* Verschiebeoperator *definiert für $l \geq 0$ die Abbildung $V_l : \mathbb{Z} \longmapsto \mathbb{Z}$, die der Binärzahl*

$$z = \sum_{i=0}^{s-1} z_i \cdot 2^i$$

die Binärzahl

$$V_l(z) = \sum_{i=0}^{s-1} z_i \cdot 2^{i+l} \tag{5.8}$$

zuordnet.

Verschiebungen des Bitmusters lassen sich sehr effizient implementieren und benötigen den Aufwand $\mathcal{O}(l)$, da l Bits in die binäre Repräsentation eingefügt werden müssen.

Das Multiplizieren zweier Zahlen m und n in s-stelliger Binärdarstellung kann mittels mehrfacher Anwendung des Verschiebeoperators

$$m \cdot n = \sum_{i=0}^{s-1} m_i \cdot 2^i \cdot n = \sum_{i=0}^{s-1} m_i \cdot V_i(n) \tag{5.9}$$

realisiert werden. In dem Fall $m_i = 0$ liefert der entsprechende Summand $m_i \cdot V_i(n)$ keinen Beitrag zum Produkt $m \cdot n$. Im anderen Fall $m_i = 1$ tragen die im Bitmuster verschobenen Binärzahlen $V_i(n)$ zum Ergebnis bei. Die Multiplikation zweier s-stelliger Binärzahlen reduziert sich auf maximal s Additionen mit dem gesamten Aufwand $\mathcal{O}(s^2)$.

Es gibt mehrere Möglichkeiten diese Komplexität zu reduzieren. Im Folgenden wird der Karatsuba-Algorithmus vorgestellt. Dabei werden zwei hinreichend große Binärzahlen m und n mit gerader Stellenanzahl s zerlegt in

$$m = m_0 + m_1 \cdot b^e, \quad n = n_0 + n_1 \cdot b^e \quad \text{mit } e = s/2. \tag{5.10}$$

Im Fall ungerader Stellenzahl wird eine führende Null eingefügt.

Übung 5. Geben Sie die vier Repräsentationen der Binärzahlen m_0, m_1, n_0 und n_1 explizit an. Zeigen Sie, dass diese maximal $s/2$ Stellen haben.

Das Produkt kann dargestellt werden als

$$m \cdot n = m_0 \cdot n_0 + (m_0 \cdot n_1 + m_1 \cdot n_0) \cdot b^e + m_1 \cdot n_1 \cdot b^{2e}.$$

Die explizite Berechnung der vier Produkte $m_0 \cdot n_0$, $m_0 \cdot n_1$, $m_1 \cdot n_0$ und $m_1 \cdot n_1$ kann umgangen werden, indem man

$$p_0 = m_0 \cdot n_0, \quad p_1 = (m_0 + m_1) \cdot (n_0 + n_1) \quad \text{und} \quad p_2 = m_1 \cdot n_1$$

berechnet und das Produkt $m \cdot n$ darstellt als

$$m \cdot n = p_0 + (p_1 - p_0 - p_2) \cdot b^e + p_2 \cdot b^{2e}.$$

Das Produkt zweier s-stelliger Binärzahlen wird dadurch auf zwei Summen und zwei Differenzen für Produkte von Binärzahlen mit $s/2$ Stellen zurückgeführt. Diese Zerlegung können wir rekursiv anwenden. Wir erhalten für die Größenordnung der durchzuführenden Operationen R in Abhängigkeit von der Stellenzahl s wegen

$$R(s) = 3 \cdot R\left(\frac{s}{2}\right) + \mathcal{O}(s)$$

und somit

$$R(s) = \mathcal{O}\left(s^{\log(3)/\log(2)}\right) = \mathcal{O}\left(s^{1.5849\ldots}\right).$$

Die Verschiebeoperation ist sehr effektiv implementierbar und daher lohnt sich in der Praxis der Aufwand der Karatsuba-Multiplikation erst für Stellenanzahlen mit $s \gg 100$. Daran schließt sich die

Übung 6. Verallgemeinern Sie den Karatsuba-Algorithmus, indem Sie die Binärzahlen anstatt in zwei Summanden wie in (5.10) in $h > 2$ Summanden zerlegen. Die Multiplikation zweier s-stelliger Binärzahlen lässt sich dann mit der Komplexität $\mathcal{O}(s^{\log(2h-1)/\log(h)})$ realisieren.

Die Analyse der Division von Binärzahlen beginnen wir mit der

Anmerkung 14 (Division mit Rest). Das Ergebnis der Division ganzer Zahlen m und n ist nicht notwendigerweise wieder eine ganze Zahl. Der Quotient $m \div n =: q \in \mathbb{Z}$ und der Rest $m \mod n =: r \in \mathbb{Z}$ soll für $n > 0$ möglichst die folgenden drei Bedingungen erfüllen:

1. die definierende Gleichung
$$m = q \cdot n + r \tag{5.11}$$
soll erfüllt sein,
2. wenn sich das Vorzeichen von m ändert, soll sich nur das Vorzeichen von q ändern und nicht der Betrag $|q|$ und
3. es soll sowohl $0 \leq r$ als auch $0 < n$ gelten.

Alle drei Bedingungen können **leider** nicht zugleich eingehalten werden. Wir betrachten dazu das Beispiel $5 \div 2$ mit dem Quotient 2 und dem Rest 1, womit die erste Bedingung erfüllt wäre. Wenn das Ergebnis der Division $-5 \div 2$ nach der zweiten Eigenschaft gleich $q := -2$ sein soll, wäre wegen (5.11) der Rest $r := -1 < 0$ im Widerspruch zur dritten Eigenschaft. Wenn im anderen Fall der Rest der Division $-5 \div 2$ nach der zweiten Eigenschaft gleich $r := 1$ sein soll, wäre wegen (5.11) das Ergebnis $q := -1$ im Widerspruch zur zweiten Eigenschaft.

Die meisten Programmiersprachen implementieren die Division ganzer Zahlen m und n so, dass die ersten beiden Eigenschaften erfüllt sind. Die Programmiersprache *C* garantiert sogar nur die erste Eigenschaft sowie $|r| < |n|$ und für die ganzen Zahlen $m \geq 0$ und $n > 0$ den Rest $r \geq 0$. Diese Bedingungen sind weniger einschränkend als die Bedingungen 2 oder 3.

Die Division positiver ganzer Zahlen m und n können wir z.B. implementieren, indem wir den Divisor n solange vom Dividend m abziehen, bis der aktuelle Wert m kleiner als n ist. Der Ausgabewert der Funktion

```
\\ Eingabewerte: m und n
k = 0;
WHILE  m > n :
   m = m - n;
```

```
    k = k + 1;
ENDWHILE
\\ Ausgabewert: k
```

ist der gesuchte Quotient k. Die Division lässt sich auf das mehrfache Ausführen der Subtraktion $m - n$ zurückführen.

Diese einfache und robuste Implementierung der Division ganzer Zahlen nach Anmerkung 14 ist nicht effizient, denn die Rechenzeit ist nicht unabhängig vom Ergebnis und benötigt den Aufwand $\mathcal{O}((m \div n) \cdot s)$. Eine detaillierte Besprechung effizienterer Divisionsalgorithmen findet sich z.B. in [88]. Die verwendeten Divisionsalgorithmen sind wesentlich komplizierter und folglich fehleranfälliger, wie wir zeigen in der

Anmerkung 15 (Divisions-Fehler im Pentium Prozessor, 1994). Ein einfacher Test für das fehlerfreie Arbeiten eines Prozessors ist die Berechnung des Ausdrucks $x - (x/y) \cdot y$ mit dem Ergebnis 0 für $y \neq 0$ und exakter Rechnung. Der damals neue Pentium Prozessor lieferte allerdings für $x = 4\,195\,835$ und $y = 3\,145\,727$ das Ergebnis 256.

Der Divisions-Algorithmus *Radix-4 SRT* war wie folgt implementiert:

1. Sammle die signifikanten Stellen in Dividend m und Divisor n.
2. Schätze mit Hilfe einer Tabelle die nächste Stelle q des Quotienten.
3. Multipliziere den Divisor n mit der Schätzung q und subtrahiere diesen Wert vom Dividenden $m = m - q \cdot n$.
4. Speichere die Stellen des Quotienten in den am wenigsten signifikanten Stellen des Quotienten-Registers.
5. Verschiebe den Rest und den Quotienten um eine Stelle nach rechts.
6. Sammle die signifikanten Stellen des Rests und fahre fort wie oben.

Dieser Algorithmus erzeugt pro Takt zwei gültige Stellen des gesuchten Quotienten. Die verwendete Tabelle sah 1066 Einträge vor. Durch eine fehlerhafte FOR-Schleife wurden nur 1061 Werte in den Pentium Prozessor aufgenommen. Diese nicht vorhandenen Tabellenwerte wirkten sich in seltenen Fällen bei der Durchführung einer Gleitpunktdivision aus und lieferten falsche Resultate an der vierten Dezimalstelle[19]. Der Schaden für die Firma Intel bezifferte sich auf über 400 Millionen Dollar.

In diesem Abschnitt haben wir gezeigt, dass die binäre Zahldarstellung der effizienten Ausführung der vier Grundrechenoperationen sehr entgegen kommt. Mit der Stellenanzahl s bestimmen wir den zur Darstellung einer Binärzahl z verwendeten Speicher und damit gleichzeitig auch den Umfang der darstellbaren Zahlen. Da wir nur einen endlichen Speicherplatz zur Verfügung haben, können wir nicht alle ganzen Zahlen $\mathbb{Z}$ darstellen. Wir müssen daher die Repräsentation (5.2) auf eine feste Stellenanzahl s einschränken. Im folgenden Abschnitt zeigen wir, was wir konkret im Umgang mit diesem beschränkten Bereich zu beachten haben.

[19] Siehe auch www.intel.com/procs/support/pentium/fdiv/.

5.4 Integer-Zahlen

Die binäre Zahldarstellung (5.2) ermöglicht es, eine endliche Teilmenge der ganzen Zahlen $\mathbb{Z}$ exakt in einem Rechner darzustellen. Der endliche Speicher beschränkt dabei die Anzahl der repräsentierbaren ganzen Zahlen. Wir legen eine **feste** Stellenanzahl s fest. Die sich daraus ergebende Menge der Maschinenzahlen $\mathbb{M}_I$ beschreibt folgende

Definition 8 (Integer-Zahlen). *Die ganze Zahl $z \in \mathbb{Z}$ gehört genau dann zur Menge der* Integer-Zahlen $\mathbb{M}_I$, *falls*

$$z = \sum_{i=0}^{s-1} m_i \cdot 2^i - 2^{s-1}, \quad m_i \in \{0,1\}, \quad i = 0, \ldots, s-1 \tag{5.12}$$

gilt.

Der Summand -2^{s-1} in (5.12) ermöglicht die Repräsentation negativer ganzer Zahlen. Der darstellbare Bereich der Integer-Zahlen umfasst nach Definition 8 alle ganzen Zahlen der Menge -2^{s-1}, $-2^{s-1}+1$, ..., $2^{s-1}-2$, $2^{s-1}-1$. Die Asymmetrie der oberen und unteren Schranke rührt von der Darstellung der Zahl Null her. Eine Integer-Zahl wird mit s Bits im Speicher abgelegt.

Anmerkung 16 (Explizites Vorzeichen-Bit). Negative ganze Zahlen können alternativ zu (5.12) auch durch ein explizites Vorzeichen-Bit dargestellt werden mit

$$z = (-1)^v \cdot \sum_{i=0}^{s-1} m_i \cdot 2^i, \quad m_i \in \{0,1\} \quad i = 0, \ldots, s-1. \tag{5.13}$$

Die Darstellung (5.13) benötigt $s+1$ Bits und deckt den Bereich der ganzen Zahlen symmetrisch von -2^s+1 bis 2^s-1 ab. Die Zahlendarstellung (5.12) hat den Vorteil, bei Verwendung gleich vieler Bits $t = s+1$ zusätzlich die Zahl -2^{t-1} darzustellen. Dies liegt daran, dass $+0 = -0$ ist und mit (5.13) die Zahl Null „doppelt“ repräsentiert wird.

Die Anzahl der Bits zur Darstellung einer Integer-Zahl hängt von der Registerbreite des Prozessors ab. Die Programmiersprache `C` bietet z.B. den Datentyp `int` an, der abhängig vom Prozessor typischerweise $t = 8$, $t = 16$ oder $t = 32$ Bits zur Darstellung verwendet. Die minimal und maximal darstellbaren Integer-Zahlen geben wir unabhängig von der Stellenzahl t einen Namen in der

Definition 9 (Minimale und maximale Integer-Zahl). *Die kleinste bzw. größte darstellbare Integer-Zahl im Format (5.12) bezeichnen wir unabhängig von der Stellenzahl t mit* der minimalen Integer-Zahl `INT_MIN` *bzw. der* maximalen Integer-Zahl `INT_MAX`. *Es gilt*

$$\texttt{INT\_MIN} := -2^{t-1} \quad \textit{und}$$
$$\texttt{INT\_MAX} := 2^{t-1} - 1.$$

Die Tabelle 5.3 zeigt die Werte `INT_MIN` *und* `INT_MAX` *abhängig von der Stellenzahl t.*

Tabelle 5.3. Die minimale Integer-Zahl -2^{t-1} und die maximale Integer-Zahl $2^{t-1} - 1$ abhängig von der Stellenzahl t.

Stellenzahl t	INT_MIN	INT_MAX
8	−128	127
16	−32.768	32.767
32	−2.147.483.648	2.147.483.647
64	−9.223.372.036.854.775.808	9.223.372.036.854.775.807

Die Integer-Zahlen decken den Zahlenbereich aller ganzen Zahlen zwischen `INT_MIN` und `INT_MAX` ab.

Wir machen noch die folgende

Definition 10 (Datentypen *signed integer* und *unsigned integer*). *Der Datentyp* unsigned integer `uint`<*Bitanzahl*>*, wie z.B.* `uint16` *oder* `uint32`*, bezeichnet eine Binärzahl $z \in \mathbb{Z}$ nach (5.2) mit $s = t - 1$*

$$z = \sum_{i=0}^{t-1} m_i \cdot 2^i, \quad m_i \in \{0, 1\}, \quad i = 0, \ldots, t-1. \tag{5.14}$$

Der Datentyp signed integer `int`<*Bitanzahl*>*, wie z.B.* `int16` *oder* `int32`*, bezeichnet entsprechend eine Integer-Zahl $z \in \mathbb{Z}$ nach (5.12) mit $s = t - 1$*

$$z = \sum_{i=0}^{t-1} m_i \cdot 2^i - 2^{t-1}, \quad m_i \in \{0, 1\}, \quad i = 0, \ldots, t-1. \tag{5.15}$$

Beide Datentypen benötigen genau t Bits im Speicher.

Beispiel 2 (Umwandlung in das Format einer Integer-Zahl). Die Dezimalzahl 11 soll als Integer-Zahl mit $t = 5$ Stellen dargestellt werden. Wir berechnen

$$\begin{aligned}
11 &= 27 - 16 \\
&= 16 + 11 - 2^4 \\
&= 16 + (8 + 3) - 2^4 \\
&= 16 + 8 + (2 + 1) - 2^4 \\
&= 2^4 + 2^3 + 2^1 + 2^0 - 2^4 \\
&= 1 \cdot 2^4 + 1 \cdot 2^3 + 0 \cdot 2^2 + 1 \cdot 2^1 + 1 \cdot 2^0 - 2^4 \\
&= (11011)_2 - 2^4.
\end{aligned}$$

Daran schließt sich die

Übung 7. Wie lautet die Darstellung der Zahl 11 mit $t = 6$ Stellen?

Wenden wir uns dem Rechnen mit Integer-Zahlen zu. Die Integer-Zahlen sind eine Teilmenge der ganzen Zahlen und so können die im Abschn. 5.1 vorgestellten Berechnungsmethoden angewendet werden: Das Ergebnis einer Addition, Subtraktion oder Multiplikation von Integer-Zahlen muss nicht notwendigerweise im Bereich der darstellbaren Integer-Zahlen enthalten sein. Wenn das Ergebnis einer Integer-Rechenoperation nicht mehr in der Menge der darstellbaren Integer-Zahlen [`INT_MIN`, `INT_MAX`] liegt, dann findet ein Über- oder Unterlauf des Zahlenbereichs statt, bei dem das so genannte Carry-Bit gesetzt wird, siehe dazu die

Anmerkung 17 (Wrap-Around). Der Integer-Zahlenbereich wird projektiv abgeschlossen, indem man sich den Bereich der darstellbaren Integer-Zahlen von `INT_MIN` bis `INT_MAX` auf einem Kreis angeordnet vorstellt. Durch diese Konstruktion erscheint der Integer-Zahlenbereich geschlossen, siehe Abb. 5.7. Der Wrap-Around bezeichnet dann das Ergebnis eines Zahlenüber- oder unterlaufs. Eine Bereichsüberschreitung, z.B. um den Wert Eins, führt zu dem nicht mehr darstellbaren Resultat 2^{t-1} und wird als benachbarte Zahl auf dem Kreis interpretiert. Der Wrap-Around liefert somit als Ergebnis die betragsmäßig größte, negative darstellbare Zahl `INT_MIN`.

Der so beschriebene Wrap-Around realisiert mathematisch gesehen einen Restklassenring modulo 2^t für den Datentyp *unsigned integer*.

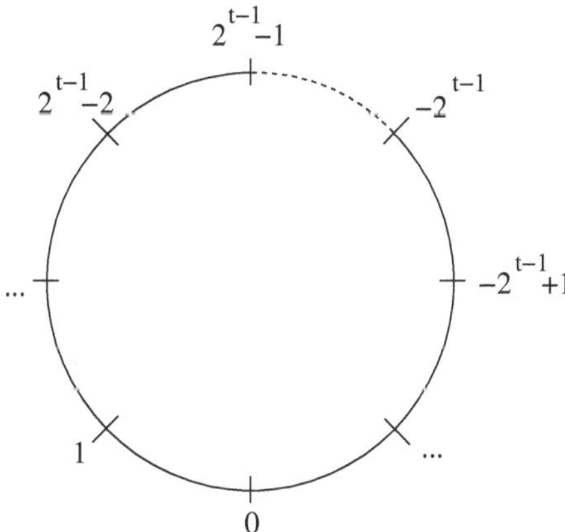

Abb. 5.7. Die projektive Schließung des Bereichs der Integer-Zahlen $[-2^{t-1}, 2^{t-1}-1]$.

Das Carry-Bit wird im Fall einer Bereichsüberschreitung gesetzt: Zuverlässige Software sollte ggf. eine fehlgeschlagene Rechenoperation in Abhängigkeit vom Status des Carry-Bits abfangen. Das Carry-Bit wird z.B. bei einer Addition immer dann benötigt, wenn das Ergebnis der Addition die Registerbreite überschreitet.

Beispiel 3 (Verwendung des Carry-Bits). Die beiden hexadezimalen Zahlen `a = 0x1A0` und `b = 0x1B0` sollen addiert werden. Ein entsprechender Programmabschnitt in der Programmiersprache `C` lautet z.B.

```
int16 A = 0x1A0, B = 0x1B0;
int16 C = A + B;
```

Wir betrachten die Wirkungsweise des Carry-Bits anhand der Folge der Assembler-Befehle, die ein Compiler aus diesem Programmabschnitt erzeugt. Die im Folgenden beschriebene Intel8086-Assembler-Routine addiert die beiden 16-Bit-Summanden `a` und `b` mit Hilfe von 8-Bit-Registern. Das Register `AL` dient als Zwischenregister. Die Intel Prozessoren verfügen über zwei verschiedene Addierbefehle: der Befehl `adc` berücksichtigt ein ggf. gesetztes Carry-Bit und der oben verwendete Befehl `add` nicht. Zuerst werden die beiden Lowbytes ohne Berücksichtigung des Carry-Bits addiert:

```
# BEGIN
# Lowbyte des ersten Summanden in das Register AL laden
  mov AL, 0xA0;            # AL = 0xA0

# Lowbyte des zweiten Summanden zum Register AL addieren
  add AL, 0xB0;            # AL = 0xB0, Carry-Bit = 1
# ...
```

Das Carry-Bit wird im Fall eines Überlaufes, wie in diesem Beispiel, gesetzt.

```
# ...
# Ergebnis Lowbyte nach BL kopieren
  mov BL, AL;              # BL = 0x50
# ...
```

Der Registerladebefehl `mov` verändert das Carry-Bit nicht.

```
# ...
# Highbyte des zweiten Summanden in das Register AL laden
  mov AL, 0x01;            # AL = 0x01
# ...
```

Die anschließende Addition der Highbytes mit dem Befehl `adc` beachtet das gesetzte Carry-Bit und erhöht den Wert der Summe `0x01+0x01` um den Wert 1:

```
# ...
# Highbyte des zweiten Summanden zum Register AL addieren
  adc AL, 0x01;            # AL = 0x03, Carry-Bit = 0
# ...
```

Der Befehl `adc` erzeugte keinen Überlauf und daher wird das Carry-Bit wieder gelöscht. Das Highbyte des Ergebnisses wird zuletzt noch in das Register `CL` verschoben:

```
# ...
# Highbyte des Ergebnisses nach CL kopieren
  mov CL, AL;              # CL = 0x03
# Ergebnis: Highbyte in CL 0x03 und Lowbyte in BL 0x50
# END
```

Die Ergebnis `int16 c = 0x350` landet in dem Registerpaar `CL` (Highbyte) und `BL` (Lowbyte).

Die Programmiersprache `C` sieht explizit keinen Befehl zum Auslesen des Carry-Bits vor. Es ist daher **nicht** möglich den Status des Carry-Bit auf der Abstraktionsebene `C` abzufragen. Wenn es notwendig ist, während der Programmlaufzeit auf einen Überlauf reagieren zu müssen, ist in der Programmiersprache `C` ein Trick anzuwenden: das Ergebnis wird zunächst in einer Zwischenvariablen mit größerem Wertebereich berechnet und anschließend geprüft, ob das Ergebnis im Wertebereich der Zielvariablen enthalten ist, wie gezeigt wird in der

Anmerkung 18 (Saturierte Multiplikation). Die drei Variablen `a`, `b` und das Produkt `c = a * b` haben denselben Datentyp `uint8`. Ein Überlauf soll ggf. abgefangen werden. Es bietet sich folgender `C`-Code an:

```
uint8  a = 20, b = 40, c;
uint16 d;

d = a * b;
c = ((d < (uint16) 255) ? (uint8) d : (int8) 255);
```

Das Ergebnis `c` entspricht dem Produkt `a * b` , solange der Wertebereich der Variablen `c` nicht überschritten wird. Im Fall eines Überlaufs lautet das Ergebnis in dem Beispiel `c = 255`, also dem maximalen Wert des zulässigen Wertebereiches des Datentyps `uint8`.

Die Division von Integer-Zahlen liefert i.Allg. keine ganzzahligen Ergebnisse mehr (vgl. Abschn. 5.3). Soll das Ergebnis eine Integer-Zahl sein, müssen wir die Division zweier Integer-Zahlen als Division ohne Rest, symbolisiert durch $\div$, implementieren. Wir geben das

Beispiel 4. Die Integer-Division führt z.B. zu folgenden Resultaten

$$4 \div 2 = 2, \quad -7 \div 3 = -2 \quad \text{und} \quad 1 \div 3 = 0. \tag{5.16}$$

Die Integer-Division kann als Rundung zur Null hin interpretiert werden. Die beiden letzten Divisionen im Beispiel 4 sind gleichzeitig auch Beispiele für einen unvermeidbaren Rechenfehler $f_{re} = 1/3$ entsprechend (4.4). Diese

Rechenfehler können in der Analyse der Algorithmen nicht vernachlässigt werden, wie später im Beispiel 6 gezeigt werden wird.

Die Programme brechen in der Regel bei der Division durch die Zahl Null ohne Fehlermeldung ab. Es lohnt sich daher, diese unzulässigen Fälle abzufangen, wie wir sehen in

Beispiel 5 (Division durch Null). Das US-Kriegsschiff Yorktown trieb im September 1997 für einen halben Tag manövrierunfähig im Atlantik. Die Eingabe einer Null wurde nicht abgefangen und führte zu einem Überlauf, der das gesamte System lahm legte[20].

Ein Programmabschnitt, der Divisionen enthält, sollte vor einem Programmlauf analysiert[21] werden, um sicherstellen zu können, dass für alle zulässigen Eingabedaten entweder keine Division durch die Zahl 0 stattfinden kann oder die entsprechenden Divisionen sinnvollerweise gekapselt werden: das Programm kann dann kontrolliert terminieren. So bietet es sich z.B. an, die entsprechende Division zu ersetzen durch die Routine

```
int division(int dividend, int divisor)
{
  if (divisor != 0)
    return (dividend / divisor);
  else
    ... // Fehlerhinweis, Defaultwert, etc.
}
```

Die Eigenschaften der Datentypen und der zugehörigen Arithmetik sind sorgfältig zu beachten, wie gezeigt wird in der

Anmerkung 19 (Bestrahlung und Wrap-around). Das Steuerungsprogramm des medizinischen Bestrahlungsgerätes Therac-25 zeigte mit einer 8-Bit Integer-Variablen sowohl den Gerätestatus als auch die Anzahl der fehlgeschlagenen Bestrahlungsversuche an:

1. Wenn alle Geräteeinstellungen in Ordnung waren, wurde der Variablen der Wert 0 zugewiesen und die Bestrahlung konnte beginnen.
2. Wenn die Geräteeinstellungen gegen die für den Betrieb vorgesehenen Regeln verstießen, wurde der Wert der Variable um den Wert 1 erhöht und war somit insbesondere ungleich 0 und die Bestrahlung konnte nicht ausgeführt werden.

Der Wert der Variablen nahm nach 256 Fehlversuchen wegen des Wrap-around, siehe Anmerkung 17, den Wert 0 an, und trotz fehlerhafter Geräteeinstellung wurde die Bestrahlung begonnen - mit teils verheerenden Folgen für die Patienten.

---

[20] Siehe auch `www.gcn.com/archives/gcn/1998/july13/cov2.htm`.

[21] Die Firma Polyspace Technologies bietet z.B. mit der Software Polyspace Verifier ein solches Analyseprogramm für *C*-Code an.

Zusammenfassung: Die vier arithmetischen Grundoperationen im Bereich der Integer-Zahlen erfordern die detaillierte Analyse der Wertebereiche der Variablen. Die implementierten Algorithmen müssen insbesondere sowohl die Über- oder Unterschreitung des Bereichs der Integer-Zahlen als auch die bereits im Bereich der ganzen Zahlen $\mathbb{Z}$ nicht zugelassene Division durch Null abfangen können. Rechenfehler treten dann nur noch bei der Division auf, wenn die Division nicht auf geht.

Mit diesen Betrachtungen wollen wir die Approximation ganzzahliger Zahlenbereiche verlassen und uns dem Problem der Repräsentation reeller Zahlen zuwenden.

5.5 Darstellung reeller Zahlen

In einem Rechner können wegen der Endlichkeit des Speichers – ähnlich wie bei den ganzen Zahlen $\mathbb{Z}$ – nur endlich viele reellen Zahlen $\mathbb{R}$ dargestellt werden: Jedes nicht-leere Intervall $[a, b] \subset \mathbb{R}$ enthält unendlich viele reelle Zahlen und daher können im Gegensatz zu den ganzen Zahlen $\mathbb{Z}$ nicht mehr alle Zahlen aus einem Teilintervall exakt repräsentiert werden. Zusätzlich tritt ein weiteres Problem auf: Wie klein auch die noch zu definierende Genauigkeit der repräsentierenden Zahlen gewählt ist, irrationale Zahlen wie z.B. die Kreiszahl π oder $\sqrt{2}$ können niemals korrekt dargestellt werden, da sie unendlich viele Stellen haben. Die Eingabedaten können daher nur in Spezialfällen exakt verarbeitet werden. In diesem Zusammenhang hat es sich auch nicht als sinnvoll erwiesen, die rationalen Zahlen als Brüche mittels Zähler und Nenner durch ganze Zahlen darzustellen.

5.5.1 Festkommazahlen

In einem ersten Ansatz können wir zusätzlich zu den „Vorkommastellen" der Binärzahlen noch eine feste Anzahl von Nachkommastellen zulassen. Dies führt zu der

Definition 11 (Festkommazahlen). *Die Menge* $\mathbb{M}_F$ *der* Festkommazahlen *fasst alle reellen Zahlen* $r \in \mathbb{R}$ *zusammen, die sich mit einer festen vorgegebenen Stellenzahl* $v, n \in \mathbb{N}^*$[22] *sowohl vor als auch hinter dem Komma, den* Vor- *und* Nachkommastellen[23], *und der Basis* b *als*

$$r = (-1)^s \cdot \sum_{i=-n}^{v-1} r_i \cdot b^i \tag{5.17}$$

[22] Die Menge $\mathbb{N}^*$ bezeichnet nach der Norm *ISO 31-11 Mathematical signs and symbols for use in the physical sciences and technology* die Menge der natürlichen Zahlen ohne die Null.

[23] Jede reelle Zahl kann durch eine unendliche b-adische Entwicklung mit $n = \infty$ eindeutig dargestellt werden, siehe auch Aufgabe 28.

mit $r_i \in \{0, \ldots, b-1\}$ *und* $-n \leq i \leq v-1$ *darstellen lassen.*

Eine Festkommazahl in der Repräsentation (5.17) benötigt somit $n+v+1$ Bits: $n+v$ Bits für die Vor- und Nachkommastellen sowie ein weiteres Bit für das Vorzeichen.

Anmerkung 20 (Komma). Die heute gültige Zahlennotation mit dem Komma geht auf den flämischen Mathematiker Simon Stevin zurück. In seinem Buch *De Thiende* von 1585, siehe [106], stellte er z.B die Zahl $2,632$ als

$$2_{⓪}\,6_{①}\,3_{②}\,2_{③}$$

dar. Der Stellenwert der Ziffer wurde in einem tiefgestellten Kreis gemerkt. Die Position der Ziffer ordnet den Stellenwert zu und so genügte es bald, nur einen Kreis ⓪, z.B. für die Einser-Position, zu machen, aus dem sich dann das bekannte Komma entwickelte.

Das Komma ist mittlerweile laut der Norm *ISO 31-11* durch den Dezimalpunkt abgelöst. Die Ziffern werden durch Leerzeichen zwischen Gruppen von jeweils drei Ziffern separiert.

Anmerkung 21. Die Repräsentation (5.17) der Festkommazahlen ist bis auf den Faktor b^n formal äquivalent zu der Repräsentation (5.1): Festkommazahlen lassen sich als rationale Zahlen mit ganzzahligem Zähler und konstantem Nenner b^n interpretieren. Die Implementierung der vier Grundrechenarten lässt sich ähnlich wie für die Binärzahlen durchführen.

Die Repräsentation mit Festkommazahlen wird bevorzugt angewendet, wo die Anzahl der relevanten Vor- und Nachkommastellen bekannt ist: Die Angaben von Devise wie z.B. Dollar.Cent oder Euro.Cent sind nur zwei Nachkommastellen notwendig ($b = 10$). Die genaue Kenntnis der Vor- und Nachkommastellen reicht allerdings nicht aus, um die Rechenfehler in einer Berechnung zu beherrschen, wie wir nachvollziehen können an dem

Beispiel 6 (Vancouver Börsenindex). Der Aktien-Index war an der Aktienbörse in Vancouver rechnerisch von anfänglich 1000.0000 am 25. November 1983 auf 574.0810 gefallen, obwohl der tatsächliche Wert des Aktien-Indexes bei 1098.8920 stand. Der Aktien-Index wurde nach jeder der täglich ca. 3000 Verkaufsereignisse neu berechnet. Der aktuelle Wert des Aktien-Index wurde mit vier Nachkommastellen gespeichert und nach jeder Aktualisierung anstatt korrekt gerundet, ähnlich wie bei der Integer-Division, einfach nur um die nicht relevanten, mitberechneten Nachkommastellen „abgehackt". Diese Abschneidefehler waren der Grund für den falschen Wert des Indexes.

Das Rechnen mit Festpunktzahlen führt sehr häufig zu Bereichsüberschreitungen. Die unerwünschten Unter- oder Überlaufe können bei detaillierter Analyse der Berechnung durch Skalierungsfaktoren verhindert werden, wie gezeigt wird in

Beispiel 7 (Skalierungsfaktoren). Die Funktion

$$y = f(x) = \frac{\sqrt{x}}{1+x}$$

soll für Werte der Form

$$x = \frac{(a+b)\cdot c}{d},$$

mit $a, b, c \in (0,1)$ und $d \in (0.1, 1)$ ausgewertet werden. Es soll sichergestellt werden, dass kein Zwischenergebnis den Wert 1 überschreitet. Eine Prozedur zur Wurzelberechnung sei vorhanden. Das Ergebnis der Funktion $f(x)$ schätzen wir mit der Ungleichung zwischen dem harmonischen und geometrischen Mittel

$$\frac{2}{\frac{1}{a}+\frac{1}{b}} \leq \sqrt{a\cdot b} \text{ für positive } a, b \in \mathbb{R},$$

für $x > 0$ mit

$$\frac{\sqrt{x}}{1+x} = \frac{1}{2}\cdot\frac{2}{\frac{1}{\sqrt{x}}+\sqrt{x}} \leq \frac{1}{2}\cdot\sqrt{\frac{1}{\sqrt{x}}\cdot\sqrt{x}} = \frac{1}{2}$$

nach oben ab. Das Endergebnis y überschreitet den Wert 1 nicht. Allerdings kann der Wert x für die Belegung $a = b = c = 1$ und $d = 0.1$ den Wert 20 annehmen. Dies steht im Widerspruch zu der Forderung, dass alle Zwischenergebnisse kleiner als 1 sein sollen. Wir erweitern daher den Ausdruck für y mit dem Skalierungsfaktor d und definieren $z := d\cdot x = (a+b)\cdot c$. Als Resultat erhalten wir

$$y = \frac{\sqrt{d}\cdot\sqrt{z}}{d+z}. \tag{5.18}$$

Aufgrund der angegebenen Restriktionen für a, b, c und d können wir die neuen Argumente abschätzen: $0 \leq z < 2$ und $0 < d + z < 3$. Daher erweitern wir die Darstellung (5.18) nochmals mit dem Skalierungsfaktor 1/3. Die gewünschte Berechnungsmethode lautet endlich

$$y = \frac{\sqrt{d/3}\cdot\sqrt{z/3}}{d/3+z/3}.$$

Die Anwendung von Festpunktzahlen empfiehlt sich nur für Berechnungen, bei denen die Größenordnung der einzelnen (Zwischen-)Ergebnisse leicht abzuschätzen sind. Dies ist i.Allg. nicht immer so leicht analysierbar wie in Beispiel 7. Wir weichen daher auf andere Zahlendarstellungen aus.

5.5.2 Intervallarithmetik

Eine Möglichkeit, akkumulierte Fehler in den Griff zu bekommen, besteht darin, jede Zahl mit beliebig vielen Stellen zu repräsentieren, wie das z.B.

Mathematica zulässt. Da jeder Rechenschritt i.Allg. die Anzahl der notwendigen Stellen zur exakten Repräsentation der internen Zwischenergebnisse erhöht, hängt die Rechenzeit von der Reihenfolge und Anzahl der Berechnungsschritte ab.

Die Eingabedaten sind i.Allg. mit Fehler behaftet. Es macht also nur wenig Sinn, mit diesen fehlerbehafteten Zahlen beliebig genau zu rechnen. Es liegt daher die Idee nahe, die Zahlen durch einschließende Intervalle darzustellen. Das Intervall liefert dann auch gleich einen Hinweis auf die Güte der Repräsentation. Dies ist die Grundidee[24] der Intervallrechnung, die wir festhalten in der

Definition 12 (Intervallarithmetik). *Jeder reellen Zahl* $r \in \mathbb{R}$ *wird ein einschließendes Intervall* $[r_1, r_2]$ *mit* $r_1 \leq r \leq r_2$ *zugeordnet. Beide Intervallgrenzen* r_1 *und* r_2 *sind Maschinenzahlen.*

Anmerkung 22 (Beschränkte Genauigkeit durch Messung). In der Messtechnik ist es üblich, charakteristische Größen eines Objektes, die einer direkten Messung nicht zugänglich sind, aus gemessenen Hilfsgrößen zu berechnen. Wollen wir z.B. die Geschwindigkeit eines Fahrzeugs bestimmen, messen wir den Abstand zweier Lichtschranken und die Zeit, die das Fahrzeug benötigt, beide Lichtschranken zu passieren. Da wir sowohl den Abstand als auch die Zeit mit endlicher Genauigkeit messen, etwa in Meter $[m]$ und in Sekunden $[s]$, können wir nur minimale und maximale Grenzen für die tatsächliche Geschwindigkeit angeben.

Aufbauend auf Definition 12 der Intervalle können wir mathematische Gesetze für das Rechnen mit Intervallen herleiten. Bei der Verknüpfung zweier Zahlen $r \in \mathbb{R}$ und $s \in \mathbb{R}$, repräsentiert durch die Intervalle $[r_1, r_2]$ und $[s_1, s_2]$, werden im Sinne der Intervallarithmetik untere und obere Schranken für das gesuchte Ergebnis bestimmt. Bei der Addition ergibt sich so z.B. für die Summe $r + s$ ohne Berücksichtigung der Rundungsfehler die Intervallrepräsentation

$$[r_1, r_2] +_{\mathbb{IM}} [s_1, s_2] := [r_1 + s_1, r_2 + s_2]. \tag{5.19}$$

Entsprechend ergibt sich für die Multiplikation

$$[r_1, r_2] \cdot_{\mathbb{IM}} [s_1, s_2] := \left[\min_{i,j \in \{1,2\}} \{r_i \cdot s_j\}, \max_{i,j \in \{1,2\}} \{r_i \cdot s_j\} \right]$$

Daran schließt sich die

[24] Erste Veröffentlichungen zu der so genannten *Intervallrechnung* wurden 1958 von dem Mathematiker Teruo Sunaga gemacht. In Karlsruhe lief bereits 1967 eine entsprechende Erweiterung der Programmiersprache *ALGOL-60* auf einer Anlage Z23 von Konrad Zuse. Die Intervallarithmetik hat sich bisher nicht allgemein durchgesetzt.

Übung 8. Welche Intervallrepräsentation hat die Division zweier „Intervall-Zahlen" $r, s \in \mathbb{R}$, dargestellt durch die Intervalle $[r_1, r_2]$ und $[s_1, s_2]$ mit $r_2 < 0 < s_1$, bei Rechnung ohne Rundungsfehler?

Das Ergebnis ist ein Intervall, das das gesuchte Resultat $r + s$ bzw. $r \cdot s$ einschließt. Werden auftretende Rundungsfehler bei der Bestimmung der Intervallgrenzen $r_1 +_{\mathbb{M}} s_1$ sowie $r_2 +_{\mathbb{M}} s_2$ mit berücksichtigt, so runden wir die Ergebnisse für die Intervallgrenzen „nach außen" auf Maschinenzahlen, d.h.

$$[r_1, r_2] +_{\mathbb{M}} [s_1, s_2] := [\text{Abrunden}(r_1 + s_1), \text{Aufrunden}(r_2 + s_2)].$$

Das Umschalten zwischen Auf- und Abrunden kostet auf gängigen Prozessoren zusätzlich viel Rechenzeit, weil es in dem heute fast allgemein befolgten IEEE-Standard von der eigentlichen Rechenoperation getrennt ist. Die Intervallarithmetik ist deshalb vergleichsweise langsam. Abhilfe können da geeignet entworfene Prozessoren schaffen, die parallel beide Intervallgrenzen berechnen. Dann ist eine elementare Operation mit Intervallen so schnell wie mit „gewöhnlichen" Maschinenzahlen.

Im Laufe der Berechnung verfügen wir über exakte untere und obere Schranken für das aktuelle Ergebnis. Allerdings kann es durch das Auf- und Abrunden zu erheblichen Überschätzungen der Intervallgröße kommen. Das Ergebnis ist dann zwar korrekt eingeschlossen, die Intervallgrenzen können zunehmend ungenauer werden und haben im Fall $-\infty$ und $+\infty$ jede Aussagekraft verloren.

Verifizierende numerische Berechnungsverfahren beruhen ganz wesentlich darauf, dass exakte Informationen über den Wertebereich bei Funktionsauswertungen zur Verfügung gestellt werden. Dazu wird eine garantierte Obermenge des Wertebereichs $[y_1, y_2]$ einer Funktion f mit dem Definitionsintervall $X = [x_1, x_2]$ berechnet. Der Wertebereich kann insbesondere bei „großen" Intervallen und ungeschickter Berechnung von f ungünstig vergrößert werden, so dass das berechnete Intervall nutzlos wird. Wir studieren das im

Beispiel 8. Der Wertebereich Y der Funktion $f(x) = x/(1 - x)$ mit dem Definitionsbereich $X = [2, 3]$ kann mittels Intervallarithmetik nach Übung 8 abgeschätzt werden:

$$f([X]) = f([2,3]) = \frac{X}{1 - X} = \frac{[2,3]}{1 - [2,3]} = \frac{[2,3]}{[-1,-2]} = [-3,-1]. \qquad (5.20)$$

Der exakte Wertebereich ist $Y = f([X]) = [-2, -1.5] \subset [-3, -1]$.

Das überschätzte Ergebnisintervall (5.20) gilt es zu minimieren. Dazu wird die Berechnungsmethode f mathematisch äquivalent umgeformt. In dem Beispiel 8 ist das mit einem einfachen Trick möglich, siehe

Übung 9. Zeigen Sie, dass sich mit der alternativen Darstellung $\tilde{f}(x) := 1/(\frac{1}{x} - 1)$ der Funktion f für $x \neq 0$ der exakte Wertebereich $[-2, -1.5]$ berechnen lässt.

Die Intervall-Arithmetik wird vor allem in Analyseprogrammen, wie z.B. dem Verifier der Firma Polyspace Technologies, oder in bestimmten Phasen eines Compilers eingesetzt, um den Wertebereich einer Variablen bestimmen zu können. Die Wertebereiche werden wiederum zur Detektion von Über- oder Unterläufen verwendet.

Die Vorstellung der Intervall-Arithmetik soll damit beendet werden. Wir wenden uns der heute übliche Approximation reeller Zahlen mit dem Gleitpunktformat zu.

5.5.3 Gleitpunktzahlen

Die Entwicklung des Gleitpunktzahlenformats ist historisch gesehen die Antwort auf die Frage, welches Maschinenformat für die Darstellung reellwertiger Zahlen notwendig ist um alle vier Grundrechenarten: Addition, Subtraktion, Multiplikation und Divisionen effizient durchführen zu können.

Die Binärdarstellung (5.2) erlaubt, wie bereits in Abschn. 5.1 gezeigt, die effiziente Durchführung von Addition und Subtraktion. Es liegt daher die Idee nahe, die Multiplikation und Division mit Hilfe einer logarithmischen Zahlendarstellung auf die effiziente Addition und Subtraktion zurückzuführen: Die Multiplikation $a{\cdot}b$ bzw. Division a/b der positiven reellen Zahlen a und b kann, ähnlich wie bei einem Rechenschieber, siehe Abb. 5.8, auf Grund der mathematischen Formeln $\log(a \cdot b) = \log(a) + \log(b)$ und $\log(a/b) = \log(a) - \log(b)$ auf die Addition $\log(a) + \log(b)$ bzw. Differenz $\log(a) - \log(b)$ der Logarithmen $\log(a)$ und $\log(b)$ zurückgeführt werden. Multiplikationen und Divisionen lassen sich mit Hilfe der logarithmischen Zahlendarstellung bis auf die Konvertierung zwischen binärem und logarithmischem Format genauso schnell durchführen wie Additionen und Subtraktionen.

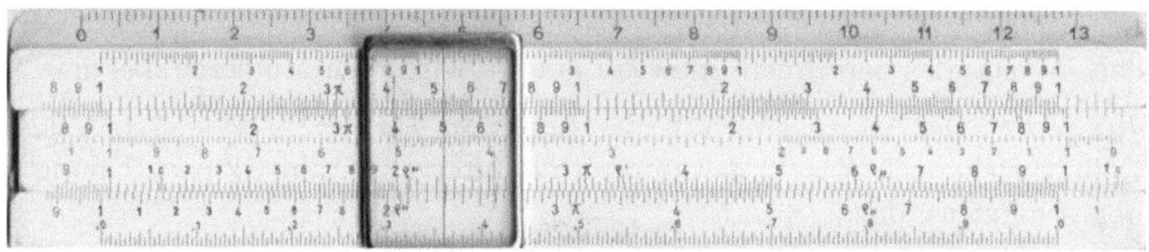

Abb. 5.8. Die Multiplikation zweier Zahlen $a \cdot b$ wird mit einem Rechenschieber auf die Addition der entsprechenden Logarithmen $\log(a) + \log(b)$ zurückgeführt.

Die Berechnung eines Skalarprodukts würde allerdings mehrfache Konvertierungen zwischen der rein binären und der rein logarithmischen Darstellung erzwingen und unnötige Rechenzeit verschwenden. Im Jahr 1935 umging der Erfinder Konrad Zuse dieses Problem mit der Umwandlung, in dem er die *halblogarithmische Zahlendarstellung*, heute als *Gleitpunktdarstellung* bekannt, einführte[25] und stellte den ersten funktionierenden, frei programmierbaren Rechner der Welt her, siehe folgende

Anmerkung 23 (Rechenmaschine Z3). Der gelernte Bauingenieur Konrad Zuse wollte ab 1936 die standardisierten und langwierigen Berechnungen der Statiker automatisch und zuverlässig durchführen können. Er entwarf und realisierte dazu bis 1941 eine frei programmierbare und mit ausreichend viel Speicher für Zwischenergebnisse vorgesehene Rechenmaschine mit den folgenden wesentlichen Neuerungen:

1. alle Zahlen wurden binär dargestellt,
2. die effiziente Durchführung aller vier Grundrechenoperationen wurde durch das Gleitpunktzahlenformat ermöglicht, so genannte Vierspeziesrechenmaschine, und
3. die binären Schaltelemente wurden realisiert mit Blechstreifen, die mit Steuerstiften gekoppelt waren.

Eine Simulation der Rechenmaschine Z3 findet sich in dem Internet-Archiv `www.zib.de/zuse/`.

Die halblogarithmische Zahldarstellung[26] zerlegt jede reelle Zahl $r \in \mathbb{R}$ in drei Bestandteile: ein Vorzeichen $(-1)^v$, mit $v \in \{0, 1\}$, eine Mantisse $m \in \mathbb{R}$ und einen Exponenten $e \in \mathbb{Z}$ durch

$$r = (-1)^v \cdot m \cdot 2^e. \tag{5.21}$$

Die Diskussion der effizienten Durchführung aller vier Grundrechenarten stellen wir noch etwas zurück und behandeln diese im Abschn. 6.1 über die Realisierung einer Maschinenoperation. Zunächst wollen wir uns mit den Eigenschaften der Gleitpunktzahlen vertraut machen.

Die Darstellung nach (5.21) legt die Werte von Mantisse und Exponent **nicht** eindeutig fest, wie gezeigt wird in

Beispiel 9. Die Zahl 16 genügt wegen

$$\cdots = 0.25 \cdot 2^6 = 0.5 \cdot 2^5 = 1 \cdot 2^4 = 2 \cdot 2^3 = 4 \cdot 2^2 = \cdots$$

der Repräsentation (5.21) mit $v = 0$, $m = 2^{-i}$ und $e = i + 4$ mit $i \in \mathbb{Z}$. Für die Zahl 16 existieren abzählbar unendlich viele Darstellungsmöglichkeiten (5.21).

---

[25] Siehe das Patent: Verfahren zur selbstätigen Durchführung von Rechnungen mit Hilfe von Rechenmaschinen, Patent Z 23 139/GMD Nr. 005/021/Jahr 1936, siehe auch `www.zib.de/zuse/` oder `www.zuse.org/`. Im Jahr 1985 definierte die Organisation IEEE die Darstellung von binären Gleitpunktzahlen für Computer in dem Standard *ANSI/IEEE Standard 754-1985 for Floating Point Numbers*, siehe [60] und folgte ohne Referenz dem Patent von Konrad Zuse.

[26] *Mantisse* und *Exponent* leiten sich von lateinisch *mantissa* und *exponere* ab, was *Zugabe* und *herausstellen* bedeutet.

Redundante, mehrfache Darstellungen derselben Zahl r sollten auch auf Grund des begrenzten Speicherplatzes nicht zugelassen werden und daher soll jede Zahl r eindeutig repräsentiert werden. Dies garantiert eine optimale Ausnutzung des vorhandenen Speichers. Wir normieren deshalb die Darstellung (5.21): Der Exponent e wird so gewählt, daß die Mantisse m **genau** eine von Null verschiedene Stelle vor dem Komma besitzt. Dies motiviert die

Definition 13 (Normalisierte Gleitpunktzahlen). *Die reelle Zahl* $r \in \mathbb{R}$ *mit der Darstellung*

$$r =: (-1)^v \cdot m \cdot 2^e =: (-1)^v \cdot \sum_{i=0}^{t-1} r_i \cdot 2^{-i} \cdot 2^e \quad \mathit{mit} \quad r_0 \stackrel{\Delta}{=} 1, \tag{5.22}$$

gehört der Menge der normierten Gleitpunktzahlen $\mathbb{M}_N$ *oder* $\mathbb{M}_{N,t}$ *an. Das Vorzeichen* $(-1)^v$ *wird durch das Vorzeichen-Bit* $v \in \{0,1\}$*, der Wert der Mantisse* m *durch die Ziffern* $r_i \in \{0,1\}$*,* $i = 1, \ldots, t-1$ *und der Wert des Exponenten* $e \in \mathbb{Z}$ *durch eine ganze Zahl mit* $e_{\min} < e < e_{\max}$ *festgelegt*[27].

Daran schließt sich die

Übung 10. Zeigen Sie: Der Wertebereich der Mantisse m liegt nach Definition 13 im halboffenen Intervall:

$$1 \leq m < 2. \tag{5.23}$$

Anmerkung 24 (Alternative Normierung). Die Normierung kann alternativ auch so stattfinden, dass alle Vorkommastellen gleich Null sind und genau die erste Nachkommastelle den Wert Eins annehmen soll, d.h. $m = 0.r_1 \ldots r_{t-1}$ mit $r_1 = 1$. In diesem Fall verschieben sich die Mantissen-Bits um eine Position nach links in Relation zu (5.22) und der entsprechende Exponent e vergrößert sich um den Wert Eins. Der Wertebereich der Mantisse ist dann

$$\frac{1}{2} \leq m < 1.$$

Anmerkung 25 (Speicheranordnung einer Gleitpunktzahl). Eine Gleitpunktzahl wird als eine Zeichenkette von Bits abgespeichert: Zuerst das Vorzeichen v, dann der Exponent e und zuletzt die Mantisse m, kurz $[v, e, m] = [v, e, r_0, \ldots, r_{t-1}]$.

Die Speicheranordnung der Bits $[v, e, m]$ ist für Gleitpunktzahlen gerade so gewählt, dass ein Vergleich zweier Gleichtpunktzahlen effizient durchgeführt werden kann, wie gezeigt wird in der

[27] Die beiden Fälle $e = e_{\min}$ und $e = e_{\max}$ definieren spezielle ergänzende Zahlenmengen, siehe dazu weiter unten die beiden Definitionen 14 und 15.

Anmerkung 26 (Vergleich von normierten Gleitpunktzahlen). Zwei Gleitpunktzahlen $[v_1, e_1, m_1]$ und $[v_2, e_2, m_2]$ unterscheiden sich entweder bereits im Vorzeichen $v_1 \neq v_2$ oder bei gleichem Vorzeichen $v_1 = v_2$ im Exponenten $e_1 \neq e_2$ der normierten Darstellung, oder wenn sowohl Vorzeichen als auch Exponent gleich sind, in der Mantisse $m_1 \neq m_2$. Die Mantissen-Bits werden in der Reihenfolge der Speicheranordnung solange verglichen, bis sich ein Mantissen-Bit $r_{1,i} \neq r_{2,i}$ für $i = 1, \dots, t-1$ unterscheidet. Anderenfalls sind die beiden Gleitpunktzahlen gleich. Der Vergleich zweier Gleitpunktzahlen reduziert sich somit auf den Bit-Vergleich ihrer Speicherrepräsentationen.

Für die Umwandlung in das normierte Gleitpunktzahlenformat geben wir das

Beispiel 10. Die Dezimalzahl 13.6 soll in das Format (5.22) umgewandelt werden. Das Vorzeichen ist positiv und somit $v = 0$. Die einzelnen Stellen erhalten wir z.B. durch folgende Zerlegung

$$\begin{aligned} 13.6 &= 8 + 5.6 \\ &= 8 + (4 + 1.6) \\ &= 8 + 4 + (1 + 0.6) \\ &= 8 + 4 + 1 + (0.5 + 0.1) \\ &= 8 + 4 + 1 + 0.5 + (0.0625 + 0.0375) \\ &= 8 + 4 + 1 + 0.5 + 0.0625 + (0.03125 + 0.00625) \\ &= \dots, \end{aligned}$$

und die Darstellung im Zweiersystem

$$(13.6)_{10} = (1101.10011\dots)_2.$$

Die normierte Gleitpunktdarstellung nach (5.22) ergibt sich, wenn der Exponent e so gewählt wird, dass die erste nicht verschwindende Stelle direkt vor dem Komma sitzt

$$13.6 = (-1)^0 \cdot (1.10110011\dots)_2 \cdot 2^3.$$

Der Exponent lautet daher $e = 3$.

Jede reelle Zahl $r \neq 0$ ist prinzipiell nach Definition 13 als normalisierte Gleitpunktzahl darstellbar. Der begrenzte Speicher erzwingt allerdings ein endliches Speicherformat für Gleitpunktzahlen, bei dem z.B. einheitlich sowohl die Anzahl t der Stellen der Mantisse als auch die Anzahl der Stellen für den Exponent e festgelegt werden.

Einfache und doppelte Genauigkeit verwenden nach dem *IEEE-Standard 754 for Binary Floating-Point Arithmetic*[28] für die Mantisse m 23 bzw. 52

[28] Der IEEE-Standard 754-1985 hat drei wichtige Anforderungen: Das Gleitpunktzahlenformat ist unabhängig von der Rechnerarchitektur, die Ergebnisse der Gleitpunktzahlenarithmetik werden korrekt gerundet und Ausnahmen, wie z.B. die Division durch Null, werden konsistent betrachtet.

und für den Exponenten e 8 bzw. 11 Bits. Das ergibt zusammen mit dem Vorzeichenbit für einfache Genauigkeit insgesamt 32 und für doppelte Genauigkeit 64 Bits. Das entspricht 4 bzw. 8 Bytes.

Die Zahl $r = 0$ kann im Format (5.22) nur mit $r_i = 0$ für $i = 0, \ldots, t-1$ dargestellt werden. Das steht im Widerspruch zur normalisierten Darstellung mit $r_0 = 1$. Die Zahl Null erfordert daher ein gesondertes Format, das wir vorstellen in der

Definition 14 (Subnormale Gleitpunktzahlen $(e = e_{\min})$**).** *Die reelle Zahl $r \in \mathbb{R}$ mit der Darstellung*

$$r =: (-1)^v \cdot m \cdot 2^e =: (-1)^v \cdot \sum_{i=0}^{t-1} r_i \cdot 2^{-i} \cdot 2^{e_{\min}} \quad \textit{mit} \quad r_0 \stackrel{\Delta}{=} 0, \tag{5.24}$$

gehört zur Menge der nicht-normierten *oder* subnormalen Gleitpunktzahlen $\mathbb{M}_S$ *oder* $\mathbb{M}_{S,t}$ *an. Es gilt analog zu Definition 13: Das Vorzeichen $(-1)^v$ wird durch das Vorzeichen-Bit $v \in \{0,1\}$, der Wert der Mantisse m durch die Ziffern $r_i \in \{0,1\}$, $i = 1, \ldots, t-1$ und der Wert des Exponenten $e \in \mathbb{Z}$ durch eine ganze Zahl festgelegt.*

Anmerkung 27 (Null). Die Zahl Null ist eine spezielle subnormale Zahl und wird einheitlich - allerdings nicht eindeutig - durch

$$0 = (-1)^v \cdot 0 \cdot 2^{e_{\min}} \tag{5.25}$$

repräsentiert, d.h. $r_i = 0$ mit $i = 0, \ldots, t-1$ und $e = e_{\min}$.

Die Zahlen mit der Speicheranordnung $[v, e_{\max}, m]$, die also den größten Exponent $e = e_{\max}$ in 5.24 verwenden, sind für die Darstellung von Sonderwerten reserviert, die wir festlegen in der

Definition 15 (Sonderwerte Unendlich ∞ und Not-a-Number *NaN* $(e = e_{\max})$**).** *Die Belegung der Mantissen-Bits $r_i = 0$ mit $i = 0, \ldots, t-1$ und der Exponent $e = e_{\max}$ identifizieren die Werte $(-1)^v \infty$. Alle restlichen Kombinationen, bei denen mindestens ein Bit r_i mit $i = 0, \ldots, t-1$ nicht verschwindet und $e = e_{\max}$ ist, sind für Sonderwerte vorgesehen:* Not-a-Number-*Werte, abgekürzt mit* NaN.

Das Rechnen mit den Sonderwerten ∞ und *NaN* wird gezeigt in der

Anmerkung 28 (Rechnen mit den Sonderwerten ∞ und NaN*).* Ein Überlauf des Bereichs der normalisierten Gleitpunktzahlen führt zu dem Ergebnis ∞. Das Ergebnis einer Rechenoperationen mit einer positiven, normalisierten Gleitpunktzahlen $r > 0$ ergibt für

- Rechnen mit 0 z.B. die Ergebnisse $0 + r \stackrel{\Delta}{=} r$, $0 \cdot r \stackrel{\Delta}{=} 0$, $r/0 \stackrel{\Delta}{=} \infty$ und $0/0 \stackrel{\Delta}{=} \mathit{NaN}$,

- Rechnen mit $\pm\infty$ z.B. die Ergebnisse $\infty + 0 \triangleq \infty$, $\infty \cdot r \triangleq \infty$, $r/\infty \triangleq 0$, $\infty \cdot 0 \triangleq NaN$, $\infty \pm \infty \triangleq NaN$ oder $\infty/\infty \triangleq NaN$,
- Reste der ganzzahligen Division bei $r \div 0 \triangleq NaN$ und $\infty \div r \triangleq NaN$ sowie
- alle arithmetische Operationen mit mindestens einem Argument *NaN* wie z.B. $\sqrt{NaN} \triangleq NaN$ und $\sin(NaN) \triangleq NaN$.

Wir veranschaulichen die Mengen $\mathbb{M}_N$ und $\mathbb{M}_S$ in dem

Beispiel 11. Die Mengen der normalisierten und subnormalen Gleitpunktzahlen $\mathbb{M}_{N,t}$ und $\mathbb{M}_{S,t}$ mit der Stellenanzahl $t = 3$ und dem zulässigen Exponenten $e_{\min} := -2 \leq e < 2 =: e_{\max}$ sind in Tabelle 5.4 aufgeführt. Die Normalisierung wird für den Exponenten $e = e_{\min} = -2$ aufgehoben und die erste Stelle vor dem Komma durch eine Null ersetzt, siehe dritte Spalte.

Tabelle 5.4. Die Mengen der normalisierten und subnormalen Gleitpunktzahlen $\mathbb{M}_{N,3}$ und $\mathbb{M}_{S,3}$ mit $e_{\max} := 2 > e \geq -2 =: e_{\min}$.

Mantisse	$e = 1$	$e = 0$	$e = -1$	$e - 2$ (subnormal)
$m = (1.00)_2$	2	1	0.5	$m = (0.00)_2 \to 0$
$m = (1.01)_2$	2.5	1.25	0.625	$m = (0.01)_2 \to 0.125$
$m = (1.10)_2$	3	1.5	0.75	$m = (0.10)_2 \to 0.25$
$m = (1.11)_2$	3.5	1.75	0.875	$m = (0.11)_2 \to 0.375$

Die Gleitpunktzahlen sind wegen der halblogarithmischen Zahlendarstellung **nicht**, wie z.B. die Integer-Zahlen, äquidistant verteilt. Die Abb. 5.9 zeigt dies exemplarisch für die in Beispiel 11 definierten Zahlenmengen.

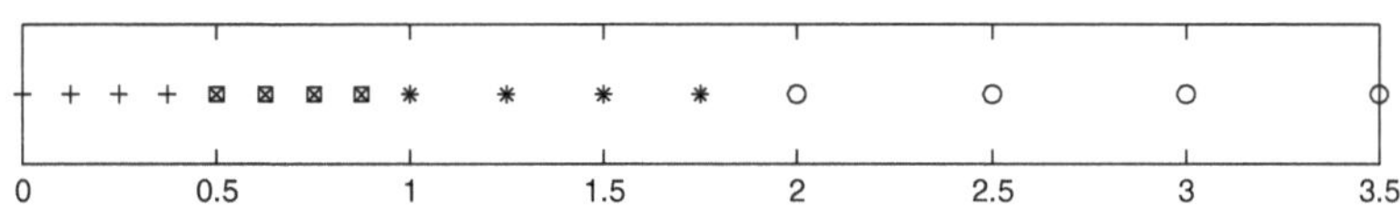

Abb. 5.9. Die Mengen der normalisierten und subnormalen Gleitpunktzahlen $\mathbb{M}_{N,3}$ und $\mathbb{M}_{S,3}$ mit $e_{\max} := 2 > e \geq -2 =: e_{\min}$. Die normalisierten Gleitpunktzahlen sind mit Kreis ◯, Stern $\star$ und Quadrat ⊠ markiert und entsprechen in der Tabelle 5.4 den Zahlen der zweiten, dritten und vierten Spalte. Die Zahlen, die mit einem Plus + markiert sind, entsprechen den subnormalen Gleitpunktzahlen in der letzten Spalte der Tabelle.

Die Menge $\mathbb{M}$ der Gleitpunktzahlen ist die Vereinigung der beschriebenen Zahlenmengen in den drei Definitionen 13, 14 und 15.

Alle Zahlen der Menge $\mathbb{M}$ werden durch die Bit-Folge $[v, e, m]$ im Speicher dargestellt: Ein Bit für das Vorzeichen v, t Bits für die Mantisse m und s

Bits für den Exponenten e. Die beiden Werte für den Exponenten $e_{\min}$ und $e_{\max}$ sind für die Darstellung der subnormalen Gleitpunktzahlen und der Sonderwerte reserviert.

Anmerkung 29 (Wert und Codierung des Exponenten). Der ganzzahlige Exponent e wird **nicht** als Binärzahl im Format (5.2), sondern als Integer-Zahl ähnlich dem Format (5.12) abgespeichert: Der IEEE-Standard754 interpretiert bei einfacher Genauigkeit[29] das 8-Bit-Muster $[0000, 0000]$ als minimalen Exponentenwert $e_{\min} = -127$ und das 8-Bit-Muster $[1111, 1111]$ als maximalen Exponentenwert $e_{\max} = 128$. Der Exponentenwert e ergibt sich für die normalisierte Gleitpunktzahlen, d.h. $-127 < e < 128$, aus dem Bitmuster $[e_7, \ldots, e_0]$ einer entsprechenden Binärzahl mit der Umrechnungsformel

$$e = \sum_{i=0}^{7} e_i \cdot 2^i - 127.$$

In der Tabelle 5.5 sind die wichtigsten Eigenschaften der Gleitpunktzahlen für einfache und doppelte Genauigkeit zusammengefasst. Die Menge der Gleitpunktzahlen enthält nicht alle ganzen Zahlen des abgedeckten Bereichs. Lösen Sie dazu die

Tabelle 5.5. Eigenschaften der Zahlenformate nach IEEE-Standard 754.

Format	einfach	doppelt
Vorzeichen-Bit	1	1
Mantissen-Bits	23	52
Exponenten-Bits	8	11
$e_{\min}$	-126	-1022
$e_{\max}$	127	1023
kleinste pos. Zahl (sub.)	$2^{-149} \approx 1.4\,10^{-45}$	$2^{-1075} \approx 2.4\,10^{-134}$
kleinste pos. Zahl (nor.)	$2^{-126} \approx 1.2\,10^{-38}$	$2^{-1022} \approx 2.2\,10^{-308}$
größte pos. Zahl (nor.)	$2^{128} - 1 \approx 3.4\,10^{38}$	$2^{1024} - 1 \approx 1.8\,10^{308}$

Übung 11. Geben Sie die kleinste, positive natürliche Zahl in Abhängigkeit von t und $e_{\min}$ an, die nicht zur Menge der normierten Gleitpunktzahlen aus $\mathbb{M}$ gehört.

5.5.4 Rundung von Gleitpunktzahlen

Das Runden ist für das Rechnen mit Gleitpunktzahlen $\mathbb{M}$ von zentraler Bedeutung. Wir fordern von einer effizienten Rundung, dass der unvermeidbare Rundungsfehler sowohl kontrollierbar als auch so klein wie möglich ist.

[29] Die entsprechenden Grenzen lauten für doppelte Genauigkeit: $e_{\min} := -1023$ und $e_{\max} := 1024$ und somit $e = \sum_{i=0}^{10} e_i \cdot 2^i - 1023$.

Der Entwurf von Algorithmen kann Rundungsfehler ausschließen, wenn die vorhandenen Datentypen auf die Aufgabenstellung angepasst werden. So bietet es sich z.B. an, bei der Implementierung einer ganzzahligen Berechnungsmethode auch den Datentyp `integer` zu verwenden um Rundungsfehler zu vermeiden, die sich u.U. in den Lösungsweg einschleppen können. Auch beim Arbeiten mit Gleitpunktzahlen kann es sinnvoll sein, die binäre Darstellung zu beachten. Wir machen die

Anmerkung 30 (Rundungsfehler). Eine US-amerikanische Patriot-Rakete verfehlte während des ersten Golfkriegs am 25. Februar 1991 in Saudi-Arabien eine angreifende irakische Scud-Rakete, die in eine Kaserne einschlug. Es waren 28 Menschenleben zu beklagen.

Ursache war ein Rundungsfehler in Zusammenhang mit der Berechnung der Zeitdifferenz, die seit dem Start des Systems vergangen war. Die interne Uhr speicherte die verstrichene Zeit in Zehntelsekunden. Der Umrechnungsfaktor zwischen der gemessenen Zeit in Zehntelsekunden und Sekunden wurde mit 24 Bit abgespeichert und betrug

$$(0.000\,1100\,1100\,1100\,1100\,1100)_2.$$

Die Zahl 1/10 ist in der Binärdarstellung allerdings eine unendliche Ziffernfolge

$$\frac{1}{10} = \sum_{i=1}^{\infty} 2^{-4i} + 2^{-4i-1} = (0.000\overline{1100})_2,$$

die **nicht** nach 24 Stellen abbricht. Dies führt zu dem Rundungsfehler

$$\sum_{i=6}^{\infty} 2^{-4i} + 2^{-4i-1} = \frac{45}{2^{29}} \approx 8.38 \cdot 10^{-8}.$$

Das Patriot-System sollte deshalb laut Bedienungsanleitung in regelmäßigen Abständen neu gestartet werden, da sich dieser Rundungsfehler z.B. nach 100 Betriebsstunden akkumuliert zu der Zeitdifferenz

$$100 \cdot 60 \cdot 60 \cdot 10 \cdot 8.38 \cdot 10^{-8} \text{ Zehntelsekunden} = 0.302 \text{ Sekunden}.$$

Die Scud-Rakete flog mit einer Geschwindigkeit von ca. 1.676 km/s und war in 0.302 Sekunden ca. 500 m weiter als angenommen und damit außerhalb der Reichweite des „Aufspürsystems“ der Patriot-Rakete.

Das Vorzeichen $(-1)^v$ wird durch $v = 0$ oder $v = 1$ exakt dargestellt. Der Exponent e einer Gleitpunktzahl ist eine ganze Zahl mit $e_{\min} \leq e < e_{\max}$. Wenn der Exponent in diesen Bereich liegt, sind keine Rundungsfehler zu beachten. Im anderen Fall ist der Exponent der Zahl betragsmäßig entweder zu groß ($e \geq e_{\max}$) oder zu klein ($e < e_{\min}$), um korrekt dargestellt werden zu können. Im ersten Fall terminieren Programme i.Allg. mit der Meldung eines Überlauffehlers. Im zweiten Fall wird der zu kleine Wert kommentarlos durch

Null ersetzt, obwohl ein so genannter *Unterlauf* erzeugt wurde. So wird z.B. die Zahl $1.1 \cdot 2^{-1968}$ sowohl für einfache als auch für doppelte Genauigkeit auf die Zahl Null abgerundet, siehe Tabelle 5.5. Insbesondere halten wir fest, dass ein erzeugter Unterlauf in der Regel unproblematisch ist.

Diese Vorbemerkungen reduzieren die Untersuchung der Eigenschaften einer Rundung der Mantisse m. Wir stellen eine spezielle Rundungsart vor in der

Definition 16 (Standardrundung). *Die Mantisse m einer normierten Gleitpunktzahl*

$$m = 1.r_1r_2r_3\ldots r_{t-1}|r_t\ldots$$

wird in Abhängigkeit des letzten Mantissen-Bits r_{t-1} und der ersten nicht mehr gespeicherten Stelle r_t entsprechend der folgenden Fallunterscheidung gerundet:

1. *Im Fall $r_t = 0$ wird abgerundet:*

$$rd(m) = 1.r_1r_2\cdots r_{t-1}.$$

2. *Im Fall $r_t = 1$ werden zwei weitere Möglichkeiten unterschieden:*
   a) *Wenn die zu runden Zahl $m = 1.r_1r_2\ldots r_{t-1}|1000\ldots$ genau zwischen zwei normierten Gleitpunktzahlen liegt, wird für $r_{t-1} = 0$ abgerundet:*

$$rd(m) = 1.r_1r_2\cdots r_{t-2}0$$

   und für $r_{t-1} = 1$ aufgerundet

$$rd(m) = 1.r_1r_2\cdots r_{t-2}1 + 2^{1-t}.$$

   b) *In allen anderen Fällen mit $r_t = 1$ wird aufgerundet:*

$$rd(m) = 1.r_1r_2\cdots r_{t-1} + 2^{1-t}.$$

Der Rundungsfehler f_{rd} kann nach Definition 16 für eine reelle Zahl r durch die obere Schranke $2^{e-t+1}/2$ abgeschätzt werden:

$$|f_{rd}(r)| := |r - rd(r)| \leq 2^{e-t}. \tag{5.26}$$

Die in Definition 16 vorgestellte Rundung ist eine von vier Möglichkeiten, die der IEEE-Standard 754 vorsieht. Die drei weiteren Rundungsarten stellen wir vor in der

Anmerkung 31 (Alternative Rundungsarten). Die drei Rundungsarten *Abrunden (floor)*, *Aufrunden (ceil)* oder *Runden zur Null (round to zero)* sind einfacher zu implementieren und daher i.Allg. schneller ausführbar. Der Rundungsfehler

$$|f_{rd}(r)| := |r - rd(r)| \leq 2^{1+e-t}$$

ist allerdings um den Faktor 2 größer als in der Abschätzung (5.26).

Durch Rundung kann auch bei kleinsten Fehlern leicht wichtige Information verlorengehen, wie aufgetreten in

Beispiel 12. Die Partei der Grünen erhielt im Jahr 1992 bei den Landtagswahlen in Schleswig-Holstein 4.97% der Stimmen und hatte somit knapp den Sprung über die 5.0%-Hürde verpasst. Die Darstellung der Ergebnisse basierte auf einem Programm, das jedes Zwischenergebnis automatisch auf eine Stelle nach dem Komma rundete und gestand dadurch den Grünen 5.0% und damit den Einzug in den Landtag zu. Der Fehler wurde erst nach Mitternacht, nachdem die offiziellen Ergebnisse bereits veröffentlicht waren, entdeckt.

Übung 12. Zeigen Sie, dass die Abbildungen *rd*, die in Definition 16 explizit und in Anmerkung 31 nur angedeutet beschrieben sind, auch eine Rundung im Sinne der Definition 2 sind.

Das Ergebnis einer Rundung hängt nicht nur von der zu rundenden Zahl und der Rundungsart ab, sondern auch von der Anzahl Mantissen-Bits t, wie das Beispiel 10 in der Tabelle 5.6 zeigt. Die Anzahl t der Mantissen-Bits ist

Tabelle 5.6. Die Zahl $r = 13.6$ aus Beispiel 10 und ihre Repräsentation in Abhängigkeit der Anzahl der Mantissen-Bits t.

t	Repräsentation	Rundung	Fehler δ_r
2	$(1.1)_2 \cdot 2^3$	ab	$(1.6)_{10}$
3	$(1.11)_2 \cdot 2^3$	auf	$(0.4)_{10}$
4	$(1.110)_2 \cdot 2^3$	auf	$(0.4)_{10}$
5	$(1.1011)_2 \cdot 2^3$	ab	$(0.1)_{10}$
6	$(1.10110)_2 \cdot 2^3$	ab	$(0.1)_{10}$
7	$(1.101101)_2 \cdot 2^3$	auf	$(0.025)_{10}$

von entscheidender Bedeutung, wie wir zeigen in

Beispiel 13 (Ariane-5-Rakete). Am 4. Juni 1996 startete eine Ariane-5-Rakete der ESA[30] zu ihrem Jungfernflug von Französisch Guyana aus. Die unbemannte Rakete hatte vier Satelliten an Bord. 36.7 Sekunden nach dem Start wurde in einem Programm versucht, den gemessenen Wert der horizontalen Geschwindigkeit von 64 Bit Gleitpunktdarstellung in 16 Bit signed Integer umzuwandeln.

Die entsprechende Maßzahl war größer als $2^{15} = 32\,768$ und erzeugte bei der Konvertierung einen Überlauf. Das Lenksystem versagte daraufhin seine Arbeit und gab die Kontrolle an eine unabhängiges zweites, identisches System ab. Dieses System produzierte folgerichtig ebenfalls einen Überlauf.

[30] European Space Agency, `www.esa.int/`

Der Flug der Rakete wurde instabil und die Triebwerke drohten abzubrechen: die Rakete zerstörte sich selbst. Es entstand ein Schaden von ca. 500 Millionen Dollar durch den Verlust der Rakete und der Satelliten.

Die Software des Trägheitsnavigationssystems stammte von der Vorgängerrakete Ariane-4 und wurde **ohne** zu testen in die Ariane-5 übernommen, da die Ariane-4 vergleichsweise wenig Probleme bereitete. Die Ariane-5 war leistungsfähiger und flog daher schneller. Die Anpassung der Variablentypen der internen Darstellung der Geschwindigkeit wurde offensichtlich bei der Übergabe der Software nicht beachtet: Als die Software für die Ariane-4 programmiert wurde, musste man nicht von so großen Geschwindigkeiten ausgehen und hat daher die Umwandlung der Zahldarstellung z.B. nicht durch eine Abfrage abgesichert, wie der wiederverwendete *ADA*-Code-Ausschnitt der Ariane-4 zeigt:

```
begin
  sensor_get(vertical_veloc_sensor);
  sensor_get(horizontal_veloc_sensor);
  vertical_veloc_bias := integer(vertical_veloc_sensor);
  horizontal_veloc_bias := integer(horizontal_veloc_sensor);
  ...
  exception
    when numeric_error => calculate_vertical_veloc();
    when others => use_irs1();
end;
```

Die fehlerhafte Konvertierung `integer` trat in der vierten Zeile auf.

Eine internationale Expertenkommission, siehe [2], untersuchte das Unglück und legte einen Untersuchungsbericht und Verbesserungsvorschläge vor; für zukünftige Entwicklungen wurde u.a. die Rolle des *Software-Architekten* eingeführt, siehe auch [75].

Der absolute Rundungsfehler f_{rd} ist zur Beurteilung eines Fehlers nicht aussagekräfig genug. So ist der absolute Fehler $1/2$ für die Zahl 3 im Verhältnis wesentlich größer als für die Zahl 123 456.7. Es ist daher sinnvoller, den absoluten Rundungsfehler $f_{rd}(r)$ auf die zu rundende Zahl r zu beziehen. Dies motiviert die

Definition 17 (Relativer und absoluter Rundungsfehler). *Die Differenz $\delta_r \in \mathbb{R}$*

$$f_{rd}(r) := \delta_r := r - rd(r) \tag{5.27}$$

bezeichnet den absoluten Rundungsfehler *und wurde bereits in (4.1) und (5.26) eingeführt. Der Quotient $f_{rel}(r) \in \mathbb{R}$*

$$f_{rel}(r) := \varepsilon_r := \frac{f_{rd}(r)}{r} = \frac{\delta_r}{r} = \frac{r - rd(r)}{r} \quad \textit{für} \quad r \neq 0 \tag{5.28}$$

heißt relativer Rundungsfehler.

Der quantitative Zusammenhang zwischen einer beliebigen reellen Zahl r und ihrer Repräsentation als Maschinenzahl $rd(r)$ kann daher beschrieben werden durch

$$rd(r) = r \cdot (1 - f_{rel}(r))\,. \tag{5.29}$$

Wir wollen den relativen Rundungsfehler $f_{rel}(r)$ einer normierten Gleitpunktzahl mit der definierenden Gleichung (5.28) nach oben abschätzen. Der Zähler ist wegen (5.26) mit 2^{e-t} nach oben beschränkt. Die Mantisse m liegt wegen der Normierungsbedingung aus Definition 13 in dem Intervall $1 \leq m < 2$ und somit ist die zu rundende Zahl r nach unten durch 2^e beschränkt. Daraus folgt

$$|f_{rel}(r)| \leq \frac{2^{e-t}}{1 \cdot 2^e} = 2^{-t}. \tag{5.30}$$

Der maximale relative Rundungsfehler hängt nur von der Stellenanzahl der Mantisse t ab. Diese wichtige numerische Größe bekommt einen Namen in der

Definition 18. *Die obere Schranke für den maximalen relativen Rundungsfehler, der bei der Rundung einer Zahl $r \in \mathbb{R}$ in eine Maschinenzahl $rd(r) \in \mathbb{M}$ mit t-stelliger Mantisse auftreten kann, heißt* Maschinengenauigkeit ε *und ergibt sich nach (5.30) zu*

$$\varepsilon := 2^{-t}. \tag{5.31}$$

Wir machen die

Anmerkung 32. Die Maschinengenauigkeit ε kann auch durch die Eigenschaft

$$\text{größte Maschinenzahl } \delta > 0 \quad \text{mit } 1.0 +_{\mathbb{M}} \delta = 1.0$$

charakterisiert werden.

Die Eigenschaft aus Anmerkung 32 verwenden wir zur Lösung der nächsten

Übung 13. Bestimmen Sie die Maschinengenauigkeit Ihres Rechners. Schreiben Sie dazu ein Programm, das die Maschinengenauigkeit ε bestimmt. **Hinweis:** Bilden Sie Summen der Art $1+2^{-i}$ mit $i \geq 0$ und sehen Sie sich die Ergebnisse an.

Die Maschinengenauigkeit stellt die Verbindung zwischen der Rechengenauigkeit und der Anzahl der für die Mantisse verwendeten Bits her: Die Genauigkeit der normierten Gleitpunktdarstellung verdoppelt sich mit jedem Bit. Der Zahlenbereich zur Repräsentation des Exponenten e ist für die Rechengenauigkeit normalerweise nicht relevant.

In diesem Sinn sind Genauigkeit und Darstellungsbereich miteinander vertauschbar: höhere Genauigkeit geht bei gleicher Anzahl von Bits auf Kosten des Darstellungsbereichs und umgekehrt.

6 Gleitpunktarithmetik und Fehlerfortpflanzung

„Abyssus abyssum invocat: ein Fehler zieht den anderen nach sich."

Lateinische Redewendung

6.1 Realisierung einer Maschinenoperation

In diesem Abschnitt beschäftigen wir uns mit den vier Grundrechenoperationen für Gleitpunktzahlen. Die arithmetischen Operationen laufen alle nach demselben Schema ab: Die Verknüpfung der beiden Maschinenzahlen r und s wird mit höherer Genauigkeit realisiert und das Ergebnis $r \circ s$ anschließend auf eine Maschinenzahl gerundet. Ein Rechenfehler entsteht, bei hinreichend hoher interner Genauigkeit[1] erst im zweiten Schritt, wenn das quasi exakte Ergebnis wird auf eine Maschinenzahl gerundet wird.

Wir wollen dieses Vorgehen im Fall der Addition zweier Maschinenzahlen r und s in Zahlendarstellung mit t-stelliger Mantisse genauer analysieren und geben ein Modell eines Additionsalgorithmus an:

1. Die Darstellungen der beiden Zahlen r und s nach Definition 13 werden zunächst so aneinander angepasst, dass beide den selben Exponenten haben.
2. Die resultierenden Mantissen werden in höherer Genauigkeit addiert.
3. Das Ergebnis wird normalisiert, d.h. solange verschoben, bis es nur eine führende Eins vor dem Komma gibt.
4. Die resultierende Mantisse wird nach Definition 13 auf eine Maschinenzahl gerundet. In diesem letzten Schritt wird ein Rundungsfehler in das Ergebnis eingeschleppt.

Wir veranschaulichen dieses Vorgehen an dem

Beispiel 14. Die beiden Maschinenzahlen $r = 7/4 = (1.11)_2 \cdot 2^0$ und $s = 3/8 = (1.10)_2 \cdot 2^{-2}$ sollen addiert werden. Die Summe $r + s = 17/8$ wird mit drei-stelliger Mantisse berechnet:

---

[1] Die Addition und Subtraktion kommen mit einer zusätzlichen Stelle, dem so genannten *guard digit*, in der Mantisse der „kleineren" Zahl aus. Die Multiplikation und Division setzt die doppelte Anzahl der zur Darstellung verwendeten Mantissenstellen voraus.

$$
\begin{aligned}
(1.11)_2 \cdot 2^0 +_{\mathbb{M}} (1.10)_2 \cdot 2^{-2} &\stackrel{1.}{=} (111)_2 \cdot 2^{-2} + (1.10)_2 \cdot 2^{-2} \\
&\stackrel{2.}{=} (1000.10)_2 \cdot 2^{-2} \\
&\stackrel{3.}{=} (1.00010)_2 \cdot 2^{1} \\
&\stackrel{4.}{\to} (1.00)_2 \cdot 2^{1} .
\end{aligned}
$$

Das Ergebnis der näherungsweisen Addition $r +_{\mathbb{M}} s = 2$ ist genau mit dem absoluten Rundungsfehler $\varepsilon_+ = |17/8 - 2| = 1/8$ aus Schritt 4 behaftet und entspricht dem relativen Fehler $\left|\frac{1/8}{17/8}\right| = 0.0588\ldots \approx 6\%$.

Das Ergebnis ist relativ gut, auch wenn ein relativer Fehler von 6% recht groß erscheint: eine höhere Genauigkeit als die Maschinengenauigkeit $\varepsilon = 2^{-3} = 12.5\%$ für eine drei-stellige Mantisse kann man beim Runden nach (5.30) nicht erwarten.

Der absolute Rundungsfehler $\varepsilon_+ \in \mathbb{R}$, der im vierten Schritt einer Gleitpunktaddition $r + s$ zweier Maschinenzahlen $r, s \in \mathbb{M}$ eingeschleppt wird

$$
r +_{\mathbb{M}} s = rd(r + s) = (r + s)\,(1 + \varepsilon_+)\,, \tag{6.1}
$$

kann nach (5.29) und (5.30) durch die Maschinengenauigkeit ε nach oben abgeschätzt

$$
|\varepsilon_+| = |f_{rel}| \le \varepsilon \tag{6.2}
$$

werden. Diese Analyse gilt unabhängig von der betrachteten Operation und es gilt ganz allgemein:

Anmerkung 33 (Realisierung einer Gleitpunktoperation). Jede Gleitpunktoperation $\circ \in \{+, -, *, /\}$ für zwei Maschinenzahlen $r, s \in \mathbb{M}$ liefert als Ergebnis

$$
r \circ_{\mathbb{M}} s = rd(r \circ s) = (r \circ s)\,(1 + \varepsilon_\circ)\,.
$$

Der relative Fehler ist deshalb stets beschränkt durch $|\varepsilon_\circ| \le \varepsilon$.

Die Abschätzung des Rundungsfehlers mit der Maschinengenauigkeit ε in Anmerkung 33 ist von zentraler Bedeutung und ermöglicht nicht nur die Rundungsfehleranalyse einer einzelnen Rechenoperation, sondern auch die Analyse der Fehlerfortpflanzung durch eine Folge von Rechenoperationen.

6.2 Rundungsfehleranalyse

Die wichtigsten Fehlerquellen wurden in den Abschn. 4 und 5 beschrieben; sowohl Fehler in den Eingabedaten als auch Rundungsfehler bei Zwischenergebnissen können sich bei jeder elementaren Rechenoperation verstärken und zu völlig falschen Endergebnissen führen. In diesem Abschnitt stellen wir die Werkzeuge bereit, mit denen wir Folgen von Rechenoperationen analysieren können um möglichst robuste und fehlertolerante Algorithmen entwerfen zu können.

Ein numerisches Berechnungsverfahren, bei dem die Fehler im Endergebnis relativ wesentlich größer als die Fehler in den Eingabedaten sein können, ist unzuverlässig und in der Regel unbrauchbar. Im ungünstigsten Fall hat das berechnete Endergebnis überhaupt nichts mehr mit der gesuchten Lösung zu tun. Eine zusätzliche Anforderung an numerische Aufgabenstellungen ist daher, Berechnungsmethoden zu entwickeln, die garantieren können, dass für bestimmte Eingabedaten verlässliche Endergebnisse produziert werden. Wir erarbeiten die typische Vorgehensweise anhand eines einfachen Beispiels, der Addition dreier Zahlen.

Der Grundstein für eine solche Rundungsfehleranalyse ist bereits im letzten Abschnitt bei der Untersuchung der Addition zweier Zahlen in (6.1) gelegt worden. Darauf aufbauend wenden wir uns dem nächstkomplizierteren Fall zu im

Beispiel 15. Rechenoperationen Wir wollen die Summe $y = a + b + c$ dreier Maschinenzahlen a, b und c berechnen.

Wir zerlegen die Gesamtrechnung in zwei Teilschritte, die der Reihe nach im Rechner ausgeführt werden

$$1.: \; e = a +_{\mathbb{M}} b \quad \text{und} \quad 2.: \; \tilde{y} = e +_{\mathbb{M}} c. \tag{6.3}$$

Die Addition dreier Zahlen kann somit auf die bereits analysierte Additionen zweier Zahlen zurückgeführt werden. Es gilt

$$\begin{aligned}
\tilde{y} &\overset{(6.3),\ 2.}{=} e +_{\mathbb{M}} c \\
&\overset{(6.1)}{=} (e + c)(1 + \varepsilon_2) \\
&\overset{(6.3),\ 1.}{=} ((a +_{\mathbb{M}} b) + c)(1 + \varepsilon_2) \\
&\overset{(6.1)}{=} ((a + b)(1 + \varepsilon_1) + c)(1 + \varepsilon_2) \\
&= a + b + c + (a + b)\varepsilon_1 + (a + b + c)\varepsilon_2 + (a + b)\varepsilon_1\varepsilon_2,
\end{aligned}$$

mit $|\varepsilon_1|, |\varepsilon_2| \leq \varepsilon$. Die quadratische Terme $\varepsilon_i\varepsilon_j$ mit $i, j \in \{1, 2\}$ sind kleiner als ε^2 sind und werden wegen $\varepsilon^2 \ll \varepsilon \ll 1$ im Zwischenergebnis nicht gespeichert und können daher für die Rundungsfehleranalyse vernachlässigt werden. In erster Näherung ergibt sich

$$\tilde{y} \doteq a + b + c + (a + b)\varepsilon_1 + (a + b + c)\varepsilon_2. \tag{6.4}$$

Der Punkt über dem Gleichzeichen deutet an, dass Terme höherer Ordnung vernachlässigt wurden. Die Rechenfehler der beiden Additionen ε_1 und ε_2 werden nach Gleichung (6.4) mit den Faktoren $a+b$ und $a+b+c$ verstärkt.

Um die Wirkung dieser Gewichte zu verstehen, berechnen wir für das Endresultat $\tilde{y}$ den relativen Fehler und sortieren nach den auftretenden *Epsilons*

$$\begin{aligned} f_{rel}(y) &:= \frac{y-\tilde{y}}{y} \\ &\doteq \frac{a+b+c-(a+b+c+(a+b)\varepsilon_1+(a+b+c)\varepsilon_2)}{a+b+c} \\ &= -\frac{a+b}{a+b+c}\varepsilon_1 - \varepsilon_2 \end{aligned}$$

und erhalten die Abschätzung

$$|f_{rel}(y)| \leq \left|\frac{a+b}{a+b+c}\varepsilon_1 + \varepsilon_2\right| \leq \left(1 + \left|\frac{a+b}{a+b+c}\right|\right)\varepsilon. \tag{6.5}$$

Gleichung (6.5) beschreibt den quantitativen Zusammenhang zwischen dem relativen Fehler $f_{rel}(y)$ des Resultats y, der speziellen Berechnungsmethode nach (6.3), den Eingangsdaten a, b und c und der Maschinengenauigkeit ε. Der relative Fehler $f_{rel}(y)$ ist i.Allg. in der Größenordnung der Maschinengenauigkeit ε und kann sich enorm verstärken, wenn der Wert der Summe $a+b+c$ ungefähr Null ist: in diesem Fall verstärkt sich der bei der Berechnung von $a+b$ entstandene Fehler ε_1 durch den Faktor $(a+b)/(a+b+c)$ im relativen Fehler $f_{rel}(y)$ und führt zu einem stark verfälschten Ergebnis.

Bevor wir das an einem numerischen Beispiel nachvollziehen, weisen wir darauf hin, dass die spezielle Berechnungsmethode tatsächlich einen Einfluss auf die Art der Fehlerverstärkung besitzt.

Die Addition der reellen Zahlen R ist assoziativ und daher kann die in (6.3) vorgeschlagene Reihenfolge getauscht werden, ohne das Ergebnis in exakter Arithmetik zu ändern:

$$1.: e = b +_{\mathbb{M}} c \quad \text{und} \quad 2.: \hat{y} = a +_{\mathbb{M}} e \tag{6.6}$$

Übung 14. Zeigen Sie: Die Addition nach (6.6) führt zu dem relativen Fehler

$$|f_{rel}(y)| := \left|\frac{y-\hat{y}}{y}\right| \leq \left(1 + \left|\frac{b+c}{a+b+c}\right|\right)\varepsilon.$$

Vergleichen Sie das Ergebnis mit der Abschätzung (6.5) und erklären Sie die Ursache des Unterschieds!

Die Reihenfolge der Additionen können sich bei einer konkreten numerischen Addition auswirken, wie gezeigt wird im

Beispiel 16. Die drei Maschinenzahlen $a := (1.11)_2 \cdot 2^{-1}$, $b := -(1.10)_2 \cdot 2^{-1}$ und $c := (1.10)_2 \cdot 2^{-3}$ mit drei-stelliger Mantisse sollen nach (6.3) und (6.6) addiert werden. Im ersten Fall ergibt sich das exakte Ergebnis:

$$\begin{aligned} \tilde{y} &= \left((1.11)_2 \cdot 2^{-1} +_{\mathbb{M}} (-(1.10)_2 \cdot 2^{-1})\right) +_{\mathbb{M}} (1.10)_2 \cdot 2^{-3} \\ &= (1.00)_2 \cdot 2^{-3} +_{\mathbb{M}} (1.10)_2 \cdot 2^{-3} \\ &= (1.01)_2 \cdot 2^{-2}. \end{aligned}$$

Die erste Zwischensumme $a + b$ ist exakt berechnet und daher kann der Rechenfehler $\varepsilon_1 = 0$ nicht verstärkt werden.

Im zweiten Fall verhält sich das ganz anders:

$$\begin{aligned}\hat{y} &= (1.11)_2 \cdot 2^{-1} +_{\mathbb{M}} \left((-(1.10)_2 \cdot 2^{-1}) +_{\mathbb{M}} (1.10)_2 \cdot 2^{-3}\right) \\ &= (1.11)_2 \cdot 2^{-1} +_{\mathbb{M}} (-(1.00)_2 \cdot 2^{-1}) \\ &= (1.10)_2 \cdot 2^{-2}\end{aligned}$$

mit dem relativem Fehler

$$\left|\frac{(1.01)_2 \cdot 2^{-2} - (1.10)_2 \cdot 2^{-2}}{(1.01)_2 \cdot 2^{-2}}\right| = 20\%,$$

da die Zwischensumme $b + c$ bereits mit dem absoluten Fehler $1/8$ behaftet ist, der im Endergebnis durch den Faktor $(b+c)/(a+b+c) = -1.8$ verstärkt wird.

Das Beispiel 16 zeigt, dass die Rechneraddition $+_{\mathbb{M}}$ **nicht** *assoziativ* ist: die Reihenfolge der Rechenoperationen kann zu unterschiedlichen Endergebnissen führen. Die Rechneraddition $+_{\mathbb{M}}$ ist auch **nicht** *kommutativ*, da das Endergebnis zusätzlich von der Reihenfolge der Summanden abhängt[2], wie gezeigt wird in

---

[2] Der Einfluss der Reihenfolge der Summanden auf das Ergebnis ist keine neue mathematische Erkenntnis und ist bekannt aus der Theorie der unendlichen Reihen **mit** exakter Arithmetik: Das *Kommutativgesetz* gilt nicht mehr allgemein für unendliche Reihen, siehe [71]. Die konvergente unendliche Reihe

$$s = \sum_{n=1}^{\infty} \frac{(-1)^{n-1}}{n} = 1 - \frac{1}{2} + \frac{1}{3} - \frac{1}{4} + \frac{1}{5} - \frac{1}{6} + \frac{1}{7} \cdots = \ln 2 \qquad (6.7)$$

mit dem Wert $s = \ln 2$ kann umgeordnet werden in die ebenfalls konvergente unendliche Reihe

$$\tilde{s} = \sum_{k=1}^{\infty} \left(\frac{1}{4k-3} + \frac{1}{4k-1} - \frac{1}{4k}\right) = 1 + \frac{1}{3} - \frac{1}{2} + \frac{1}{5} + \frac{1}{7} - \frac{1}{6} \cdots = \frac{3}{2} \ln 2.$$

mit dem Wert $\tilde{s} = 3/2 \ln 2 = 3/2\, s \neq s$. Es kann sogar gezeigt werden, dass die unendliche Reihe (6.7) durch passende Umordnungen in ebenfalls konvergente unendliche Reihen umgewandelt werden kann, die gegen jede beliebige reelle Zahl $\hat{s} \in \mathbb{R}$ konvergieren! Auch das *Assoziativgesetz* gilt nicht mehr uneingeschränkt für unendliche Reihen, wie das folgende einfache Beispiel zeigt: Die unendliche Reihe

$$\sum_{n=0}^{\infty}(1-1) = (1-1) + (1-1) + \cdots = 0 + 0 + \cdots = 0$$

konvergiert gegen den Wert 0. Die unendliche Reihe ohne Klammerung

$$\sum_{k=0}^{\infty}(-1)^k = 1 - 1 + 1 - 1 + \cdots$$

Beispiel 17. Die Reihenfolge der Summanden hat wegen der Auslöschung einen entscheidenden Einfluss auf das Ergebnis. Die in exakter Arithmetik gleichwertigen Ausdrücke mit der Summe 136 ergeben z.B. mit acht-stelliger Mantisse

$$\begin{aligned}
2^{20} +_{\mathbb{M}} 2^4 -_{\mathbb{M}} 2^3 +_{\mathbb{M}} 2^7 -_{\mathbb{M}} 2^{20} &= +(0000\,0000)_2 = 0,\\
2^{20} +_{\mathbb{M}} 2^4 -_{\mathbb{M}} 2^{20} -_{\mathbb{M}} 2^3 +_{\mathbb{M}} 2^7 &= +(0111\,1000)_2 = 120,\\
2^{20} -_{\mathbb{M}} 2^{20} +_{\mathbb{M}} 2^4 -_{\mathbb{M}} 2^3 +_{\mathbb{M}} 2^7 &= +(1000\,1000)_2 = 13 \text{ und}\\
2^{20} +_{\mathbb{M}} 2^4 +_{\mathbb{M}} 2^7 -_{\mathbb{M}} 2^{20} -_{\mathbb{M}} 2^3 &= -(0000\,1000)_2 = -8.
\end{aligned}$$

Die Rundungsfehleranalyse wird zum Abschluss des Abschnitts ausgedehnt auf die Berechnung der Summe $a + b + c$ mit bereits mit Rundungsfehlern ε_a, ε_b und ε_c behafteten Eingabedaten a, b und c. Die Addition dieser fehlerbehafteten Summanden wird nach der Berechnungsmethode (6.3) durchgeführt

$$\begin{aligned}
&1.: e = (a \cdot (1 + \varepsilon_a)) +_{\mathbb{M}} (b \cdot (1 + \varepsilon_b))\\
\text{und}\quad &2.: \tilde{y} = e +_{\mathbb{M}} (c \cdot (1 + \varepsilon_c))\,.
\end{aligned} \tag{6.8}$$

Die Analyse überlassen wir Ihnen in der

Übung 15. Rechnen Sie nach, dass sich für die Addition dreier Zahlen a, b und c unter Berücksichtigung von Rundungsfehlern mit dem Ansatz (6.8) für den relativen Rundungsfehler der Summe in erster Näherung

$$\begin{aligned}
f_{rel}(y) \doteq & \underbrace{\frac{a}{a+b+c}\varepsilon_a + \frac{b}{a+b+c}\varepsilon_b + \frac{c}{a+b+c}\varepsilon_c}_{\text{Verstärkung der Eingabefehler}}\\
& + \underbrace{\frac{a+b}{a+b+c}\varepsilon_1 + \varepsilon_2}_{\text{Verstärkung der Rechenfehler}}.
\end{aligned} \tag{6.9}$$

ergibt. Die Rechenfehler der beiden Additionen sind dabei ε_1 und ε_2.

Der gesamte relative Fehler $f_{rel}(y)$ der Summe $a + b + c$ setzt sich nach (6.9) zusammen aus den in Abschn. 4 postulierten Anteilen:

1. Eingabefehler ε_a, ε_b und ε_c, die im Verhältnis ihres Werts zur Gesamtsumme verstärkt werden. Die Eingabefehler können z.B. durch bereits gemachte Rechenfehler entstanden sein.
2. Rechenfehlern ε_1 und ε_2, die sich abhängig von der Berechnungsmethode verstärken können.

---

ist dagegen nicht mal mehr konvergent, sondern divergiert unbestimmt zu den Werten 0 und 1.

Fazit: Endliche Reihen mit endlich genauer Arithmetik verhalten sich also ähnlich wie unendliche Reihen mit unendlich genauer Arithmetik.

Das Beispiel zeigt, dass sich Rundungsfehler im Endergebnis sehr stark auswirken können, wenn der Wert der Gesamtsumme nahe bei Null liegt. Diese und ähnlich ungünstige Fälle beschäftigen uns im nächsten Abschnitt.

6.3 Auslöschung

Auslöschung tritt immer dann auf, wenn ungefähr gleich große, bereits mit Fehlern behaftete Zahlen voneinander abgezogen werden und signifikante Mantissenstellen wörtlich *ausgelöscht* werden. Wir verdeutlichen dies an

Beispiel 18. Die zwei reellen Zahlen $r = 3/5$ und $s = 4/7$ mit den normierten, gerundeten Repräsentationen mit fünf-stelliger Mantisse nach Definition 13 $(1.0011)_2 \cdot 2^{-1}$ und $(1.0010)_2 \cdot 2^{-1}$ haben die Differenz $r - s = 1/35$ und es ergibt sich näherungsweise

$$\begin{aligned}(\underline{1}.\underline{001}1)_2 \cdot 2^{-1} - (\underline{1}.\underline{001}0)_2 \cdot 2^{-1} &= (\underline{0}.\underline{000}1)_2 \cdot 2^{-1} \\ &= (1.0000)_2 \cdot 2^{-5}\,.\end{aligned} \tag{6.10}$$

Das Ergebnis $1/32$ ist behaftet mit dem Fehler $\frac{1/35-1/32}{1/32} = -0.0938$, ca. 9.4%. Das ist ungefähr das drei-fache der Maschinengenauigkeit $\varepsilon = 0.031 = 3.1\%$.

Die Berechnung der Differenz mit nur drei-stelliger Mantisse liefert

$$1.01 \cdot 2^{-1} - 1.01 \cdot 2^{-1} = 0$$

und damit ein absoluten Fehler von 100%.

Die in (6.10) unterstrichenen Stellen sind signifikant und löschen sich durch die Subtraktion aus. Die signifikanten Stellen gehen durch das anschließende Normieren des Resultats verloren und werden willkürlich durch „ahnungslose" Nullen ersetzt. Es ist daher nicht verwunderlich, dass sich große Fehler in die Berechnung einschleppen können. Die ausgelöschten signifikanten Stellen können nicht gerettet werden. Auslöschungsfehler sind daher prinzipiell nicht behebbar, siehe dazu die

Übung 16. Welchen Einfluss hätte das Ersetzen der ausgelöschten Stellen anstatt durch Nullen durch Einser oder zufällige Ziffern?

Anmerkung 34 (Differenz exakter Zahlen). Sind die beiden Zahlen x und y exakt, so ist auch das Ergebnis der Differenz exakt; da weder x noch y fehlerbehaftete Stellen besitzen, sind auch alle signifikanten Stellen des Resultats exakt, auch, wenn viele Stellen sich durch die Differenz gegenseitig weg heben.

Anmerkung 35 (Verzicht auf Normalisierung). Die Normalisierung täuscht im Fall der Auslöschung eine nicht vorhandene Genauigkeit vor. Daher gab es Ansätze auf die Normalisierung zu verzichten, siehe [97].

Wir analysieren den kritischen Teil einer Berechnungsmethode, der zur Auslöschung führen kann: der relative Fehler der Differenz $y := a - b$ zweier Zahlen a und b mit kleinen relativen Fehlern ε_a und ε_b lautet:

$$\begin{aligned} \varepsilon_y &:= \frac{a - b - (a(1+\varepsilon_a) - b\,(1+\varepsilon_b))(1+\varepsilon_-)}{a-b} \\ &= -\frac{a}{a-b}\,\varepsilon_a + \frac{b}{a-b}\,\varepsilon_b - \varepsilon_- . \end{aligned} \tag{6.11}$$

Extreme Fehlerverstärkung wird es nach Gleichung (6.11) geben, wenn $|a|$ oder $|b|$ sehr groß ist verglichen mit $|a-b|$, also

$$|a - b| << \min\{|a|, |b|\}.$$

Differenzen zwischen annähernd gleich großen, fehlerbehafteten Zahlen müssen möglichst algorithmisch vermieden werden und können oftmals durch eine gewissenhafte Analyse der Reihenfolge der Additionen und Subtraktionen umgangen werden. Die Berechnungsschritte können z.B. mit Hilfe des Assoziativ- und / oder des Kommutativgesetzes äquivalent umgestellt werden und produzieren dann verlässlichere Ergebnisse. Wir studieren dazu das

Beispiel 19 (Numerische Berechnung der Exponentialfunktion[67]). Wir berechnen die Exponentialfunktion $\exp(x)$ mittels Reihenentwicklung

$$\mathrm{e}^x = 1 + x + \frac{x^2}{2!} + \frac{x^3}{3!} + \cdots . \tag{6.12}$$

Wir addieren dazu die Summanden $y = x^k/k!$ mit $k \geq 0$ in einem Programm solange, bis sich der Rückgabewert `z` nicht mehr ändert:

```
// Eingabewert: x
z = 0.0; y =  1.0; k = 1;
WHILE  z != z + s*x/k :
   z = z+y; y = y*x/k;  k = k+1;
ENDWHILE
// Ausgabewert: z
```

Wir wollen klären, ob wir die Werte der Exponentialfunktion e^x für alle $x \in \mathbb{R}$ bis auf Maschinengenauigkeit genau berechnen können, und berechnen dazu die Rückgabewerte z des Programms auf einem Rechner mit der Maschinengenauigkeit $\varepsilon = 10^{-14}$ für verschiedene Werte x, siehe Tabelle 6.1.

Der oben angegebene Algorithmus liefert für positive Werte $x > 0$ korrekte Ergebnisse z und für $x < 0$ vollkommen falsche Werte: Die Summanden y haben für negative x alternierende Vorzeichen und es könnte Auslöschung vorliegen. Die Reihenentwicklung der Exponentialfunktion e^x im Punkt $x = -20$ bestätigt diesen Verdacht, wie die Liste der Summanden in der Tabelle 6.2 insbesondere für $k = 19$ und $k = 20$ zeigt.

Tabelle 6.1. Die Rückgabewerte z, siehe mittlere Spalte, eines Programms zur numerischen Berechnung der Exponentialfunktion e^x, siehe rechte Spalte, auf einem Rechner mit der Maschinengenauigkeit $\varepsilon = 10^{-14}$ für verschiedene Werte x, siehe linke Spalte. Die korrekten Stellen sind unterstrichen.

x	z	e^x
1	$\underline{2.7182818} \cdot 10^0$	$2.7182818 \cdot 10^0$
20	$\underline{4.85165}31 \cdot 10^8$	$4.8516520 \cdot 10^8$
-10	$-1.6408609 \cdot 10^{-4}$	$4.5399930 \cdot 10^{-5}$
-20	$1.2029660 \cdot 10^0$	$2.0611537 \cdot 10^{-9}$

Tabelle 6.2. Die Summanden $y = x^k/k!$ der Reihenentwicklung der Exponentialfunktion e^x in Abhängigkeit von k für $x = -20$.

k	$y = \frac{x^k}{k!}$
0	1
1	-20
2	200
$\vdots$	$\vdots$
19	$-0.4309980412 \cdot 10^8$
20	$0.4309980412 \cdot 10^8$
$\vdots$	$\vdots$
60	$0.1385558575 \cdot 10^{-3}$
$\vdots$	$\vdots$
70	$0.9855863063 \cdot 10^{-9}$
$\vdots$	$\vdots$
99	$-0.6791503299 \cdot 10^{-27}$
$\vdots$	$\vdots$

Die Summanden $y = (-20)^k/k!$ für die Berechnung des Funktionswerts e^{-20} nehmen zunächst immer größer werdende Werte mit wechselndem Vorzeichen an, die schließlich mit größer werdendem k wegen der Fakultät $k!$ im Nenner gegen Null konvergieren. Die Summe enthält somit auch Differenzen zweier nahezu gleich großer, bereits mit Rundungsfehlern behafteter Zahlen. Die Summanden $x^k/k!$ sind z.B. für $k = 20$ um den Faktor 10^{17} größer als das Resultat $\mathrm{e}^{-20} \approx 2.0611537 \cdot 10^{-9}$. Die Maschinengenauigkeit des Rechners ist $\varepsilon = 10^{-14}$ und daher ist es nicht verwunderlich, dass die signifikanten Stellen restlos ausgelöscht sind und die Summe z um Größenordnungen von dem gewünschten Resultat abweicht.

Analysieren Sie folgenden Verbesserungsvorschlag in der

Übung 17. Der Einfluss der Rundungsfehler soll minimiert werden und dazu addieren wir die Summanden $y = x^k/k!$ in der Reihenfolge aufsteigender Beträge. Wir berechnen dazu zunächst alle Summanden $y = x^k/k!$, die größer als die Maschinengenauigkeit ε sind, sortieren alle z.B. mit Quicksort alle Summanden und bilden abschließend die Summe.

In diesem Zusammenhang weisen wir auf einen häufig zu beobachtenden Programmierfehler hin in der

Anmerkung 36 (Vergleich von Gleitpunktzahlen). Der berechnete Wert r einer nicht ganzzahligen Variable wird i.Allg. wegen der Rundungsfehler der Rechenoperationen vom erwarteten Wert s abweichen: $r \neq s$. Die Abfrage auf Gleichheit in der Form

```
IF  r == s THEN
   ...
ENDIF
```

ist daher sinnlos, da der berechnete Wert nur zufällig $r = s$ sein wird. Diese Form der Abfrage soll nach der Richtlinie 13.3 der Richtliniensammlung MISRA-C:2004, siehe [81], vermieden werden[3]. Stattdessen verwenden wir besser

```
IF |r-s| <= epsilon THEN
   ...
ENDIF
```

mit einer passenden kleinen positiven Schranke `epsilon`.

Manche Programmiersprachen, wie z.B. die Programmiersprache `C`, ermöglichen textuelle Ersetzungen mit Präprozessoranweisungen. Damit deklarieren wir z.B. die Vergleichsgenauigkeit

```
#define epsilon     (0.00390625) // 2^(-8)
```

und definieren Vergleichsoperationen:

```
// Vergleich zweier Gleitpunktzahlen auf Genauigkeit epsilon
#define EQ(d1,d2)   (fabs((d1) - (d2)) < (epsilon))
#define LT(d1,d2)   ((d1) + (epsilon) < (d2) - (epsilon))
#define LE(d1,d2)   (EQ(d1,d2) || LT(d1,d2))
```

Der Vergleich `EQ` liefert den Wert wahr, falls beide Zahlen bis auf `epsilon` gleich sind, andernfalls den Wert falsch. Die beiden Vergleiche `LT` und `LE`

[3] Aus dem selben Grund verbietet die Richtlinie 13.4 der Richtliniensammlung MISRA-C:2004 die Verwendung von Gleitpunktzahlen z.B. als Schleifenzähler, da sich Rundungsfehler in dem Schleifenzähler akkumulieren können. Im ungünstigsten Fall kann dann die Schleifenabbruchbedingung nicht mehr erreicht werden, so dass die Schleife nicht mehr terminieren kann.

liefern den Wert wahr, falls die beiden Zahlen bis auf `epsilon` echt kleiner bzw. kleiner gleich sind, sonst den Wert falsch.

Die verwendete Vergleichsgenauigkeit `epsilon` muss eine darstellbare Maschinenzahl sein, z.B. eine Zweierpotenz. Andernfalls schleichen sich bei dem Vergleichsoperator $<$ erneute Fehler ein. Die Vergleichsgenauigkeit `epsilon` darf nicht kleiner als die Maschinengenauigkeit ε sein, da die Einführung der Vergleichsoperationen sonst nicht sinnvoll ist.

Damit sollte die Lösung einfach sein für die nächste

Übung 18. Warum beschränken wir uns bei Anmerkung 36 auf nicht ganzzahlige Variablen?

Abschließend machen wir noch die

Anmerkung 37 (Skalarprodukt[4]). Das Skalarprodukt zweier Vektoren $x = (x_1, \ldots, x_n)$ und $y = (y_1, \ldots, y_n)$ ist in vielen numerischen Anwendungen von zentraler Bedeutung. Die Größenordnung des Skalarprodukts $x \circ y$ ist i.Allg. nicht abschätzbar. Auslöschung vermeiden wir, indem wir das Ergebnis mit höherer Genauigkeit ohne jegliche Rundung berechnen und erst nach der letzten Addition in die Menge der Gleitpunktzahlen runden. Rechner, die für numerische Anwendungen konzipiert sind, sehen Speichervariablen mit höherer Genauigkeit vor, auf die schnell lesend und schreibend zugegriffen werden kann.

6.4 Zusammenfassung

Die Rundungsfehleranalyse ermöglicht die Fehlerquellen für eine gegebene Berechnungsmethode aufzudecken und gleichzeitig den Einfluss dieser Fehlerquellen auf das Endergebnis vorherzusagen. Die Rundungsfehler ergeben sich entweder aus bereits fehlerbehafteten Eingabedaten oder dem näherungsweisen Rechnen mit Gleitpunktoperationen. Die Rundungsfehleranalyse kann linear durchgeführt werden, da Terme höherer Ordnung in ε wegen $|\varepsilon| \ll 1$ i.Allg. nicht in den Zwischenvariablen gespeichert werden. Die Analyse bleibt deswegen auch verhältnismäßig übersichtlich. Die Rundungsfehleranalyse wird wegen der zentralen Bedeutung der Maschinengenauigkeit ε als Schranke für die Rechenfehler auch kurz als *Epsilontik* bezeichnet.

Wir haben gesehen, dass wir besonders auf die Auslöschung signifikanter Stellen achten müssen. Die Auslöschung tritt nicht nur bei betragsmäßig gleich großen Zahlen auf, sondern auch bei der Addition unterschiedlich

[4] Das Skalarprodukt zweier Vektoren wird wegen der zentralen Bedeutung für numerische Anwendungen häufig auch als *fünfte* Grundrechenart bezeichnet und im Rechenwerk z.T. fest implementiert. Da sich das Skalarprodukt aber auf eine Folge von elementaren Additionen und Multiplikationen zurückführen lässt, führen wir es hier nicht extra auf.

großer Zahlen, bei der die signifikanten Stellen des Ergebnisses in einer betragmäßig kleinen Eingabezahl stecken und die Addition mit größeren Zahlen die signifikanten Stellen auslöscht. Je nach Reihenfolge der Additionen können wir in solchen Fällen sehr unterschiedliche Endergebnisse erhalten.

Haben wir eine Stelle in der Berechnungsmethode identifiziert, die zu solchen ungenauen Resultaten führen kann, ist noch nicht klar, ob wir eine robuste Ersatz-Berechnungsmethode angeben können. Denn es kann sich einerseits um ein in der Aufgabenstellung liegendes oder andererseits erst durch die konkrete Berechnungsmethode eingeschlepptes Problem handeln.

7 Kondition und Stabilität

„Nobody is perfect“

Osgood Fielding III zu Daphne (Jerry)
aus *„Some like it hot“* von Billy Wilder

Der Begriff der *Berechnungsmethode* ist in diesem Abschnitt von zentraler Bedeutung. Wir beginnen daher mit der

Definition 19 (Berechnungsmethode). *Eine* Berechnungsmethode *ist eine wohldefinierte Folge von mathematischen Elementarberechnungen, wie Addition, Subtraktion, Multiplikation und Division, die aus den Eingangsdaten* $x \in \mathbb{R}^n$, $n \in \mathbb{N}^*$ *das Ergebnis*

$$y = f(x) \in \mathbb{R} \tag{7.1}$$

berechnet. Die Berechnungsmethode legt sowohl die Elementarberechnungen als auch die Reihenfolge dieser Elementarberechnungen fest.

Daran schließt sich die

Anmerkung 38 (Klassifikation der Berechnungsmethoden). Das Ergebnis einer Aufgabenstellung kann i.Allg. über eine Vielzahl von möglichen Berechnungsmethoden ermittelt werden. Diese Berechnungsmethoden können sich sowohl in der Verwendung der Elementarberechnungen als auch in der Reihenfolge der Elementarberechnungen unterscheiden. Eine zentrale Aufgabe der numerischen Mathematik besteht darin, diese Berechnungsmethoden bzgl. der Fehlertoleranz, der Größenordnung der Rechenoperationen und der Verwendung des Speicherplatzes zu klassifizieren.

Die vier arithmetischen Grundoperationen sind nach Definition 19 Elementarberechnungen und somit Berechnungsmethoden mit $n := 2$. Im letzten Abschnitt haben wir das Beispiel 15 der Summe dreier Zahlen a, b und c besprochen und die beiden Berechnungsmethoden (6.3) und (6.6) kennen gelernt. Wir interpretieren diese als Berechnungsmethoden für die Aufgabenstellung

$$f_{\text{summe}}(x_1, x_2, x_3) := x_1 + x_2 + x_3$$

mit $n := 3$ und den Eingangsdaten $x_1 := a$, $x_2 := b$ und $x_3 := c$.

Wir gehen der zentralen Frage nach, wie sich Eingabefehler in der Reihenfolge der Elementarberechnungen einer Berechnungsmethode verstärken können. Die Eingangsdaten x_i, $1 \leq i \leq n$ sind i.Allg. mit absoluten Rundungsfehlern δ_{x_i} behaftet. Die Verstärkung analysieren wir mit Hilfe der Taylor-Reihenentwicklung, siehe Abschn. A.1. Der quantitative Zusammenhang zwischen dem absoluten Fehler δ_y in dem Ergebnis y und dem absoluten Fehler δ_x in der Eingabe x ergibt sich für hinreichend glatte Funktionen f aus der lineare Taylorentwicklung der Funktion f

$$y + \delta_y = f(x + \delta_x) = f(x) + f'(x)\delta_x + \mathcal{O}\left(\delta_x^2\right) \tag{7.2}$$

und lautet unter Vernachlässigung von Termen höherer Ordnung

$$\delta_y \doteq f'(x) \cdot \delta_x.$$

Die Verstärkung des relativen Rundungsfehler ε_y des Resultats y ergibt sich für $x \cdot y \neq 0$

$$\begin{aligned} \varepsilon_y := f_{rel}(y) := \frac{\delta_y}{y} &\doteq \frac{x \cdot f'(x)}{y} \frac{\delta_x}{x} \\ &= \frac{x \cdot f'(x)}{y} f_{rel}(x) =: \frac{x \cdot f'(x)}{y} \varepsilon_x \end{aligned} \tag{7.3}$$

aus dem relativen Rundungsfehler ε_x der Eingabe x.

Der Verstärkungsfaktor zwischen den relativen Rundungsfehlern in (7.3) ist für die numerische Mathematik von zentraler Bedeutung. Wir machen die

Definition 20 (Kondition).
Die Kondition *der Funktion $y = f(x)$ ergibt sich aus dem Verstärkungsfaktor*

$$\kappa_f(x) := \left| \frac{x \cdot f'(x)}{f(x)} \right| \tag{7.4}$$

zwischen den relativen Rundungsfehlern aus Gleichung (7.3) und ist eine Maßzahl für die Sensitivität des Resultats y in Bezug auf die Eingabe x.

Wir sprechen von einer bezüglich x gut konditionierten *Aufgabenstellung $f(x)$, wenn **kleine** relative Eingabefehler ε_x bei exakter Arithmetik, d.h. ohne Einfluss von Rechenfehlern, zu vergleichsweise **kleinen**, relativen Fehlern ε_y im Resultat y führen. In diesem Fall haben die relativen Rundungsfehler ε_x und ε_y die gleiche Größenordnung. Anderenfalls liegt* schlechte Kondition *von f an der Stelle x vor.*

Daran schließt sich die

Anmerkung 39. Die Kondition ist eine Funktion der Eingabe x und nach (7.4) eine Eigenschaft der Aufgabenstellung und **nicht** der Berechnungsmethode.

Übung 19. Nehmen Sie Stellung zu der Aussage eines Kommilitonen: „Schade, dass nicht alle Berechnungsverfahren schlecht konditioniert sind."

Die Kondition κ_f ist eine Funktion der Eingabe x

$$\kappa_f(x) := \left| \frac{x \cdot f'(x)}{f(x)} \right|$$

und wächst direkt proportional mit dem Argument x und der Ableitung $f'(x)$ sowie indirekt proportional mit dem Resultat $f(x)$.

Schlechte Kondition liegt meist dann vor, wenn entweder das Verhältnis von Eingabewert zu Ausgabewert $x/f(x)$ oder die Ableitung $f'(x)$ betragsmäßig groß sind. Die Terme x, $f(x)$ und $f'(x)$ können sich auch gegenseitig kompensieren oder verstärken, wie wir sehen in der

Übung 20. Berechnen Sie die Kondition der Funktion $y = x^r$, $r \in \mathbb{R}$. Diskutieren Sie, für welche Werte r schlechte Kondition vorliegt und welcher Term dafür verantwortlich ist.

Die Kondition bestimmt nach Definition 20 den unvermeidbaren Fehler, der durch dir Aufgabenstellung gegeben ist und den wir bei Anwendung der geschicktesten numerischen Berechnungsmethode nicht unterbieten können.

Wir berechnen die Konditionen für Elementarberechnungen in der

Übung 21 (Konditionen für Elementarberechnungen). Leiten Sie die Konditionen für die Elementarberechnungen: Zuweisung $y = x$, Addition $y = a + x$, Subtraktion $y = a - x$, Multiplikation $y = a \cdot x$, Divison $y = a/x$, Wurzel $y = \sqrt{x}$, Exponentialfunktion $y = \exp(x)$ und Logarithmus $y = \log(x)$ in der Tabelle 7.1 her.

Tabelle 7.1. Die Konditionen κ für ausgewählte Elementarberechnungen.

Zuweisung	$y = x$	$\kappa_= = 1$
Addition	$y = a + x$	$\kappa_+ = \left\|\frac{x}{a+x}\right\|$
Subtraktion	$y = a - x$	$\kappa_- = \left\|\frac{x}{a-x}\right\|$
Multiplikation	$y = a \cdot x$	$\kappa_\cdot = 1$
Divison	$y = a/x$	$\kappa_/ = 1$
Wurzel	$y = \sqrt{x}$	$\kappa_{\sqrt{}} = 0.5$
Exponentialfunktion	$y = \exp(x)$	$\kappa_{\exp} = \|x\|$
Logarithmus	$y = \ln(x)$	$\kappa_{\ln} = \frac{1}{\|\ln(x)\|}$

Die Kondition der Funktion $f(x) = \exp(x)$ lautet $\kappa_{\exp} = |x|$ und ist für betragsmäßig nicht zu große Werte von x gut konditioniert. Die Umkehrfunktion $f(x) = \ln(x)$ hat die Kondition $\kappa_{\ln} = |1/\ln(x)|$ und ist für $x \approx 1$ schlecht konditioniert.

Die Bereiche mit schlechter Kondition sind graphisch sehr einfach zu erkennen und für eine Beispielfunktion $y = f(x)$ in Abb. 7.1 gekennzeichnet mit Kreisen. Mehrere Eigenschaften einer Funktion können zu schlechter Kondition führen, so z.B. wenn das Resultat y um Größenordnungen kleiner ist als die Eingabe x, d.h. $\|x/f(x)\| \gg 1$ oder bei steilem Funktionsverlauf f, wenn kleine Schwankungen in x große Schwankungen in y bewirken, d.h. $|f'(x)| \gg 1$.

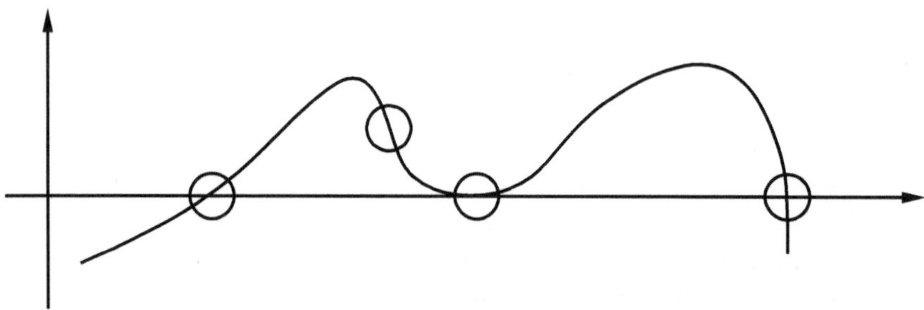

Abb. 7.1. Die schlecht konditionierten Bereiche der Funktion f sind mit Kreisen gekennzeichnet: kleine Änderungen in Eingaben x verursachen große Änderungen in dem Resultat $y = f(x)$.

Die Kondition κ_f hängt nur von der Funktion f ab und führt die Sensitivität einer Aufgabenstellung mit (7.4) auf die Eigenschaften der Funktion f zurück; die gewählte Berechnungsmethode hat insbesondere **keinen** Einfluss auf die Kondition.

Übung 22 (Summe dreier Zahlen). Leiten Sie die Konditionen bzgl. der Eingabedaten a, b und c für die Berechnungsmethode in Beispiel 15 mit der Kondition $\kappa_+ = x/(a+x)$ der Elementarberechnung für die Addition zweier Zahlen aus Tabelle 7.1 her. Es ergeben sich

$$\kappa_a = \left|\frac{a}{a+b+c}\right|, \; \kappa_b = \left|\frac{b}{a+b+c}\right| \quad \text{und} \quad \kappa_c = \left|\frac{c}{a+b+c}\right|.$$

Die Konditionen entsprechen den Verstärkungsfaktoren der relativen Rundungsfehler der Eingabewerte in (6.9).

Die ausgewählte Berechnungsmethode hat, wie wir bereits im letzten Abschnitt gelernt haben, einen entscheidenden Einfluss auf die Verstärkung der Rechenfehler. Es ist daher sinnvoll an dieser Stelle einen weiteren Begriff einzuführen in der

Definition 21 ((Numerisch) Stabile Berechnungsmethode). *Eine* (numerisch) stabile *Berechnungsmethode vergrößert **nicht** die relativen Ein-*

gabefehler einer gut konditionierten Aufgabenstellung $y = f(x)$. *Eine Berechnungsmethode, die trotz kleiner Kondition* κ_f, *große relative Fehler im Ergebnis produziert, heißt* (numerisch) instabil.

In Abbildung 7.2 zeigen wir die Abgrenzung der Begriffe gut konditionierte Aufgabenstellung, numerisch stabile Berechnungsmethode und effizienter Algorithmus.

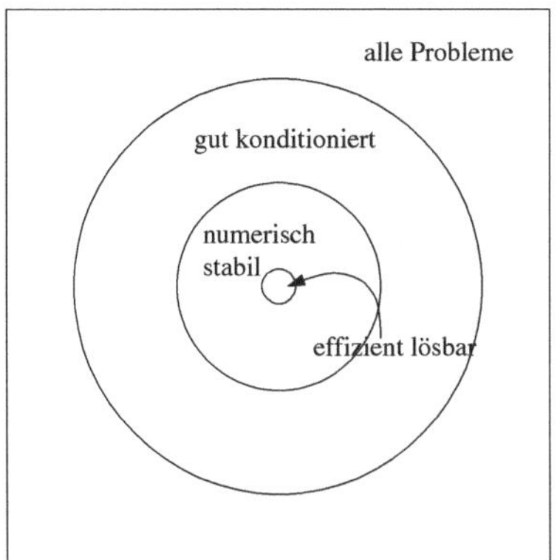

Abb. 7.2. Die Abgrenzung der Begriffe gut konditionierte Aufgabenstellung, numerisch stabile Berechnungsmethode und effizienter Algorithmus.

Eine Berechnungsmethode kann nach Definition 20 als eine Verkettung von Teilberechnungsmethoden oder Elementarberechnungen $z = g(y)$ und $y = f(x)$

$$z = g(y) = g(f(x)) = (g \circ f)(x)$$

mit den Konditionen

$$\kappa_g = \left| \frac{y \cdot g'(y)}{z} \right| \quad \text{und} \quad \kappa_f = \left| \frac{x \cdot f'(x)}{y} \right|.$$

aufgefasst werden. Die Konditionszahl für die verkettete Berechnungsmethode $\kappa_{g \circ f}$ ergibt sich aus der Kettenregel mit

$$\begin{aligned}
\kappa_{g \circ f} &= \left| \frac{x \cdot (g \circ f)'(x)}{z} \right| \\
&= \left| \frac{x \cdot g'(f(x)) \cdot f'(x) \cdot y}{z \cdot y} \right| \\
&= \left| \frac{y \cdot g'(y)}{z} \right| \cdot \left| \frac{x \cdot f'(x)}{y} \right| \\
&= \kappa_g \cdot \kappa_f .
\end{aligned}$$

Dieses Ergebnis halten wir fest in dem

Theorem 2 (Kondition verketteter Berechnungsmethoden). *Die Konditionszahl $\kappa_{g \circ f}$ der verketteten Berechnungsmethode*

$$z = g(y) = g(f(x)) = (g \circ f)(x)$$

ergibt sich aus dem Produkt der Konditionen der beiden Berechnungsmethoden $z = g(y)$ und $y = f(x)$

$$\kappa_{g \circ f} = \kappa_g \cdot \kappa_f .$$

Eine gut konditionierte Aufgabenstellung muss nicht notwendigerweise aus gut konditionierten Teilaufgabenstellungen zusammengesetzt sein, wie gezeigt wird in der

Anmerkung 40 (Kondition einer Teilaufgabenstellung). Wir betrachten eine gut konditionierte Aufgabenstellung $z = (g \circ f)(x)$ mit der zusätzlichen Annahme, dass die Eingabe x und das Resultat z von gleicher Größenordnung $|z| \approx |x|$ sind. Die Aufgabenstellung kann in zwei Teilaufgabenstellungen $y = f(x)$ und $z = g(y)$ aufgespalten werden. Wenn zusätzlich das Zwischenergebnis y um Größenordnungen größer als das Resultat z, also $|z| << |y|$, ist, dann kann die Kondition κ_g wegen

$$\kappa_g = \left| \frac{y \cdot g'(y)}{z} \right|$$

groß sein. Die Gesamtaufgabenstellung $z = (g \circ f)(x)$ enthält somit eine Teilaufgabenstellung $z = g(y)$, die schlecht konditioniert ist und daher für $g \circ f$ bei Eingabe x eine numerisch instabile Berechnungsmethode liefert. In diesem Fall bestimmt die (Rest-)Teilberechnungsmethode $z = g(y)$, ob die Gesamtberechnungsmethode numerisch stabil ist oder nicht. Ein Berechnungsmethode ist somit insbesondere numerisch instabil, wenn mindestens eine Teilberechnungsmethode schlecht konditioniert ist. Dieser Fall kann insbesondere auftreten, wenn in einer Berechnungsmethode relativ große Zwischenwerte produziert werden.

In relevanten Anwendungen in der Praxis ist es nicht immer einfach für eine gut konditionierte Aufgabenstellung auch eine numerisch stabile Berechnungsmethode anzugeben. In dem Fall einer schlecht konditionierten Aufgabenstellung, ist es i.Allg. nicht sinnvoll, eine Berechnungsmethode anzugeben. Unter dem Motto der Schadensbegrenzung kann es je nach der Aufgabenstellung sinnvoll sein, entweder für exakte Eingabedaten x oder nur für gewisse Teilmengen der Eingabe x eine Berechnungsmethode anzugeben, das zu kleinen relativen Fehlern im Ergebnis führt und den unvermeidbaren Fehler so gut wie möglich begrenzt. So gibt es z.B. unterschiedliche Möglichkeiten, die Genauigkeit der Arithmetik zu erhöhen, wie z.B. den Vorschlag von J. R. Shewchuk in [103], die Gleitpunktarithmetik mit adaptiver beliebiger Genauigkeit in Software nachzubilden.

Übung 23 (Kondition für die Auslöschung). Vergleichen Sie die Konditionen κ_a und κ_b bezüglich a und b für den Fall der Auslöschung $a-b$ mit den Verstärkungsfaktoren in Gleichung (6.11).

In den folgenden Beispielen machen wir uns mit den neu eingeführten Begriffen vertraut.

Beispiel 20 (Erweiterung mit Bruch). Der Ausdruck

$$f(x) := 1 - \sqrt{1-x^2} \tag{7.5}$$

soll für kleine Werte $x \approx 0$ numerisch berechnet werden. Diese Aufgabenstellung ist wegen

$$\kappa_f = \left| \frac{x^2}{\left(1-\sqrt{1-x^2}\right)\sqrt{1-x^2}} \right| \to 2 \quad \text{mit} \quad x \to 0$$

sehr gut konditioniert. Die numerische Auswertung des Ausdrucks (7.5) führt allerdings zu Ergebnissen mit extrem großen relativen Rundungsfehlern wie gezeigt wird in der folgenden

Übung 24. Berechnen Sie den Ausdruck (7.5) z.B. mit einem Taschenrechner für $x = 1.0 \cdot 10^{-i}$ und große $i \in \mathbb{N}$.

Die evtl. vorhandenen relativen Eingabefehler ϵ_x in x und die Rechenfehler, die durch das Quadrieren, Subtrahieren und Wurzelziehen entstehen, entfalten durch Auslöschung im letzten Rechenschritt $1-\sqrt{\cdots}$ eine große Wirkung auf das Endergebnis. Die Berechnungsmethode (7.5) ist daher nach Definition 21 numerisch instabil.

Eine numerisch stabile Berechnungsmethode erhalten wir, wenn wir den Ausdruck (7.5) mittels *Erweiterung* von Zähler und Nenner

$$\begin{aligned} 1-\sqrt{1-x^2} &= \frac{(1-\sqrt{1-x^2})(1+\sqrt{1-x^2})}{1+\sqrt{1-x^2}} \\ &= \frac{1-(1-x^2)}{1+\sqrt{1-x^2}} \\ &= \frac{x^2}{1+\sqrt{1-x^2}} \end{aligned} \tag{7.6}$$

umformen und so die Auslöschung umgehen.

Der Ausdruck (7.5) in Beispiel 20 ist numerisch instabil und verstärkt die relativen Rundungsfehler, obwohl die Aufgabenstellung gut konditioniert ist. Eine numerisch stabile Berechnungsmethode (7.6) wurde durch Erweitern von Zähler und Nenner gefunden.

Numerisch instabile Berechnungsmethoden können auch durch Fallunterscheidung vermieden werden, wie z.B. in dem

Beispiel 21 (Fallunterscheidung). Die Berechnungsmethode (6.12) für die Exponentialfunktion $\exp(x)$ in Beispiel 19 ist **nur** für $x < 0$ numerisch instabil. Eine numerisch stabile Berechnungsmethode für $x < 0$ kann durch einfache Umformung gefunden werden und lautet

$$\mathrm{e}^x = \frac{1}{e^{-x}} = \frac{1}{1 - x + \frac{x^2}{2!} - \frac{x^3}{3!} + \cdots}. \tag{7.7}$$

Die Exponentialfunktion $\exp(x)$ kann somit mit der Fallunterscheidung für $x > 0$ mit (6.12) und für $x < 0$ mit (7.7) für alle $x \in \mathbb{R}$ numerisch stabil berechnet werden.

Die Aufgabenstellung *Berechnung der Nullstellen eines Polynoms* hat in der Notation der Definition 19 die Form

$$0 \stackrel{\Delta}{=} p(y) := y^n + \sum_{i=0}^{n-1} x_i \cdot y^i$$

mit den Polynomkoeffizienten x_i mit $i = 0, \cdots n-1$ als Eingabe und den Nullstellen y_i mit $i = 0, \cdots n$ als Ergebnis. Die Berechnung der Nullstellen eines Polynoms in Abhängigkeit der Polynomkoeffizienten ist i.Allg. schlecht konditioniert, wie gezeigt wird in dem

Beispiel 22 (Nullstellen eines Polynoms). Die Nullstellen des Polynoms

$$p(y) = y^4 - 4y^3 + 8y^2 - 16y + 15.999\,999\,99 = (y-2)^4 - 10^{-8}$$

lauten $y_{1,2} = \pm 2.01$ und $y_{3,4} = 2 \pm 0.01i$. Die Eingabe des Polynomkoeffizienten $x = 15.9999\,9999$ wird bei der Maschinengenauigkeit $\varepsilon \approx 10^{-10}$ als $x = 16$ abgespeichert und ist mit dem relativen Eingabefehler $\varepsilon_x = 6.25 \cdot 10^{-10}$ behaftet. Ein Programm mit exakter Arithmetik berechnet die vierfache Nullstelle $y_{1,2,3,4} = 2$. Der relative Fehler ε_y der reellen Nullstellen ist $0.01/2.01 = 4.975 \cdot 10^{-3}$. Die Kondition der reellen Nullstellen ist somit

$$\kappa_{x_{1,2}} = \varepsilon_y / \varepsilon_x \approx 5.0 \cdot 10^7.$$

Die Aufgabenstellung der Berechnung der Nullstellen $y_{1,2}$ ist schlecht konditioniert.

Wir machen die abschließende

Anmerkung 41 (Aussagekraft der Stellenanzahl). Die Gleichung (7.3) zeigt, dass der relative Rundungsfehler ϵ_y und damit die Anzahl der korrekten Stellen eines Ergebnis y einer Berechnungsmethode $y = f(x)$ sowohl von der Kondition κ_f der Aufgabenstellung als auch von dem relativen Rundungsfehler ϵ_x der Eingabe abhängt. Der relative Rundungsfehler ϵ_y ist somit auch ein Maß für die Genauigkeit des Ergebnisses und es macht daher i.Allg. keinen Sinn, ein Ergebnis mit höherer Genauigkeit anzugeben: Aussagen, wie z.B. „Es leben 6.575.461.384 Menschen auf der Erde“ täuschen durch eine konkrete Angabe aller Vorkommastellen eine große Genauigkeit vor, obwohl diese Zahl nicht exakt ermittelt werden kann und - wenn überhaupt - auch nur einen kurzen Augenblick lang richtig sein könnte.

Es empfiehlt sich daher die Anzahl der gültigen Stellen genau zu kennen um die Aussagekraft eines Ergebnisses beurteilen zu können. Die Anzahl der gültigen Stellen eines Ergebnisses hängt insbesondere ab von:

1. relativen Rundungsfehler ϵ_x der Eingabe,
2. Maschinengenauigkeit ε,
3. Kondition κ der Aufgabenstellung und
4. numerischer Stabilität der Berechnungsmethode.

Zusammenfassung

Wenn wir eine gegebene Aufgabenstellung mit Hilfe einer Berechnungsmethode lösen wollen, müssen wir Algorithmen entwerfen, die ggf. vorhandene relative Rundungsfehler in den Eingangsdaten x sowie Rundungs- und Rechenfehler berücksichtigen und wenn nicht verkleinern, dann wenigstens nicht zusätzlich verstärken. Am Anfang steht die Analyse der Aufgabenstellung, da der Entwurf der Berechnungsmethode davon abhängt, ob die Aufgabenstellung gut oder schlecht konditioniert bezüglich der Eingangsdaten ist. Danach muss untersucht werden, ob die Berechnungsmethode numerisch stabil ist, d.h. die unvermeidlichen Fehler durch Eingabefehler, die mit der Kondition der Aufgabenstellung verstärkt werden, **nicht** weiter zu extremen Verschlechterungen führen. Die Berechnungsmethode muss darüber hinaus auch Werte mit sehr unterschiedlicher Größenordnung verarbeiten können ohne dabei an Rechengenauigkeit zu verlieren. Insbesondere ist auf Teilberechnungsmethoden zu achten, die Genauigkeit in der Form signifikanter Stellen verlieren, wie z.B.

- Auslöschung bei Subtraktion nahezu gleichgroßer Zahlen, siehe Übung 23,
- Summen, wobei die signifikanten Stellen in den relativ kleinen Summanden enthalten sind, siehe Beispiel 17 und
- Berechnungsmethoden, bei denen relativ große Zwischenergebnisse vorkommen können, wie z.B. die schlecht konditionierte Teilberechnungsmethode in Beispiel 19 (siehe auch Anmerkung 40).

Diese und andere Beispiele zeigen, dass wir dem Ergebnis einer numerischen Berechnung nicht blind vertrauen dürfen. Numerisch instabile Berechnungsmethoden einer gut konditionierten Aufgabenstellung können oftmals in stabile Berechnungsmethode umgewandelt werden, z.B. mit

- Änderung der Reihenfolge der Teilberechnungsmethoden,
- Anwendung trigonometrischer oder algebraischer Umformungen und
- Berechnung mittels Taylor-Entwicklungen.

Dies ist ein kreativer und spannender Teil der numerischen Mathematik.

Wenn die Aufgabenstellung dagegen schlecht konditioniert ist, werden unvermeidbar größere relative Fehler produziert. Eine Verbesserung kann nur in beschränktem Rahmen z.B. durch genauere Rechnung erreicht werden, indem wir z.B. die Anzahl t der in der Mantisse aufgeführten Stellen erhöhen, und mit höherer Genauigkeit rechnen, z.B. mit `double precision`.

Welche Größenordnung der Kondition κ akzeptabel ist, hängt einerseits von der Maschinengenauigkeit ε und andererseits von der geforderten Genauigkeit des Endresultats ab. Eine Berechnungsmethode auf einem Rechner mit der Maschinengenauigkeit $\varepsilon = 10^{-16}$ produziert für eine Aufgabenstellung mit der Kondition $\kappa = 10^8$ Ergebnisse mit einem relativen Fehler der Größenordnung 10^{-8}. Der Anwender muss entscheiden, ob diese Genauigkeit ausreicht oder nicht. Daraus leitet sich eine weitere Anforderung an eine Berechnungsmethode ab: Berechnungsmethoden müssen so entworfen sein, dass systematische Fehler, wie z.B. durch die Rundungsvorschrift im Beispiel 6, vermieden werden; auch relativ kleine Fehler können durch eine große Anzahl von durchgeführten Elementarberechnungen zu großen relativen Fehlern im Ergebnis führen.

Anmerkung 42 (Epsilontik und Störungsrechnung). Die Analyse der Kondition κ_f basiert auf der Linearisierung der Funktion f mit der Taylorentwicklung in (7.2). Die Analysis hat wesentlich mächtigere Analysemethoden hervorgebracht und so könnten wir die Fortpflanzung der (Rundungs-)Fehler einer Berechnungsmethode wesentlich detaillierter z.B. mit der Differentialrechnung durchführen, indem wir die einzelnen Teilschritte der Berechnungsmethode Schritt für Schritt analysieren (siehe Anmerkung 40).

Die in diesem Kapitel vorgestellte einfachere Analyse, kurz als *Epsilontik* bezeichnet, ist eine vereinfachte Störungsrechnung erster Ordnung mit Hilfe von Taylor-Entwicklungen der Teilberechnungsmethoden, siehe [107].

Wir geben einen Ausblick auf alternative Analysemethode in der abschließenden

Anmerkung 43 (Vorwärts- und Rückwärtsanalyse). Die Epsilontik ist ein Spezialfall der so genannten *Vorwärtsanalyse* bei der das berechnete Ergebnis $\tilde{y}$ als gestörtes exaktes Ergebnis $\tilde{y} = y + \delta_y$ zu den exakten Eingabedaten x interpretiert wird. Die Vorwärtsanalyse ermöglicht die direkte Abschätzung des relativen Fehlers ε_y. Die Vorwärtsanalyse einer Berechnungsmethoden kann u.U. **leider** sehr oder sogar zu kompliziert werden.

In diesen Fällen bietet sich die so genannte *Rückwärtsanalyse* an: Das Ergebnis $\hat{y}$ wird als exaktes Ergebnis $\hat{y} = y$ zu veränderten Eingaben $\hat{x}$ mit $\hat{x} = x + \delta_x$ interpretiert; existiert ein $\hat{x}$ mit kleinem $|\delta_x|$, das bei exakter Rechnung auf $\hat{y}$ führt, so wird das Berechnungsverfahren als „rückwärts stabil " bezeichnet. Die Rückwärtsanalyse ist i.Allg. einfacher und daher leichter auch in komplizierten Fällen anwendbar.

Es ist also stets angebracht, Ergebnissen numerischer Berechnungsmethoden ein gesundes Misstrauen entgegenzubringen. Dieses Kapitel gibt dem Anwender eine Reihe von Analyse- und Bewertungsmöglichkeiten an die Hand, um in eine Berechnungsmethode Vertrauen gewinnen zu können.

8 Aufgaben

„Nicht alleine in Rechnungssachen soll der Mensch sich Mühe machen...“

Wilhelm Busch, Max und Moritz, vierter Streich.

Übung 25 (Schriftliches Rechnen). Stoppen Sie die Zeit in Sekunden, die Sie für die Kopfrechnung der Zwischenschritte für die Multiplikation $13061968 \cdot 8121971$ benötigen. Wie viele elementare Additionen und Multiplikationen des kleinen Einmaleins haben Sie dabei ausgeführt? Wie viele Überläufe hatten Sie zu beachten? Überprüfen Sie das Ergebnis mit einem Taschenrechner. Haben Sie zuverlässig gerechnet?

Übung 26 (Kopfrechnen). Die Inderin Shakuntala Devi[1] soll im Jahr 1980 zwei 13-stellige Zahlen in nur 28 Sekunden im Kopf korrekt multipliziert haben. Wie viele elementare Additionen und Multiplikationen des kleinen Einmaleins hat sie dafür pro Sekunde durchgeführt?

Übung 27 (Wurzel mit dem Taschenrechner). Geben Sie die Zahl 2 auf einem Taschenrechner Ihrer Wahl ein. Berechnen Sie den Wert $2^{1/2^k} = \sqrt[2^k]{2} = \sqrt{\cdots\sqrt{2}}$ in dem Sie k-mal die Wurzel berechnen. In der Anzeige erscheint die Zahl $x \approx 1$. Versuchen Sie diese Operation rückgängig zu machen, indem Sie die Zahl x entsprechend k-mal quadrieren und somit x^{2^k} berechnen. Für welche Zahlen $k \in \mathbb{N}^*$ erhalten Sie den Ausgangswert 2? Warum? Wie hängt k mit der Maschinengenauigkeit ε des Taschenrechners zusammen?

Übung 28 (Mehrdeutige Darstellung von Zahlen im Positionssystem). Jede positive reelle Zahl $r \in \mathbb{R}$ kann in einem Positionssystem mit der Basis $b \in \mathbb{N}^*$ und $b > 1$ in der Form

[1] Auch wenn dieser Rekord angezweifelt wird, da erstens u.a. einer der beiden Multiplikatoren auf die Ziffer 0 endete und da zweitens der Rekord schlichtweg in extremen Maße über allen bekannten Leitungen anderer Kopfrechner liegt, gibt diese Rechenleistung zumindest eine obere Schranke für Kopfhochleistungsarithmetik an. Eine Übersicht zu Weltrekorden für Gedächtnis und Kopfrechnen findet sich z.B. auf `www.recordholders.ord/de/list/memory.htm`.

$$r = \sum_{i=0}^{s-1} r_i \cdot b^i + \sum_{i=1}^{\infty} r_{-i} \cdot r^{-i} \tag{8.1}$$

mit den Koeffizienten $0 \leq r_i < b$ für r_i mit $0 \leq i < s$ und r_{-i} mit $i > 0$ dargestellt werden. Die Darstellung einer Zahl nach (8.1) ist nicht eindeutig. Geben Sie ein Beispiel für eine Zahl r und eine Basis b an, das zwei Darstellungen (8.1) zulässt.

Übung 29 (Schaltbild für die Subtraktion). Entwerfen Sie ein Schaltbild für die Subtraktion zweier zwei-stelliger Binärzahlen mittels Zweierkomplementdarstellung (5.6)!
Hinweis: Das Ersetzen der Ziffern einer Binärzahl wird in einem Schaltbild einfach durch die NICHT-Verknüpfung $\neg$ realisiert.

Übung 30 (Rundung zerstört Strukturerhaltung). Zeigen Sie an einem einfachen Beispiel Ihrer Wahl, dass es **keinen** strukturerhaltenden Homomorphismus aus der Menge der reellen Zahlen $\mathbb{R}$ in eine beliebig konstruierte Menge von Gleitpunktzahlen $\mathbb{M}$ gibt.

Übung 31 (Analyse mit Epsilontik). Analysieren Sie die Berechnungsmethode $y = a^2 - b^2$ mit Hilfe der Epsilontik:

a) Berechnen Sie die Konditionen bezüglich a und b. Unter welchen Bedingungen ist die Aufgabenstellung schlecht konditioniert?
b) Zeigen Sie, dass für den relativen Fehler des Resultats gilt

$$\varepsilon_y = -\frac{2a^2}{a^2-b^2} \cdot \varepsilon_a + \frac{2b^2}{a^2-b^2} \cdot \varepsilon_b - \frac{a^2}{a^2-b^2} \cdot \varepsilon_1 + \frac{b^2}{a^2-b^2} \cdot \varepsilon_2 - \varepsilon_3 \,.$$

Die Werte ε_a und ε_b repräsentieren die relativen Fehler in den Eingabedaten a und b und die Werte ε_1, ε_2 und ε_3 die relativen Fehler in den Berechnungen von $a \cdot_{\mathbb{M}} a$, $b \cdot_{\mathbb{M}} b$ und $a^2 -_{\mathbb{M}} b^2$.
c) Analysieren Sie auch die alternative Berechnungsmethode $(a +_{\mathbb{M}} b) \cdot_{\mathbb{M}} (a -_{\mathbb{M}} b)$. Vergleichen und diskutieren Sie die Ergebnisse.
d) Welche Berechnungsmethode würden Sie empfehlen? Warum?

Übung 32 (Rechnergestützte Geometrie). Entwickeln Sie eine robuste Berechnungsmethode zur Entscheidung, welcher der zwei Punkte A und B näher an der Geraden g liegt, siehe Abb. 8.1.

Die Koordinaten der Punkte $A = (a_x, a_y)$ und $B = (b_x, b_y)$ sowie die Darstellung der Geraden g mit $mx + ny + t = 0$ sei in Integer-Zahlen exakt gegeben, d.h. a_x, a_y, b_x, b_y, m, n, $t \in \mathbb{M}_I$.

Wo liegen bei folgender, nahe liegender L“osung die methodischen Fehler und wie würden Sie diese ggf. beheben?

1. Aufstellen der Hesse-Normalform $\mathbf{n} \circ (\mathbf{x} - \mathbf{a}) = 0$ der Geraden g,
2. Berechnung des Abstandes eines Punktes P durch $d(P) \stackrel{\Delta}{=} \mathbf{n} \circ (\mathbf{p} - \mathbf{a})$,

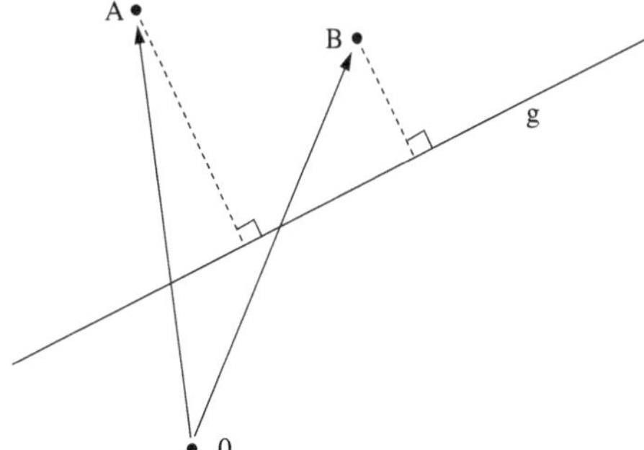

Abb. 8.1. Die Abstände $d(A)$ und $d(B)$ werden miteinander verglichen um festzustellen, welcher Punkt näher an der Geraden g liegt.

3. Berechnung der Abstände $d(A)$ und $d(B)$ sowie
4. vergleichen der beiden Abstände $d(A)$ und $d(B)$.

Hinweis: Rechnen Sie so lange wie möglich in exakter Darstellung mit angepasstem Datentyp und wechseln Sie erst dann in den Bereich der Gleitkommazahlen, wenn es nicht mehr anders möglich erscheint!

Übung 33 (Umformen). Entscheiden Sie, welche der folgenden Berechnungsmethoden

a) $2\sin^2\left(\frac{x}{2}\right) = 1 - \cos(x)$ für $x \approx 0$,
b) $\log\left(\frac{x}{y}\right) = \log(x) - \log(y)$ für $x > 0$ und $y > 0$,
c) $f(x) = 1 + \sin(x)$,
d) $f(x) = (x-1)^2 - (x+1)^2$ für $x \approx 0$ sowie
e) $f(x) = \exp(x) - 1 - x$ für $x \approx 0$

fehleranfälliger sind, indem Sie

1. zunächst die entsprechende Kondition bestimmen und dann
2. entscheiden, ob und ggf. unter welchen Bedingungen, die angegebene Berechnungsmethode numerisch stabil ist sowie
3. versuchen Sie ggf. eine numerische stabilere Berechnungsmethode anzugeben und schließlich
4. untersuchen Sie zusätzlich noch den Fall exakter Eingabedaten.

Übung 34 (Vergleich von berechneten Gleitpunktzahlen). Die Zahlen $\sin(\pi/4)$ und $\cos(\pi/4)$ sind beide gleich der irrationalen Zahl $\sqrt{2}/2$ und nicht exakt in einem Rechner darstellbar. Wie „klein" kann die Vergleichsgenauigkeit `epsilon`, gemessen in Maschinengenauigkeit ε, in der Anmerkung 36 gewählt werden, um den Vergleich

$$\sin(\pi/4) == \cos(\pi/4)$$

sinnvoll zu implementieren?

Übung 35 (Ableitung). Ersetzen Sie den *Differentialoperator* $\mathrm{d}_x \triangleq \mathrm{d}/\mathrm{d}x$ für stetig differenzierbare Funktionen $f \in C^1[0,1]$ durch den *Differenzenoperator* Δ_x^h mit

$$\Delta_x^h f(x) \triangleq \frac{f(x+h) - f(x)}{h} \quad \text{mit} \quad h > 0.$$

Betrachten Sie der Einfachheit halber nur den Rundungsfehler, der durch die Differenz $f(x+h) - f(x)$ entsteht und den Fehler, der durch die Diskretisierung, d.h. das Ersetzen des Differential- durch den Differenzenoperator, gemacht wird. Der resultierende Gesamtfehler f_d setzt sich zusammen aus der Differenz $-_{\mathbb{M}}$ und der angenäherten Ableitung Δ_x^h und ist abhängig von der Schrittweite h. Für welche Schrittweite h ist der Gesamtfehler minimal? Überprüfen Sie die Aussage durch ein Beispiel auf dem Rechnern.
Hinweis: Analysieren Sie den Diskretisierungsfehler mit Hilfe der Taylor-Reihe für $f(x+h)$. Geben Sie auch die auftretenden Konstanten an! Der durch die Differenz verursachte Fehler sei gerade so groß wie die Maschinengenauigkeit ε.

Übung 36 (Numerische Berechnungsverfahren für die trigonometrische Funktion sin**).** Vergleichen Sie die folgenden numerischen Berechnungsmethoden für die Funktion $f(x) \triangleq \sin(x)$ für $x \in [0, \pi/2]$ unter den Aspekten: Kondition der Aufgabenstellung, numerische Stabilität der Berechnungsmethoden, maximale relative Genauigkeit in Float-Genauigkeiten $\epsilon_\text{float} \triangleq 1.1921 \cdot 10^{-7}$ sowie Anzahl der Rechenoperationen.

1. lineare Approximation: $a_1(x) \triangleq x$,
2. kubische Approximation: $a_2(x) \triangleq x - x^3/3!$,
3. Approximation fünfter Ordnung: $a_3(x) \triangleq x - x^3/3! + x^5/5!$,
4. Approximation siebter Ordnung: $a_4(x) \triangleq x - x^3/3! + x^5/5! - x^7/7!$ und
5. Approximation in einem Tricore-Prozessor der Firma Infineon mit der Substitution $\xi \triangleq x/\pi$ und $\xi \in [0, 1/2]$ im Horner-Schema: $a_5(x) \triangleq ((((1.800293 \cdot \xi) + 0.5446778) \cdot \xi - 5.325196) \cdot \xi) + 0.02026367) \cdot \xi + 3.140625) \cdot \xi$.

Welche der fünf Berechnungsmethoden a_i mit $i = 1, \ldots, 5$ würden Sie für welchen Anwendungsfall empfehlen?

Übung 37 (Bestimmung der Nullstellen kubischer Gleichungen). Wir betrachten das Polynom dritter Ordnung in der allgemeinen Form

$$x^3 + a\,x^2 + b\,x + c \triangleq 0 \tag{8.2}$$

mit den Koeffizienten a, b und $c \in \mathbb{R}$. Die Gleichung 8.2 wird mit der Substitution $y \triangleq x + a/3$ in die Normalform

$$y^3 + p\,y + q \triangleq 0$$

mit $p \stackrel{\Delta}{=} (3b - a^2)/3$ und $q \stackrel{\Delta}{=} c + 2/27a^3 - ab/3$ überführt. Die Diskriminante $D \stackrel{\Delta}{=} (p/3)^3 + (q/2)^2$ legt die Vielfalt der Nullstellen fest:

1. $D < 0$: drei verschiedene reelle Nullstellen,
2. $D = 0$: drei reelle Nullstellen mit einer doppelten Nullstelle und
3. $D > 0$: eine reelle und zwei komplex-konjugierte Nullstellen.

Mit den Abkürzungen $u \stackrel{\Delta}{=} \sqrt[3]{-q/2 + \sqrt{D}}$ und $v \stackrel{\Delta}{=} \sqrt[3]{-q/2 - \sqrt{D}}$ lauten die drei Nullstellen $x_{1,2,3} \in \mathbb{R}$ lauten mit der *Cardanoschen Berechnungsmethode*

$$x_1 \stackrel{\Delta}{=} -a/3 + u + v \quad \text{und}$$
$$x_{2,3} \stackrel{\Delta}{=} -a/3 - (u+v)/2 \pm \imath\sqrt{3}(u-v)/2.$$

Die drei verschiedenen reellen Nullstellen im Fall $D < 0$ lauten insbesondere mit $\cos\phi \stackrel{\Delta}{=} -q/(2 \cdot \sqrt{(|p|/3)^3})$

$$x_1 = -a/3 + 2\sqrt{|p|/3}\cos(\phi/3),$$
$$x_2 = -a/3 - 2\sqrt{|p|/3}\cos((\phi - \pi)/3) \quad \text{und}$$
$$x_2 = -a/3 - 2\sqrt{|p|/3}\cos((\phi + \pi)/3).$$

Diskutieren Sie die Cardanosche Berechnungsmethode für die Bestimmung der Nullstellen unter den Aspekten: Kondition, numerische Stabilität sowie Anzahl der Rechenoperationen.
Hinweis: Bewerten Sie im Vorgriff auf Kapitel 22 eine numerische Berechnungsverfahren zur Bestimmung von Nullstellen einer kubischen Gleichung.

Übung 38 (Kondition der negativen Funktion). Zeigen Sie, dass ganz allgemein für eine Berechnungsmethode $y = f(x)$ gilt

$$\kappa_{-f} = \kappa_f.$$

Übung 39 (Diskussion der Kondition κ_+). Die Kondition κ_+ der Addition $a + x$ kann laut Tabelle 7.1 für $a, x > 0$ nach oben abgeschätzt werden durch

$$\kappa_+ = \left|\frac{x}{a+x}\right| = \left|\frac{1}{\frac{a}{x}+1}\right| \leq 1,$$

d.h. der relative Rundungsfehler des Resultats ist kleiner als der relative Fehler in der Eingabe. Interpretieren Sie dieses Ergebnis!

Übung 40 (Konstante Kondition). Geben Sie alle Funktionen $f(x)$ an, die für alle Argumente x die konstante Kondition $\kappa_f = k$ besitzen.
Insbesondere: für welche Funktion wird der Fehler in den Eingangsdaten überhaupt nicht verstärkt ($k = 0$)?
Hinweis: Schlagen Sie die Lösung der Differentialgleichung

$$y' = k \cdot \frac{y}{x} \qquad \text{mit } k \in \mathbb{R}$$

in einer Formelsammlung nach.

Übung 41 (Kondition). Überlegen Sie sich, warum die eingekreisten Stellen in Abb. 7.1 zu schlechter Kondition der Funktion f führen und vergleichen Sie grob die zugehörigen Konditionen.

Übung 42 (Berechnung des Kreismittelpunkts). Zeigen Sie: Die Berechnung der Koordinaten des Kreismittelpunkts $M = (m_1, m_2)$ eines Kreises $\odot(A, B, C)$, der durch drei vorgegebene Punkte $A = (a_1, a_2)$, $B = (b_1, b_2)$ und $C = (c_1, c_2)$ einer Ebene geht, ist genau dann schlecht konditioniert, wenn die drei Punkte A, B und C nahezu kollinear sind.

Teil III

Lineare Gleichungssyteme

9 Lösung Linearer Gleichungssysteme

„Die Lösung linearer Gleichungen ist eines der lästigsten Probleme des numerischen Rechnens, da die Schwierigkeit nicht prinzipieller Art ist, sondern erst durch die hohe Zahl von Gleichungen und Unbekannten entsteht“

Ewald Bodewig

9.1 Einleitung

Lineare Gleichungen und Gleichungssysteme gehören zu den elementarsten – zugleich aber auch zu den wichtigsten und in der Praxis wohl am häufigsten auftretenden numerischen Problemen.

Die Ermittlung der Lösung von zwei bzw. drei linearen Gleichungen mit zwei bzw. drei Unbekannten hat wohl jeder schon einmal per Hand errechnet. In diesem Kapitel untersuchen wir endlich viele lineare Gleichungen mit endlich vielen Unbekannten. Mit Hilfe des Matrixkalküls lassen sich Aussagen gewinnen über die Lösbarkeit solcher Gleichungssysteme und über die Anzahl der vorhandenen Lösungen (siehe Anhang B.1) und über deren Ermittlung.

Wir lernen als Berechnungsverfahren u.a. den *Gauß'schen Algorithmus* kennen, den Gauß mit dem Ziel der Landvermessung entwickelte und der seitdem erfolgreich eingesetzt wird. Zur Zeit der elektrischen Rechenmaschinen benötigte ein Rechner für die Lösung eines Gleichungssystems aus 17 bis 20 Gleichungen mit ebenso vielen Unbekannten etwa drei Wochen. Die Hilfsmittel der Rechentechnik gestatten heute die Lösung von Systemen mit hunderttausend und mehr Gleichungen und entsprechend vielen Unbekannten.

Die existierenden Lösungsverfahren lassen sich in zwei Klassen einteilen:

1. *direkte* Verfahren, die nach endlich vielen Operationen die Lösung liefern, evtl. mit Rundungsfehlern behaftet (diese wollen wir in diesem Kapitel untersuchen), und

2. *iterative* Verfahren, die beginnend mit einer Anfangsnäherung nach einer Anzahl von Iterationsschritten eine verbesserte Näherungslösung bereitstellen (siehe Kapitel 23).

Bei den Verfahren der ersten Klasse stellt sich die Frage nach den benötigten Rechenoperationen und der Rechengenauigkeit, während in der zweiten Klasse interessiert, wie hoch die Konvergenzgeschwindigkeit und wie teuer ein Iterationsschritt ist. Häufig werden Verfahren der ersten Klasse mit einem Verfahren der zweiten Klasse kombiniert, um die im direkten Lösungsverfahren aufgetretenen Rundungs- und Rechenfehler durch einen nachgeschalteten iterativen Löser zu verringern.

Lineare Gleichungssysteme treten überall in den Anwendungen in Physik, Technik, Betriebswirtschaftslehre usw. auf; sie begegnen uns z.B. in der Statik bei der Berechnung statisch unbestimmter Systeme, in der Elektrotechnik bei der Berechnung von Netzwerken und bei der Behandlung von Eigenwertproblemen der mathematischen Physik. Auch andere Bereiche der numerischen Mathematik beruhen auf der Lösung linearer Gleichungssysteme, so z.B. das Newton-Verfahren (Kapitel 22), die Methode der kleinsten Quadrate von Gauß (Kapitel 10) und die Lösung partieller Differentialgleichungen (Kapitel 27).

Stellvertretend für all diese Bereiche wählen wir den Bereich Elektrotechnik, der im Zusammenhang mit der Entwicklung von Mikrochips auch für die Informatik wichtig ist, und bringen das

Beispiel 23. Wir betrachten die Schaltung aus Abb. 9.1, die aus sogenannten Maschen besteht.

Wir interessieren uns für die Stromstärken $I_1, \ldots, I_6$, wenn wir an den Stromkreis mit den Widerständen $R_1, \ldots, R_6$ die Spannung U anlegen.

Um die Stromstärkenverteilung in Beispiel 23 berechnen zu können, stellen wir zunächst ein lineares Gleichungssystem auf. Dazu benutzen wir einerseits das Ohm'sche Gesetz $U = R \cdot I$ für jeden Widerstand und andererseits die zwei *Kirchhoff'schen Regeln*:

1. *An jedem Verzweigungspunkt (Knoten) mehrerer Leiter ist die Summe der zufließenden elektrischen Ströme gleich der Summe der abfließenden.* Für die vier Knoten A, B, C und D aus Abb. 9.1 gilt daher

$$\begin{aligned} \text{I:}\ (\text{A})\ & I_1 + I_4 = I_3, \\ \text{II:}\ (\text{B})\ & I_2 + I_5 = I_3, \\ \text{III:}\ (\text{C})\ & I_2 + I_6 = I_1 \quad \text{und} \\ \text{IV:}\ (\text{D})\ & I_4 + I_6 = I_5. \end{aligned} \tag{9.1}$$

2. *In jedem beliebig herausgegriffenen, in sich geschlossenen Stromkreis (Masche) einer elektrischen Schaltung (Netzwerk) ist die Summe der elektrischen Spannungsabfälle in den einzelnen Zweigen gleich der Summe*

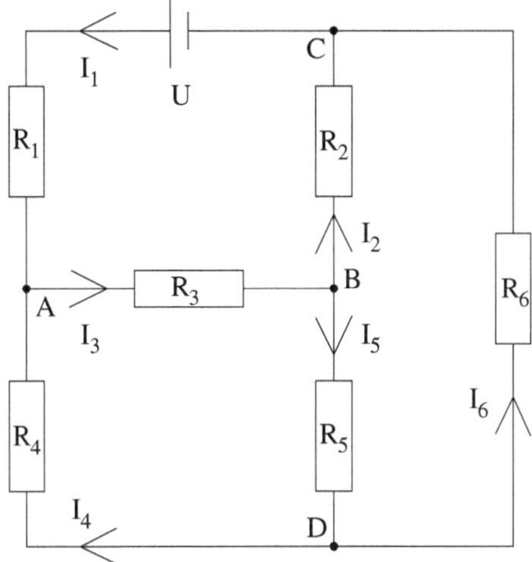

Abb. 9.1. Stromkreis mit Ohm'schen Widerständen in Reihen- und Parallelschaltung.

der in diesem Stromkreis vorhandenen Quellenspannungen. Für die vier Maschen aus Abb. 9.1 gilt daher

$$\begin{aligned} \text{V: } &(\text{ADC}) \quad R_1 \cdot I_1 - R_4 \cdot I_4 + R_6 \cdot I_6 = U, \\ \text{VI: } &(\text{BCD}) \quad R_2 \cdot I_2 - R_5 \cdot I_5 - R_6 \cdot I_6 = 0, \\ \text{VII: } &(\text{ABD}) \quad R_3 \cdot I_3 + R_4 \cdot I_4 + R_5 \cdot I_5 = 0 \ \text{ und} \\ \text{VIII: } &(\text{ABC}) \quad R_1 \cdot I_1 + R_2 \cdot I_2 + R_3 \cdot I_3 = U. \end{aligned} \tag{9.2}$$

Für die sechs unbekannten Stromstärken $I_1, \ldots, I_6$ ergibt sich aus den Gleichungen (9.1) und (9.2) das lineare Gleichungssystem in Matrizenschreibweise

$$\begin{pmatrix} 1 & 0 & -1 & 1 & 0 & 0 \\ 0 & -1 & 1 & 0 & -1 & 0 \\ -1 & 1 & 0 & 0 & 0 & 1 \\ 0 & 0 & 0 & -1 & 1 & -1 \\ R_1 & 0 & 0 & -R_4 & 0 & R_6 \\ 0 & R_2 & 0 & 0 & -R_5 & -R_6 \\ 0 & 0 & R_3 & R_4 & R_5 & 0 \\ R_1 & R_2 & R_3 & 0 & 0 & 0 \end{pmatrix} \cdot \begin{pmatrix} I_1 \\ I_2 \\ I_3 \\ I_4 \\ I_5 \\ I_6 \end{pmatrix} = \begin{pmatrix} 0 \\ 0 \\ 0 \\ 0 \\ U \\ 0 \\ 0 \\ U \end{pmatrix}. \tag{9.3}$$

Das sind acht Gleichungen für sechs Unbekannte, von denen wegen

$$(\text{IV}) = -((\text{I}) + (\text{II}) + (\text{III})), \quad \text{bzw. } (\text{VIII}) = (\text{V}) + (\text{VI}) + (\text{VII}) \tag{9.4}$$

zwei Gleichungen keine weiteren Einschränkungen liefern und weggelassen werden können. Schließlich erhalten wir daher sechs unabhängige Gleichungen für die sechs unbekannten Ströme $I_1, \ldots, I_6$ bei bekannten Widerständen $R_1, \ldots, R_6$ und bekannter Spannung U.

Damit haben wir das ursprüngliche Problem aus Beispiel 23 in einen mathematischen Formalismus gepackt und müssen für ein aus sechs linearen Gleichungen in Matrixform (9.3) gegebenes Gleichungssystem die Unbekannten $I_1, \ldots, I_6$ bestimmen. Wie wir ein solches System auflösen, wollen wir im Folgenden vorstellen. Theoretische Betrachtungen zu linearen Gleichungssystemen und Eigenschaften von Vektoren und Matrizen finden sich im Anhang B.1.

Im nächsten Abschnitt betrachten wir eine Teilklasse von Systemen von linearen Gleichungen, die sehr anschaulich zu lösen sind: *Dreiecksgleichungssysteme*. Den allgemeinen Fall führen wir in Abschn. 9.3 auf die Lösung von Dreiecksgleichungssystemen zurück.

9.2 Auflösen von Dreiecksgleichungssystemen

Wir betrachten das

Beispiel 24. Gegeben sei das Gleichungssystem

$$\begin{aligned} 10x_1 - 7x_2 + 0x_3 &= 7 \\ 2.5x_2 + 5x_3 &= 2.5 \\ 6.2x_3 &= 6.2 \end{aligned} \tag{9.5}$$

oder in Matrixschreibweise

$$\begin{pmatrix} 10 & -7 & 0 \\ 0 & 2.5 & 5 \\ 0 & 0 & 6.2 \end{pmatrix} \begin{pmatrix} x_1 \\ x_2 \\ x_3 \end{pmatrix} = \begin{pmatrix} 7 \\ 2.5 \\ 6.2 \end{pmatrix}. \tag{9.6}$$

Wegen der Dreiecksform lässt sich das Gleichungssystem (9.6) trivial von unten her auflösen, indem man zunächst x_3 aus der letzten Gleichung bestimmt,

$$x_3 = 6.2/6.2 = 1.$$

Da x_3 bereits berechnet ist, liefert die zweite Gleichung aus (9.6) die Bedingung, mit der wir x_2 bestimmen können:

$$2.5x_2 = 2.5 - 5x_3 = -2.5, \quad \text{und somit} \quad x_2 = -1.$$

Setzen wir die schon bekannten Werte für x_2 und x_3 in die oberste Zeile ein, so ergibt sich

$$10x_1 = 7 + 7x_2 = 7 - 7 = 0, \quad \text{oder} \quad x_1 = 0.$$

Damit ist der Lösungsvektor für Beispiel 24

$$\begin{pmatrix} x_1 \\ x_2 \\ x_3 \end{pmatrix} = \begin{pmatrix} 0 \\ -1 \\ 1 \end{pmatrix}$$

gefunden. Die Grundidee dieser Lösungsmethode ist, dass wir bereits berechnete Lösungskomponenten $x_{i+1}, \ldots, x_n$ in noch nicht verwertete Gleichungen einsetzen, um Bedingungen zu erhalten, die nur noch eine unbekannte Komponente x_i enthalten. Bei diesem sukzessiven Vorgehen kommt uns die Dreiecksstruktur entgegen, da wir die letzte Unbekannte x_n aus der letzten Zeile berechnen und uns dann von Zeile zu Zeile nach oben hoch arbeiten können.

Wir fassen das eben beschriebene Vorgehen allgemein zusammen in folgendem Algorithmus:

Wir lösen das Gleichungssystem, das durch die obere Dreiecksmatrix

$$\begin{pmatrix} a_{11} & a_{12} & \cdots & a_{1n} \\ & a_{22} & \cdots & a_{2n} \\ & & \ddots & \vdots \\ & & & a_{nn} \end{pmatrix} \begin{pmatrix} x_1 \\ x_2 \\ \vdots \\ x_n \end{pmatrix} = \begin{pmatrix} b_1 \\ b_2 \\ \vdots \\ b_n \end{pmatrix}$$

mit $a_{ii} \neq 0$, $i = 1, \ldots, n$, gegeben ist, indem wir zunächst

$$x_n = \frac{b_n}{a_{nn}},$$

berechnen und dann schrittweise

$$x_i = \frac{b_i - \sum_{j=i+1}^{n} a_{ij} x_j}{a_{ii}} \qquad \text{für} \quad i = n-1, n-2, \ldots, 1.$$

Analog können wir untere Dreiecksmatrizen, bzw. Dreiecksgleichungssysteme der Form

$$\begin{pmatrix} a_{11} & & & \\ a_{21} & a_{22} & & \\ \vdots & & \ddots & \\ a_{n1} & \cdots & & a_{nn} \end{pmatrix} \begin{pmatrix} x_1 \\ x_2 \\ \vdots \\ x_n \end{pmatrix} = \begin{pmatrix} b_1 \\ b_2 \\ \vdots \\ b_n \end{pmatrix}$$

von oben her auflösen mittels

$$x_1 = \frac{b_1}{a_{11}},$$

$$x_i = \frac{b_i - \sum_{j=1}^{i-1} a_{ij} x_j}{a_{ii}} \text{ für } i = 2, 3, \ldots, n.$$

Anmerkung 44. Die Elemente a_{ii}, $i = 1, ..., n$, bilden die Hauptdiagonale der Matrix A. Ist einer der Hauptdiagonaleinträge a_{ii} gleich Null, so ist das Gleichungssystem nicht eindeutig lösbar und die Determinante der dazugehörigen Matrix ist gleich Null.

9.3 Gauß-Elimination

In Abschnitt 9.2 haben wir gelernt, Dreiecksgleichungssysteme effektiv zu lösen. Es liegt daher nahe, die Behandlung allgemeiner quadratischer Systeme auf diesen einfacheren Fall zurückzuführen. Das Verfahren erläutern wir an dem einfachen

Beispiel 25.

$$\begin{array}{rrrl} 10x_1 & -7x_2 & & = 7, \\ -3x_1 & +2x_2 & +6x_3 & = 4 \\ 5x_1 & -x_2 & +5x_3 & = 6 \end{array}$$

oder in Matrixschreibweise

$$\begin{pmatrix} 10 & -7 & 0 \\ -3 & 2 & 6 \\ 5 & -1 & 5 \end{pmatrix} \begin{pmatrix} x_1 \\ x_2 \\ x_3 \end{pmatrix} = \begin{pmatrix} 7 \\ 4 \\ 6 \end{pmatrix}.$$

Wir wollen schrittweise zu äquivalenten, einfacheren Gleichungssystemen übergehen, die jeweils genau dieselbe Lösung besitzen. Ziel ist es dabei, das Gleichungssystem bzw. die Matrix beginnend mit der ersten Spalte auf Dreiecksgestalt zu bringen.

Folgende Umformungen, die die Lösung offensichtlich nicht verändern, sind erlaubt:

1. Multiplizieren einer Zeile (Gleichung) mit einer Zahl verschieden von Null;
2. Addieren eines Vielfachen einer Zeile (Gleichung) zu einer anderen Zeile;
3. Vertauschen von Zeilen bzw. Spalten (Vertauschen von Gleichungen bzw. Umnummerierung von Unbekannten).

Dabei ist zu beachten, daß diese Operationen nicht nur an der Matrix, sondern eventuell auch an dem Vektor der rechten Seite b, bzw. an dem Lösungsvektor x, durchzuführen sind. Vertauschen wir z.B. in der Matrix die Spalten i und j, so sind in dem Lösungsvektor entsprechend die Komponenten x_i und x_j zu vertauschen.

Um das Gleichungssystem auf Dreiecksgestalt zu bringen, müssen in der ersten Spalte unterhalb der Diagonalen Nullen erzeugt werden. Dies wird erreicht, indem man passende Vielfache der ersten Zeile (Gleichung) von den unteren Zeilen abzieht (Umformungsregel 2). Um z.B. das Element a_{21} zu eliminieren, muss das $(-3)/10$-fache der ersten Zeile von der zweiten Zeile subtrahiert werden. Dies führt auf das äquivalente System

$$\begin{pmatrix} 10 & -7 & 0 \\ 0 & -0.1 & 6 \\ 5 & -1 & 5 \end{pmatrix} \begin{pmatrix} x_1 \\ x_2 \\ x_3 \end{pmatrix} = \begin{pmatrix} 7 \\ 6.1 \\ 6 \end{pmatrix}.$$

Eliminieren wir a_{31} durch Subtrahieren des $5/10$-fachen der ersten Zeile, so ergeben sich die neuen Gleichungen

$$\begin{pmatrix} 10 & -7 & 0 \\ 0 & -0.1 & 6 \\ 0 & 2.5 & 5 \end{pmatrix} \begin{pmatrix} x_1 \\ x_2 \\ x_3 \end{pmatrix} = \begin{pmatrix} 7 \\ 6.1 \\ 2.5 \end{pmatrix}.$$

Um vollständige Dreiecksform zu erhalten, ist noch a_{32} zu bearbeiten. Dazu subtrahieren wir das $2.5/(-0.1)$-fache der aktuellen zweiten Zeile von der neuen dritten Zeile. Insgesamt haben wir damit das Ausgangssystem auf obere Dreiecksform gebracht:

$$\begin{pmatrix} 10 & -7 & 0 \\ 0 & -0.1 & 6 \\ 0 & 0 & 155 \end{pmatrix} \begin{pmatrix} x_1 \\ x_2 \\ x_3 \end{pmatrix} = \begin{pmatrix} 7 \\ 6.1 \\ 155 \end{pmatrix}.$$

Das so erzeugte System kann in dieser Form wie im vorherigen Abschnitt gezeigt von unten her gelöst werden.

Bei dieser Transformation kann eine zusätzliche Schwierigkeit auftreten, die uns dazu zwingt, das oben beschriebene Verfahren zu modifizieren. Geben wir nämlich im ursprünglichen System dem Element a_{22} den Wert 2.1 anstelle von 2, so ist nach Bearbeitung der ersten Spalte der neue Eintrag an dieser Stelle 0 (anstelle von -0.1), und führt auf

$$\begin{pmatrix} 10 & -7 & 0 \\ 0 & 0 & 6 \\ 0 & 2.5 & 5 \end{pmatrix} \begin{pmatrix} x_1 \\ x_2 \\ x_3 \end{pmatrix} = \begin{pmatrix} 7 \\ 6.1 \\ 2.5 \end{pmatrix}.$$

In dieser Form ist es unmöglich, unter Benutzung von a_{22} durch ein passendes Vielfaches der zweiten Zeile die Dreiecksgestalt zu erreichen. Abhilfe schafft hier die Veränderung der Reihenfolge der Gleichungen, indem die zweite mit der dritten Zeile vertauscht wird; die Lösung des Gleichungssystems ist davon nicht betroffen und bleibt unverändert (Umformungsregel 3).

Auch in der ursprünglichen Form von Beispiel 25 ist es aus numerischen Erwägungen heraus vernünftiger, nicht mit der kleinen Zahl 0.1 die anderen Einträge zu eliminieren, sondern auch schon durch Zeilentausch eine größere Zahl an die Stelle a_{22} zu schaffen. Denn in Kapitel 7 haben wir gezeigt, dass große Zwischenwerte – in obigen Beispiel der Wert 155 an der Position a_{33} – darauf hindeuten, dass es sich um einen numerisch instabilen Algorithmus handelt. Um an der Diagonalposition ein möglichst betragsgroßes Element zu erhalten, können wir alle Einträge in dieser Spalte unterhalb des Diagonaleintrags vergleichen, und die Zeile mit dem betragsgrößten Eintrag mit der aktuellen Zeile vertauschen. Dieser Vorgang wird als Pivotsuche[1] bezeichnet. In obigen Fall spricht man von Spalten-Pivotsuche, da wir das betragsgrößte Element einer Spalte suchen.

Anmerkung 45. Analog sind dann *Zeilen-Pivotsuche* bzw. *Total-Pivotsuche* zu verstehen. Hierbei werden dann auch Spalten, bzw. Zeilen und Spalten

[1] Pivot bezeichnet im Französischen: Nabe, Angelpunkt

vertauscht; Spaltentausch entspricht einer Umnummerierung der Unbekannten, die dann in dem letztlich erhaltenen Lösungsvektor berücksichtigt werden muss. Das heißt, die Spaltenvertauschungen müssen gespeichert werden, und am Schluss entsprechend die Komponenten von x wieder in die richtige Reihenfolge gebracht werden. Die ausgewählten betragsgrößten Elemente, die an die Diagonalposition gesetzt werden, heißen Pivotelemente. Man beachte dabei, daß Total-Pivotsuche wesentlich aufwändiger ist, während die Spaltenpivotsuche einfach und in den meisten Fällen auch ausreichend ist. Total-Pivotsuche empfiehlt sich nur in extremen Fällen, wenn die Matrixelemente von extrem unterschiedlicher Größenordnung sind, oder die Matrix fast singulär ist. In solchen Fällen wendet man aber meist nicht mehr Gauß-Elimination an, sondern die QR-Zerlegung, die wir in Kapitel 10.2 kennen lernen werden.

Nach der Bearbeitung der ersten Spalte wird in der zweiten Spalte die Pivotsuche durchgeführt; nach entsprechender Vertauschung der zweiten und dritten Zeile folgt

$$\begin{pmatrix} 10 & -7 & 0 \\ 0 & 2.5 & 5 \\ 0 & -0.1 & 6 \end{pmatrix} \begin{pmatrix} x_1 \\ x_2 \\ x_3 \end{pmatrix} = \begin{pmatrix} 7 \\ 2.5 \\ 6.1 \end{pmatrix}$$

und damit die Dreicksgestalt

$$\begin{pmatrix} 10 & -7 & 0 \\ 0 & 2.5 & 5 \\ 0 & 0 & 6.2 \end{pmatrix} \begin{pmatrix} x_1 \\ x_2 \\ x_3 \end{pmatrix} = \begin{pmatrix} 7 \\ 2.5 \\ 6.2 \end{pmatrix}$$

mit der Lösung $(0, -1, 1)$.

Allgemein lässt sich die Umwandlung eines Gleichungssystems in Dreiecksform mit Spalten-Pivotsuche beschreiben durch den Algorithmus:

```
FOR k = 1,...,n-1:                  # k durchlaeuft Spalten
  alpha = |a[k,k]|; j = k;
  FOR s = k+1,...,n:                # Spalten-Pivotsuche
    IF |a[s,k]| > alpha THEN
       alpha = |a[s,k]|; j = s;
    ENDIF
  ENDFOR
  FOR i = k,...,n:                  # Zeilen vertauschen
      alpha = a[k,i]; a[k,i] = a[j,i]; a[j,i] = alpha;
  ENDFOR
  alpha = b[j]; b[j] = b[k]; b[k] = alpha;
  FOR s = k+1,...n:
      l[s,k] = a[s,k]/a[k,k]; b[s] = b[s] - l[s,k] * b[k];
      # Eliminierungsfaktor und rechte Seite bearbeiten
```

```
      FOR i = k+1,...,n:
          a[s,i] = a[s,i] - l[s,k] * a[k,i];
                                      # Zeilenmanipulation
      ENDFOR
    ENDFOR
  ENDFOR
```

Anmerkung 46. Die beiden inneren Schleifen in s und i beginnen jeweils mit dem Index $k+1$, da die Zeilen 1 bis k nicht mehr verändert werden müssen; weiterhin werden in der k-ten Spalte Nullen erzeugt, die daher nicht berechnet und gespeichert werden müssen.

Anmerkung 47 (Gauß-Elimination). Dieses Lösungsverfahren wurde in voller Allgemeinheit erstmals wohl 1810 von C.F.Gauß angegeben in seiner Arbeit „Disquisitio de elementis ellipticis Palladis ex oppositionibus annorum 1803, 1804, 1805, 1807, 1808, 1809“ über die Störungen der Pallas, einer der hellsten und größten Planetoiden. Allerdings wurde bereits in „Neun Bücher über die Kunst der Mathematik“ (202–200 v. Chr.) in China während der Han-Dynastie die Lösung von Gleichungssystemen mittels Umformung der Koeffizientenmatrix beschrieben.

9.4 Gauß-Elimination und LU-Zerlegung

Wir wollen die in der Gauß-Elimination ausgeführten Rechnungen genauer analysieren und führen folgende Definitionen ein:

Definition 22. *Mit A_k bezeichnen wir die Matrix, die wir nach dem $(k-1)$-ten Eliminationsschritt erhalten. Insbesondere gilt $A_1 = A$. Die Matrix $A_n = U$, die sich nach $n-1$ Schritten ergibt, hat somit obere Dreiecksgestalt.*

Die Matrix L bezeichne die untere Dreicksmatrix mit 1 auf der Diagonalen und den Einträgen l_{sk} wie im obigen Programm berechnet:

$$L := \begin{pmatrix} 1 & 0 & \cdots & & 0 \\ l_{2,1} & \ddots & \ddots & & \\ \vdots & \ddots & 1 & \ddots & \vdots \\ \vdots & & l_{k+1,k} & 1 & 0 \\ \vdots & & \vdots & \ddots & \ddots \\ l_{n,1} & \cdots & l_{n,k} & \cdots\ l_{n,n-1} & 1 \end{pmatrix} .$$

Ähnlich definieren wir die Matrizen

$$L_k := \begin{pmatrix} 0 & & & & 0 \\ & \ddots & & & \\ & & 0 & & \\ & & l_{k+1,k} & 0 & \\ & & \vdots & & \ddots \\ & & l_{n,k} & & & 0 \end{pmatrix}, \qquad \textit{für } k = 1, \ldots, n-1.$$

Weiterhin sei P eine Permutationsmatrix, *die die bei der Spalten-Pivotsuche vorgenommenen Vertauschungen enthält.*

Im Folgenden beschränken wir uns zunächst auf das Verfahren der Gauß-Elimination ohne Pivotsuche. Dann kann der k-te Schritt dieses Verfahrens als ein Produkt zwischen der aktuellen Matrix A_k und der Matrix $I - L_k$ geschrieben werden: $A_{k+1} = (I - L_k)A_k$. Dabei bezeichnet I die Einheitsmatrix (siehe Anhang B.1). Mit $A_1 = A$ führt z.B. der erste Schritt der Gauß-Elimination auf die Matrix $A_2 = (I - L_1)A_1 = A_1 - L_1A_1$; dabei enthält L_1A_1 genau die Terme, die bei der Eliminierung der ersten Spalte abgezogen werden müssen.

Formal können wir nun alle Eliminationsschritte durch Matrizenprodukte beschreiben in der Form

$$U = A_n = (I - L_{n-1})A_{n-1} = \cdots = \overbrace{(I - L_{n-1}) \cdots (I - L_1)}^{\tilde{L}} A_1 = \tilde{L}A$$

und definieren dabei

$$\tilde{L} := (I - L_{n-1}) \cdots (I - L_2)(I - L_1).$$

Weiterhin gilt $L_iL_j = 0$ für $i \leq j$, da bei der Berechnung der einzelnen Einträge dieser Matrix in jedem auftretenden Term stets ein Faktor Null vorkommt. Daher folgt $(I - L_j)(I + L_j) = I - L_j + L_j - L_jL_j = I$, also $(I - L_j)^{-1} = I + L_j$. Um die Inverse $\tilde{L}^{-1} = (I + L_1) \cdots (I + L_{n-1})$ zu berechnen, schließen wir mittels

$$(I + L_1)(I + L_2) = I + L_1 + L_2 + L_1L_2 = I + L_1 + L_2,$$

und damit

$$\tilde{L}^{-1} = (I + L_1)(I + L_2) \cdots (I + L_{n-1}) = I + L_1 + L_2 + \ldots + L_{n-1} = L.$$

Zusammenfassend erhalten wir so aus $\tilde{L}A = U$ die Gleichung

$$A = LU.$$

Berücksichtigen wir nun wieder die im allgemeinen Fall wegen der Spalten-Pivotsuche auftretenden Permutationen, so bekommen wir nicht die LU-Faktorisierung von A selbst, sondern von der permutierten Matrix A, also

$$PA = LU.$$

Vertauschungen bei der Pivotsuche müssen auch in L mitberücksichtigt werden. Um Speicherplatz zu sparen, werden oft an den freiwerdenden Unterdiagonalstellen von A, die eigentlich Null werden, die entsprechenden Unterdiagonaleinträge von L gespeichert, die sowieso von dem Programm berechnet werden.

Das Beispiel 25 liefert die LU-Zerlegung

$$\begin{pmatrix} 1 & 0 & 0 \\ 0 & 0 & 1 \\ 0 & 1 & 0 \end{pmatrix} \begin{pmatrix} 10 & -7 & 0 \\ -3 & 2 & 6 \\ 5 & -1 & 5 \end{pmatrix} = \begin{pmatrix} 1 & 0 & 0 \\ 0.5 & 1 & 0 \\ -0.3 & -0.04 & 1 \end{pmatrix} \begin{pmatrix} 10 & -7 & 0 \\ 0 & 2.5 & 5 \\ 0 & 0 & 6.2 \end{pmatrix}.$$

Diese Formel betrifft nur A und kann im Folgenden dazu benutzt werden, jedes weitere Gleichungssystem mit derselben Matrix A unmittelbar zu lösen. Dazu berechnen wir zunächst y aus dem unteren Dreiecksgleichungssystem in L und danach x aus dem oberen Dreiecksgleichungssystem in U:

$$Ax = P^T L\,Ux = b \quad \Longrightarrow \quad 1.\ Ly = Pb \quad \text{und} \quad 2.\ Ux = y.$$

Die Multiplikation mit P^T entspricht genau der Permutation, die die vorherige Vertauschung durch P rückgängig macht (Anhang B.3).

Anmerkung 48. Meist ist es unnötig, die Inverse A^{-1} zu berechnen, da mittels L und U jeder Vektor $A^{-1}b = U^{-1}L^{-1}Pb$ effizient berechenbar ist.

9.5 Kondition eines linearen Gleichungssystems

Gesucht ist die Lösung eines linearen Gleichungssystems $Ax = b$. Durch den begrenzten Zahlbereich verfügen wir nur über ungenaue Eingangsdaten, d.h. die rechte Seite des Gleichungssystems stimmt nicht mit den echten Werten überein; wir lösen ein verändertes System $A\tilde{x} = \tilde{b}$. Der Einfachheit halber gehen wir davon aus, dass die Einträge von A Maschinenzahlen sind und im Verlauf der Berechnung keine Rechenfehler auftreten. Wir wollen bestimmen, wie weit sich durch eine Abweichung in b die Lösung verändern kann.

Wir setzen $\tilde{x} = x + \Delta x$ und $\tilde{b} = b + \Delta b$ mit kleinem Δb. Diese Größen erfüllen die Gleichungen $Ax = b$ und $A\tilde{x} = A(x + \Delta x) = b + \Delta b = \tilde{b}$, oder $A\Delta x = \Delta b$. Damit erhalten wir die Ungleichungen (siehe Anhang B.2 für Eigenschaften von Matrix- und Vektornormen)

$$\begin{aligned} \|\Delta x\|_2 &= \|A^{-1}\Delta b\|_2 \le \|A^{-1}\|_2\, \|\Delta b\|_2 \\ \text{und} \quad \|b\|_2 &= \|Ax\|_2 \le \|A\|_2\, \|x\|_2. \end{aligned}$$

Die Kombination dieser Ungleichungen ergibt

$$\frac{\|\Delta x\|_2}{\|x\|_2} \leq \left(\|A^{-1}\|_2 \, \|A\|_2\right) \frac{\|\Delta b\|_2}{\|b\|_2}.$$

Dadurch wird der relative Fehler der Eingangsdaten verknüpft mit dem relativen Fehler der Lösung. Der Fehler wird dabei in einer Vektornorm gemessen. Ist der Ausdruck

$$\kappa(A) = \|A^{-1}\|_2 \|A\|_2 \tag{9.7}$$

klein, so können bezüglich der euklid'schen Vektornorm kleine Eingangsfehler auch nur zu kleinen Ausgangsfehlern führen. Ist $\kappa(A)$ groß, ist stets damit zu rechnen, dass kleine Fehler in den Eingangsdaten zu großen Fehlern in der Lösung führen. Die Größe $\kappa(A)$ heißt Kondition der Matrix A bezüglich der euklid'schen Norm und gibt an, wie sensibel die Lösung auf kleine Änderungen in den Eingangsdaten reagiert.

Man beachte, dass sich der relative Fehler auf den Gesamtvektor bezieht. Der relative Fehler einer einzelnen Komponente kann sehr groß sein, ohne den Gesamtvektor stark zu beeinflussen. Die Vektoren $(10^{-16}, 1)^T$ und $(0, 1)^T$ sind fast ununterscheidbar, während die ersten Komponenten dieser Vektoren eine sehr große relative Abweichung aufweisen.

Beispiel 26. Wir wollen zeigen, dass die Matrix

$$A = \begin{pmatrix} 10^{-9} & 0 \\ 0 & 1 \end{pmatrix}, \qquad \text{mit} \quad A^{-1} = \begin{pmatrix} 10^9 & 0 \\ 0 & 1 \end{pmatrix}$$

schlecht konditioniert ist.

Als Normen ergeben sich $\|A\|_2 = 1$ und $\|A^{-1}\|_2 = 10^9$, und damit $\kappa(A) = 10^9$.

Aus kleinen Störungen

$$\begin{pmatrix} \Delta b_1 \\ \Delta b_2 \end{pmatrix}$$

werden Fehler in der Lösung

$$\begin{pmatrix} \Delta x_1 \\ \Delta x_2 \end{pmatrix} = A^{-1} \begin{pmatrix} \Delta b_1 \\ \Delta b_2 \end{pmatrix} = \begin{pmatrix} 10^9 \Delta b_1 \\ \Delta b_2 \end{pmatrix}.$$

Ein Fehler in der ersten Komponente von b wirkt sich verstärkt mit dem Faktor 10^9 in der ersten Komponente von x aus!

Für die Wahl

$$\Delta b_2 = 0, \quad b_1 = 10^{-9}, \quad b_2 = 1$$

folgt

$$x = \begin{pmatrix} 1 \\ 1 \end{pmatrix}, \quad \Delta x = \begin{pmatrix} 10^9 \Delta b_1 \\ 0 \end{pmatrix}, \quad \|\Delta b\|_2 = |\Delta b_1|.$$

Durch Einsetzen kann man nachprüfen, dass sich aus den obigen Beziehungen die Gleichung

$$\frac{\|\Delta x\|_2}{\|x\|_2} = 10^9\sqrt{\frac{1+10^{-18}}{2}}\frac{\|\Delta b\|_2}{\|b\|_2}$$

ergibt. Dieses Zahlenbeispiel zeigt, dass der relative Fehler sich tatsächlich in der Größenordnung der Kondition verschlechtern kann.

Anmerkung 49. Eine wichtige Rolle spielt die Klasse der reellen Matrizen mit Kondition 1, die orthogonalen Matrizen Q mit $Q^{-1} = Q^T$ oder $Q^TQ = I$. Dann ist $\|Qx\|_2^2 = x^TQ^TQx = x^Tx = \|x\|_2^2$ und daher $\|Q\|_2 = \|Q^{-1}\|_2 = 1$ (siehe Anhang B.3).

Nach Anmerkung 49 verschlechtern Operationen mit orthogonalen Matrizen die Kondition einer Matrix nicht. Viele numerisch stabile Algorithmen basieren auf der Verwendung solcher orthogonaler Matrizen (siehe z.B. Kapitel 10.2).

9.6 Kosten der Gauß-Elimination

Wir wollen die Zahl der Operationen bestimmen, die der Gauß-Algorithmus benötigt, um die gewünschte Lösung zu berechnen. Zunächst betrachten wir die Auflösung des oberen Dreiecksgleichungssystems

$$x_n = \frac{b_n}{a_{nn}} \qquad x_i = \frac{b_i - \sum_{j=i+1}^n a_{ij}x_j}{a_{ii}} \qquad \text{für } i = n-1, \ldots, 1\,.$$

oder als Programm formuliert

```
FOR i = n, ..., 1:
    x[i] = b[i];
    FOR j = i+1, ..., n:
        x[i] = x[i] - a[ij] x[j];
    ENDFOR
    x[i] = x[i] / a[ii];
ENDFOR
```

In jedem Schritt fallen an: eine Division, $n-i$ Additionen und $n-i$ Multiplikationen. Daraus resultieren insgesamt: n Divisionen und

$$\sum_{i=1}^{n-1}(n-i) = \sum_{j=1}^{n-1} j = \frac{n(n-1)}{2} = \frac{n^2}{2} - \frac{n}{2} \quad \text{Additionen, bzw. Multiplikationen.}$$

Vernachlässigen wir in dieser Formel den Term $n/2$ gegenüber dem wesentlich größeren Term $n^2/2$, so spricht man davon, dass dieser Algorithmus im Wesentlichen $n^2/2$ flop's benötigt. Dabei steht flop für *„floating-point operation“* und bezeichnet Addition, Subtraktion, Multiplikation oder Division. Mit Hilfe der Landau-Notation (siehe Anhang A.2) schreiben wir auch, dass das Auflösen eines Dreiecksgleichungssystems in $n^2/2 + \mathcal{O}(n) = \mathcal{O}(n^2)$ flop's durchgeführt werden kann.

Wir können die Kosten auch durch den Algorithmus selbst berechnen lassen, indem wir nur die Schleifenstruktur beibehalten und das Programm zu einem einfachen Zählverfahren umbauen:

```
add = div = mult = 0;
FOR i = n,...1:
    FOR j = i+1,...,n:
        add = add+1;
        mult = mult+1;
    ENDFOR
    div = div+1;
ENDFOR
```

Die Zahl der Additionen, die der ursprüngliche Algorithmus benötigt, erhalten wir, indem wir die FOR-Schleifen durch entsprechende Summen ersetzen:

$$\texttt{add} = \sum_{i=n}^{1} \sum_{j=i+1}^{n} 1 = \sum_{i=n}^{1} (n-i) = \sum_{k=1}^{n-1} k = \frac{n(n-1)}{2} = \frac{n^2}{2} + \mathcal{O}(n).$$

Wenden wir uns nun dem eigentlichen Verfahren der Gauß-Elimination zu. Hier besteht der k-te Schritt im Wesentlichen aus Berechnungen der Form

$$a_{ij} = a_{ij} - l_{ik} a_{kj},$$

die für die Indizes von $i, j = k+1, \ldots, n$ durchzuführen sind. Das sind $(n-k)^2$ Additionen und genauso viele Multiplikationen. Insgesamt benötigt das Verfahren der Gauß-Elimination zur Lösung eines linearen Gleichungssystems daher

$$2 \sum_{k=1}^{n-1} (n-k)^2 = 2 \sum_{j=1}^{n-1} j^2 = \frac{2(n-1)n(2n-1)}{6} = \frac{2n^3}{3} + \mathcal{O}(n^2) \quad \text{flop's}.$$

10 Lineare Ausgleichsrechnung

„If you don't read poetry how the hell can you solve equations?"

Harvey Jackins

In der Praxis liegen häufig nicht-quadratische Gleichungssysteme vor. So spricht man von einem überbestimmten System, falls mehr Gleichungen als Unbekannte gegeben sind, bzw. von einem unterbestimmten System, wenn der umgekehrte Fall vorliegt. In diesen Fällen existiert keine eindeutige Lösung mehr. Dasselbe Verhalten kann auch im quadratischen Fall eintreten, wenn die $n \times n$-Matrix nicht vollen Rang n hat, bzw. singulär ist. In diesem Abschnitt wollen wir zeigen, wie sich allgemeine Gleichungssysteme auf quadratische, reguläre Probleme zurückführen lassen, und entsprechende Lösungsverfahren beschreiben.

10.1 Methode der kleinsten Quadrate

Im Kapitel 9 haben wir gesehen, wie lineare Gleichungssysteme zu lösen sind, wenn die Anzahl der Bedingungen (= Gleichungen) mit der Anzahl der Unbekannten übereinstimmt und zu einer regulären $n \times n$-Matrix führt. Liegen mehr Unbekannte als Gleichungen vor, so ist das Gleichungssystem unterbestimmt und, wenn es überhaupt lösbar ist, so hat es unendlich viele Lösungen (vgl. Anhang B.1).

In diesem Kapitel sind wir an dem umgekehrten Fall interessiert, nämlich dass das gegebene Gleichungssystem überbestimmt ist. Zu der Aufgabe „Ax soll gleich b sein" gehört dann eine $m \times n$-Matrix A mit $m > n$ und dieses Problem ist i.Allg. nicht lösbar. Wir nehmen aber an, dass A vollen Rang hat: $rang(A) = n = \min\{n, m\}$. In diesem Fall wollen wir die gestellte Aufgabe wenigstens so gut wie möglich lösen. Das lässt sich erreichen, indem man zumindest den Abstand $Ax - b$ bezüglich der euklid'schen Norm minimiert

$$\min_x \|Ax - b\|_2.$$

Wir verwenden hier die euklid'sche Norm, da sie zu einer Minimierungsaufgabe mit einer differenzierbaren Funktion führt.

Um die anfallenden Rechnungen zu vereinfachen, gehen wir zu der quadrierten Funktion über und definieren

$$\begin{aligned} f(x_1,\ldots,x_n) &= \|Ax-b\|_2^2 \\ &= (Ax-b)^T(Ax-b) = x^TA^TAx - 2x^TA^Tb + b^Tb \\ &= \left\| \left(\textstyle\sum_{j=1}^n a_{k,j}x_j - b_k \right)_{k=1}^m \right\|_2^2 \\ &= \textstyle\sum_{k=1}^m \left(\sum_{j=1}^n a_{k,j}x_j - b_k \right)^2 . \end{aligned}$$

Diese Summe von quadratischen Termen nimmt ihr Minimum an, wenn alle Ableitungen gleich 0 sind

$$0 = \frac{\mathrm{d}f}{\mathrm{d}x_i} = 2\sum_{k=1}^m \left(\sum_{j=1}^n a_{k,j}x_j - b_k \right) a_{k,i}\,, \qquad i = 1,\ldots,n\,,$$

oder

$$\sum_{k=1}^m a_{k,i} \sum_{j=1}^n a_{k,j}x_j = \sum_{k=1}^m a_{k,i}b_k\,, \qquad i = 1,\ldots,n.$$

Die Matrixnotation dieser Gleichungen lautet

$$(A^TAx)_i = (A^Tb)_i.$$

Fassen wir daher diese n Gleichungen zu einem System zusammen, so erhalten wir aus der Minimierung der Funktion $x^TA^TAx - 2x^TA^Tb + b^Tb$ das neue Gleichungssystem

$$A^TAx = A^Tb,$$

das wegen $rang(A^TA) = rang(A) = n$ eindeutig lösbar ist. Der Lösungsvektor x liefert den Vektor mit kleinstem Abstand $\|Ax-b\|_2$. Man bezeichnet $A^TAx = A^Tb$ als die Normalgleichung zu A und b. Das neue Gleichungssystem kann mittels Gauß-Elimination gelöst werden. Die Kondition des neuen Gleichungssystems $\kappa(A^TA)$ ist aber häufig sehr viel schlechter als die Kondition des Ausgangsproblems $\kappa(A)$; daher werden wir in Kapitel 10.2 ein anderes, numerisch stabileres Verfahren zur Lösung des linearen Ausgleichsproblems kennen lernen.

Übung 43. Für einige einfache Beispiele vergleiche man $\kappa(A^TA)$ und $\kappa(A)$. Insbesondere gilt $\kappa(A^TA) = \kappa^2(A)$.
Hinweis: Verwende die Singulärwertezerlegung $A = U\Sigma V$ aus Anhang B.4.

Beispiel 27. Wir betrachten das überbestimmte Gleichungssystem

$$\begin{pmatrix} 1 & 1 \\ 2 & 1 \\ -1 & 4 \end{pmatrix} \begin{pmatrix} x_1 \\ x_2 \end{pmatrix} \approx \begin{pmatrix} 1 \\ 0 \\ 0 \end{pmatrix}.$$

Die dazugehörige Normalgleichung lautet

$$\begin{pmatrix} 1 & 2 & -1 \\ 1 & 1 & 4 \end{pmatrix} \begin{pmatrix} 1 & 1 \\ 2 & 1 \\ -1 & 4 \end{pmatrix} \begin{pmatrix} x_1 \\ x_2 \end{pmatrix} = \begin{pmatrix} 1 & 2 & -1 \\ 1 & 1 & 4 \end{pmatrix} \begin{pmatrix} 1 \\ 0 \\ 0 \end{pmatrix}$$

oder

$$\begin{pmatrix} 6 & -1 \\ -1 & 18 \end{pmatrix} \begin{pmatrix} x_1 \\ x_2 \end{pmatrix} = \begin{pmatrix} 1 \\ 1 \end{pmatrix}$$

und liefert die Lösung

$$x = \begin{pmatrix} \frac{19}{107} \\ \frac{7}{107} \end{pmatrix}.$$

Dieses Verfahren bezeichnen wir auch als die Methode der kleinsten Quadrate. Damit sind wir in der Lage, zu gegebenen Punkten in der Ebene die lineare Ausgleichsgerade zu bestimmen (Abb. 10.1):

Die Aufgabe besteht darin, zu vorgegebenen Punkten (x_j, y_j), $j = 1, \ldots, n$, in der (x, y)-Ebene eine Gerade zu finden, die möglichst nahe an den vorgegebenen Punkten liegt. Diese lineare Ausgleichsgerade $g(x) = a + bx$ soll also möglichst

$$\begin{pmatrix} a + bx_1 \\ \vdots \\ a + bx_n \end{pmatrix} \approx \begin{pmatrix} y_1 \\ \vdots \\ y_n \end{pmatrix}$$

oder

$$A \begin{pmatrix} a \\ b \end{pmatrix} \approx y$$

erfüllen mit

$$A = \begin{pmatrix} 1 & x_1 \\ \vdots & \vdots \\ 1 & x_n \end{pmatrix}.$$

Diese Aufgabe können wir umformulieren zu: Berechne a und b so, dass

$$\left\| A \begin{pmatrix} a \\ b \end{pmatrix} - y \right\|_2^2 = \sum_{j=1}^{n} (a + bx_j - y_j)^2$$

minimal ausfällt. Die dazugehorige Normalgleichung lautet

$$\begin{pmatrix} n & \sum_{j=1}^n x_j \\ \sum_{j=1}^n x_j & \sum_{j=1}^n x_j^2 \end{pmatrix} \begin{pmatrix} a \\ b \end{pmatrix} = \begin{pmatrix} \sum_{j=1}^n y_j \\ \sum_{j=1}^n x_j y_j \end{pmatrix}.$$

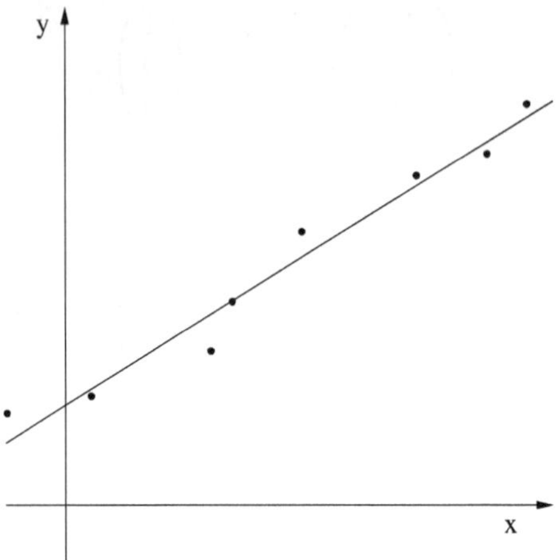

Abb. 10.1. Ausgleichsgerade.

Durch Auflösen dieses 2×2-Gleichungssystems erhalten wir mittels a und b die gesuchte Gerade $g(x) = a + bx$.

Mit der hergeleiteten Technik können wir auch das folgende allgemeinere Ausgleichsproblem behandeln:

Gegeben ist eine Familie von Ansatzfunktionen $g_k(x)$, $k = 1, \ldots, m$, und Punkte (x_j, y_j), $j = 1, \ldots, n$ mit $n > m$.
Gesucht ist diejenige Funktion $f(x) = \sum_{k=1}^{m} a_k g_k(x)$ als Linearkombination der Ansatzfunktionen, die möglichst nahe an den vorgegeben Punkten liegt.

Definieren wir die $n \times m$-Matrix

$$G = \begin{pmatrix} g_1(x_1) & \cdots & g_m(x_1) \\ \vdots & & \vdots \\ g_1(x_n) & \cdots & g_m(x_n) \end{pmatrix},$$

so ist die optimale Funktion f wieder bestimmt durch die Koeffizienten $a^T = (a_1, \ldots, a_m)^T$, die $\|Ga - y\|_2$ minimieren, also die Lösung der Normalgleichung

$$G^T G \begin{pmatrix} a_1 \\ \vdots \\ a_m \end{pmatrix} = G^T \begin{pmatrix} y_1 \\ \vdots \\ y_m \end{pmatrix}.$$

Übung 44. Als Ansatzfunktionen $g_k(x)$ wähle man die Polynome 1, x, x^2, ..., x^{m-1}. Welche Form hat die Matrix G? Welche Vereinfachung kann man im Fall $n = m$ vornehmen?

Anmerkung 50 (Gauß und die Methode der kleinsten Quadrate). Die Bestimmung von Positionen und Bahnkurven von Asteroiden hat in der historischen

Entwicklung der Astronomie eine bedeutende Rolle gespielt. Am 1. Januar 1801 entdeckte der italienenische Astronom Guiseppe Piazzi (1746 – 1826) einen „beweglichen Stern“ der siebten Größenklasse, den er Ceres nannte. Piazzi konnte das Objekt nur bis zum 11. Februar 1801 beobachten, da danach die Position Ceres zu nahe an die Sonne rückte. Im Herbst 1801, als Ceres eigentlich wieder sichtbar sein sollte, konnte sie trotz intensiver Suche nicht wieder aufgefunden werden. Die damals verfügbaren mathematischen Methoden waren nicht geeignet, mit den wenigen Beobachtungsdaten eindeutig festzustellen, ob Ceres ein Komet oder ein Asteroid war.

Im Herbst 1801 entwickelte dann Gauß eine neue Methode zur Bahnbestimmung, die mit nur wenigen Beobachtungsdaten auskam. Gauß konnte dabei auf seine bereits früher entwickelte Fehlerausgleichsrechnung zurückgreifen. Im Spätherbst hatte Gauß die sehr umfangreichen numerischen Rechnungen beendet. Genau ein Jahr nach der Entdeckung konnte der Astronom v. Zach Ceres genau an der von Gauß vorhergesagten Stelle auffinden.

Beschrieben hat Gauß das Verfahren der Normalgleichungen in seiner „Theoria motus corporum coelestium in sectionibus conicis solem ambientum“ (1809). Allerdings wurde diese Methode tatsächlich zuerst veröffentlicht von A.M. Legendre im Jahre 1805.

10.2 QR-Zerlegung

Kondition und Gauß-Elimination:

In fast allen Fällen liefert die Gauß-Elimination mit Pivotsuche Ergebnisse von ausreichender Genauigkeit. In Extremfällen kann es aber vorkommen, dass im Verlauf des Eliminationsprozesses Matrizen A_k von schlechter Kondition erzeugt werden. Ein recht illustratives Beispiel ist hier die Matrix [111]

Beispiel 28.

$$A = \begin{pmatrix} 1 & & & & 1 \\ -1 & 1 & & & 1 \\ -1 & -1 & 1 & & 1 \\ . & . & . & \ddots & \vdots \\ -1 & -1 & \cdots & -1 & 1 \end{pmatrix}.$$

Die Eliminierung der Unterdiagonalelemente erfolgt einfach durch Aufaddieren der k-ten Zeile zu allen darunter liegenden Zeilen, $k = 1, \ldots, n-1$. Dadurch entstehen Matrizen der Form

$$\begin{pmatrix} 1 & 0 & & 0 & \cdots & 1 \\ 0 & 1 & 0 & 0 & \cdots & 2 \\ 0 & 0 & 1 & 0 & \cdots & 4 \\ 0 & 0 & -1 & 1 & \cdots & 4 \\ 0 & 0 & -1 & -1 & \cdots & 4 \\ \vdots & \vdots & \vdots & \vdots & & \vdots \end{pmatrix}$$

und am Ende des Eliminationsprozesses landet man bei der oberen Dreiecksmatrix

$$U = \begin{pmatrix} 1 & & & & & 1 \\ & 1 & & & & 2 \\ & & 1 & & & 4 \\ & & & \ddots & & \vdots \\ & & & & 1 & 2^{n-2} \\ & & & & & 2^{n-1} \end{pmatrix}.$$

Daher sind die größten Matrixeinträge im Verlauf der Gauß-Elimination von der Ordnung 2^{k-1}. Die Kondition von A ist von der Größenordnung $\mathcal{O}(n)$, während die Kondition der n-ten Matrix A_n gleich $\mathcal{O}(2^{n-1})$ ist. Entsprechend treten in der Lösung wesentlich größere Fehler auf, als von der Größe von $\kappa(A)$ zu erwarten wären. In der praktischen Anwendung begegnet uns allerdings ein solches Verhalten so gut wie nie. Um aber zu verhindern, dass wir in $U = A_n = \tilde{L}A$ oder auch in der Normalgleichung $A^T A$ wesentlich schlechter konditionierte Probleme zu lösen haben, empfiehlt sich die Anwendung von orthogonalen Transformationen. Denn für eine orthogonale Matrix Q ist $\kappa(QA) = \kappa(A)$, so dass orthogonale Transformationen (im Gegensatz zu den in der Gauß-Elimination auftretenden Dreiecksmatrizen) die Kondition des Ausgangsproblems nicht verschlechtern. Daher wollen wir im Folgenden – ähnlich zur LU-Faktorisierung – eine Zerlegung von A mittels orthogonaler Matrizen herleiten. Dies führt zu einer stabileren Methode zur Lösung linearer Gleichungssysteme, die auch auf nichtquadratische Probleme (lineare Ausgleichsrechnung) anwendbar ist.

Im Zusammenhang mit schlecht konditionierten oder sogar singulären Matrizen stellt sich auch die Frage nach dem Rang der Matrix. Wenden wir z.B. Gauß-Elimination mit Total-Pivotsuche auf eine rechteckige Matrix vom Rang k an, so werden spätestens nach k Eliminationsschritten die Pivot-Elemente sehr klein. Denn die oberen k Zeilen haben bereits vollen Rang k, und daher sollten – in exakter Arithmetik – die unteren Zeilen eigentlich nur noch Nullen enthalten; durch Rundungsfehler werden die unteren Zeilen aber mit sehr kleinen Zahlen aufgefüllt. Dabei ist nun zu entscheiden, ob eine solche kleine Zahl nur durch Rundungsfehler entstanden ist, und eigentlich einer Null entspricht, oder ob sie auch bei genauer Rechnung zwar sehr klein, aber von Null verschieden wäre. Bei der Matrix

$$A = \begin{pmatrix} 1 & 1 \\ 0 & \varepsilon_1 \\ 0 & \varepsilon_2 \end{pmatrix}$$

müssten wir entscheiden, ob die beiden kleinen ε_i für Nullen stehen, und damit A vom Rang 1 ist, oder ob zumindest eine als von Null verschieden zu betrachten ist und damit A vom Rang 2 ist.

Um auch hier ein verlässliches Verfahren anzugeben, wie groß der Rang der Matrix ist, wenden wir uns von der Gauß-Elimination und der dazugehörigen LU-Zerlegung ab und versuchen, eine numerisch stabilere sogenannte QR-Zerlegung zu berechnen. Dabei steht R für eine obere Dreiecksmatrix, aber für Q wollen wir nur orthogonale Matrizen zulassen. Es sei daran erinnert, dass orthogonale Matrizen euklid'sche Norm 1 haben und daher die Kondition der Matrix R genau wieder die Kondition der Ausgangsmatrix A ist!

Berechnung der QR-Zerlegung:

Im Folgenden wollen wir ein Standard-Verfahren zur Erzeugung einer QR-Zerlegung einer beliebigen Matrix A beschreiben. Dazu beschränken wir uns zunächst auf den Fall von 2×2-Matrizen

$$A = \begin{pmatrix} a_{11} & a_{12} \\ a_{21} & a_{22} \end{pmatrix}$$

und verwenden spezielle orthogonale Matrizen:

Definition 23. *Eine* 2×2-Givens-Reflexion *ist eine Matrix*

$$G = \begin{pmatrix} \cos(\varphi) & \sin(\varphi) \\ \sin(\varphi) & -\cos(\varphi) \end{pmatrix},$$

und hat die Eigenschaften $GG^T = G^T G = G^2 = I$.

Ziel ist es nun, durch richtige Wahl des Parameters φ dafür zu sorgen, dass bei dem Produkt

$$\tilde{A} = GA = \begin{pmatrix} \tilde{a}_{11} & \tilde{a}_{12} \\ \tilde{a}_{21} & \tilde{a}_{22} \end{pmatrix}$$

eine obere Dreiecksmatrix entsteht, also

$$\tilde{a}_{21} = \begin{pmatrix} \sin(\varphi) & -\cos(\varphi) \end{pmatrix} \begin{pmatrix} a_{11} \\ a_{21} \end{pmatrix} = \sin(\varphi) a_{11} - \cos(\varphi) a_{21} = 0$$

gilt. Dies ist durch die Wahl von

$$\cot(\varphi) = \frac{a_{11}}{a_{21}}, \quad \text{also} \quad \varphi = \operatorname{arccot}\left(\frac{a_{11}}{a_{21}}\right) \quad \text{oder} \quad \varphi = \operatorname{arctg}\left(\frac{a_{21}}{a_{11}}\right)$$

erfüllt.

Die Givens-Reflexion wird numerisch stabiler berechnet durch das Verfahren

$$\varrho = sign(a_{11})\sqrt{a_{11}^2 + a_{21}^2}, \quad \cos(\varphi) = a_{11}/\varrho \quad \text{und} \quad \sin(\varphi) = a_{21}/\varrho.$$

Ist a_{11} nicht Null, aber $a_{21} = 0$, so muss zur Eliminierung von a_{21} keine Transformation angewandt werden. Ist $a_{11} = 0$ und a_{21} nicht Null, so permutiere man die Zeilen. Gilt $a_{11} = 0$ und $a_{21} = 0$, so hat die Matrix nicht vollen

Rang; dann werden auch noch Spaltenvertauschungen benötigt, damit sich eine QR-Zerlegung der Form $AP = QR$ berechnen lässt (siehe Aufgabe 60).

Dieses Vorgehen kann direkt auf größere Matrizen übertragen werden, indem man in der richtigen Reihenfolge, nämlich beginnend mit der ersten Spalte zunächst a_{21} bis a_{n1} eliminiert, dann in der zweiten Spalte entsprechend a_{32} bis a_{n2} usw. Dazu verwenden wir Givens-Reflexionen G_{ij} der Form

$$G_{ij} = \begin{pmatrix} 1 & & & & & & & & \\ & \ddots & & & & & & & \\ & & 1 & & & & & & \\ & & & \cos(\varphi) & & & \sin(\varphi) & & \\ & & & & 1 & & & & \\ & & & & & \ddots & & & \\ & & & & & & 1 & & \\ & & & \sin(\varphi) & & & -\cos(\varphi) & & \\ & & & & & & & 1 & \\ & & & & & & & & \ddots \\ & & & & & & & & & 1 \end{pmatrix} \begin{matrix} \\ \\ \\ j \\ \\ \\ \\ i \\ \\ \\ \\ \end{matrix},$$

(Spalte j und Spalte i oben markiert.)

die sich nur auf die i-te bzw. j-te Zeile und Spalte auswirken. Um den Eintrag a_{ij}, $i > j$, zu Null zu machen, stellen wir fest, dass die i-te Zeile durch Multiplikation mit G_{ij} übergeht in

$$a_{ik} \longmapsto \sin(\varphi)a_{jk} - \cos(\varphi)a_{ik}$$

und die j-te Zeile

$$a_{jk} \longmapsto \cos(\varphi)a_{jk} + \sin(\varphi)a_{ik}.$$

Daher führt die Wahl

$$\varphi = \operatorname{arccot}\left(\frac{a_{jj}}{a_{ij}}\right)$$

zu dem gewünschten Ergebnis. Das Diagonalelement a_{jj} dient also zur Elimination von a_{ij}.

Die orthogonale Matrix Q ist dann gegeben als Produkt der orthogonalen Givens-Reflexionen

$$Q^T = G_{n,m} \cdots G_{m+1,m} G_{n,m-1} \cdots G_{m,m-1} \cdots\cdots G_{n2} \cdots G_{32} G_{n1} \cdots G_{21},$$

wobei die Givens-Reflexionen in folgender Reihenfolge die Einträge in A zu Null machen:

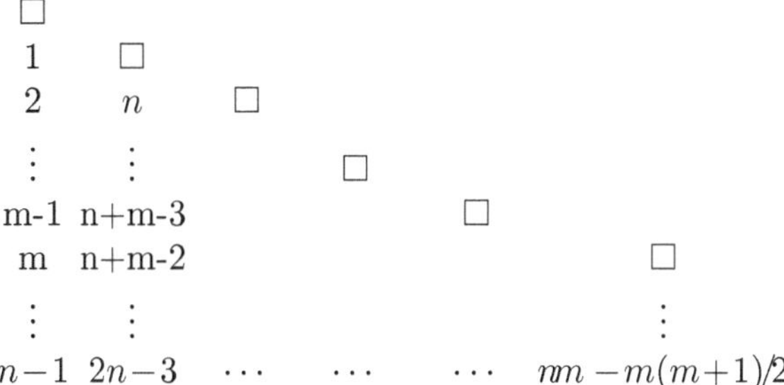

Es werden insgesamt $nm - m(m+1)/2$ Givens-Matrizen benötigt. Die Matrix R ist dann das Ergebnis der gesamten Multiplikation der Form $Q^T A = R$ oder $A = QR$.

Dabei ist Q stets eine quadratische $n \times n$-Matrix und R von der selben Größe wie A, also i.Allg. $n \times m$.

Weitere Verfahren zur Bestimmung einer QR-Zerlegungen einer gegebenen Matrix sind das Orthogonalisierungsverfahren nach Gram-Schmidt und die Methode der Householder-Transformationen (siehe z.B. [107] oder andere Lehrbücher zur Numerischen Mathematik).

Wir wollen die QR-Zerlegung nun auch zur Lösung des linearen Ausgleichsproblems gewinnbringend einsetzen. Gegeben sei eine $n \times m$-Matrix A mit $n \geq m$ und $rang(A) = m$, sowie ein Vektor b der Länge n. Verfügen wir über eine QR-Zerlegung von A, so kann das lineare Ausgleichsproblem

$$\|Ax - b\|_2 = \min \|QRx - b\|_2 = \min \|Rx - Q^T b\|_2$$

besser gelöst werden. Dazu vermerken wir, dass die euklid'sche Matrixnorm invariant unter orthogonalen Matrizen ist (d.h. $\|QA\|_2 = \|A\|_2$) und R den selben Rang wie A haben muss. Daher lässt sich R schreiben als

$$R = \begin{pmatrix} R_1 \\ 0 \end{pmatrix} = \begin{pmatrix} r_{11} & \cdots & \cdots & r_{1n} \\ 0 & r_{22} & & \vdots \\ \vdots & 0 & \ddots & \vdots \\ \vdots & & \ddots & r_{nn} \\ \vdots & & & 0 \\ \vdots & & & \vdots \\ 0 & \cdots & \cdots & 0 \end{pmatrix}.$$

Indem wir nun die orthogonale Matrix Q^T mit b multiplizieren zu $c = Q^T b = (c_1, c_2)^T$ und c entsprechend der Struktur von R partitionieren, bleibt nur noch das Dreieckssystem $R_1 x = c_1$ zu lösen:

$$\|Rx - Q^T b\|_2^2 = \| \begin{pmatrix} R_1 x \\ 0 \end{pmatrix} - \begin{pmatrix} c_1 \\ c_2 \end{pmatrix} \|_2^2 = \|R_1 x - c_1\|_2^2 + \|c_2\|_2^2 .$$

Dabei ist die Kondition von R_1 gleich der Kondition der Ausgangsmatrix. Wie gut die Lösung des Ausgleichsproblems $\min \|Ax - b\|_2$ ist, um $Ax \approx b$ zu erreichen, kann man nun leicht an der Größe von $\|c_2\|_2$ ablesen.

Bei der Berechnung der QR-Zerlegung lässt sich außerdem an den Einträgen von R wesentlich besser entscheiden, ob ein sehr kleiner Eintrag bereits als Null zu werten ist und durch Rundungsfehler im Verlauf der Rechnung zustande gekommen ist; denn die Größenordnung der Matrixeinträge kann sich nicht so dramatisch ändern wie bei der Gauß-Elimination. An den Diagonalelementen von R kann daher der Rang von A, d.h. die Anzahl linear unabhängiger Zeilen, bzw. Spalten, wesentlich genauer abgelesen werden.

Allgemein wollen wir festhalten: Die QR-Zerlegung sollte eingesetzt werden bei schlecht konditionierten quadratischen Matrizen, bei allgemeinen rechteckigen Gleichungssystemen (ev. auch in der allgemeineren Form $QAP = R$ mit einer zusätzlichen Permutation P), und zur Bestimmung des Rangs einer Matrix.

10.3 Regularisierung

In vielen praktischen Anwendungen liegt ein überbestimmtes Gleichungssystem vor, dessen zugehörige Matrix A bzw. die zugehörige Dreiecksmatrix R_1 extrem schlecht konditioniert ist. Selbst in exakter Arithmetik werden daher kleinste (unvermeidliche) Ungenauigkeiten Δb in den Eingangsdaten b durch

$$x = \text{inv}(A^T A) A^T (b + \Delta b) = x_{\text{exakt}} + \text{inv}(A^T A) A^T \cdot \Delta b$$

so verstärkt, dass man keine sinnvollen Resultate mehr erhält. Daher lässt sich das eigentliche Problem

$$\min \|Ax - b\|_2$$

selbst mit Verwendung der QR-Zerlegung nicht mehr angemessen lösen; der berechnete Vektor x hat mit dem ursprünglichen Problem nichts mehr zu tun. Man spricht hier von einem schlecht gestellten inversen Problem (*ill-posed inverse problem*). Der Anteil der Lösung, der dafür verantwortlich ist, dass das Problem fast singulär ist, ist dann im Wesentlichen durch Messfehler und Rundungsfehler bestimmt (Rauschen oder *noise*) und überwiegt den restlichen eigentlichen Anteil so stark, dass die eigentliche Lösung nicht mehr zu erkennen ist. Um das Problem auf den Bereich zu reduzieren, der wirklich verlässliche Information erhält, versuchen wir daher, das zugrunde liegende Problem so umzuformulieren, dass ein besser konditioniertes lineares Gleichungssystem entsteht. Durch die Forderung, dass die berechnete Lösung x klein bleiben soll, soll erreicht werden, dass das Rauschen $inv(A^T A) A^T \Delta b$ ausgeblendet wird. Dazu erweitern wir das lineare Ausgleichsproblem zu

$$\min_x \|Ax - b\|^2 + \gamma^2 \|x\|^2 .$$

Wie bei der Herleitung der Normalgleichung führt dieses Minimierungsproblem durch Nullsetzen der Ableitung (des Gradienten) zu der Gleichung

$$(A^T A + \gamma^2 I)x = A^T b .$$

Diese Methode der Regularisierung eines schlecht gestellten inversen Problems wird als Tikhonov-Regularisierung bezeichnet. Der Regularisierungsparameter γ ist so zu wählen, dass der Störungseinfluss reduziert wird, ohne die eigentliche Information wesentlich zu verändern. Anders ausgedrückt: Das System soll eine vernünftige Lösung liefern, die nicht durch zufälliges Rauschen verfälscht und damit unbrauchbar ist.

Wir werden die Methode der Tikhonov-Regularisierung in Kapitel 12.1 im Zusammenhang mit dem Problem der Computertomographie wieder aufgreifen.

Mit Gauß-Elimination, QR-Zerlegung und Regularisierung verfügen wir nun über die wichtigsten Hilfsmittel, um beliebig auftretende Gleichungssysteme zu behandeln.

11 Effiziente Lösung linearer Gleichungssysteme

„Du wolltest Algebra. Da hast du den Salat."

Jules Verne

In praktischen Anwendungen haben wir es oft mit sehr großen Gleichungssystemen zu tun, die auf speziellen Rechner möglichst schnell und effizient gelöst werden sollen. Vollbesetzte Matrizen benötigen $\mathcal{O}(n^2)$ Speicherplatz und Gauß-Elimination $\mathcal{O}(n^3)$ Operationen. Daher übersteigen der Speicherbedarf und die Rechenzeit zur Lösung solch großer, vollbesetzter Gleichungssysteme oft die Leistungsfähigkeit heutiger Rechner.

11.1 Dünnbesetzte Gleichungssysteme

Um möglichst große Probleme noch lösen zu können, bietet es sich an, durch geschickte Formulierung des Problems dünnbesetzte Matrizen zu erzeugen.

Standardbeispiele dünnbesetzter Matrizen sind Bandmatrizen

$$A = \begin{pmatrix} a_{11} & \cdots & a_{1p} & & & \\ \vdots & \ddots & \ddots & \ddots & & \\ a_{q1} & \ddots & \ddots & \ddots & \ddots & \\ & \ddots & \ddots & \ddots & \ddots & a_{n-p+1,n} \\ & & \ddots & \ddots & \ddots & \vdots \\ & & & a_{n,n-q+1} & \cdots & a_{nn} \end{pmatrix}$$

mit unterer Bandbreite q, oberer Bandbreite p und Gesamtbandbreite $p+q-1$. Zur Speicherung dieser Matrix ist es nicht notwendig, die überwiegende Anzahl von Nullen explizit anzugeben. Statt dessen kann man die einzelnen Diagonalen in $p+q-1$ Vektoren aufteilen, oder die Rechteckmatrix

$$B = \begin{pmatrix} * & \cdots & * & a_{11} & \cdots & \cdots & a_{1p} \\ \vdots & \cdot & a_{21} & \vdots & & & \vdots \\ * & \cdot & \vdots & \vdots & & & \vdots \\ a_{q1} & & \vdots & \vdots & & & \vdots \\ \vdots & & \vdots & \vdots & & & a_{n-p+1,p} \\ \vdots & & \vdots & \vdots & & \cdot & * \\ \vdots & & \vdots & \vdots & a_{n-1,n} & \cdot & \vdots \\ a_{n,n-q+1} & \cdots & a_{n-1,n} & a_{nn} & * & \cdots & * \end{pmatrix}$$

verwenden. Für B benötigen wir nur $(p+q-1)n$ Speicherplätze.

Um ein Gleichungssystem mit A zu lösen, soll das Verfahren der Gauß-Elimination an die vorhandene Bandstruktur angepasst werden. Ohne Pivotsuche bleibt die Bandstruktur erhalten und der Gauß-Algorithmus ist nur so zu modifizieren, dass die beiden inneren Schleifen nicht bis zum Zeilen- bzw. Spaltenende, sondern nur maximal p- bzw. q-mal zu durchlaufen sind. Der Gesamtaufwand reduziert sich damit zu $\mathcal{O}(npq)$ Operationen. Erlaubt man aus Stabilitätsgründen die Spalten-Pivotsuche, so kann sich die Bandbreite schlechtestenfalls verdoppeln.

Hat die gegebene dünnbesetzte Matrix keine einfache und regelmäßige Struktur, so müssen andere Methoden zur Speicherung verwendet werden:

Definition 24. *Eine dünnbesetzte Matrix A kann gespeichert werden, indem die Werte und die dazugehörigen Zeilen- und Spaltenindizes in drei langen Vektoren val, $zind$ und $sind$ abgelegt werden. Dabei enthält val alle Nicht-Nulleinträge von A, und zu einem Wert $val(i)$ stehen in $zind(i)$ und $sind(i)$ die dazugehörigen Zeilen- und Spaltenindizes, also*

$$val(i) = a_{zind(i),sind(i)}.$$

Beispiel 29. Die Matrix

$$A = \begin{pmatrix} 1.1 & 0 & 0 & 0 & 2.2 \\ 0 & 0 & 0 & 3.3 & 0 \\ 0 & 4.4 & 0 & 0 & 5.5 \\ 0 & 0 & 0 & 6.6 & 0 \\ 0 & 0 & 7.7 & 0 & 8.8 \end{pmatrix}$$

wird gespeichert in dem Vektor der Zahlenwerte

$$val = (1.1 \;\; 2.2 \;\; 3.3 \;\; 4.4 \;\; 5.5 \;\; 6.6 \;\; 7.7 \;\; 8.8),$$

dem Vektor der dazugehörigen Zeilenindizes

$$z_{ind} = (1\ 1\ 2\ 3\ 3\ 4\ 5\ 5)$$

und den Spaltenindizes

$$s_{ind} = (1\ 5\ 4\ 2\ 5\ 4\ 3\ 5).$$

Dann ergibt sich z.B. $val(i) = a_{z_{ind}(i),s_{ind}(i)}$, also z.B. $val(2) = a_{1,5} = 2.2$.

Die Struktur dünnbesetzter Matrizen kann sehr gut durch Graphen dargestellt und untersucht werden. Dazu betrachten wir zu einer $n \times n$ Matrix einen Graphen $G = (V, E)$ mit n Ecken (Knoten) P_i, $i = 1, \ldots, n$. In diesen Graphen nehmen wir nun eine gerichtete Kante von P_i nach P_j genau dann auf, wenn das Matrixelement a_{ij} nicht Null ist. Anders ausgedrückt, bilden wir zu A diejenige Matrix, die entsteht, wenn wir jeden Nicht-Nulleintrag durch den Wert Eins ersetzen. Diese neue Matrix lässt sich als Adjazenzmatrix eines Graphen G auffassen, den wir benutzen wollen, um die Besetztheitsstruktur einer dünnbesetzten Matrix zu untersuchen.

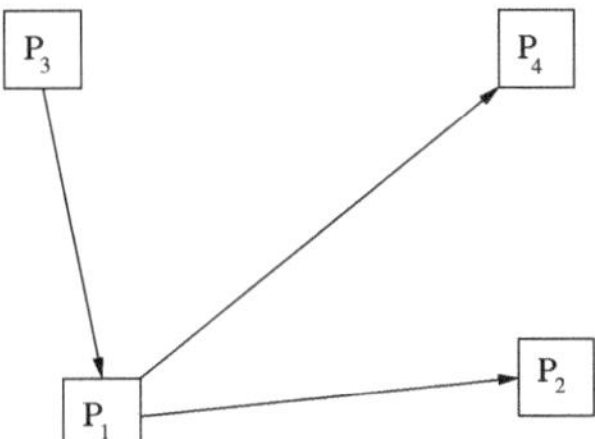

Abb. 11.1. Graph mit vier Knoten und drei Kanten.

Definition 25. *Die Adjazenzmatrix eines Graphen $G = (V, E)$ mit n Knoten ist eine $n \times n$-Matrix mit der Festlegung*

$$a_{ij} = \begin{cases} 1, & \text{falls eine Kante von } P_i \text{ nach } P_j \text{ in } G \text{ ist} \\ 0, & \text{sonst.} \end{cases}$$

Jeder Graph lässt sich durch eine Adjazenzmatrix repräsentieren. Im Beispiel des durch Abb. 11.1 beschriebenen Graphen lautet die Adjazenzmatrix

$$A = \begin{pmatrix} 0\,1\,0\,1 \\ 0\,0\,0\,0 \\ 1\,0\,0\,0 \\ 0\,0\,0\,0 \end{pmatrix}.$$

Zur dünnbesetzten Matrix aus Beispiel 29 gehört dann die Matrix

$$\begin{pmatrix} 1\,0\,0\,0\,1 \\ 0\,0\,0\,1\,0 \\ 0\,1\,0\,0\,1 \\ 0\,0\,0\,1\,0 \\ 0\,0\,1\,0\,1 \end{pmatrix}$$

(durch Ersetzen jedes Nicht-Null-Eintrags durch 1) und damit der Graph aus Abb. 11.2.

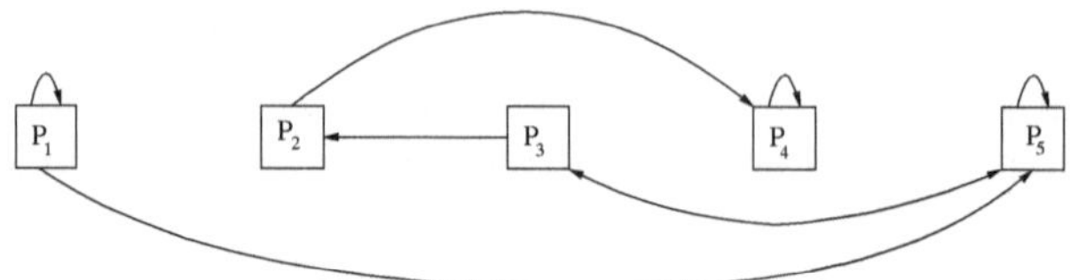

Abb. 11.2. Graph zur Matrix aus Beispiel 29.

Der Graph G, der auf diese Art und Weise mit einer Matrix verknüpft werden kann, kann nun z.B. dazu verwendet werden, geeignete Umordnungen von Zeilen und Spalten von A zu finden, so dass sich das Gleichungssystem mit Gauß-Elimination mit weniger *„fill-in"* lösen lässt. Man ist also daran interessiert, dass im Verlauf der Gauß-Elimination möglichst wenige Nicht-Nulleinträge neu erzeugt werden, da ansonsten die Dünnbesetztheit der Ausgangsmatrix verloren geht. Im schlimmsten Fall können die LU-Faktoren von A nahezu vollbesetzt sein.

Übung 45. Wir wollen ein System $Ax = b$ mit folgender Matrixstruktur betrachten

$$A = \begin{pmatrix} d_1 & e_2 & e_3 & \cdots & e_n \\ c_2 & d_2 & 0 & \cdots & 0 \\ c_3 & 0 & d_3 & \ddots & \vdots \\ \vdots & \vdots & \ddots & \ddots & 0 \\ c_n & 0 & \cdots & 0 & d_n \end{pmatrix}.$$

Das Verfahren der Gauß-Elimination würde hier vollbesetzte Matrizen L und U erzeugen. Um dies zu vermeiden, sollten zunächst Zeilen- und Spaltenvertauschungen angewendet werden, so dass bei dem neuformulierten Gleichungssystem die Matrizen L und U dünnbesetzt bleiben. Es ist vorteilhaft, dazu den Graphen von A zu betrachten.

Beispiel 30. Gegeben sei ein Gleichungssystem mit einer Matrix folgender Besetztheitsstruktur:

$$\begin{pmatrix} * & 0 & 0 & 0 & * & * \\ 0 & * & * & * & 0 & 0 \\ 0 & * & * & * & 0 & 0 \\ 0 & * & * & * & 0 & 0 \\ * & 0 & 0 & 0 & * & * \\ * & 0 & 0 & 0 & * & * \end{pmatrix}$$

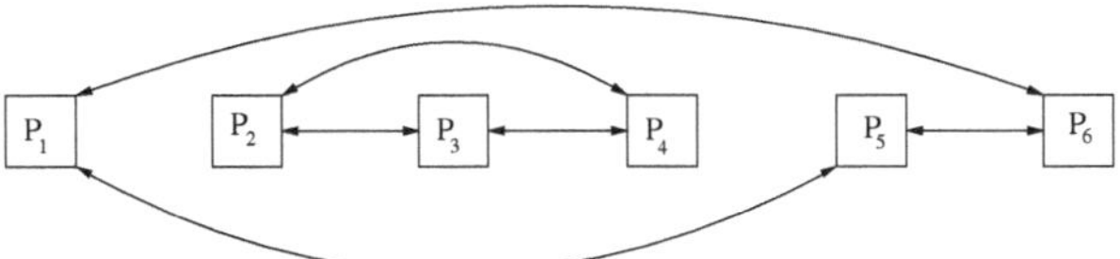

Abb. 11.3. Graph zur Matrix aus Beispiel 30.

Der Graph zu dieser Matrix ist in Abb. 11.3 dargestellt. Aus dem Bild ersieht man, dass der Graph in zwei unabhängige Teilgraphen (Zusammenhangskomponenten) zu den Indizes $2, 3, 4$ und $1, 5, 6$ zerfällt. Vertauschen wir in dem Ausgangssystem erste und vierte Zeile und Spalte, so ergibt sich eine Matrix der Form

$$\begin{pmatrix} * & * & * & & & \\ * & * & * & & & \\ * & * & * & & & \\ & & & * & * & * \\ & & & * & * & * \\ & & & * & * & * \end{pmatrix},$$

und die Lösung eines solchen Gleichungssystems zerfällt in zwei unabhängige Teilprobleme halber Größe. Auf diese Art und Weise kann nach der durch den Graphen identifizierten Umnummerierung das ursprüngliche Problem wesentlich effizienter gelöst werden.

Übung 46. Wir betrachten Block-Matrizen der Form

$$A = \begin{pmatrix} D_1 & E_1 & & & \\ C_2 & D_2 & E_2 & & \\ & C_3 & D_3 & \ddots & \\ & & \ddots & \ddots & E_{n-1} \\ & & & C_n & D_n \end{pmatrix}$$

mit Diagonalmatrizen D_i, E_i und C_i. Man skizziere den Graph zu dieser Matrix. Wie lässt sich A geschickt umsortieren?

11.2 Gleichungssysteme und Computer-Architektur

Unser Ziel sollte es sein, einen vorgegebenen Algorithmus wie z.B. das Verfahren der Gauß-Elimination möglichst effizient zu implementieren. Dazu ist es erforderlich, die Eigenschaften heutiger Rechner und Prozessoren zu berücksichtigen. Deshalb wollen wir die wesentlichen Prinzipien vorstellen, die dabei zu beachten sind.

Prinzip 1: Effiziente Bereitstellung der Daten. Neben der eigentlichen Rechenzeit spielt die Zeit für das Bereitstellen der Daten eine immer größere Rolle. Ein heutiger Prozessor besteht zu weiten Teilen aus Speicherbereichen, in denen die zu verarbeitenden Daten so gespeichert werden, dass sie in der richtigen Reihenfolge an die eigentliche CPU angeliefert werden. Jeder Datentransport zwischen langsameren und schnellerem Speichermedium wie zwischen Festplatte und Arbeitsspeicher oder zwischen Arbeitsspeicher und Registerspeicher kostet wesentlich mehr Zeit als die arithmetischen Operationen, die auf den Daten ausgeführt werden sollen.

Das Ziel des schnellen Datentransfers hat zur Entwicklung von Cache[1]-Speichern geführt. Dabei versucht man zu erraten, welche Daten als nächste bearbeitet werden und sammelt diese Daten in einem schnellen Zwischenspeicher. Um hier zu einer vernünftigen Auswahl zu kommen, haben sich folgende Annahmen als sinnvoll erwiesen:

- Daten, die gerade im Gebrauch sind, werden sehr wahrscheinlich auch in folgenden Rechenschritten noch weiterbearbeitet,
- Nachbardaten, die lokal im Speicher in der Nähe der gerade aktiven Daten stehen, sind wohl auch Kandidaten, die demnächst von der CPU angefordert werden.

Diese beiden Annahmen entsprechen dem Prinzip der Häufigkeit und dem Prinzip der Lokalität: Von Daten, die häufig benutzt werden oder die neben gerade benutzten Daten stehen, ist zu erwarten, dass sie demnächst verarbeitet werden, und sie sollten daher möglichst griffbereit sein.

Mit diesem Zwischenspeicher ist natürlich zusätzlicher Verwaltungsaufwand verbunden, insbesondere, wenn der gesuchte Datensatz sich doch nicht im Cache befindet, erhöht sich der Zeitaufwand für die Bereitstellung dieser Daten. Das Prinzip des Speicher-Caches hat sich allerdings inzwischen so bewährt, dass er überall zum Einsatz kommt.

Daten sollten in der CPU möglichst im Paket verarbeitet werden; d.h. an einem Datenpaket, das in den Registerspeicher der CPU geladen wurde, sollten möglichst alle Operationen ausgeführt werden, bevor dann das nächste Datenpaket in die CPU geleitet wird. Dazu dient die Blockbildung: Bei Aufgaben mit mehrdimensionalen Feldern empfiehlt es sich, das Gesamtproblem blockweise aufzuspalten mit Blöcken, deren Größe genau dem Speicherplatz im Register oder Cache angepasst ist. Im Falle der Gauß-Elimination werden hierbei Matrixelemente durch Blockmatrizen

$$\begin{pmatrix} A_{11} & \cdots & A_{1m} \\ \vdots & & \vdots \\ A_{m1} & \cdots & A_{mm} \end{pmatrix}$$

ersetzt, wobei die A_{ij} selbst kleine Matrizen der Dimension $k = n/m$ sind. Formal kann die Gauß-Elimination nun genauso wie im skalaren Fall durch-

[1] *Cache* kommt von englisch: Waffenlager

geführt werden. Dabei ist die Division durch a_{jj} durch die Multiplikation mit der Inversen Blockmatrix A_{jj}^{-1} zu ersetzen.

Durch diese Blockbildung stehen die in diesem Schritt benötigten Zahlen im Registerspeicher zur Verfügung und können ohne zusätzlichen Datenfluss entsprechend abgearbeitet werden (vgl. auch den folgenden Abschnitt über Parallelisierbarkeit). Problematisch hierbei wird natürlich die Pivotsuche: Anstelle des betragsgrößten Eintrags ist ein Block als Pivotblock auszuwählen, der gut konditioniert.

Beispiel 31 (Matrix-Vektor-Produkt $A \cdot b$). Wir partitionieren die Matrix A und den Vektor b in Blöcke

$$A = \left(\begin{array}{cc|cc} a_{11} & a_{12} & a_{13} & a_{14} \\ a_{21} & a_{22} & a_{23} & a_{24} \\ \hline a_{31} & a_{32} & a_{33} & a_{34} \\ a_{41} & a_{42} & a_{43} & a_{44} \end{array}\right); \quad b = \left(\begin{array}{c} b_1 \\ b_2 \\ \hline b_3 \\ b_4 \end{array}\right);$$

$$A = \left(\begin{array}{c|c} A_{11} & A_{12} \\ \hline A_{21} & A_{22} \end{array}\right); \quad b = \left(\begin{array}{c} B_1 \\ \hline B_2 \end{array}\right);$$

$$A \cdot b = \begin{pmatrix} A_{11}B_1 + A_{12}B_2 \\ A_{21}B_1 + A_{22}B_2 \end{pmatrix}$$

Dann werden die „kleinen“ Matrix-Vektor-Produkte $A_{i,j}B_j$ jeweils in einem Arbeitsschritt berechnet, wobei die Blockgröße der Größe des Cache-Speichers angepasst ist. Anschließend werden diese Zwischenergebnisse zum Lösungsvektor zusammengebaut.

Beispiel 32 (Matrix-Matrix-Multiplikation nach Strassen). Bei der Multiplikation zweier Matrizen hat diese Art der Blockbildung noch einen weiteren Vorteil. Das Verfahren von Strassen zeigt, dass durch rekursive Blockbildung die Zahl der benötigten Operationen zur Berechnung von $C = A \times B$ verringert werden kann. Bei der Ausführung von drei `FOR`-Schleifen benötigt das Matrixprodukt zwischen der $k \times n$-Matrix A und der $n \times m$-Matrix B insgesamt $\mathcal{O}(nmk)$ Operationen. Diese Komplexität kann durch Anwendung des *Divide-and-Conquer*-Prinzips reduziert werden. Wir wollen hier nur den Spezialfall quadratischer Matrizen behandeln.

Wir partitionieren die $n \times n$ Matrizen A und B in der Form

$$A = \begin{pmatrix} A_{11} & A_{12} \\ A_{21} & A_{22} \end{pmatrix}, \; B = \begin{pmatrix} B_{11} & B_{12} \\ B_{21} & B_{22} \end{pmatrix}, \; C = \begin{pmatrix} C_{11} & C_{12} \\ C_{21} & C_{22} \end{pmatrix}.$$

Mit den Hilfsmatrizen

$$\begin{aligned} H_1 &= (A_{12} - A_{22})(B_{21} + B_{22}), \; H_2 = (A_{11} + A_{22})(B_{11} + B_{22}), \\ H_3 &= (A_{11} - A_{21})(B_{11} + B_{12}), \; H_4 = (A_{11} + A_{12})B_{22}, \\ H_5 &= A_{11}(B_{12} - B_{22}), \; H_6 = A_{22}(B_{21} - B_{11}) \\ &\text{und } H_7 = (A_{21} + A_{22})B_{11} \end{aligned}$$

kann die Produktmatrix

$$C = \begin{pmatrix} H_1 + H_2 - H_4 + H_6 & H_4 + H_5 \\ H_6 + H_7 & H_2 - H_3 + H_5 - H_7 \end{pmatrix}$$

durch 7 Matrixmultiplikationen und 18 Matrixadditionen berechnet werden, wobei die beteiligten Matrizen nur noch halb so viele Zeilen und Spalten besitzen wie die Ausgangsmatrizen. Wenden wir auf die 7 neuen Matrixmultiplikationen rekursiv wieder dasselbe Partitionierungsschema an, so lassen sich die Gesamtkosten zur Berechnung der $n \times n$-Matrix C dadurch auf $\mathcal{O}(n^{\log_2(7)})$ reduzieren.

Um dies zu beweisen, bezeichnen wir mit M_n die Kosten für die Matrixmultiplikation und mit A_n die Kosten für die Matrixaddition zweier $n \times n$-Matrizen. Dann gilt für die Kosten des Strassen-Algorithmus

$$M_{2n} = 7M_n + 18A_n = 7M_n + 18n^2.$$

Mit $n = 2^m$ und der Schreibweise $F_m = M_{2^m} = M_n$ ergibt sich

$$\begin{aligned} F_{m+1} &= 7F_m + 18 \cdot (2^m)^2 = 7\left(7F_{m-1} + 18 \cdot (2^{m-1})^2\right) + 18 \cdot 4^m \\ &= 49(7F_{m-2} + 18 \cdot 4^{m-2}) + 7 \cdot 18 \cdot 4^{m-1} + 18 \cdot 4^m \\ &= \ldots \\ &= 7^m F_1 + 18 \sum_{j=0}^{m-1} 7^j \cdot 4^{m-j} = \mathcal{O}(7^m) \\ &= \mathcal{O}\left(\left(2^{\log_2(7)}\right)^{\log_2(n)}\right) = \mathcal{O}\left(2^{\log_2(7) \cdot \log_2(n)}\right) \\ &= \mathcal{O}\left(n^{\log_2(7)}\right) \end{aligned}$$

Daher ergeben sich für die Matrixmultiplikationen nach der Methode von Strassen Gesamtkosten von $\mathcal{O}(n^{\log_2(7)})$ Operationen.

Übung 47. Vergleiche für verschiedene Werte von n die Kosten der Matrixmultiplikation nach dem Standardverfahren mit den Kosten für den Strassen-Algorithmus. Für welche n ist das neue Verfahren zu empfehlen?

Bei der Speicherung mehrdimensionaler Felder wie z.B. Matrizen muss auch noch ein weiterer Gesichtspunkt berücksichtigt werden. Um den Datenzugriff zu beschleunigen, ist es hilfreich zu wissen, wie mehrdimensionale Felder im Speicher physikalisch abgelegt werden. So werden in der Programmiersprache C zweidimensionale Feldern zeilenweise abgespeichert, also in der Reihenfolge

$$a_{11}, a_{12}, \cdots, a_{1n}, a_{21}, \cdots, a_{2n}, \cdots, a_{mn}.$$

Will man also mit diesen Werten rechnen, so empfiehlt es sich, die Programmschleife dieser Reihenfolge anzupassen in der Form

```
FOR i = 1,..,n:
    FOR j = 1,..,m:
        ... a[ij] ...;
    ENDFOR
ENDFOR
```

so dass in der inneren Schleife jeweils eine ganze Zeile elementweise angefordert wird. In FORTRAN wird eine solche Matrix spaltenweise im Speicher abgelegt, so dass die entsprechende Doppelschleife genau umgekehrt durchgeführt werden sollte.

Häufig in Programmen auftauchende, einfache `FOR`-Schleifen *(Loops)* können effizienter programmiert werden. Ziel dabei ist es, den Verwaltungsaufwand, der mit dem Loop verbunden ist, zu verringern und damit die Kostenrelation zwischen eigentlich auszuführenden Operationen und dem dazu erforderlichen Verwaltungs-Overhead zu verbessern. Betrachten wir z.B. den einfachen Loop

```
a = 0;
FOR j = 1,..,n:
    a = a + x[j];
ENDFOR
```

Nach jedem Rechenschritt muss stets j um 1 erhöht werden und abgefragt werden, ob das Schleifenende erreicht ist. Effizienter setzen wir dafür mit $n = m \cdot k$:

```
a = 0;
FOR j = 1,..,n:
    a = a + x (k * (j-1) + 1) + ... + x (k * (j-1) + k);
ENDFOR
```

Dabei benötigen wir ganze Zahlen m und k, die Teiler von n sind.

Mit BLAS und LAPACK stehen für viele Standardprobleme wie Addition oder Inneres Produkt zweier Vektoren, sowie dem Lösen von linearen Gleichungssystemen optimierte Programme zur Verfügung, die bereits auf die Speichergröße des verwendeten Rechners abgestimmt sein sollten [1].

Prinzip 2: Vektorisierbarkeit und Parallelisierbarkeit[2]**.** Heutige Rechner besitzen Prozessoren, die weitgehend mit Pipeline-Technik arbeiten. Das heißt, dass eine Operation wie die Addition in einzelne Teilschritte zerlegt wird, die dann an vielen Daten gleichzeitig wie an einem Fließband ausgeführt

[2] Seinen ersten Computer baute Seymour Cray noch für Control Data. Besessen von der Idee, immer leistungsfähigere Computer zu bauen, gründete er 1976 die Firma Cray Research. Sein erstes Modell, die Cray-1, kam auf eine Rechenleistung von 167 Millionen Rechenoperation pro Sekunde. Heute baut die Firma Cray Computer, die inzwischen zum Silicon Graphics-Konzern (SGI) gehört, moderne Parallelrechner für Forschungs-, militärische und meteorologische Zwecke.

werden. Damit dies effizient funktioniert, muss dafür gesorgt werden, dass die Pipeline stets gefüllt ist. Dann kann in jedem Takt ein vollständig berechnetes Endergebnis das Fließband verlassen. Alle Operationen sollten entsprechend in der CPU vorbereitet sein und direkt in die Pipeline eingefüttert werden.

Operationen, die sich gut in einer Pipeline verarbeiten lassen, sind Vektoroperationen wie das Addieren zweier Vektoren (in BLAS-Notation auch SAXPY-Operation genannt, da in einfacher Genauigkeit *(Single precision)* der mit der Zahl A multiplizierte Vektor x zu dem Vektor y addiert (Plus) wird).

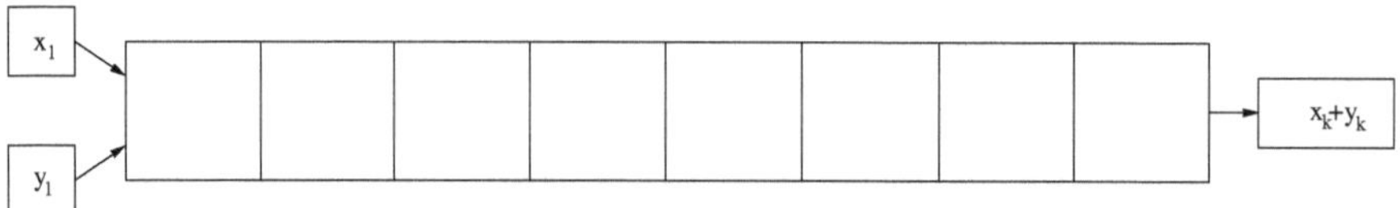

Abb. 11.4. Allgemeines Schema einer Additionspipeline zur Berechnung von $x+y$.

Andere Probleme wie das Innere Produkt oder das Aufsummieren einzelner Vektorkomponenten lassen sich nicht so effizient durch Pipelines berechnen; dabei stecken oft im nächsten Schritt benötigte Zwischenwerte, die aufaddiert werden sollen, noch mitten in der Pipeline, und die Abarbeitung muss unterbrochen werden, bis diese Zwischenrechnung beendet ist und die Zahl an den Eingang der Pipeline transportiert wurde. Als Ausweg kann hier zur besseren Vektorisierbarkeit ein *Fan-in*-Prinzip verwendet werden. Dabei wird die ursprüngliche Summe durch Paarbildung zerlegt

$$x_1 + x_2 + \ldots + x_8 = ((x_1 + x_2) + (x_3 + x_4)) + ((x_5 + x_6) + (x_7 + x_8)).$$

Wir leiten also zunächst paarweise die voneinander unabhängigen Additionen $x_1 + x_2$, $x_3 + x_4$, $x_5 + x_6$ und $x_7 + x_8$ in die Additionspipeline. Liegen die beiden ersten Ergebnisse $x_1 + x_2$ und $x_3 + x_4$ vor, so können diese wieder an den Beginn der Pipeline weitergereicht werden, um die Summe der ersten vier Zahlen zu berechnen. Auf diese Weise kann für eine hohe Auslastung der Pipeline gesorgt werden, ohne allzu lange Wartezeiten auf benötigte Zwischenergebnisse.

Zur Lösung großer Probleme werden verstärkt Parallelrechner eingesetzt. Dazu ist es notwendig, das Ausgangsproblem so zu formulieren, dass es in weitgehend unabhängige Teile zerlegbar ist, die dann auf verschiedenen Prozessoren selbstständig abgearbeitet werden können. Gut parallelisierbar ist z.B. das Matrix-Vektor-Produkt Ax, da die Matrix zeilenblockweise auf die verfügbaren Prozessoren verteilt werden kann. Somit sind diese Prozessoren in der Lage, ihre Teilkomponente des Lösungsvektors ohne weitere Kommunikation zu berechnen.

Schlecht parallelisierbar ist das Auflösen von Dreiecksgleichungssystemen. Denn hier werden der Reihe nach die bereits berechneten Komponenten bei der Berechnung der nächsten Komponenten benötigt. Wir sprechen daher von einem rein sequentiellen Vorgehen, das in dieser Form keine vollständige Aufspaltung in parallele Teilprobleme zulässt.

Als Faustregel können wir festhalten, dass in einem Programmteil, der aus Mehrfachschleifen besteht, darauf geachtet werden sollte, die innerste Schleife möglichst einfach und gut vektorisierbar zu machen, und die äußerste Schleife so, dass sie möglichst umfangreich ist und Aufrufe - unabhängig von den anderen Aufrufen - parallel abgearbeitet werden können. Dadurch wird eine optimale Ausnutzung der Pipelines und der evtl. mehrfach vorhandenen Prozessoren gewährleistet.

Betrachten wir nach dem bisher Gesagten nochmals unseren Algorithmus der Gauß-Elimination ohne Pivotsuche und ohne Berücksichtigung der rechten Seite b etwas genauer:

```
FOR k = 1,...,n-1:
    FOR s = k+1,...,n:
        l[sk] = a[sk] / a[kk];
    ENDFOR
    FOR i = k+1,...,n:
        FOR j = k+1,...,n:
            a[ij] = a[ij] - l[ik] * a[kj];
        END
    ENDFOR
ENDFOR
```

Diese Variante wird als die *kij*-Form der Gauß-Elimination bezeichnet. Die innerste Schleife bedeutet, dass von dem Vektor $a_{i.}$, das ist die i-te Zeile, der Vektor $a_{k.}$ (die k-te Zeile) skaliert abgezogen wird. Dies ist eine gut zu vektorisierende Operation. Allerdings sollte wieder darauf geachtet werden, dass der Zugriff auf eine Matrix in der Programmiersprache C zeilenweise, in FORTRAN jedoch spaltenweise erfolgt. In FORTRAN ist daher die *kji*-Form vorzuziehen, bei der die letzten beiden `FOR`-Anweisungen vertauscht sind. Dann werden dadurch nicht Zeilenvektoren addiert, sondern Spaltenvektoren. Bei allen Varianten der Gauß-Elimination, die durch Vertauschung der Reihenfolge der Schleifen gebildet werden, ist darauf zu achten, dass in den FOR-Schleifen für die Indizes stets gilt: $n \geq i > k$ und $n \geq j > k$.

Noch günstiger in Bezug auf Ausnutzung der Eigenschaften von Prozessoren ist die *ikj*-Form:

```
FOR i = 2,...,n:
    FOR k = 1,...,i-1:
        l[ik] = a[ik) / a[kk);
        FOR j = k+1,...,n:
            a[ij] = a[ij) - l[ik) * a[kj);
```

```
        ENDFOR
    ENDFOR
ENDFOR
```

In der ikj-Form lassen sich die beiden inneren Schleifen auffassen als mehrfache Vektoraddition der i-ten Zeile mit den ersten Zeilen von U, d.h. den schon auf obere Dreiecksform gebrachten oberen Teil von A.

Auf Parallelrechnern empfiehlt es sich, Block-Varianten der Gauß-Elimination zu verwenden. Wie bei den ijk-Varianten kann man sich für verschiedene Reihenfolgen der Berechnung der Block-Faktoren L und U entscheiden. Je nach Art der Abarbeitung unterscheiden wir hier rechtsschauende, linksschauende und Crout-Variante der Gauß-Elimination. Bei der linksschauenden Variante wird im aktuellen Schritt genau eine Block-Spalte in L, bzw. U neu berechnet, und die links davon stehenden Teile von L verwendet. Die rechtsschauende Variante entspricht der normalen Gauß-Elimination (kij-Form), bei der der linke und obere Teil von A, L, und U nicht mehr verändert wird.

Im Folgenden wollen wir zunächst die *Crout*-Variante genauer untersuchen. Der Rechenfluss sieht so aus, dass L von links nach rechts und U von oben nach unten berechnet werden soll; dabei werden die bereits berechneten Teile oben links von L und U nicht mehr und der noch nicht benutzte rechte untere Teil von A noch nicht verwendet. Wir stellen uns vor, dass wir folgende Partitionierung von L und U bereits erreicht haben:

$$L = \begin{pmatrix} L_{11} & & \\ L_{21} & L_{22} & \\ L_{31} & L_{32} & L_{33} \end{pmatrix}, \quad U = \begin{pmatrix} U_{11} & U_{12} & U_{13} \\ & U_{22} & U_{23} \\ & & U_{33} \end{pmatrix}.$$

Dabei seien die erste Blockspalte von L und die erste Blockzeile von U schon bekannt. Ziel ist es, im nächsten Schritt die mittlere Blockspalte von L, resp. Blockzeile von U zu berechnen. Dazu formulieren wir die Bedingung $A = LU$ für die Blöcke, also

$$\begin{aligned} LU &= \begin{pmatrix} L_{11} & & \\ L_{21} & L_{22} & \\ L_{31} & L_{32} & * \end{pmatrix} \begin{pmatrix} U_{11} & U_{12} & U_{13} \\ & U_{22} & U_{23} \\ & & * \end{pmatrix} \\ &= \begin{pmatrix} L_{11}U_{11} & L_{11}U_{12} & L_{11}U_{13} \\ L_{21}U_{11} & L_{21}U_{12} + L_{22}U_{22} & L_{21}U_{13} + L_{22}U_{23} \\ L_{31}U_{11} & L_{31}U_{12} + L_{32}U_{22} & * \end{pmatrix} \\ &= \begin{pmatrix} A_{11} & A_{12} & A_{13} \\ A_{21} & A_{22} & A_{23} \\ A_{31} & A_{32} & A_{33} \end{pmatrix}. \end{aligned}$$

Die mit $*$ gekennzeichneten Teile von L und U wurden noch nicht benutzt. Die neu zu erfüllenden Bedingungen ergeben sich dann an den Positionen A_{22},

A_{23} und A_{32}. Sie lauten

$$\begin{pmatrix} L_{22} \\ L_{32} \end{pmatrix} U_{22} = \begin{pmatrix} A_{22} \\ A_{32} \end{pmatrix} - \begin{pmatrix} L_{21} \\ L_{31} \end{pmatrix} U_{12} =: \begin{pmatrix} \tilde{A}_{22} \\ \tilde{A}_{32} \end{pmatrix}$$

und

$$L_{22}U_{23} = A_{23} - L_{21}U_{13} =: \tilde{A}_{23}.$$

Die erste Gleichung lösen wir durch Anwendung der Gauß-Elimination auf die Matrix

$$\begin{pmatrix} \tilde{A}_{22} \\ \tilde{A}_{32} \end{pmatrix}$$

und erhalten daraus die Teile L_{22}, L_{32} und U_{22}; die zweite Gleichung liefert dann durch Auflösen des Dreicksgleichungssystems in L_{22} die Matrix $U_{23} = L_{22}^{-1}\tilde{A}_{23}$.

Die neu berechneten Teile können nun zu $L_{\bullet 1}$ und $U_{1\bullet}$ aufgenommen werden. Daraufhin führt eine Aufspaltung der bisher unberücksichtigten $*$-Teile zu neuen Mittelblöcken $L_{\bullet 2}$ und $U_{2\bullet}$, die wieder auf die selbe Weise berechnet werden können.

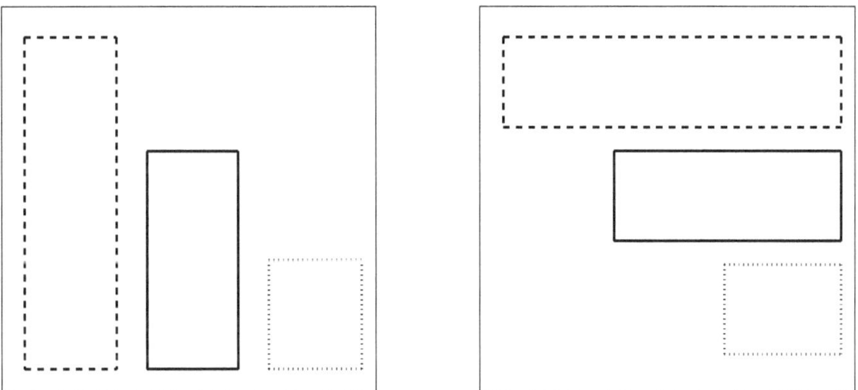

Abb. 11.5. Berechnungsschema bei der Berechnung der LU-Faktorisierung nach Crout. Der linke Spaltenblock von L und der obere Zeilenblock von U sind bereits berechnet (gestrichelt); aktuell sollen der mittlere Spaltenblock von L und der mittlere Zeilenblock von U berechnet werden (durchgezogene Linie); die Blöcke rechts unten in L und U werden noch nicht berücksichtigt (gepunktet).

Wir wollen auch noch andere Methoden betrachten, die LU-Zerlegung zu berechnen. Bei der so genannten *linksschauenden* Variante wird jedes Mal genau eine Blockspalte in L, bzw. in U neu berechnet; dabei werden alle Teile links von diesen Spalten als bekannt vorausgesetzt und verwendet. Daher werden $L_{.1}$ und $U_{.1}$ benutzt, um L_{22}, L_{23}, U_{12}, und U_{22} zu bestimmen.

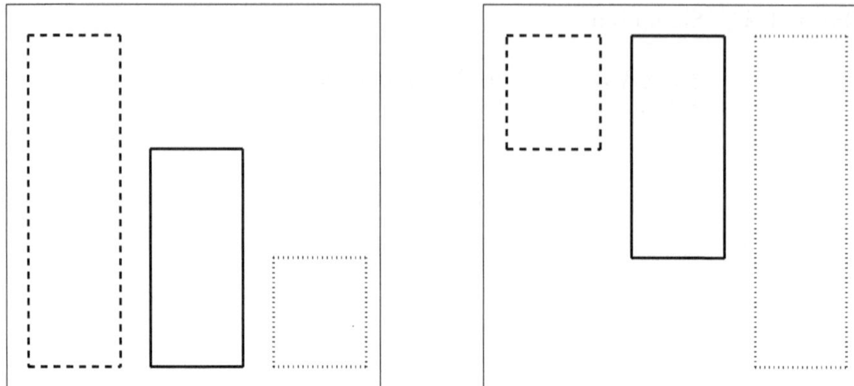

Abb. 11.6. Berechnungsschema bei der Berechnung der LU-Faktorisierung nach links-schauenden Variante. Die linken Spaltenblöcke von L und U sind bereits berechnet (gestrichelt); aktuell sollen die mittleren Spaltenblöcke von L und von U berechnet werden (durchgezogene Linie); die rechten Spaltenblöcke in L und U werden noch nicht berücksichtigt (gepunktet).

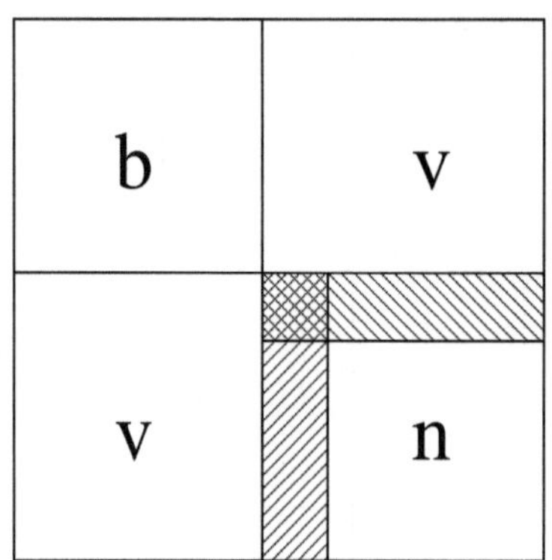

Abb. 11.7. Blockweise Partitionierung nach Crout.
Dabei bezeichnet v die schon berechneten und in diesem Schritt auch noch verwendeten Daten; n sind die bisher noch nicht verwendeten und auch noch nicht berechneten Daten in L und U. b bezeichnet den Teil, der bereits berechnet, aber nicht mehr verwendet wird. Schraffiert sind die gerade zu bestimmenden Blockspalten und -zeilen von L und U.

Speziell ergibt sich U_{12} aus $U_{12} = L_{11}^{-1} A_{12}$. Die anderen Blöcke können dann ähnlich wie bei Crout gewonnen werden aus der LU-Zerlegung

$$\begin{pmatrix} L_{22} \\ L_{32} \end{pmatrix} U_{22} = \begin{pmatrix} A_{22} \\ A_{32} \end{pmatrix} - \begin{pmatrix} L_{21} \\ L_{31} \end{pmatrix} U_{12} =: \begin{pmatrix} \tilde{A}_{22} \\ \tilde{A}_{32} \end{pmatrix}.$$

Danach werden die Blöcke in L, U und A neu partitioniert; die gerade berechneten Teile werden in die erste Blockspalte aufgenommen; aus der alten dritten Blockspalte wird eine neue mittlere Blockspalte gewonnen, die die als nächstes zu berechnenden Elemente enthält. Nun wiederholen wir das obige Verfahren, bis L und U insgesamt bestimmt sind.

Zur Beschreibung der *rechtsschauenden* Methode verwenden wir ein rekursives Verfahren Wir partitionieren die Matrizen in 2×2 Blöcke in der Form

$$L = \begin{pmatrix} L_{11} & 0 \\ L_{21} & L_{22} \end{pmatrix}, U = \begin{pmatrix} U_{11} & U_{12} \\ 0 & U_{22} \end{pmatrix},$$

$$A = \begin{pmatrix} A_{11} & A_{12} \\ A_{21} & A_{22} \end{pmatrix} = \begin{pmatrix} L_{11}U_{11} & L_{11}U_{12} \\ L_{21}U_{11} & L_{21}U_{12} + L_{22}U_{22} \end{pmatrix}.$$

Zunächst bestimmen wir L_{11} und U_{11} aus einer kleinen LU-Zerlegung von A_{11}. Danach können wir $L_{21} = A_{21}U_{11}^{-1}$ und $U_{12} = L_{11}^{-1}A_{12}$ berechnen. Zur Bestimmung von L_{22} und U_{22} betrachten wir

$$\tilde{A} := L_{22}U_{22} = A_{22} - L_{21}U_{12}.$$

Die Berechnung der LU-Zerlegung von $\tilde{A}$ liefert dann L_{22} und U_{22}. Dazu partitionieren wir $\tilde{A}$ wieder in 2×2 Blockform, womit wir wieder in der Ausgangslage sind, diesmal mit $\tilde{A}$ an Stelle von A. Dieses Vorgehen können wir also rekursiv wiederholen, bis ganz A abgearbeitet ist.

Diese Blockversionen der LU-Zerlegung beruhen in jedem Teilschritt auf kleineren Dreiecksgleichungssystemen, kleineren LU-Zerlegungen und kleineren Matrix-Matrix-Produkten. Das Arbeiten in Blöcken führt zu einer Verbesserung des Datenflusses; außerdem besteht ein Großteil der Rechnungen nun aus einfachen Matrix-Matrix-Produkten. Die parallele Aufteilung der auszuführenden Operationen ist so wesentlich leichter durchführbar. Dies erhöht die Effizienz und erlaubt höhere Megaflop-Raten, besonders für die rechtsschauende und für die Crout-Variante.

Für eine symmetrisch positiv definite Matrix A kann nach demselben Berechnungsschema wie bei Crout eine Cholesky-Zerlegung $A = L^T L$ bestimmt werden. Dabei gilt wegen der Symmetrie $U = L^T$; man spart daher Kosten und Speicher, da mit L gleichzeitig auch U berechnet wird. Dadurch entsteht ein Algorithmus, der in $n^3/3 + \mathcal{O}(n^2)$ Operationen nur halb so teuer ist wie die urspüngliche Gauß-Elimination. Das Cholesky-Verfahren lässt sich beschreiben durch das Programm

```
FOR j=1,...,n:
    L[j,j]=A[j,j];
    FOR k=1,...,j-1:
         L[j,j]=L[j,j]-L[j,k]^2;
    ENDFOR
    L[j,j]=sqrt(L[j,j]);
    FOR i=j+1,...,n:
        L[i,j]=A[i,j];
        FOR k=1,...,j-1:
            L[i,j]=L[i,j]-L[i,k]*L[j,k]/L[j,j];
        ENDFOR
    ENDFOR
ENDFOR
```

Übung 48. Es soll nachgeprüft werden, dass die durch obiges Programm berechnete Matrix L eine Cholesky-Faktorisierung $A = L^T L$ liefert.

Zusammenfassung: Zum Erstellen effizienter Programme ist es wichtig, Speichereffekte, Datenfluss und -zugriff zu berücksichtigen. Bei Mehrfachschleifen sollte sich die innerste Schleife einfach und gut zur Fließbandverarbeitung eignen; der äußerste Loop sollte umfangreich und gut parallelisierbar sein. Das blockweise Aufteilen der Daten führt meist zu schnelleren Laufzeiten.

Als Hilfsmittel zur Erstellung von Programmen auf Parallelrechnern stehen inzwischen mit PVM[3], MPI[4] und OpenMP leistungsfähige Tools zur Verfügung. Weiterhin ist High Performance FORTRAN eine Programmiersprache, die auf die Verwendung in paralleler Umgebung zugeschnitten ist.

[3] Parallel Virtual Machine

[4] Message Passing Interface

12 Anwendungsbeispiele

„Insofern sich die Sätze der Mathematik auf die Wirklichkeit beziehen, sind sie nicht sicher, und insofern sie sicher sind, beziehen sie sich nicht auf die Wirklichkeit.“

Albert Einstein

12.1 Computertomographie

Bei der Computertomographie stehen wir vor der Aufgabe, über das Innenleben eines Gegenstandes genauere Information zu erhalten, ohne den Gegenstand zu zerlegen (was wohl besonders bei lebenden Organismen nicht angebracht wäre). Insbesondere soll die Dichtefunktion im Inneren des Gegenstands bestimmt werden, mit deren Hilfe dann einzelne Bestandteile (Knochen, Organe) identifiziert werden können.

Die Dichte des Körpers ist dafür verantwortlich, daß z.B. ein Röntgenstrahl beim Durchlaufen des Gegenstandes an Intensität verliert. Die Aufgabe der Computertomographie besteht darin, aus diesen Intensitätsverlusten über möglichst viele Strahlenrichtungen ein Bild des Innenlebens des Gegenstandes zu errechnen.

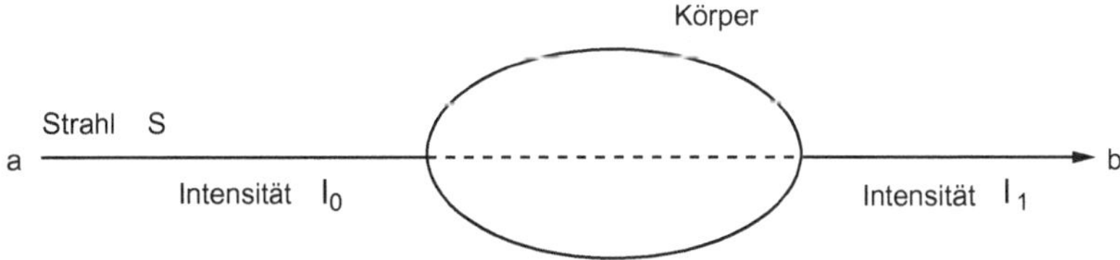

Abb. 12.1. Intensitätsverlust bei Durchstrahlung eines Körpers.

Der infinitesimale Intensitätsverlust dI an einer Stelle s im Körper ist proportional zur Dichte und Intensität an dieser Stelle s und zur infinitesimalen Länge ds, die wir betrachten, also

$$\mathrm{d}I = -\varrho(s) I \mathrm{d}s.$$

Daraus ergibt sich für den Intensitätsverlust I_0/I_1 durch Integration entlang des Strahls S

$$\int_{I_0}^{I_1} \frac{\mathrm{d}I}{I} = \ln\left(\frac{I_1}{I_0}\right) = -\int_a^b \varrho(s)\mathrm{d}s$$

oder

$$\int_a^b \varrho \, \mathrm{d}s = \ln\left(\frac{I_0}{I_1}\right).$$

Durch Messgeräte können I_0 und I_1 für beliebige Strahlen bestimmt werden, aber natürlich nur für endlich viele. Aus diesen endlich vielen Messwerten soll eine Abschätzung für die Dichte ϱ im Inneren abgeleitet werden.

Wir wollen hier das Problem nur in sehr vereinfachter Form zweidimensional behandeln. Dazu nehmen wir eine einfache Fläche Q, die in 9 Quadrate Q_{ij}, $i, j = 1, 2, 3$ konstanter Dichte ϱ_{ij} eingeteilt ist.

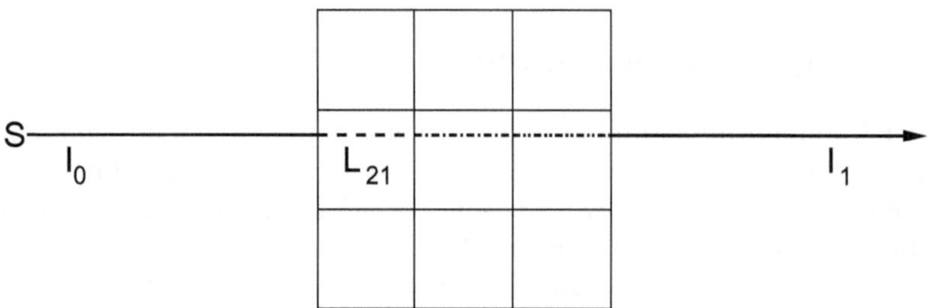

Abb. 12.2. Einfaches Modell zur Computertomographie.

Für den Intensitätsverlust eines Strahles S_k folgt aus diesen Vorgaben

$$V_k = \ln\left(\frac{I_0}{I_1}\right) = \sum_{i,j=1}^{3} \int_{Q_{ij}} \varrho_{ij} \mathrm{d}s = \sum_{i,j=1}^{3} \varrho_{ij} L_{k,ij},$$

wobei $L_{k,ij}$ die Länge des Strahls S_k im Quadrat Q_{ij} ist.

Für jeden Strahl S_k liefert dies eine Gleichung zwischen den unbekannten Dichten ϱ_{ij} und dem gemessenen Intensitätsverlust V_k. Die dazugehörige Matrix hängt von der Aufteilung des Körpers in Segmente ab und von den ausgewählten Strahlen.

Wir wählen mindestens neun Strahlen $S_1, \ldots, S_m$ aus, messen V_k und versuchen daraus die Dichten ϱ_{ij} zu bestimmen. Wir verteilen die gesuchten Dichtewerte in den Vektor

$$r = (\varrho_{11}, \varrho_{12}, \varrho_{13}, \varrho_{21}, \ldots, \varrho_{33})^T$$

mit Komponenten r_l, $l = 1, \dots, 9$, und die Intensitätsverluste in den Vektor $V = (V_1, \dots, V_m)$.

Um die gemessenen Werte so gut wie möglich mit einer passenden Dichtefunktion zur Übereinstimmung zu bringen, verwenden wir wieder das lineare Ausgleichsproblem der Form

$$\min \|(L_{k,l})_{k=1,\, l=1}^{m,\quad 9} r - V\|_2.$$

Die gesuchte Dichte ist dann die Lösung der Normalgleichung

$$L^T L r = L^T V.$$

Übung 49. Als Strahlen wählen wir drei Diagonalen, drei waagrechte und drei senkrechte Strahlen durch die Mittelpunkte der Zellen. Durch diese geometrischen Vorgaben ist die Matrix L bestimmt. Ist $L^T L$ eine reguläre Matrix? Wie sieht das regularisierte Gleichungssystem aus (vgl. Kapitel 10.3)?

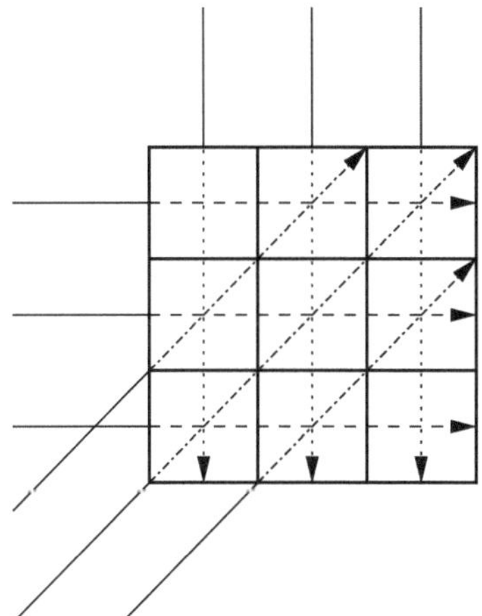

Abb. 12.3. Strahlenverlauf zu Übung 49.

Zu der in Abb. 12.3 beschriebenen Geometrie betrachten wir eine Dichteverteilung, bei der alle ϱ_{ij} gleich Null sind und nur das Quadrat ϱ_{31} den Wert Eins hat. Aus diesen Daten soll der sich ergebende Vektor der Intensitätsverluste V theoretisch berechnet werden. Daraus soll durch Auflösen des regularisierten Gleichungssystems eine Dichteverteilung r ermittelt werden. Durch Hinzufügen weiterer Strahlen lässt sich eine bessere Näherung an die gegebene Dichtefunktion bestimmen.

Für praktische Anwendungen erweist sich dieses einfache Modell als nicht geeignet. Bessere Verfahren findet man z.B. in [39].

12.2 Neuronale Netze

Neuronale Netze dienen der Modellierung komplexer Systeme und sind der Funktionsweise des menschlichen Gehirns nachempfunden. Im einfachsten Fall besteht das Netz aus n Knoten $N_1, \ldots, N_n$. Jeder Knoten N_i empfängt ein Eingangssignal x_i, verstärkt dieses Signal mit einem Faktor w_i und gibt es an einen gemeinsamen Ausgangsknoten weiter, der alle eingehenden Signale aufsummiert zu

$$y = \sum_{i=1}^{n} w_i x_i.$$

Auf den Wert y wird dann noch eine Entscheidungsfunktion $f(.)$ angewendet, und der Funktionswert $f(y)$ ist dann die Ausgabe des Neuronalen Netzes.

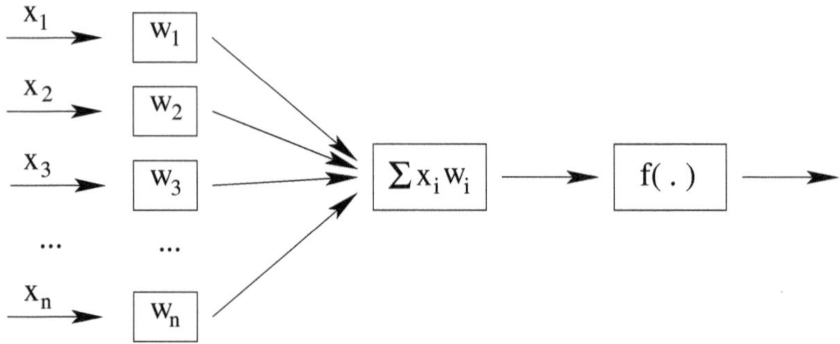

Abb. 12.4. Einschichtiges Neuronales Netz mit Funktion $f(y)$.

Oft ist man daran interessiert, gegebene Eingabedaten $x_1, \ldots, x_n$ automatisch auf eine gesuchte Eigenschaft hin zu analysieren. Dazu definieren wir die Funktion $f : \mathbb{R}^n \to \{0, 1\}$, so dass sie abhängig von y dann Null(=Nein) oder Eins(=Ja) liefert. Auf diese Weise kann ein Neuronales Netz wie in Abb. 12.4 beschrieben dazu dienen, bestimmte Eigenschaften der Zahlen x_i zu erkennen und durch den Wert Null oder Eins anzuzeigen.

Als Beispiel wollen wir die Steuerung der Wassermenge in einer Waschmaschine betrachten. Nach Einfüllen einer gewissen Wassermenge prüfen mehrere Sensoren die Trübung des Wassers durch Schmutz anhand von n Werten x_i der Lichtdurchlässigkeit des Wassers (trübes Wasser bedeutet stark verschmutzte Wäsche). Wir können mittels $w_i := 1/n$ die Zahl y als den Mittelwert der x_i berechnen. Unterschreitet y nun einen bestimmten vorgegebenen Wert, so wird dies als stark verschmutzte Wäsche interpretiert und die Waschmaschine kann darauf reagieren, indem sie mehr Wasser hinzufügt und die Waschzeit verlängert. Die dazugehörige Funktion $f(y)$ ist in diesem Fall also definiert durch

$$f(y) = \begin{cases} 0, & \text{falls } y < \alpha \\ 1, & \text{sonst.} \end{cases}$$

In Verbindung mit Fuzzy-Steuerungsmechanismen finden solche Verfahren verstärkt Anwendung in alltäglichen Gebrauchsgeräten.

Ein Neuronales Netz ist hauptsächlich durch die Gewichte w_i bestimmt, die daher so zu wählen sind, dass das Netz die gesuchte Lösung eines Problems finden und angeben kann. Bei komplizierteren Fragestellungen übernimmt diese Aufgabe ein Lernalgorithmus, der anhand von Testbeispielen das Neuronale Netz optimiert, so dass das Netz möglichst die gewünschte richtige Antwort in Form einer Zahl $\tilde{y}$ liefert. Um geeignete Gewichte zu konstruieren, gehen wir also davon aus, dass wir Tests B_j mit Eingabedaten $x^{(j)}$ und bekannten Resultaten y_j verwenden, $j = 1, \ldots, m$. Wir führen die Vektoren $w = (w_1, \ldots, w_n)^T$, $y = (y_1, \ldots, y_m)^T$ und $x^{(j)} = (x_1^{(j)}, \ldots, x_n^{(j)})^T$ ein. Dann sind die Gewichte so zu wählen, dass

$$\sum_{i=1}^{n} w_i x_i^{(j)} = w^T x^{(j)} = x^{(j)T} w \approx y_j, \quad j = 1, \ldots, m$$

ist. Verwenden wir wieder die euklid'sche Norm, so führt dies auf das Lineare Ausgleichsproblem

$$\min_w \|Xw - y\|_2, \quad X = \begin{pmatrix} x^{(1)^T} \\ \vdots \\ x^{(m)^T} \end{pmatrix},$$

und das gesuchte Neuronale Netz ist gegeben durch die Gewichte, die wir aus der Lösung von

$$X^T X w = X^T y$$

erhalten.

12.3 Leontief'sches Weltmodell

Wir betrachten ein einfaches Modell für den Ressourcenaustausch von Produkten zwischen Herstellern $H_1, \ldots, H_n$. Die Produktionsmenge wird angegeben in € als Preis, der für die entsprechende Menge zu zahlen ist. Es sei $a_{i,j}$ der Preis, für den H_j von H_i Waren einkaufen muss, um selbst seine eigenen Waren im Wert von 1 € produzieren zu können. Die Matrix $A = (a_{i,j})_{i,j=1}^n$ beschreibt dann die kompletten Wirtschaftsbeziehungen der beteiligten Hersteller. In dem Vektor $x = (x_1, \ldots, x_n)^T$ bezeichne x_i die Gesamtproduktion des Herstellers H_i.

Wir nehmen zunächst an, dass die n Hersteller nur untereinander liefern, also kein Export nach außen stattfindet. Dann handelt es sich bei den

Wirtschaftsbeziehungen um einen stationären Prozess. $\sum_{i=1}^{n} a_{i,j}$ ist die Warenmenge, die H_j insgesamt bei den anderen einkaufen muss, um Waren für 1 € produzieren zu können; daher ist

$$(1 \cdots 1)\, A = (1 \cdots 1)$$

oder

$$A^T \begin{pmatrix} 1 \\ \vdots \\ 1 \end{pmatrix} = \begin{pmatrix} 1 \\ \vdots \\ 1 \end{pmatrix} .$$

Matrizen mit dieser Eigenschaft heißen stochastische Matrizen.

Die i-te Komponente von Ax, nämlich $\sum_{j=1}^{n} a_{i,j} x_j$, ist dann die Warenmenge, die Hersteller H_i an die anderen Produzenten liefert und damit gleich der Produktion von H_i. Also gilt in diesem geschlossenen Wirtschaftsmodell

$$Ax = x\ .$$

Zur Beschreibung der Produktionsmengen, die notwendig sind, damit der Wirtschaftskreislauf funktioniert, müssen wir also ein Gleichungssystem

$$(A - I)x = 0$$

lösen.

Das Problem, einen Vektor x mit der Eigenschaft $Ax = \lambda x$, $\lambda \in \mathbb{R}$, zu finden, heißt Eigenwertproblem (vgl. Anhang B.4). Mit obiger Gleichung ist also ein Eigenvektor x zu dem Eigenwert Eins gesucht.

Übung 50. Wie lässt sich ein singuläres lineares Gleichungssystem wie $(A - I)x = 0$ durch Gauß-Elimination lösen? Wie viele Lösungen gibt es, wenn die Matrix $A - I$ vom Rang $n - 1$ ist?

Lassen wir Export zu, so sprechen wir von einem offenen Weltmodell. Dann hat jeder Produzent auch die Möglichkeit, seine Waren noch an andere Abnehmer zu verkaufen. Diese zusätzliche Produktion sei ausgedrückt durch den Vektor b, wobei b_i wieder die zusätzliche Produktion von H_i bezeichne. Die Einträge der Matrix A haben im offenen Modell andere Werte als im geschlossenen Modell; insbesondere ist nicht mehr $(1 \cdots 1)A = (1 \cdots 1)$, da das Modell Austausch mit anderen Partnern zulässt.

Nun beschreibt $(Ax)_i$ die internen Lieferungen von H_i, und der Überschuss zwischen den internen Lieferungen und der Gesamtproduktion muss gleich dem Export sein. Daher erfüllt die Gesamtproduktion die Gleichung

$$Ax + b = x, \quad \text{oder} \quad (I - A)x = b\ .$$

Es ist diesmal ein lineares Gleichungssystem mit einer Matrix $I - A$ zu lösen.

13 Aufgaben

„A mathematician is a blind man in a dark room looking for a black cat which isn't there"

Charles R. Darwin

Übung 51. Berechnen Sie das Matrix-Vektor-Produkt

$$\begin{pmatrix} u \\ v \end{pmatrix} = \begin{pmatrix} a & b \\ c & d \end{pmatrix} \begin{pmatrix} x \\ y \end{pmatrix}$$

Die Eingangsdaten x und y seien mit einem relativen Fehler ε_x bzw. ε_y behaftet. Die absoluten Fehler bezeichnen wir mit Δu, Δv, Δx und Δy. Die Elemente der Matrix A seien exakt.

a) Bestimmen Sie den relativen Fehler Δu in Abhängigkeit der Eingangsfehler und der bei Addition und Multiplikation auftretenden Rundungsfehler. Wann ist die Aufgabe, u zu berechnen, schlecht konditioniert?

b) Wir nehmen an, dass die auftretenden Rechnungen exakt ausgeführt werden. Bestimmen Sie den relativen Fehler des Vektors $(u, v)^T$ in Abhängigkeit vom relativen Fehler des Vektors $(x, y)^T$:

$$\frac{(\Delta u, \Delta v)^T}{\|(u, v)^T\|} = f(x, y, \Delta x, \Delta y) \cdot \frac{(\Delta x, \Delta y)^T}{\|(x, y)^T\|}, \qquad f = ?$$

c) Geben Sie eine Ungleichung an, die die Norm dieses relativen Fehlers durch den relativen Fehler im Eingabevektor $(x, y)^T$ mittels der Kondition von A begrenzt.

d) Wann ist die Aufgabe, den Vektor $(u, v)^T$ zu berechnen, schlecht konditioniert?

Übung 52 (Kondition einfacher Matrizen). Bestimmen Sie die Kondition der folgenden Matrizen:

a) $A_1 = \text{diag}(1, 2)$ und $A_2 = \text{diag}(1, 2, \cdots, 100)$,

b) $A_3 = \begin{pmatrix} 1 & 1 \\ 1 & -1 \end{pmatrix}$,

c) $A_4 = A_1 * A_3$ und $A_5 = A_3 * A_1$.

Übung 53 (Matrixkondition und QR-Zerlegung). Im Folgenden betrachten wir die Matrix $A \in \mathbb{R}^{2,2}$, gegeben durch

$$A = \begin{pmatrix} 1 & 1000 \\ 1000 & 1 \end{pmatrix}.$$

Zudem definieren wir die Einheitsvektoren $e_1 = (1,0)^T$ und $e_2 = (0,1)^T$.

a) Berechnen Sie die die beiden Matrix-Vektor-Produkte Ae_1 und Ae_2. Zeichnen Sie die beiden Ergebnisvektoren zusammen mit den Einheitsvektoren in ein Koordinatensystem. Begründen Sie damit, warum die Matrix A ihrer Meinung nach eher oder eher schlecht konditioniert ist.
b) Berechnen Sie die LU-Zerlegung (ohne Pivotsuche) von A. Bestimmen Sie dann die beiden Matrix-Vektor-Produkte Le_1 und Le_2. Liefern Sie (wiederum mit Hilfe einer Zeichnung) Anhaltspunkte für die Kondition von L.
c) Berechnen Sie die QR-Zerlegung von A. Treffen Sie analog zur Vorgehensweise in den Teilaufgaben a) und b) eine begründete Aussage über die Kondition der Matrix Q.

Übung 54. Gegeben ist ein lineares Gleichungssystem mit einer Tridiagonalmatrix

$$\begin{pmatrix} a_1 & c_1 & 0 & \cdots & 0 \\ d_2 & a_2 & c_2 & & \vdots \\ 0 & \ddots & \ddots & \ddots & 0 \\ \vdots & & \ddots & \ddots & c_{n-1} \\ 0 & \cdots & \cdots & d_n & a_n \end{pmatrix} \begin{pmatrix} x_1 \\ x_2 \\ \vdots \\ \vdots \\ x_{n-1} \\ x_n \end{pmatrix} = \begin{pmatrix} b_1 \\ b_2 \\ \vdots \\ \vdots \\ b_{n-1} \\ b_n \end{pmatrix}$$

a) Formulieren Sie das Verfahren der Gauß-Elimimation ohne Pivotsuche in einem Pseudocode zur Lösung des obigen Gleichungssystems.
b) Wieviele Additionen, Multiplikationen, Divisionen benötigt dieser Algorithmus?
c) Man untersuche die Fragestellung von Teilaufgabe a) und b) für den Fall von Spalten-, Zeilen- und Total-Pivotsuche.

Übung 55. Gegeben ist ein lineares Gleichungssystem der Form

$$\begin{pmatrix} a_{1,1} & a_{1,2} & 0 & \cdots & 0 & a_{1,n} \\ a_{2,1} & a_{2,2} & a_{2,3} & 0 & \cdots & 0 \\ 0 & a_{3,2} & \ddots & \ddots & \ddots & \vdots \\ \vdots & \ddots & \ddots & \ddots & \ddots & 0 \\ 0 & \cdots & 0 & a_{n-1,n-2} & a_{n-1,n-1} & a_{n-1,n} \\ a_{n,1} & 0 & \cdots & 0 & a_{n,n-1} & a_{n,n} \end{pmatrix} \begin{pmatrix} x_1 \\ x_2 \\ \vdots \\ \vdots \\ x_{n-1} \\ x_n \end{pmatrix} = \begin{pmatrix} b_1 \\ b_2 \\ \vdots \\ \vdots \\ b_{n-1} \\ b_n \end{pmatrix}$$

a) Beschreiben Sie, wie sich die Besetztheitsstruktur der Matrix ändert, wenn Sie Gauß-Elimination ohne Pivotsuche durchführen.
b) Geben Sie ein Verfahren an, die Einträge der Matrix so zu speichern, dass im Verlauf der Gauß-Elimination ohne Pivotsuche keine überflüssigen Nullen gespeichert werden.
c) Formulieren Sie das Verfahren der Gauß-Elimimation ohne Pivotsuche in einem Pseudocode **zur Lösung** des obigen Gleichungssystems. Benutzen Sie dabei die in b) definierte Speicherung der Matrix. Schätzen Sie größenordnungsmäßig die Anzahl der anfallenden Rechenoperationen ab.
d) Wie kann sich die Struktur der Matrix ändern, wenn Sie Spalten-Pivotsuche durchführen?

Übung 56. Gegeben ist das lineare Gleichungssystem in Hessenberg-Form

$$\begin{pmatrix} h_{1,1} & h_{1,2} & \cdots & \cdots & h_{1,n} \\ h_{2,1} & h_{2,2} & \cdots & \cdots & h_{2,n} \\ 0 & \ddots & \ddots & & \vdots \\ \vdots & \ddots & \ddots & \ddots & \vdots \\ 0 & \cdots & 0 & h_{n,n-1} & h_{n,n} \end{pmatrix} \begin{pmatrix} x_1 \\ x_2 \\ \vdots \\ \vdots \\ x_{n-1} \\ x_n \end{pmatrix} = \begin{pmatrix} b_1 \\ b_2 \\ \vdots \\ \vdots \\ b_{n-1} \\ b_n \end{pmatrix}$$

a) Formulieren Sie in einem Pseudo-Code das Verfahren der Gauß-Elimination ohne Pivotsuche unter Ausnutzung der Struktur der gegebenen Matrix.
b) Wie viele Operationen benötigen Sie größenordnungsmäßig?
c) Womit ist zu rechnen, wenn Sie Spalten- oder Zeilen-Pivotsuche zulassen?

Übung 57. Zu zwei Vektoren u und v der Länge n ist das Produkt uv^T eine $n \times n$-Matrix. Zeigen Sie zu einer regulären $n \times n$-Matrix mit $v^T A^{-1} u \neq -1$ die Sherman-Morrison-Woodbury-Formel:

$$\left(A + uv^T\right)^{-1} = A^{-1} - \frac{A^{-1}uv^T A^{-1}}{(1 + v^T A^{-1} u)} .$$

Gegeben sei eine dünnbesetzte Matrix der Form

$$\begin{pmatrix} * & & & \\ * & * & & \\ \vdots & & \ddots & \\ * & & & * \end{pmatrix} .$$

Geben sie die Inverse dieser Matrix explizit an.

Übung 58. Wie viele Operationen sind nötig, um für eine $n \times m$-Matrix, $n \geq m$ mit vollem Rang, die QR-Zerlegung mittels Givens-Reflexionen zu berechnen?

Übung 59. Wie viele Operationen sind nötig, um für eine symmetrische, positiv definite $n \times n$-Matrix, die Cholesky-Zerlegung zu berechnen?

Übung 60. Bestimmen Sie eine QR-Zerlegung der Form $AP = QR$ für die Matrix

$$A = \begin{pmatrix} 0 & 2 & 1 \\ 0 & 0 & 1 \\ 0 & 0 & 1 \end{pmatrix}.$$

Übung 61. Bestimmen Sie die effiziente Speicherung und Varianten der Gauß-Elimination bei linearen Gleichungssystemen mit Matrizen folgender Gestalt:

$$A_X = \begin{pmatrix} * & & & & * \\ & * & & * & \\ & & * & & \\ & * & & * & \\ * & & & & * \end{pmatrix}, \quad A_N = \begin{pmatrix} * & & & & * \\ * & * & & & * \\ * & & * & & * \\ * & & & * & * \\ * & & & & * \end{pmatrix}, \quad A_Z = \begin{pmatrix} * & * & * & * & * \\ & & & * & \\ & & * & & \\ & * & & & \\ * & * & * & * & * \end{pmatrix}.$$

Teil IV

Interpolation und Integration

14 Interpolation

„Der Begriff der Mathematik ist der Begriff der Wissenschaft überhaupt.“

Novalis

14.1 Interpolationsaufgabe

Die Technik der Interpolation war schon vor dem Computerzeitalter weit verbreitet und notwendig. In Tafelwerken, die man heute fast nur noch antiquarisch kaufen kann, waren für bestimmte Funktionen wie Logarithmus, Exponentialfunktion, Sinus oder Cosinus die Werte an vorgegeben Stellen tabelliert. So konnten für die Exponentialfunktion aus dem Tafelwerk die Wertepaare $\exp(0.45) = 1.5683$ und $\exp(0.46) = 1.5841$ abgelesen werden. War der Wert $\exp(0.454)$ gesucht, so wurde diese Zahl durch lineare Interpolation näherungsweise berechnet. Dazu bestimmte man zu den Wertepaaren an den Stellen 0.45 und 0.46 das dazugehörige Interpolationspolynom vom Grad 1, das entspricht der Geraden durch diese Punkte. Als Näherungswert für $\exp(0.454)$ wurde dann der Wert dieser Geraden an der Stelle 0.454 gesetzt, also

$$\begin{aligned} 1.574598\ldots &= \exp(0.454) \\ &\approx 1.5683 + \frac{1.5841 - 1.5683}{0.46 - 0.45}(0.454 - 0.45) \\ &= 1.5746. \end{aligned}$$

Unter Verwendung von mehr Stützstellen und Polynomen höheren Grades lässt sich ein besserer Näherungswert bestimmen.

Definition 26. *Unter einem Interpolationsproblem verstehen wir*

– *zu paarweise verschiedenen Stellen x_j und dazu gehörigen vorgegebenen Werten y_j, $j = 0, 1, \ldots, n$, die zu einer unbekannten Funktion $f(x)$ mit $f(x_j) = y_j$ gehören,*

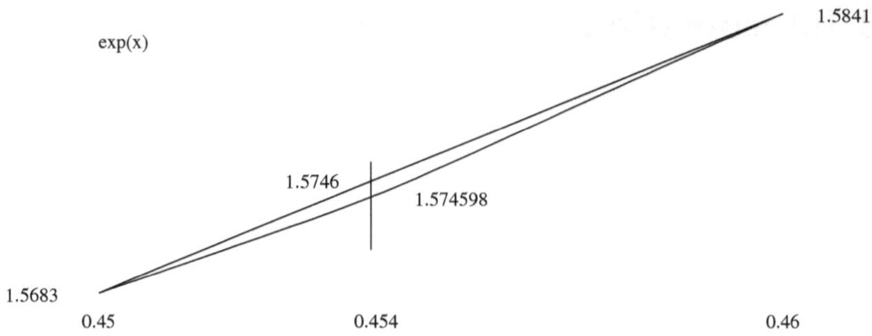

Abb. 14.1. Näherungsweise Berechnung von exp(0.454).

– *und gegebenen Ansatzfunktionen* $g_0(x), \ldots, g_n(x)$ *(wie zum Beispiel* x^k *oder* $\cos(kx)$*, jeweils für* $k = 0, \ldots, n$*)*

Koeffizienten $c_0, c_1, \ldots, c_n$ *zu finden, so dass*

$$G(x_j) = \sum_{k=0}^{n} c_k g_k(x_j) = y_j, \quad \text{mit } j = 0, 1, \ldots, n,$$

gilt.

Ziel ist es also, eine gegebene Funktion durch Linearkombination der Ansatzfunktionen so anzunähern, dass die beiden Funktionen an den Stützstellen genau übereinstimmen. Diese $n+1$ Bedingungen beschreiben ein lineares Gleichungssystem der Form

$$\begin{pmatrix} g_0(x_0) & g_1(x_0) & \cdots & g_n(x_0) \\ \vdots & \vdots & & \vdots \\ g_0(x_n) & g_1(x_n) & \cdots & g_n(x_n) \end{pmatrix} \begin{pmatrix} c_0 \\ \vdots \\ c_n \end{pmatrix} = \begin{pmatrix} y_0 \\ \vdots \\ y_n \end{pmatrix}.$$

Durch Lösen dieses Systems können wir die gesuchten Koeffizienten c_j und die Funktion $G(x)$, die als Linearkombination aus den Ansatzfunktionen die Interpolationsbedingung erfüllt, berechnen.

Zur Unterscheidung sei noch auf das damit eng verwandte Approximationsproblem verwiesen. Bei der Approximation suchen wir ebenfalls Koeffizienten $c_0, \ldots, c_m$ zu Ansatzfunktionen $g_0(x), \ldots, g_m(x)$, so dass zum Beispiel bezüglich der euklid'schen Norm

$$\left(\sum_{j=0}^{n} \left(\sum_{k=0}^{m} c_k g_k(x_j) - y_j \right)^2 \right)$$

minimal wird (vgl. Kapitel 10). In beliebiger Vektornorm lautet das Problem also:

$$\min_{c_0,\dots,c_m} \left\| \begin{pmatrix} \sum_{k=0}^m c_k g_k(x_0) - y_0 \\ \vdots \\ \sum_{k=0}^m c_k g_k(x_n) - y_n \end{pmatrix} \right\| .$$

Damit sich diese Minimierungsaufgabe effizient lösen lässt, wird in der Regel die euklid'sche Norm verwendet.

Übung 62 (Approximation in anderen Normen). Um die Vorteile der euklid'schen Norm schätzen zu lernen, betrachten wir ein einfaches Approximationsproblem in anderen Normen: Es soll diejenige Gerade $y(x) = ax + b$ bestimmt werden, die von den Punkten $(0,0)$, $(1,1)$ und $(0.5, 0.25)$ den kleinsten Abstand in der Maximumsnorm hat:

$$\min_{a,b}\{\max\{|b|, |a+b-1|, |0.5a+b-0.25|\}\}$$

Hinweis: Das Minimum in obigem Ausdruck wird angenommen, wenn zwei der drei Terme gleich sind. Durch eine geeignete Fallunterscheidung kann man daher die optimalen Werte für a und b bestimmen.

Um die Minimallösung in der 1-Norm zu finden, bestimme man a und b durch

$$\min_{a,b}\{|b| + |a+b-1| + |0.5a+b-0.25|\}$$

14.2 Interpolation mit Polynomen

Wenden wir uns zunächst der Polynominterpolation zu. Die Ansatzfunktionen sind von der Form $g_k(x) = x^k$. Wir suchen also dasjenige Polynom $p(x) = \sum_{k=0}^n c_k x^k$, das die Interpolationsbedingung $p(x_j) = y_j$, $j = 0, 1, \dots, n$ erfüllt. In diesem Spezialfall erhalten wir das Gleichungssystem

$$\begin{pmatrix} 1 & x_0 & \cdots & x_0^n \\ \vdots & \vdots & & \vdots \\ 1 & x_n & \cdots & x_n^n \end{pmatrix} \begin{pmatrix} c_0 \\ \vdots \\ c_n \end{pmatrix} = \begin{pmatrix} y_0 \\ \vdots \\ y_n \end{pmatrix} . \tag{14.1}$$

Das sind $n+1$ Gleichungen für die $n+1$ Unbekannten $c_0, \dots, c_n$. Die dazugehörige Matrix $\left(x_j^k\right)_{j,k=0,\dots,n}$ hat offensichtlich eine sehr spezielle Struktur und heißt Vandermonde-Matrix.

Lagrange-Polynome

Die Bestimmung der Koeffizienten $c_0, \dots, c_n$ des Interpolationspolynoms zu den Wertepaaren (x_0, y_0), …, (x_n, y_n) kann durch Lösen des obigen linearen Gleichungssystems (14.1) erfolgen. Wir wollen im Folgenden effizientere Wege aufzeigen. Dazu definieren wir spezielle Polynome vom Grad n, die so genannten Lagrange-Polynome

$$L_j(x) = \prod_{i=0, i \neq j}^{n} \frac{x - x_i}{x_j - x_i}$$
$$= \frac{(x - x_0) \cdots (x - x_{j-1})(x - x_{j+1}) \cdots (x - x_n)}{(x_j - x_0) \cdots (x_j - x_{j-1})(x_j - x_{j+1}) \cdots (x_j - x_n)}$$

für $j = 0, 1, \ldots, n$. Jedes $L_j(x)$ hat die Eigenschaft, dass es genau an den Stützstellen $\neq x_j$ zu Null wird, und nur genau an der Stelle x_j den Wert 1 annimmt (Abb. 14.2):

$$L_j(x_j) = 1 \quad \text{und} \quad L_j(x_i) = 0, \text{ falls } i \neq j.$$

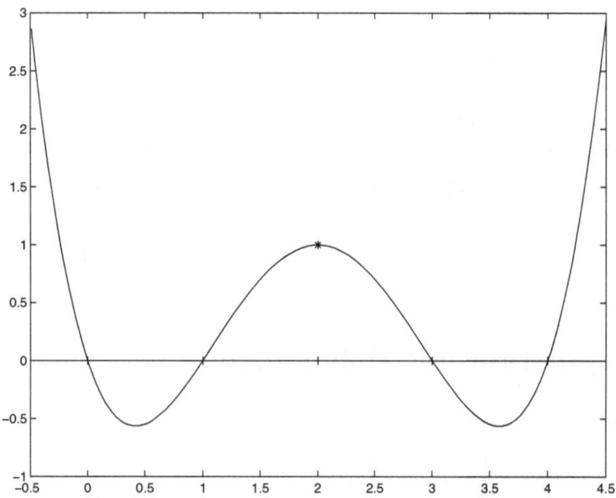

Abb. 14.2. Lagrange-Polynom $L_2(x)$ zu Stützstellen $x_j = j$, $j = 0, 1, 2, 3, 4$.

Das Polynom

$$p(x) = \sum_{j=0}^{n} y_j L_j(x),$$

ist ein Polynom n-ten Grades, und erfüllt offensichtlich die Interpolationsbedingungen

$$p(x_i) = \sum_{j=0}^{n} y_j L_j(x_i) = y_i L_i(x_i) = y_i, \qquad \text{für } i = 0, \ldots, n.$$

Daher ist $p(x)$ **eine** Lösung der Interpolationsaufgabe. Wir haben damit gezeigt, dass das Polynominterpolationsproblem stets eine Lösung besitzt.

Darüber hinaus können wir auch leicht die Eindeutigkeit dieser Lösung beweisen. Wesentliches Hilfsmittel dabei ist der Hauptsatz der Algebra:

Theorem 3. *Jedes Polynom $p(x)$ vom Grad n kann als Produkt von n linearen Faktoren (den evtl. komplexen Nullstellen) geschrieben werden als*

$$p(x) = \alpha(x - x_1)(x - x_2) \cdots (x - x_n).$$

Nehmen wir an, dass wir zwei Lösungen $p_1(x)$ und $p_2(x)$ der Interpolationsaufgabe gefunden haben. Wegen $p_1(x_i) = y_i = p_2(x_i)$, hat das Polynom $q(x) := p_1(x) - p_2(x)$ daher $n+1$ Nullstellen $x_0, \ldots, x_n$. Da $q(x)$ vom Grad n ist und sogar $n + 1$ paarweise verschiedene Nullstellen besitzt, muss α in der obigen Faktorisierung und damit auch $q(x)$ konstant gleich Null sein, $q(x) \equiv 0$. Daraus ergibt sich $p_1(x) \equiv p_2(x)$ und die beiden Lösungen sind identisch. Daher gibt es genau eine Lösung des Polynominterpolationsproblems.

Zur numerischen Bestimmung des Interpolationspolynoms wird normalerweise nicht die Lagrange-Darstellung verwendet, da sie keine genaue Rundungsfehleranalyse zulässt, aufwendig ist und inflexibel in Bezug auf Veränderung der Stützstellen.

Induktive Berechnung des Interpolationspolynoms

Wir wollen zu den Stützpaaren (x_j, y_j), $j = 0, 1, \ldots, n$, eine andere Methode vorstellen, das dazugehörige Interpolationspolynom vom Grade n zu bestimmen.

Dazu bezeichnen wir das Interpolationspolynom zu den Stützpaaren (x_i, y_i), $\ldots$, (x_{i+l}, y_{i+l}) mit $p_{i,\ldots,i+l}(x)$. Wir können die Berechnung dieses Polynoms vom Grade l zurückführen auf die beiden interpolierenden Polynome $p_{i+1,\ldots,i+l}(x)$ und $p_{i,\ldots,i+l-1}(x)$ vom Grade $l - 1$ mittels

$$p_{i,\ldots,i+l}(x) = \frac{(x - x_i)p_{i+1,\ldots,i+l}(x) - (x - x_{i+l})p_{i,\ldots,i+l-1}(x)}{x_{i+l} - x_i}. \tag{14.2}$$

Um dies zu sehen, genügt es, die Interpolationsbedingungen an den Stützstellen zu überprüfen; denn aus den Interpolationsbedingungen für $p_{i+1,\ldots,i+l}(x)$ und $p_{i,\ldots,i+l-1}(x)$ folgt unmittelbar, dass die Interpolationsbedingungen für $p_{i,\ldots,i+l}(x)$ ebenfalls erfüllt sind:

$$p_{i,\ldots,i+l}(x_i) = \frac{0 - (x_i - x_{i+l})y_i}{x_{i+l} - x_i} = y_i,$$

$$p_{i,\ldots,i+l}(x_{i+l}) = \frac{(x_{i+l} - x_i)y_{i+l} - 0}{x_{i+l} - x_i} = y_{i+l}$$

und für $i < j < i + l$

$$p_{i,\ldots,i+l}(x_j) = \frac{(x_j - x_i)y_j - (x_j - x_{i+l})y_j}{x_{i+l} - x_i} = y_j.$$

Daher ist $p_{i,\ldots,i+l}(x)$ das eindeutige Interpolationspolynom zu $(x_i, y_i), \ldots,$ (x_{i+l}, y_{i+l}).

Bei der Polynominterpolation unterscheiden wir zwei Aufgaben. Die erste, recht häufige Aufgabe tritt auf, wenn man nur an wenigen Werten des Polynoms interessiert ist. Dabei geht es um die Auswertung von $p(x)$ an einer vorgegebenen Stelle x. Bei der zweiten Aufgabe will man das Interpolationspolynom tatsächlich explizit angeben; damit werden wir uns in Kapitel 14.4 beschäftigen.

Zunächst wollen wir Formel (14.2) verwenden, um $p(x)$ an einer einzigen Stelle x auszuwerten. Abbildung 14.3 zeigt das Tableau von Funktionsauswertungen der Interpolationspolynome wachsenden Grades an der Stelle x. Dabei wird jeweils aus zwei benachbarten Interpolationsproblemen vom Grad $l-1$ der Wert des nächsten Polynoms vom Grad l hergeleitet.

Mittels Formel (14.2) wird zu einer Stelle x das Neville-Tableau (Abb. 14.3) gebildet; dabei wächst der Grad der Polynome von links nach rechts, die erste Spalte enthält also konstante, die zweite Spalte lineare Polynome usw. Der Wert ganz rechts ist der Wert des interpolierenden Polynoms unter Berücksichtigung aller Stützstellen an der Stelle x.

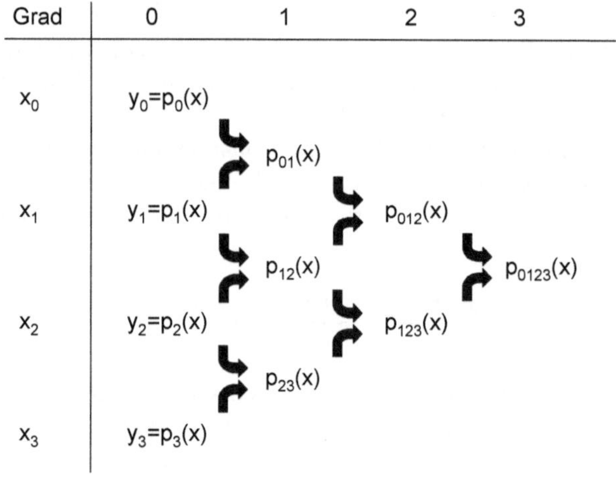

Abb. 14.3. Neville-Schema zur Berechnung von $p_{0123}(x)$ an einer Stelle x.

Beispiel 33. Wir approximieren die Funktion 2^x mit den Stützstellen -1, 0, 1 durch ein quadratisches Polynom. An der Stelle $x = 2$ können wir dann den Wert des interpolierenden Polynoms mit dem exakten Wert $2^2 = 4$ vergleichen.

Zu den Stützpaaren $(-1, 1/2)$, $(0, 1)$ und $(1, 2)$ gehören die Lagrange-Polynome

$$L_0(x) = \frac{(x-0)(x-1)}{(-1-0)(-1-1)},$$
$$L_1(x) = \frac{(x+1)(x-1)}{(0+1)(0-1)},$$
$$L_2(x) = \frac{(x+1)(x-0)}{(1+1)(1-0)},$$

und daher hat das zugehörige Interpolationspolynom die Form

$$\begin{aligned} p_{012}(2) &= \frac{1}{2} \cdot L_0(2) + 1 \cdot L_1(2) + 2 \cdot L_2(2) \\ &= \frac{1}{2} - 3 + 6 = 3.5. \end{aligned}$$

Vergleichen wir dieses Ergebnis mit der Auswertung des Neville-Tableaus für $p_{012}(2)$. Mit (14.2) erhalten wir

$$p_{01}(2) = \frac{(2+1)p_1(2) - (2-0)p_0(2)}{0+1} = 3 \cdot 1 - 2 \cdot \frac{1}{2} = 2$$
$$p_{12}(2) = \frac{(2-0)p_2(2) - (2-1)p_1(2)}{1-0} = 2 \cdot 2 - 1 = 3$$

und damit

$$p_{012}(2) = \frac{(2+1)p_{12}(2) - (2-1)p_{01}(2)}{1+1} = \frac{3 \cdot 3 - 2}{2} = 3.5,$$

dargestellt im Tableau der Abb. 14.4.

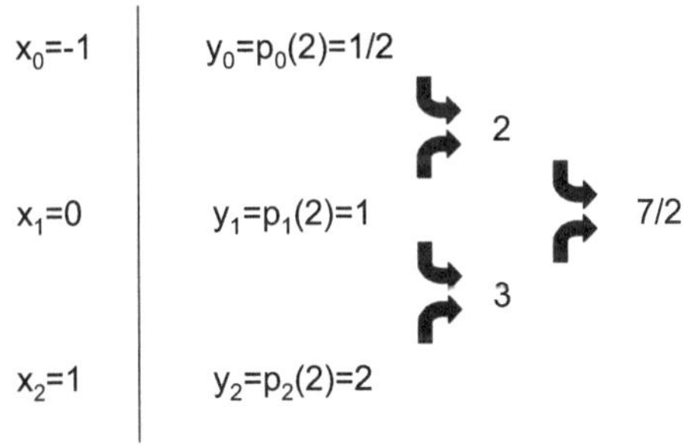

x_0=-1	y_0=p_0(2)=1/2		
		2	
x_1=0	y_1=p_1(2)=1		7/2
		3	
x_2=1	y_2=p_2(2)=2		

Abb. 14.4. Neville-Tableau zur Bestimmung von $p_{012}(2)$ aus Beispiel 33.

Zur Auswertung des Interpolationspolynoms zu den Stützpaaren (x_i, y_i), $i = 0, 1, \ldots, n$ an einer Stelle c können wir daher folgendes Programm angeben, das auf einer leichten Umformulierung von (14.2) basiert:

```
FOR i=0,...,n:
    p[i] = y[i];
    FOR k=i-1,...,0:
      p[k] = p[k+1] + (p[k+1]-p[k])*(c-x[i]) / (x[i]-x[k]);
    ENDFOR
ENDFOR
```

14.3 Fehler bei der Polynom-Interpolation

Es ist wichtig zu wissen, wie gut das interpolierende Polynom eine gegebene Funktion darstellt.

Theorem 4. *Zu Stützstellen $x_0 < x_1 < \ldots < x_n$ sei eine genügend oft differenzierbare Funktion $f(x)$ gegeben und das Interpolationspolynom $p(x)$ vom Grade n mit $p(x_i) = f(x_i)$ für $= 0, 1, \ldots, n$. An einer beliebigen Stelle $\bar{x}$ gilt dann für die Abweichung zwischen Funktion und Polynom die Formel*

$$f(\bar{x}) - p(\bar{x}) = \frac{f^{(n+1)}(\chi)}{(n+1)!}(\bar{x} - x_0) \cdots (\bar{x} - x_n).$$

Dabei ist $f^{(n+1)}(\chi)$ die $(n+1)$-te Ableitung der Funktion f an einer Zwischenstelle χ, die in dem von $\bar{x}, x_0$ und x_n gebildeten Intervall I liegt.

Beweis. Wir definieren mit $K \in \mathbb{R}$ die Hilfsfunktion

$$g(x) = f(x) - p(x) - K(x - x_0) \cdots (x - x_n).$$

Die Funktion g hat offensichtlich die Nullstellen x_i, $i = 0, \ldots, n$. Zusätzlich gilt $g(\bar{x}) = 0$, wenn wir speziell

$$K = \frac{f(\bar{x}) - p(\bar{x})}{(\bar{x} - x_0) \cdots (\bar{x} - x_n)}$$

wählen. Also hat g in dem Intervall I mindestens $n + 2$ Nullstellen; daher hat die erste Ableitung $g'(x)$ immer noch $n + 1$, die zweite Ableitung $g''(x)$ noch n, usw., und die $n + 1$-te Ableitung $g^{(n+1)}(x)$ daher mindestens eine Nullstelle in I, die wir mit χ bezeichnen wollen. Die obigen Beziehungen zwischen den Nullstellen der Ableitungen einer Funktion folgen direkt aus dem Mittelwertsatz A.1. Also gilt an der Stelle χ

$$\begin{aligned} 0 &= g^{(n+1)}(\chi) \\ &= f^{(n+1)}(\chi) - p^{(n+1)}(\chi) - K \cdot \frac{\mathrm{d}^{n+1}}{\mathrm{d}x^{n+1}} \left((x - x_0) \cdots (x - x_n)\right)\Big|_{\chi} \\ &= f^{(n+1)}(\chi) - K(n+1)! \end{aligned}$$

und daher

$$K = \frac{f^{(n+1)}(\chi)}{(n+1)!}.$$

Denn $p(x)$ ist nur vom Grad n, d.h. die $(n+1)$-te Ableitung verschwindet. Die $(n+1)$-te Ableitung von x^{n+1} ist gerade $(n+1)!$, während sie für Terme x^j, $j \leq n$, gleich Null ist. Mit $g(\bar{x}) = 0$ folgt damit die behauptete Formel für $f(\bar{x}) - p(\bar{x})$. □

Ist die $(n+1)$-te Ableitung von $f(x)$ in dem Intervall I beschränkt durch eine Konstante M,

$$M = \max_{x \in I} |f^{(n+1)}(x)| < \infty,$$

so kann der Fehler zwischen dem Interpolationspolynom und der gegebenen Funktion an jeder Stelle $\bar{x} \in I$ abgeschätzt werden durch

$$|f(\bar{x}) - p(\bar{x})| \leq \frac{M}{(n+1)!} |(\bar{x} - x_0) \cdots (\bar{x} - x_n)|.$$

Diese Ungleichung gibt einen Hinweis, wie wir die Stützstellen wählen sollten, um ein möglichst genaues Ergebnis zu erhalten. Der Schlüssel dazu ist die Betrachtung der Funktion $w(x) = |(x - x_0) \cdots (x - x_n)|$. Liegt die Stelle $\bar{x}$ am Rande des Intervalls $[x_0, x_n]$ oder sogar außerhalb, so kann $w(\bar{x})$ groß werden. Liegt aber $\bar{x}$ in der Mitte dieses Intervalls, so bleibt $w(\bar{x})$ klein, da die meisten Faktoren in $w(\bar{x})$ klein sind. Als Beispiel betrachten wir in Abb. 14.5 den Verlauf der Funktion $w(x)$ zu den Stützstellen 0.1, 0.2, 0.3, 0.4 und 0.5.

Um für alle x aus dem Intervall $[x_0, x_n]$ eine gleich gute Näherung zu erreichen, sollten daher die Stützstellen nicht äquidistant gewählt werden, sondern besser so, dass ihre Zahl zum Rand hin zunimmt. Dies wird z.B. durch die Chebycheff-Stützstellen erreicht, die im Falle des Intervalls $[-1, 1]$ gegeben sind durch (Abb. 14.6)

$$x_j = \cos\left(\frac{(2j+1)\pi}{2n+2}\right), \quad j = 0, \ldots, n.$$

Interpolationspolynome hohen Grades neigen zu starken Oszillationen, da man zwischen den Stützstellen keine Kontrolle über die Polynome hat, und da die Polynome in der Regel viele reelle Nullstellen haben. Interpolation mit Polynomen ist daher nur sinnvoll für kleinen Grad, also mit nicht zu vielen Stützstellen. Ein eindrucksvolles Beispiel für das Auftreten von Oszillationen liefert die Funktion von Runge

$$R(x) = \frac{1}{1 + 25x^2}, \quad x \in [-1, 1],$$

die bei äqidistanter Stützstellenwahl für wachsenden Grad zu großen Ausschlägen im interpolierenden Polynom führt (Abb. 14.7).

Übung 63. Der Interpolationsfehler an einer Stelle $\bar{x}$ hängt stark von der Funktion $w(\bar{x}) = |(\bar{x} - x_0) \cdots (\bar{x} - x_n)|$ ab. Für $x_0 = 0$ und $x_2 = 1$ mit $n = 2$ soll eine Zwischenstelle x_1 bestimmt werden, so dass

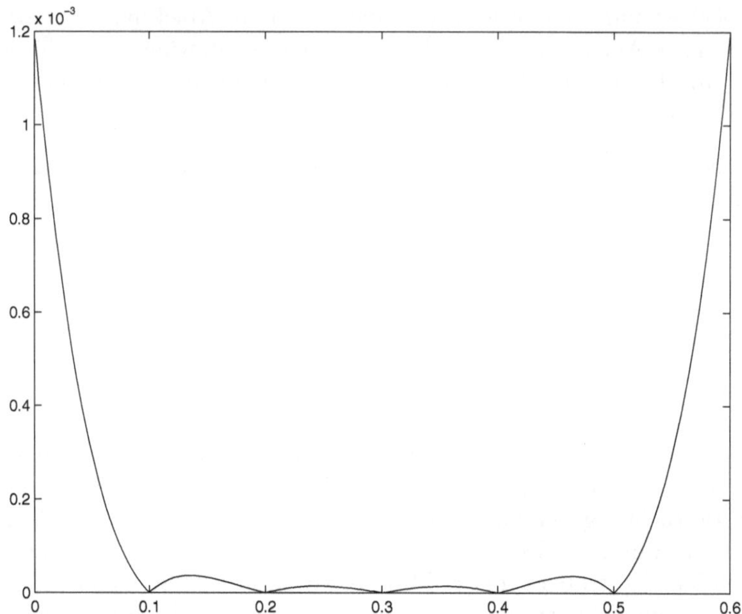

Abb. 14.5. Verlauf der Funktion $w(x)$ zu den Stützstellen 0.1, 0.2, 0.3, 0.4 und 0.5.

$$\max_{0 \leq \bar{x} \leq 1} w(\bar{x})$$

minimal wird.
Hinweis: Bestimmen Sie die relativen Extremwerte des Polynoms $p(x) = x(1-x)(x-x_1)$, und wählen Sie x_1 so, dass $|p(x)|$ an diesen Stellen den gleichen Wert annimmt.

14.4 Newton-Form des Interpolationspolynoms

Üblicherweise ist ein Polynom in der Form

$$p(x) = a_n x^n + \cdots a_1 x + a_0$$

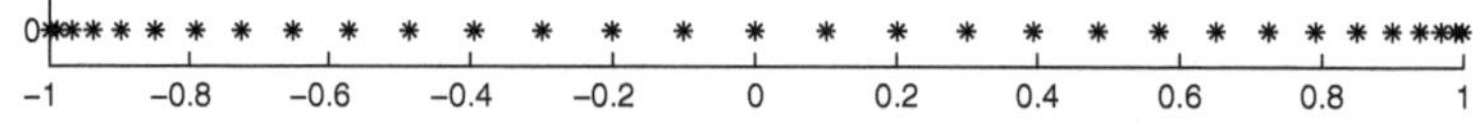

Abb. 14.6. Chebycheff-Stützstellen zum Intervall $[-1, 1]$.

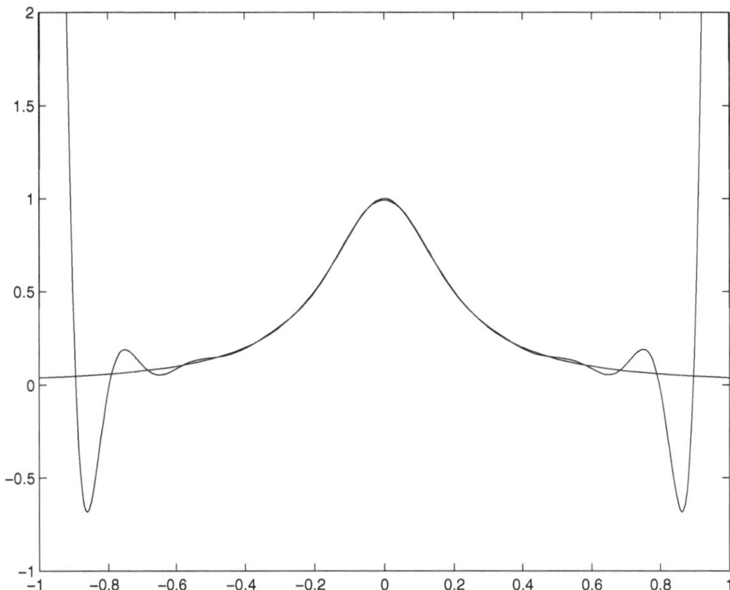

Abb. 14.7. Interpolation der Runge-Funktion mit einem Polynom vom Grad 20 mit Stützstellen $-1, -0.9, \ldots, 0.9, 1$.

gegeben. Um an einer gegebene Stelle c nun $p(c)$ auszuwerten, wird das *Horner-Schema*[1] verwendet. Durch geschickte Klammersetzung wird p geschrieben als

$$p(x) = (\ldots((a_n x + a_{n-1})x + a_{n-2})x + \ldots + a_1)x + a_0.$$

Dies entspricht dem Programm

```
y = a[n];
FOR j = n-1,...,0:
    y = y*c + a[j];
ENDFOR
```

Die Ausführung dieses Programms benötigt offensichtlich $\mathcal{O}(n)$ Operationen. Dagegen kostet die Auswertung des Neville-Tableaus zu den Stützstellen $x_0, \ldots, x_n$ mit Gleichung (14.2) $\mathcal{O}(n^2)$ flop's. Dies legt es nahe, das Interpolationspolynom explizit anzugeben, wenn man $p(x)$ an mehr als einer Stelle

[1] William G. Horner veröffentlichte sein Schema 1819 in den „Philosophical Transactions of the Royal Society“. Allerdings war diese Methode bereits dem Chinesen Chu Shih-chieh bekannt. In seinem Buch Ssu-yuan yu-chien („Precious Mirror of the Four Elements“) verwendete er dieses Schema zur Lösung einer allgemeinen Gleichung 14-ten Grades.

berechnen muss. Denn dann ist zu erwarten, dass mit dem Horner-Schema jede Auswertung wesentlich schneller ausgeführt werden kann. Diese Idee führt auf die Newton-Form des interpolierenden Polynoms, die wir kurz skizzieren wollen. Wir verwenden dabei für das interpolierende Polynom den Ansatz

$$p(x) = f[x_0] + (x - x_0)f[x_0, x_1] + (x - x_0)(x - x_1)f[x_0, x_1, x_2] \\ \ldots + (x - x_0)\cdots(x - x_{n-1})f[x_0, \ldots, x_n].$$

Die dazugehörigen Koeffizienten $f[x_i, \ldots, x_{i+k}]$, die dividierten Differenzen, können nun nach (14.2) durch

$$f[x_i, \ldots x_{i+k}] = \frac{f[x_{i+1}, \ldots, x_{i+k}] - f[x_i, \ldots, x_{i+k-1}]}{x_{i+k} - x_i}$$

bestimmt werden. Dabei lässt sich, ähnlich wie beim Neville-Schema, ein Tableau aufbauen. Aus diesem Tableau der dividierten Differenzen werden die Koeffizienten des Polynoms in der Newton-Form abgelesen. Durch ein Horner-artiges Programm kann dann effizient $p(c)$ berechnet werden.

Übung 64. Überprüfen Sie, dass die dividierten Differenzen $f[x_i, \cdots, x_{i+k}]$ genau die Koeffizienten der entsprechenden interpolierenden Polynome in der Newton-Form sind. Bilden Sie das Tableau der dividierten Differenzen, lesen Sie daraus die Koeffizienten für $p(x)$ ab, und beschreiben Sie die Horner-artige Auswertung von $p(x)$ an einer Stelle x.

14.5 Weitere Interpolationsansätze

Wir haben bereits die Probleme durch Oszillationen angesprochen, mit denen bei der Polynominterpolation zu rechnen ist. Dazu kommt eine starke globale Abhängigkeit der Lösung von den Werten an einer Stützstelle, d.h. eine Änderung in einer Stützstelle wirkt sich auf das Gesamtverhalten des Polynoms aus. Daher wollen wir im Folgenden einige andere Interpolationsmethoden vorstellen, die diese Nachteile zu vermeiden suchen. Von besonderer Bedeutung sind solche Verfahren dann in der Computergraphik. Hier tritt z.B. das Problem auf, Linien und Kurven zu zeichnen, die durch diskrete Werte geben sind. Will man eine Darstellung am Bildschirm erzeugen, so müssen diese Punkte durch eine möglichst glatte Funktion verbunden werden.

Hermite-Interpolation

Eine Methode, um die Oszillationen der Polynominterpolation zu vermeiden, besteht darin, bei der Interpolation nicht nur die Funktionswerte, sondern auch die Ableitungen für das Interpolationspolynom vorzugeben. Man spricht dann von Hermite-Interpolation. Im einfachsten Fall bei Berücksichtigung der ersten Ableitungen ergibt sich folgende Aufgabe:

Finde ein Polynom vom Grad $2n+1$ mit $p(x_j) = y_j$ und $p'(x_j) = y'_j$ für $j = 0, 1, \ldots, n$.

Dieses Problem kann wieder auf ein reguläres lineares Gleichungssystem zurückgeführt werden.

Übung 65. Man stelle ein lineares Gleichungssystem zur Lösung der oben beschriebenen Hermite-Interpolationsaufgabe auf.

Ähnlich zu Lagrange-Polynomen kann das Hermite-Polynom aber auch durch geschickte Ansatz-Polynome direkt angegeben werden (Übung 77)

Spline-Interpolation

Meist wird aber ein anderer Ansatz verwendet, um gute näherungsweise Darstellungen von Funktionen zu erhalten. Man ist vor allem daran interessiert, dass die sich ergebende Kurve die Stützpunkte möglichst „direkt" verbindet, also wenig gekrümmt ist. Dazu definieren wir zu Stützstellen $x_0, \ldots, x_n$ Funktionen, die mit minimaler Gesamtkrümmung stückweise aus Polynomen zusammengesetzt sind und die die Interpolationsbedingungen erfüllen.

Definition 27. *Unter einer* Splinefunktion[2] *vom Grad k zu Stützstellen x_0, $\ldots$, x_n verstehen wir eine Funktion S mit folgenden Eigenschaften:*
$S(x)$ sei $(k-1)$-mal stetig differenzierbar und auf den Intervallen $[x_i, x_{i+1}]$, $i = 0, \ldots, n-1$, ein Polynom k-ten Grades, $p_{x_i,x_{i+1}}(x)$.

Eine Spline-Funktion hat also $n(k+1)$ Parameter, das sind die Koeffizienten der n Polynome vom Grade k auf den n Teilintervallen. Diese Parameter sind teilweise festgelegt durch die Bedingung, dass die Gesamtfunktion $(k-1)$-mal stetig differenzierbar sein muss.

Daher muss für $j = 0, \ldots, k-1$ und $i = 0, \ldots, n-1$ gelten

$$p^{(j)}_{x_i,x_{i+1}}(x_{i+1}) = p^{(j)}_{x_{i+1}x_{i+2}}(x_{i+1}).$$

Dies liefert $(n-1)k$ Gleichungen. Dazu kommen die $n+1$ Interpolationsbedingungen an den Stützstellen

$$S(x_i) = y_i, \qquad i = 0, 1, \ldots, n.$$

Insgesamt verfügt die Splinefunktion über $n(k+1)$ Parameter, die $(n-1)k + (n+1) = n(k+1) + (1-k)$ Gleichungen erfüllen müssen.

Man kann daher noch $k-1$ zusätzliche Forderungen an die Splinefunktion stellen, z.B. dass $S(x)$ eine periodische Funktion sein soll, also möglichst viele Ableitungen am linken und rechten Rand übereinstimmen sollen, d.h.

---

[2] *Spline* bezeichnet im Englischen eine hochelastische, dünne Latte, die dazu benutzt wurde, die optimale Form von Spanten beim Schiffsbau zu bestimmen

$$S^{(j)}(x_0) = S^{(j)}(x_n) \qquad \text{für } j = 1, \ldots, k-1.$$

Dies ist natürlich nur dann sinnvoll, wenn für die gegebenen Daten schon $S(x_0) = S(x_n)$ gilt. Andere Zusatzbedingungen bestehen darin, an den Endpunkten x_0 und x_n möglichst viele Ableitungswerte explizit vorzugeben, ähnlich wie bei der Hermite-Interpolation, also

$$S^{(j)}(x_0) = y^{(j)}(x_0), \quad S^{(j)}(x_n) = y^{(j)}(x_n) \qquad \text{für } j = 1, \ldots, (k-1)/2$$

bei ungeradem k. Insgesamt führen beide Varianten zur Lösung des Interpolationsproblems beim Spline-Ansatz auf ein quadratisches lineares Gleichungssystem in $n(k+1)$ Unbekannten.

Beispiel 34. Bei Verwendung von Polynomen nullten Grades auf jedem Teilintervall $[x_i, x_{i+1}]$ erhält man als interpolierende Funktion die stückweise konstante Treppenfunktion

$$f(x) = y_j \quad \text{für } x_j \leq x < x_{j+1},\ j = 0, 1, \ldots, n-1.$$

Im Folgenden wollen wir einen direkteren Weg beschreiten, indem wir geeignete Ansatzfunktionen wählen, die es erlauben, die Lösung von Interpolationsproblemen, ähnlich zu den Lagrange-Polynomen, direkt anzugeben.

Um eine stetige, interpolierende Funktion zu erzeugen, gehen wir mit $k = 1$ zu stückweise linearen Polynomen über. Wir definieren auf jedem Intervall $[x_j, x_{j+2}]$ (siehe Abb. 14.8)

$$B_j(x) = \begin{cases} \frac{x - x_j}{x_{j+1} - x_j} & \text{für } x \in [x_j, x_{j+1}] \\ \frac{x - x_{j+2}}{x_{j+1} - x_{j+2}} & \text{für } x \in [x_{j+1}, x_{j+2}] \\ 0 & \text{sonst} \end{cases}$$

Die Funktionen $B_j(x)$ bezeichnet man als B-Splines, für $k = 1$ also lineare B-Splines. Diese Funktionen eignen sich sehr gut als Basisfunktionen zur Lösung der Interpolationsaufgaben. Die interpolierende Funktion ergibt sich dann wieder ganz einfach (vgl. Lagrange-Polynome aus Abschn. 14.2) als

$$f(x) = \sum_{j=0}^{n} y_j B_{j-1}(x) \quad \text{mit} \quad f(x_i) = y_i,$$

und stellt eine stückweise lineare, stetige interpolierende Funktion dar.

Ein quadratischer B-Spline B_i zu den Stützstellen x_i, x_{i+1}, x_{i+2}, x_{i+3}, ist durch folgende Eigenschaften gegeben:

- auf jedem Teilintervall ist B_i ein Polynom zweiten Grades,
- jedes B_i ist insgesamt stetig differenzierbar,

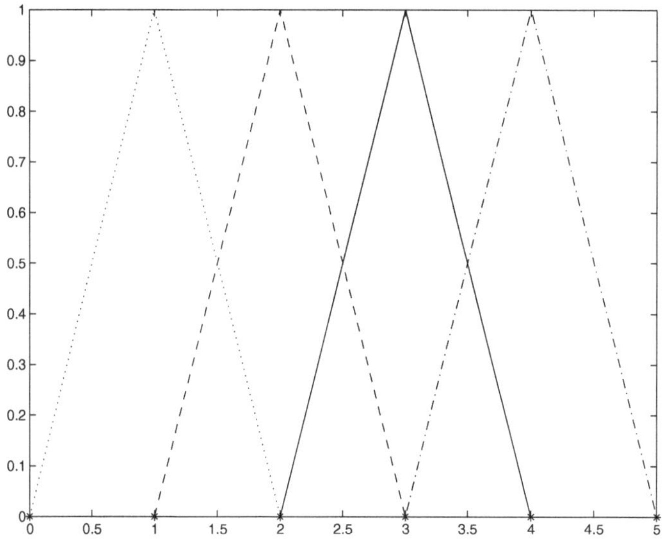

Abb. 14.8. Linearer B-Spline $B_4(x)$, gestrichelt B_2, B_3 und B_5.

– außerhalb des Intervalls $[x_{i-1}, x_{i+2}]$ ist B_i konstant gleich Null,
– $\int B_i(x)\mathrm{d}x = 1$ (um die uninteressante Lösung $B_i(x) \equiv 0$ auszuschließen)

Die Lösung im äquidistanten Fall ist gegeben durch

$$B_i(x) = \begin{cases} \frac{1}{2h^2} \cdot (x - x_i)^2 & \text{für } x_i \leq x \leq x_{i+1} \\ \frac{1}{2h^2} \cdot \left(h^2 + 2h(x - x_{i+1}) - 2(x - x_{i+1})^2\right) & \text{für } x_{i+1} \leq x \leq x_{i+2} \\ \frac{1}{2h^2} \cdot (x_{i+3} - x)^2 & \text{für } x_{i+2} \leq x \leq x_{i+3} \\ 0 & \text{sonst} \end{cases}$$

Soll mit diesen Basisfunktionen ein Interpolationsproblem (x_j, y_j), $j = 0, 1, \ldots, n$, gelöst werden, so führt das mit dem Ansatz

$$p(x) = \sum_{i=-1}^{n-1} a_i B_i(x)$$

und den $n + 1$ Bedingungen

$$p(x_j) = y_j, \quad j = 0, 1, \ldots, n$$

zu einem bidiagonalen Gleichungssystem zur Bestimmung der $n + 1$ Koeffizienten a_i, $i = -1, \ldots, n - 1$. Dabei benötigen wir hilfsweise die zusätzliche

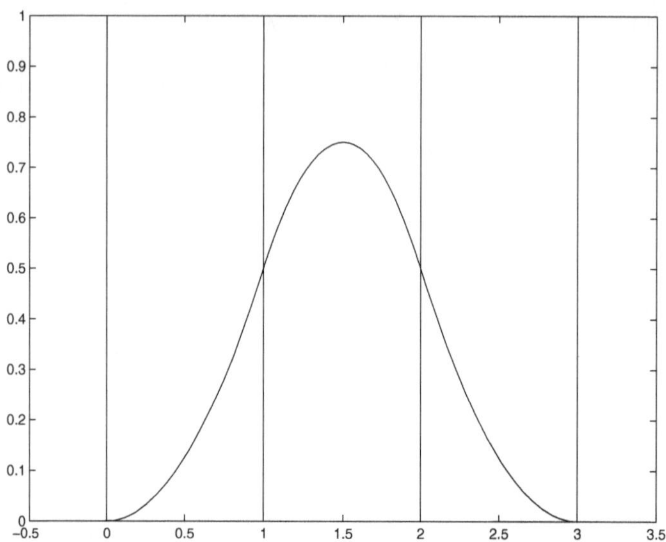

Abb. 14.9. Quadratischer B-Spline, zusammengesetzt aus Polynomen zweiten Grades auf jedem der Teilintervalle $[0, 1]$, $[1, 2]$ und $[2, 3]$.

Stützstelle x_{-1} und den dazugehörigen B-Spline $B_{-1}(x)$, damit ein eindeutig lösbares Problem vorliegt.

Am häufigsten sind kubische Teilpolynome, die so zusammengefügt werden, dass die Gesamtfunktion zweimal stetig differenzierbar ist. Der Vorteil solcher Splineansätze liegt darin, dass die gesuchten Koeffizienten der interpolierenden Funktion sich durch Lösung einfacher linearer Gleichungssysteme bestimmen lassen, und dass die entstehenden Funktionen keine zusätzlichen Oszillationen aufweisen.

Bezier-Kurven

In der Computergraphik ist man interessiert an einer leicht und einfach steuerbaren Darstellung von Kurven, die nicht unbedingt interpolierend sein sollen.

Dazu eignen sich z.B. *Bezier-Kurven*[3]. Sie setzen sich zusammen aus Bernstein-Polynomen, die wir daher kurz einführen wollen. Für $n \in \mathbb{N}$ sind

$$B_i^{(n)}(t) = \binom{n}{i}(1-t)^{n-i}t^i, \quad i = 0, \ldots, n,$$

[3] In den 70er Jahren entwickelten Pierre Bezier und Pierre Casteljau - zeitgleich, aber unabhängig - bei Renault und Citroen zu CAD/CAM-Zwecken diese Art der Kurvendarstellung. Bezier-Kurven werden in allen fortgeschrittenen Graphikprogrammen verwendet

die $n+1$ Bernstein-Polynome vom Grad n. Die Nullstellen von $B_i^{(n)}(x)$ liegen bei Null und Eins, mit den Vielfachheiten i und $n-i$. Wir sind nur an dem Bereich $0 \leq t \leq 1$ interessiert.

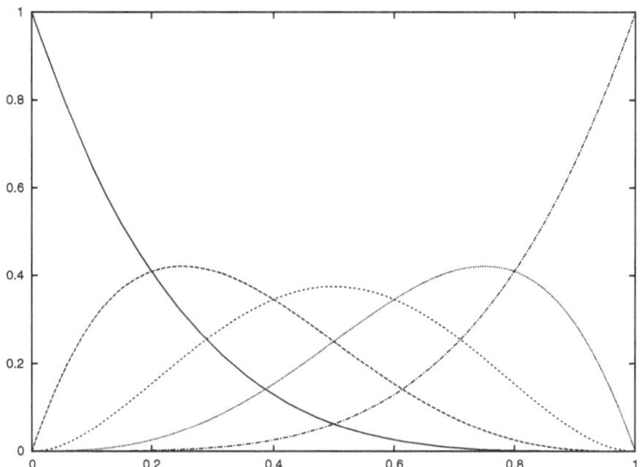

Abb. 14.10. Bernstein-Polynome $B_i^{(4)}(x)$ für $n = 4$, $i = 0, \ldots, 4$.

Die Bernstein-Polynome haben folgende Eigenschaften:

$$B_i^{(n)}(t) \geq 0 \quad \text{für } 0 \leq t \leq 1$$

$$\sum_{i=0}^{n} B_i^{(n)}(t) = \sum_{i=0}^{n} \binom{n}{i} (1-t)^{n-i} t^i = ((1-t)+t)^n = 1$$

$$B_i^{(n)}(t) = t \cdot B_{i-1}^{(n-1)} - B_i^{(n-1)}.$$

Wegen der ersten beiden Eigenschaften sind die Polynome $B_i^{(n)}$, $i = 0, \ldots, n$, geeignete Gewichtsfunktionen. Die letzte Eigenschaft ist nützlich, um den Wert eines Bernstein-Polynoms an einer Stelle t induktiv zu bestimmen. Wie aus Abb. 14.10 ersichtlich, nehmen die Bernstein-Polynome für großes n in weiten Bereichen des betrachteten Intervalls $[0, 1]$ nur sehr kleine Werte an.

Zu gegebenen Punkten $b_i \in \mathbb{R}^k$, $i = 0, 1, \ldots, n$, den Kontrollpunkten, definieren wir nun die zugehörige Bezier-Kurve mittels

$$X(t) = \sum_{i=0}^{n} b_i B_i^{(n)}(t)$$

für $0 \leq t \leq 1$. $X(t)$ ist die gewichtete Summe der beteiligten Kontrollpunkte b_i, versehen mit den Gewichten $B_i^{(n)}(t)$. Beim Durchlaufen des Parameters t von Null nach Eins wird die Kurve $X(t)$ von allen Kontrollpunkten der Reihe nach „angezogen“. Eines der $B_i^{(n)}$ liefert dabei jeweils das größte Gewicht und bewirkt, dass der Kontrollpunkt b_i den Kurvenverlauf in dem entsprechenden Parameterbereich bestimmt.

Weiterhin gilt, dass die Kurve in b_0 startet und in b_n endet; insgesamt verläuft die Kurve in der konvexen Hülle des von den b_i gebildeten Polygons. Die Tangente in b_0 zeigt wegen $\mathrm{d}X/\mathrm{d}t|_0 = n(b_1 - b_0)$ in Richtung von b_1, und genauso im anderen Eckpunkt in Richtung b_{n-1}.

Für genau drei Punkte gilt, dass die Tangenten in b_0 und b_2 sich genau in b_1 schneiden, also die Bezier-Kurve ganz in dem von den Kontrollpunkten aufgespannten Dreieck liegt.

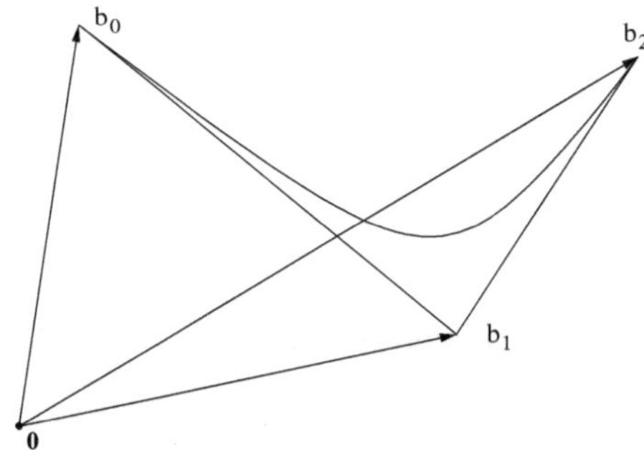

Abb. 14.11. Bezier-Kurve zu drei Kontrollpunkten b_0, b_1 und b_2.

Der Verlauf der Bezier-Kurve wird also durch die Kontrollpunkte bestimmt und es treten keine ungewünschten Oszillationen auf.

Ersetzt man in der Definition von $X(t)$ die Bernstein-Polynome als Gewichtsfunktionen durch B-Splines, so erhält man eine B-Spline-Kurve

$$X_{n,k}(t) = \sum_{i=0}^{n} b_i B_{i,k}(t) \quad \text{für } 0 \leq t \leq n-k+2$$

mit B-Splines $B_{i,k}(t)$ vom Grad k zu Stützstellen $0, 1, \ldots, n-k+2$. Im Gegensatz zu Bezier-Kurven hat man mit dem zusätzlichen Paramter k die Wahl, wie oft die Kurve stetig differenzierbar sein soll. Außerdem wirken sich lokale Änderungen eines Kontrollpunktes nur in den direkten Nachbarpunkten aus, da die Funktionen $B_{i,k}(t)$ nur auf einem kleinen Teilintervall von Null verschieden sind. Die Gesamtkurve reagiert auf lokale Änderungen also nur lokal. Außerdem verfügen B-Spline-Kurven über sehr gute Approximationseigenschaften.

Zusammenfassung: Die Bestimmung geeigneter Ansatzfunktionen ist eines der wichtigsten Grundprobleme der Numerik. Klassische Ansatzfunktionen sind Polynome und Potenzreihen in x^k (Taylor-Reihe, Laurent-Reihe), bzw.

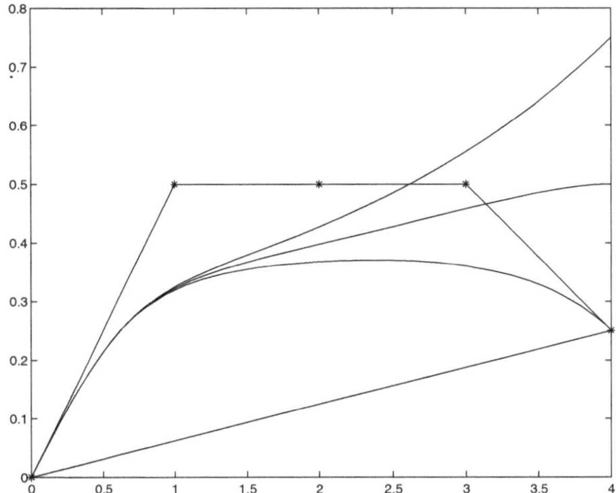

Abb. 14.12. Bezier-Kurven für drei verschiedene Werte des letzten Kontrollpunktes b_4.

in $\cos(kx)$ und $\sin(kx)$ (Fourier-Reihen, vgl. Anhang D). Wichtige Anforderungen an eine Familie von Ansatzfunktionen sind:

1. Variabilität im Grad der Differenzierbarkeit (angepasst an die Differenzierbarkeit der gesuchten Lösung)
2. gute Approximationseigenschaften (Ansatzfunktionen sind „dicht" in dem Funktionenraum, der die Lösung enthält, bilden ein vollständiges System oder Basis)
3. gute Adaptivitätseigenschaften, d.h. sie bieten die Möglichkeit, auch lokal z.B. durch feinere Diskretisierung, höhere Genauigkeit zu erreichen
4. Lokalität, Sprünge, bzw. Unstetigkeiten in der gesuchten Funktion wirken sich nur lokal auf einige Ansatzfunktionen aus
5. schnelle Algorithmen, am besten in Echtzeit $\mathcal{O}(n)$ und
6. sie erlauben eine Analyse der untersuchten Daten (Frequenzanalyse, Multiskalenanalyse)

Übung 66. Prüfen Sie nach, welche der obigen Forderungen von Polynomen, trigonometrischen Ansatzfunktionen oder B-Splines erfüllt werden.

Besonders die Punkte 4. – 6. haben zu einem verstärkten Interesse an neuen Ansatzfunktionen geführt. In Kapitel V werden wir mit Fourier-Reihen und Wavelet Funktionen noch zwei wichtige Funktionenfamilien kennen lernen und genauer untersuchen, die eine Analyse gegebener Daten erlauben.

15 Quadratur

„Das Buch der Natur ist mit mathematischen Symbolen geschrieben.“

Galileo Galilei

15.1 Einleitung

Es soll das bestimmte Integral $I(f) = \int_a^b f(x)\mathrm{d}x$ berechnet werden. Diese Aufgabe können wir für eine kleine Klasse von Funktionen durch explizite Angabe einer Stammfunktion $F(x)$ lösen:

$$\int_a^b f(x)\mathrm{d}x = F(b) - F(a),$$

z.B. für die Monome

$$\int_a^b x^k \mathrm{d}x = \left[\frac{x^{k+1}}{k+1}\right]_a^b = \frac{1}{k+1}(b^{k+1} - a^{k+1}).$$

In vielen Fällen lässt sich aber die Stammfunktion nicht in geschlossener Form angeben und man ist auf Näherungsverfahren angewiesen.

So haben einige wichtige Funktionen keine explizite Darstellung der Stammfunktion. Als Beispiel betrachten wir die Gauß'sche Glockenkurve zur Beschreibung von Wahrscheinlichkeitsverteilungen. Ist eine Variable x normalverteilt, so beschreiben der Mittelwert μ und die Standardabweichung σ die gesamte Wahrscheinlichkeitsverteilung mittels der Funktion

$$\frac{1}{\sigma\sqrt{2\pi}} \exp\left(-\frac{(x-\mu)^2}{2\sigma^2}\right).$$

Wollen wir nun wissen, mit welcher Wahrscheinlichkeit ein Wert x zwischen a und b auftritt, so ist diese Wahrscheinlichkeit durch das Intergral

$$\frac{1}{\sigma\sqrt{2\pi}} \int_a^b \exp\left(-\frac{(x-\mu)^2}{2\sigma^2}\right) \mathrm{d}x$$

gegeben, das wir nur numerisch berechnen können. Diese Wahrscheinlichkeit entspricht genau der Fläche unter der Kurve zwischen $a = 1$ und $b = 2$ in Abb. 15.1.

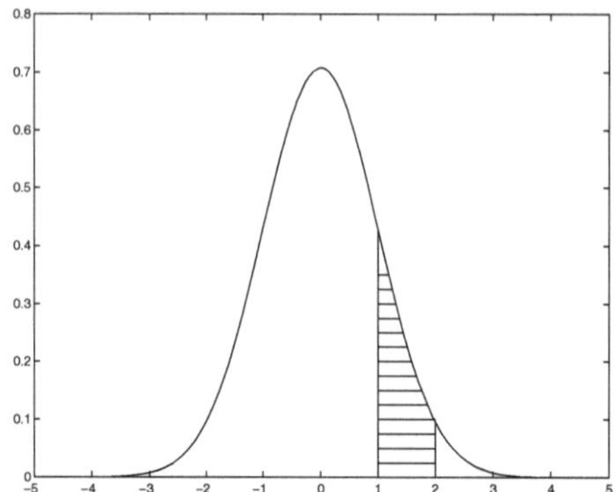

Abb. 15.1. Gauß'sche Glockenkurve für $\mu = 0$, $\sigma = 1$: Die Wahrscheinlichkeit, dass eine $(0, 1)$-normalverteilte Zufallsvariable einen Wert zwischen 1 und 2 annimmt, entspricht der Größe der schraffierten Fläche.

Die Vorgehensweise bei der numerischen Quadratur besteht darin, die Funktion an bestimmten Stellen (wieder Stützstellen genannt) auszuwerten, und mit Hilfe dieser Werte und Gewichten w_i einen Näherungswert mittels einer Quadraturregel

$$I(f) = \int_a^b f(x)\,\mathrm{d}x \approx \sum_{i=0}^{n} w_i f(x_i) = I_n(f)$$

zu bestimmen. Wie sind nun die x_i und w_i zu wählen, um bei vorgegebener – möglichst kleiner – Anzahl n einen brauchbaren Näherungswert $I_n(f)$ zu erhalten? Um dem Problem der Auslöschung aus dem Wege zu gehen, sollen die Gewichte w_i alle positiv sein.

15.2 Quadraturregeln aus Flächenbestimmung

Das bestimmte Integral lässt sich interpretieren als die Fläche unter dem Funktionsgraphen von $f(x)$. Daher ist $I(f)$ genau die Größe der von $f(x)$ und der x-Achse begrenzten Fläche zwischen a und b an. So liefert z.B. das Integral von -1 nach 1 der Funktion $f(x) = x$ den Wert Null, da sich die Flächen oberhalb und unterhalb der x-Achse gegenseitig wegheben. Mit Hilfe dieser anschaulichen Bedeutung des Integrals können wir $I(f)$ annähern, in dem wir die dazugehörigen Fläche approximieren.

Eine erste Möglichkeit besteht darin, die von $f(x)$ begrenzte Fläche durch das Trapez mit den Eckpunkten $(a,0),(b,0),(b,f(b)),(a,f(a))$ zu ersetzen. Dies führt auf die Trapezregel (Abb. 15.2)

$$I(f)=\int_a^b f(x)\mathrm{d}x \approx \frac{f(a)+f(b)}{2}(b-a)=\frac{b-a}{2}f(a)+\frac{b-a}{2}f(b)$$

mit den Stützstellen a und b und den Gewichten $w_0=w_1=(b-a)/2$.

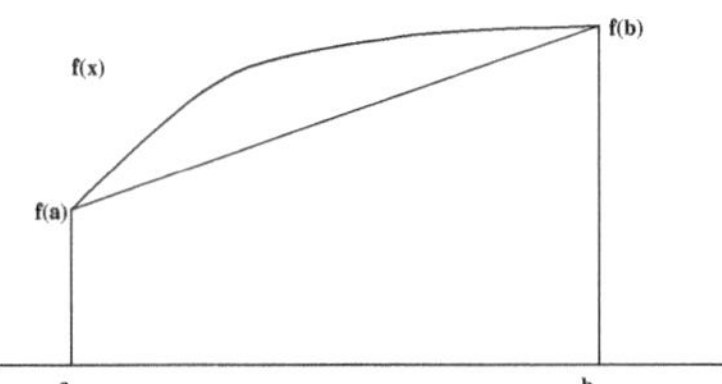

Abb. 15.2. Trapezfläche als Approximation.

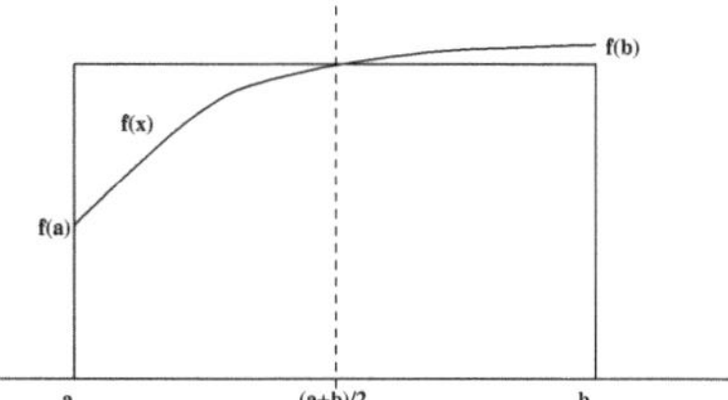

Abb. 15.3. Rechteckfläche als Approximation.

Genauso können wir ein einfaches Rechteck finden, das die Fläche unter der Funktion annähert. Dieses Rechteck (Abb. 15.3) ist bestimmt durch die Ecken $(a,0)$, $(b,0)$, $(\frac{a+b}{2}, f(\frac{a+b}{2}))$ und liefert

$$I(f)\approx (b-a)f(\frac{a+b}{2}),$$

mit nur einer Stützstelle $(a+b)/2$ und Gewicht $w_0=(b-a)$. Dies ist die Mittelpunktsregel.

15.3 Regeln aus der Interpolation

Es liegt nahe, die zu untersuchende Funktion f durch ein interpolierendes Polynom zu ersetzen; denn das Integral über die auftretenden Terme x^k kann einfach mittels der Stammfunktion berechnet werden. Außerdem haben wir in Kapitel 14 Verfahren kennen gelernt, eine Funktion mittels Interpolation durch ein Polynom anzunähern. Damit ist die folgende Vorgehensweise nahe gelegt:

Wähle Stützstellen $x_0, \ldots, x_n$, der Einfachheit halber äquidistant,

$$x_i=a+ih, \quad i=0,1,\ldots,n, \quad h=\frac{b-a}{n},$$

mit $x_0=a$ und $x_n=b$. Die Gewichte $w_0, \ldots, w_n$ ergeben sich dann aus der Quadratur des interpolierenden Polynoms in der Lagrange-Darstellung

$$p(x) = \sum_{i=0}^{n} f(x_i) L_i(x)$$

mit der Näherung

$$\int_a^b f(x)\mathrm{d}x \approx \int_a^b p(x)\mathrm{d}x = \sum_{i=0}^{n} f(x_i) \int_a^b L_i(x)\mathrm{d}x. = \sum_{i=1}^{n} f_i w_i$$

Trapezregel

Für $n = 1$ ergibt sich $x_0 = a$, $x_1 = b$, $h = b - a$, und

$$p(x) = f(a) + \frac{f(b) - f(a)}{b - a}(x - a).$$

Damit wird der Wert des Integrals angenähert durch

$$\begin{aligned}\int_a^b f(x)\mathrm{d}x &\approx \int_a^b p(x)\mathrm{d}x \\ &= f(a)(b-a) + \frac{f(b) - f(a)}{b - a}\left(\frac{b^2 - a^2}{2} - a(b-a)\right) \\ &= h\left(\frac{1}{2}f(a) + \frac{1}{2}f(b)\right),\end{aligned}$$

mit den Gewichten $w_0 = w_1 = h/2 = (b-a)/2$. Dies ist genau wieder die Trapezregel.

Für den Fehler gilt mit der Fehlerformel bei der Interpolation (Kapitel 14.3)

$$\begin{aligned}\left|\int_a^b (f(x) - p(x))\mathrm{d}x\right| &= \left|\int_a^b \left(\frac{f^{(2)}(\chi)}{2}(x-a)(x-b)\right)\mathrm{d}x\right| \\ &\leq \frac{M_2}{2}\int_a^b (x-a)(b-x)\mathrm{d}x \\ &= \frac{M_2}{2}\frac{(b-a)^3}{6} \\ &= \frac{M_2(b-a)^3}{12} = \frac{M_2}{12}h^3\end{aligned}$$

mit $M_k = \max_{x\in[a,b]} |f^{(k)}(x)|$. Daher ist die Trapezregel für Polynome von Grad Eins exakt (dann ist $M_2 = 0$).

Simpson-Regel

Als wichtigste neue Regel ergibt sich für $n = 2$ die Simpson-Regel

$$\begin{aligned} x_0 &= a, & h &= \frac{b-a}{2}, \\ x_1 &= \frac{a+b}{2}, & w_0 &= w_2 = \frac{h}{3}, \\ x_2 &= b, & w_1 &= \frac{4}{3}h \\ I(f) &\approx \frac{h}{3} & &\left(f(a) + 4f\left(\frac{a+b}{2}\right) + f(b)\right). \end{aligned}$$

Für den Fehler erhält man dann

$$\left| \int_a^b (f(x) - p(x))\,\mathrm{d}x \right| \le \frac{M_4(b-a)^5}{2880} = \frac{M_4}{90} h^5,$$

eine Ordnung besser, als eigentlich zu erwarten wäre.

Die Simpson-Regel ist daher sogar für Polynome vom Grad 3 exakt. Dies wird dadurch erreicht, dass die drei zugehörigen Stützstellen optimal gewählt sind in Beziehung auf die Fehlerabschätzung aus Theorem 4 (vgl. auch Übung 85)

Allgemein haben diese Quadraturregeln, die aus der Darstellung mittels interpolierender Polynome gewonnen werden, die spezielle Form

$$\int_a^b f(x)\mathrm{d}x \approx \int_a^b p_{0,1,\ldots,n}(x)\mathrm{d}x = h \sum_{i=0}^{n} \alpha_i f(a + ih).$$

Leider treten bei der Verwendung dieser Formeln für $n > 6$ auch negative Gewichte $w_i = h\alpha_i$ auf, und diese Regeln sind daher nicht gebräuchlich.

15.4 Gauß-Quadratur

Bei der Polynominterpolation hatten wir festgestellt, dass die Wahl der Stützstellen das Ergebnis stark beeinflusst und dass am Rand mehr Stützstellen plaziert sein sollten. Diese Erkenntnis soll jetzt im Zusammenhang mit der Quadratur auch berücksichtigt werden. Die Idee der Gauß-Quadratur besteht nun darin, die Stützstellen nicht äquidistant, sondern möglichst optimal zu legen, d.h. so dass Polynome möglichst hohen Grades noch exakt integriert werden. Entsprechend können wir dann auch mit einer besseren Näherung rechnen. Dadurch, dass wir die äquidistante Stützstellenwahl aufgeben, schaffen wir neue Freiheitsgrade, die zu genaueren Quadraturregeln führen.

Das Problem besteht jetzt also darin, Gewichte w_i **und** Stützstellen x_i , $i = 0, 1, \ldots, n$ zu finden, die den Bedingungen

$$\frac{b^{j+1} - a^{j+1}}{j+1} = \int_a^b x^j \mathrm{d}x = I(x^j) = \sum_{i=0}^{n} w_i x_i^j$$

für $j = 0, 1, \ldots, m$ mit möglichst großem m genügen. Die neue Quadraturregel soll also für die Polynome 1, x, x^2,...,x^m den exakten Wert des Integrales liefern. Dies führt auf $m + 1$ (nichtlineare!) Gleichungen für die $2n + 2$ Unbekannten x_i und w_i.

Übung 67. Zeigen Sie: Für $n = 1$ ergeben sich die Stützstellen $(a+b)/2 \pm (b-a)/2\sqrt{3}$ mit Gewichten $(b - a)/2$. Damit werden dann sogar noch Polynome vom Grad 3 exakt integriert.

Für Integrale der speziellen Form

$$\int_{-1}^{1} f(x) \frac{\mathrm{d}x}{\sqrt{1-x^2}}$$

ergeben sich als Stützstellen gerade die Nullstellen der Chebycheff-Polynome $\cos(\pi(2j + 1)/(2n + 2))$, $j = 0, \ldots, n$.

Allgemein sind die optimalen Stützstellen die Nullstellen von Orthogonal-Polynomen wie z.B. Hermite-Polynome, Legendre-Polynome oder Laguerre-Polynome, je nach Art des Integrationsbereichs.

Die Vorteile der Gauß-Quadratur sind offensichtlich: Unter Verwendung von n Funktionswerten $f(x_i)$ kann ein wesentlich besseres Resultat erzielt werden als mit n äquidistant vorgegebenen Stützstellen. Einen Nachteil müssen wir dabei aber in Kauf nehmen: Ist der Näherungswert für $I(f)$ noch nicht gut genug, so können im äquidistanten Fall die alten Werte $f(x_i)$ wieder verwendet werden, indem z.B. die Schrittweite h halbiert wird. Wollen wir jedoch bei der Gauß-Quadratur ein genaueres Ergebnis erzielen, so müssen wir für das größere n auch ganz neue Funktionswerte zu den sich neu ergebenden Stützstellen berechnen.

Als Ausweg bieten sich hier Gauß-Kronrod-Verfahren an. Dabei werden die vorher bestimmten n Stützstellen beibehalten, und es werden nur k neue Stützstellen erlaubt. Dann sind also k neue Stützstellen und $n + k$ Gewichte optimal so zu bestimmen, dass wieder Polynome möglichst hohen Grades exakt integriert werden. Dazu benötigen wir dann nur k neue Funktionsauswertungen!

15.5 Extrapolationsverfahren

Wie schon bei der Interpolation sollten wir Polynome hohen Grades zur Herleitung von Quadraturregeln vermeiden (Oszillationen, negative Gewichte w_i und damit verbundene Gefahr der Auslöschung). Als Ausweg empfiehlt es sich hier, eine einfache, relativ ungenaue Regel auf vielen kleinen Teilintervallen anzuwenden, und diese Zwischenergebnisse dann zum Gesamtwert aufzusummieren. Im Fall der Trapezregel und einer äquidistanten Einteilung von $[a, b]$ in Teilintervalle $[x_i, x_{i+1}]$, auf denen jeweils die Trapezregel angewendet wird, ergibt sich so mit $h = (b-a)/n$ und $x_i = a + ih$ die Trapezsumme als Quadraturregel

$$\begin{aligned} I(f) &= \int_a^b f(x)\mathrm{d}x = \sum_{i=0}^{n-1} \int_{x_i}^{x_{i+1}} f(x)\mathrm{d}x \\ &\approx \sum_{i=0}^{n-1} \frac{h}{2} \left(f(x_i) + f(x_{i+1})\right) \\ &= h\left(\frac{1}{2}f(a) + f(a+h) + \ldots + f(b-h) + \frac{1}{2}f(b)\right) \end{aligned}$$

Für eine Folge von Schrittweiten $h_i = (b-a)/n_i$ berechnen wir die Trapezsummen

$$\begin{aligned} T_i &= h_i \cdot \left(\frac{1}{2}\, f_0 + f_1 + \ldots + f_{n_i-1} + \frac{1}{2}\, f_{n_i}\right), \quad i \leq m \\ h_i &= \frac{b-a}{n_i}, \quad f_j = f(x_j); \quad x_j = a + j \cdot h_i, \quad 0 \leq j \leq n_i \end{aligned}$$

Die Trapezsumme ist also eine Funktion der Schrittweite h; wir vermerken dies durch die Schreibweise $T(h)$. Bei exakter Rechnung ist dann zu erwarten, dass $T(0)$ gleich dem gesuchten Integral $I(f)$ ist, da bei immer feinerer Diskretisierung die Fläche unter der Kurve immer besser durch die Trapezflächen angenähert wird. Eine genauere Analyse liefert die Entwicklung (bekannt unter dem Namen Euler-MacLaurin'sche Summenformel)

$$T(h) = \int_a^b f(x)\mathrm{d}x + \sum_{k=1}^{N} c_k h^{2k} + \mathcal{O}(h^{2N+2}).$$

Dies legt es nahe, $T(h)$ als eine Funktion in h^2 anzusehen und mittels der im vorigen Abschnitt eingeführten Interpolationsverfahren zu Stützstellen h_0^2, h_1^2, $\ldots$, h_m^2 den gesuchten Wert an der Stelle $h^2 = 0$ durch die Werte der interpolierenden Polynome an der Stelle Null anzunähern. Dazu wählen wir eine Folge h_i, die gegen Null konvergiert. Ein solches Verfahren wird als Extrapolation bezeichnet, da der gesuchte Wert an der Stelle $h^2 = 0$ außerhalb des von den Stützstellen h_i^2 gebildeten Intervalls liegt.

Nach dem Neville-Tableau aus Kapitel 14.2, geschrieben in h^2 an Stelle von x, können wir die erhaltenen Ergebnisse für die Trapezsummen T_i dann nach der Formel

$$T_{i,\ldots,i+k} = T_{i+1,\ldots,i+k} + \frac{T_{i+1,\ldots,i+k} - T_{i,\ldots,i+k-1}}{\left(\frac{h_i}{h_{i+k}}\right)^2 - 1},$$

$$0 \leq i \leq m-k, \quad 1 \leq k \leq m$$

zu verbesserten Approximationen von $T(0)$ kombinieren. Die Idee besteht also darin, das zu den Stützstellen $h_0^2, h_1^2, \ldots, h_m^2$ interpolierende Polynom an der Stelle 0 als Näherung an $T(0)$ zu verwenden. Vorteil dieser Vorgehensweise ist es, dass mit geringem Zeitaufwand wesentlich bessere Näherungswerte berechnet werden können als durch die einfache Trapezsumme allein.

Der Fehler $I(f) - I_n(f)$ ist bei der Verwendung der Trapezsumme von der Form $\mathcal{O}(h_0^2 \cdot h_1^2 \cdots h_m^2)$ [108].

Als Folge der natürlichen Zahlen zur Bestimmung der Schrittweiten kann

$$n_0 \quad \text{Start:} \quad n_i = 2n_{i-1}, \quad 1 \leq i \leq m$$

verwendet werden. Dann lassen sich bei der Berechnung von T_{i+1} viele Funktionsauswertungen einsparen und aus der Berechnung der vorgehenden Trapezsumme T_i entnehmen.

Übung 68. Verifizieren Sie die obige Extrapolationsformel in den $T_{i,\ldots,i+k}$. Untersuchen Sie, wie man bei der obigen Folge n_i Funktionsauswertungen einsparen kann. Überlegen Sie sich andere Varianten von Folgen h_i, bei denen viele Funktionsauswertungen eingespart werden können.

15.6 Adaptive Verfahren

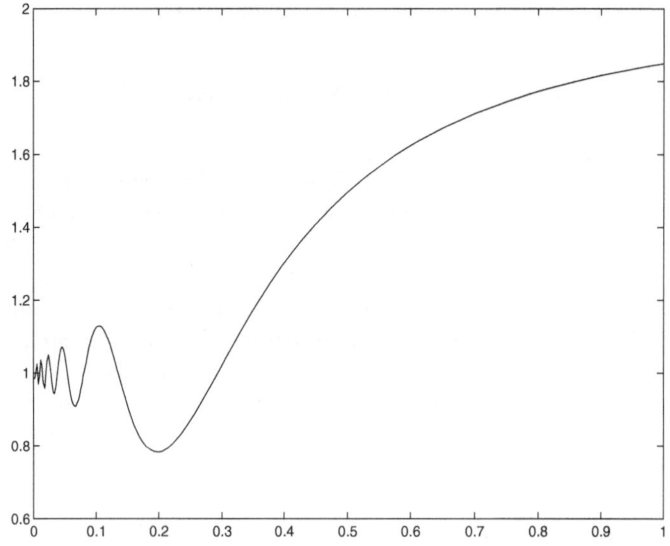

Abb. 15.4. Beispiel einer Funktion mit stark unterschiedlichem Verlauf.

Wie wir schon bei der Polynominterpolation gesehen haben, ist eine äquidistante Stützstellenwahl im Allgemeinen nicht zu empfehlen. Die zu integrierende Funktion kann beispielsweise über weite Strecken nahezu konstant sein, und nur in einem kleinen Teilbereich stärker variieren (Abb. 15.4). Dann kann in dem ersten Gebiet mit relativ großer Schrittweite gearbeitet werden, während in dem stark veränderlichen Bereich kleinere Schrittweiten gewählt werden müssen. Wie groß die Schrittweite sein sollte, kann festgelegt werden z.B.

- unter Berücksichtigung der vorhergehenden Schritte (wähle zunächst die zuletzt benutzte Schrittweite)
- unter Berücksichtigung der Ableitung an der letzten Stützstelle (Ableitungswerte nahe Null erlauben größere Schrittweiten, während betragsgroße Ableitungen die Verwendung feinerer Schrittweiten erfordern)
- durch Austesten und Vergleich von Verfahren unterschiedlicher Ordnung oder Schrittweite (liefern die Verfahren stark unterschiedliche Werte, so muss das bessere Verfahren verwendet werden, andernfalls kann das eigentlich ungenauere (und billigere) benutzt werden).

Bei der letzten Variante vergleicht man die Näherungswerte, die man mit verschiedenen Verfahren erhalten hat. Stimmen die Werte genügend überein, so kann man mit der dazugehörigen Schrittweite weiterarbeiten; andernfalls sollte die Schrittweite verkleinert oder ein besseres Verfahren verwendet werden.

Beispiel 35 (Archimedes-Quadratur). Als erste Näherung einer Funktion f auf dem Intervall $[a, b]$ kann man die lineare Interpolation dieser Funktion mit den Intervallgrenzen als Stützstellen verwenden (Abb. 15.5).

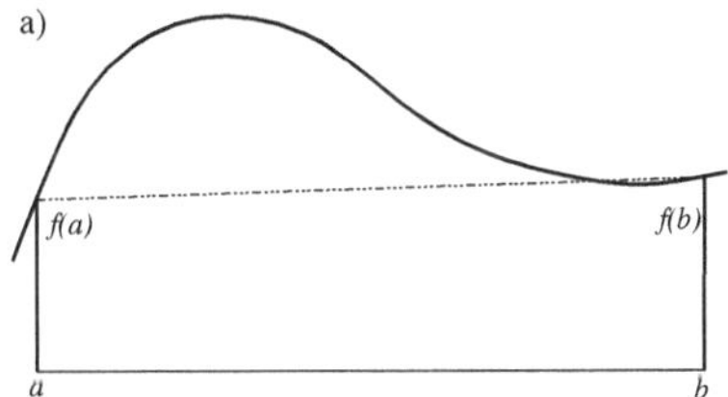

Abb. 15.5. Lineare Interpolation.

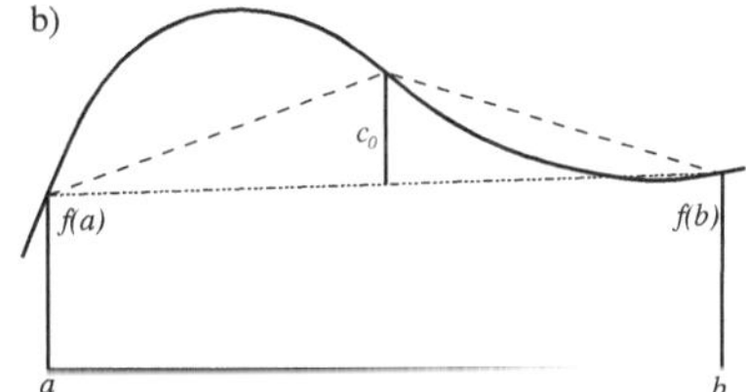

Abb. 15.6. Erste Korrektur c_0.

Wertet man nun in der Intervallmitte den Fehler aus, so kann man als Korrektur eine Hütchenfunktion mit der Höhe c_0 des Fehlers auf die bisherige Approximation aufaddieren (Abb. 15.6).

Dieses Vorgehen lässt sich auf den Teilintervallen fortsetzen (Abb. 15.7 und 15.8). Man bricht ab, wenn die Höhe der korrigierenden Hütchenfunktion eine gewisse Fehlerschranke ε unterschreitet.

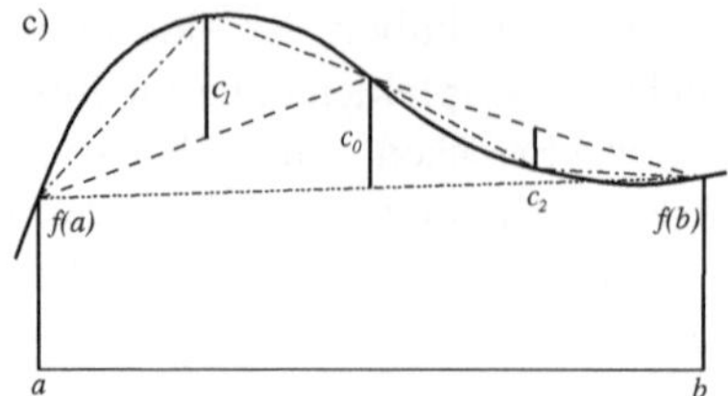

Abb. 15.7. Zweite Korrektur c_1 und c_2.

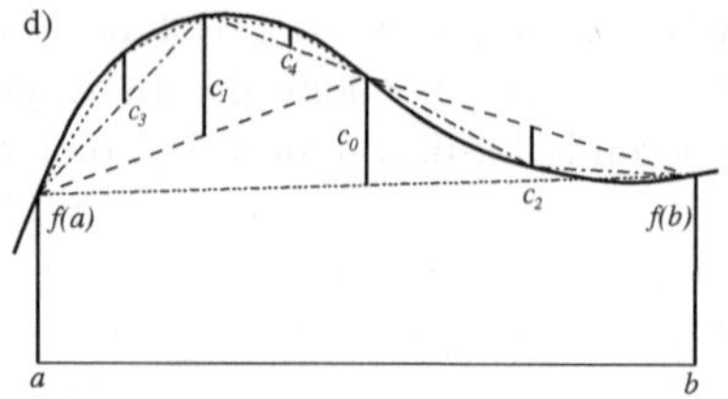

Abb. 15.8. Dritte Korrektur c_3 und c_4.

Auf diese Art und Weise kann die Funktion f auf $[a, b]$ so näherungsweise dargestellt werden, dass in unterschiedlichen Teilintervallen mehr oder weniger Unterteilungen vorgenommen werden, um die gewünschte Genauigkeit zu erreichen.

Mittels dieser approximativen Darstellung kann das Integral $I(f)$ näherungsweise berechnet werden, in dem die Flächen der Hütchenkorrekturen berechnet und aufsummiert werden.

Übung 69. Berechnen Sie die Fläche eines korrigierenden Hütchens in Abhängigkeit von der Hütchenbreite h und der Größe c der Korrektur.

15.7 Weitere Verfahren

Wir wollen noch einige Möglichkeiten aufzeigen, das Integrationsintervall $[a, b]$ umzutransformieren. Dies ist oft sinnvoll, um die Integration auf ein Standardintervall wie $[0, 1]$ oder $[-1, 1]$ zurückzuführen. Wählen wir z.B. die Transformation

$$y = g(x) = a + (b - a)x$$
$$\text{mit} \quad \frac{\mathrm{d}y}{\mathrm{d}x} = y' = g'(x) = b - a, \quad x = \frac{y - a}{b - a},$$

so geht das Integral auf $[a, b]$ über in ein Integral auf $[0, 1]$:

$$\int_a^b f(y)\mathrm{d}y = \int_0^1 f(g(x))g'(x)\mathrm{d}x = (b - a)\int_0^1 f\left(a + (b - a)x\right)\mathrm{d}x.$$

Eine solche Transformation ist oft auch hilfreich, wenn das gegebene Integral sich bis ins Unendliche erstreckt. Für das Integral über $[1, \infty]$ wählen wir die Substitution $y = 1/x$ und mit

$$\int_1^\infty f(y)\mathrm{d}y = \int_1^0 f\left(\frac{1}{x}\right)\left(\frac{-\mathrm{d}x}{x^2}\right) = \int_0^1 \frac{1}{x^2}\, f\left(\frac{1}{x}\right)\mathrm{d}x$$

liefert dies ein endliches Integral.

Eine weitere nützliche Methode besteht darin, bei Integralen über unbegrenzte Intervalle z.B. $[a, \infty]$, nur ein endliches Intervall $[a, b]$ zu betrachten; denn solche Integrale können in der Regel nur dann einen endlichen Wert liefern, wenn $f(x) \to 0$ für $x \to \infty$ gilt. Wählen wir also b genügend groß, so ist der Beitrag $\int_b^\infty (f(x)\mathrm{d}x$ so klein, dass wir ihn vernachlässigen können.

In manchen Fällen empfiehlt es sich auch, in der Nähe kritischer Stellen eine Reihenentwicklung von $f(x)$ zu benutzen und dann über ein entsprechendes Taylor-Polynom zu integrieren. Als Beispiel hierfür betrachten wir $\int_0^1 \sqrt{x} \cdot \sin(x)\mathrm{d}x$, das wir zerlegen in $\int_0^\varepsilon \sqrt{x}\sin(x)\mathrm{d}x$ und $\int_\varepsilon^1 \sqrt{x}\sin(x)\mathrm{d}x$. Das erste Integral berechnen wir mittels Reihenentwicklung

$$\sqrt{x}\sin(x) = x^{3/2} - \frac{x^{7/2}}{3!} + \frac{x^{11/2}}{5!} - \ldots$$

und der Näherung

$$\int_0^\varepsilon \sqrt{x}\sin(x)\mathrm{d}x \approx \sum_{j=0}^{n} \int_0^\varepsilon (-1)^j \frac{x^{\frac{4j+3}{2}}}{(2j-1)!}\mathrm{d}x = \sum_{j=0}^{n} (-1)^j \frac{2\varepsilon^{\frac{4j+5}{2}}}{(4j+5)(2j-1)!}.$$

Das zweite Integral kann durch eine der oben genannten üblichen Quadraturregeln bestimmt werden. Wichtig ist dabei die geschickte Wahl von ε, so dass beide Integrale möglichst effektiv berechnet werden können: ε so klein, dass ein kleines n genügt in dem ersten Teilintegral, und ε so groß, dass das zweite Teilintegral von der Nicht-Differenzierbarkeit bei $x = 0$ genügend weit entfernt ist.

Anmerkung 51 (Monte-Carlo-Methoden). Ein völlig anderes Vorgehen führt zu den Monte-Carlo-Methoden, die besonders bei mehrdimensionalen Funktionen verwendet werden. Dabei wählen wir n Zufallspunkte $x_i \in \mathbb{R}^n$, $i = 1, \ldots, n$, aus dem Integrationsbereich $Q \subset \mathbb{R}^n$. Dann berechnen wir an diesen Punkten die Funktionswerte $f_i = f(x_i)$, und setzen als Näherung für das gesuchte Integral $I = \int_Q f(x)\mathrm{d}x$ – bzw. für das gesuchte Volumen im $\mathbb{R}^{n+1}$ – einfach den Mittelwert

$$I \approx \sum_{i=1}^{n} \frac{f_i|Q|}{n}.$$

Dabei stellen wir uns vor, dass jeder zufälligen Funktionsauswertung $f(x_i)$ genau der gleiche Anteil an der „Grundfläche“ Q (nämlich $|Q|/n$) zugeordnet ist, also ein Quader des Inhalts $f_i|Q|/n$.

16 Beispiele

„Alles, was lediglich wahrscheinlich ist, ist wahrscheinlich falsch."

R. Descartes

16.1 Interpolation von Bilddaten

Schwarz-Weiß-Bilder bestehen üblicherweise aus einem Feld (bzw. einer Matrix) von Punkten, (oder „Pixeln"), die jeweils einen gewissen Grauwert besitzen. Mathematisch ist ein Bild also eine diskrete Funktion $g(x, y)$ der Form

$$g : [0, b] \otimes [0, h] \to [0, 1],$$

definiert auf einem diskreten quadratischen Gitter, wobei die Pixelwerte immer genau dem Wert der Funktion an einem Gitterpunkt entsprechen. Ein Grauwert von Null steht für Schwarz, ein Grauwert von Eins für Weiß.

Wollen wir das gegebene Bild einer Drehung unterwerfen oder in der Größe verändern, so bedeutet dies für die Funktion $g(x, y)$, dass wir das diskrete Gitter, auf dem g definiert ist, verändern. Dadurch liegen die Gitterpunkte des neuen Gitters innerhalb von Quadraten von alten Gitterpunkten.

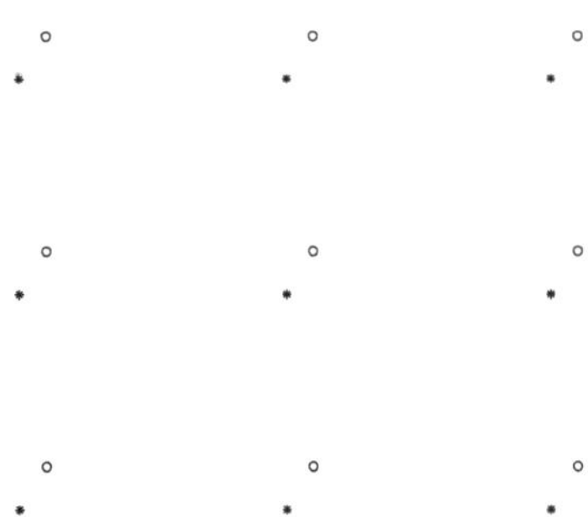

Abb. 16.1. Gitter des ursprünglichen Bildes und verschobenes Pixel-Gitter.

Um also das Bild auf das neue Gitter, das durch Drehung oder Vergrößerung entstanden ist, umzurechnen, müssen wir – ausgehend von der Funktion $g(x,y)$ auf dem alten Gitter – eine neue Funktion $h(u,v)$ auf dem neuen Gitter definieren. Dazu betrachten wir zu jedem neuen Gitterpunkt (u,v) die bekannten Werte von g an benachbarten Punkten des alten Gitters und gewinnen daraus durch Interpolation einen Wert für $h(u,v)$. Dazu sind drei Varianten am gebräuchlichsten:

1. Suche zu (u,v) den nächsten Gitterpunkt (x,y) und setze $h(u,v) = g(x,y)$.
2. Bestimme zu (u,v) ein Quadrat aus alten Gitterpunkten, das (u,v) enthält; dieses Quadrat werde gebildet von den Punkten (x_i, y_i), (x_{i+1}, y_i), (x_i, y_{i+1}) und (x_{i+1}, y_{i+1}). Zu diesen vier Stützpunkten wird das bilinear interpolierende Polynom $p(x,y) = a + bx + cy + dxy$ bestimmt und $g(u,v) = p(u,v)$ gesetzt.
3. Bestimme zu (u,v) ein Quadrat aus alten Gitterpunkten, das (u,v) enthält; zusätzlich werden alle Nachbarquadrate betrachtet, also insgesamt 16 Punkte des alten Gitters, die zu (u,v) benachbart liegen. Mit diesen 16 Punkten als Stützstellen wird das bikubisch interpolierende Polynom berechnet in der Form
$$\begin{aligned} q(x,y) &= a + bx + cy + dx^2 + exy + fy^2 + gx^3 + hx^2y + ixy^2 + jy^3 \\ &\quad + kx^3y + lx^2y^2 + mxy^3 + nx^3y^2 + ox^2y^3 + px^3y^3 \end{aligned}$$
Dann setzen wir wieder $g(u,v) = q(u,v)$.

Übung 70. Beim bilinearen Ansatz können wir wieder die Lagrange-ähnlichen Polynome verwenden, wie z.B.
$$p_{i,j}(x,y) = \frac{(x - x_{i+1})(y - y_{j+1})}{(x_i - x_{i+1})(y_j - y_{j+1})}.$$
$p_{i,j}(x,y)$ ist bilinear und liefert an drei Stützstellen den Wert 0 und an der Stelle (x_i, y_j) den Wert Eins.

Beschreiben Sie, wie man das Interpolationsproblem und damit die Berechnung von $p(u,v)$ mit Hilfe dieser Lagrange-Polynome durchführen kann.

16.2 Registrierung und Kalibrierung von Bilddaten

Ein Standardproblem der Bildverarbeitung besteht darin, zwei Bilder, die das selbe Objekt zeigen, aber aus verschiedenen Blickwinkeln, oder die mit verschiedenen Aufnahmetechniken (CT, IR, Ultraschall) erzeugt wurden, zu vergleichen. Dazu müssen die Bilder zunächst durch eine geometrische Transformation (Drehung, Verschiebung) zur Deckung gebracht werden. Diesen Vorgang bezeichnet man als Registrierung.

Zunächst kann man dazu mehrere Markierungspunkte in den Bilddaten eindeutig identifizieren (P_i in Bild B_1 entspricht genau Q_i in Bild B_2). Danach muss durch Ausgleichsrechnung diejenige lineare Transformation

$$g(x) = Ax + b\,, \ A \text{ eine orthogonale Matrix, } b \text{ ein Vektor}$$

näherungsweise bestimmt werden, die die Bilder so gut wie möglich zur Deckung bringt, also

$$\min_{A,b} \sum_i \|(AP_i + b) - Q_i\|_2^2 .$$

Unterscheiden sich die beiden Bilder nur gering, so können wir im Zweidimensionalen für die Drehung A näherungsweise den Ansatz

$$A = \begin{pmatrix} 1 & \vartheta \\ -\vartheta & 1 \end{pmatrix}$$

wählen. Dann sind nur drei Parameter, nämlich ϑ und der Vektor b zu bestimmen durch Lösen eines linearen Ausgleichsproblems.

Neben dem Problem der Registrierung treten in vielen Fällen auch noch Verzerrungen zwischen den Bildern auf. Hier stehen wir vor dem Problem der *Kalibrierung.*

Wir nehmen dazu an, dass eine verzerrte Aufnahme eines bekannten, einfachen Objekts, z.B. eines äquidistanten Gitters, erstellt wurde. Die Gitterpunkte stellen nun eine Menge von Referenzpunkten (x_i, y_i) dar, deren echte Position wir genau kennen. In der Aufnahme haben sich durch die Verzerrung die Referenzpunkte verschoben und liegen nun an Positionen $(\tilde{x}_i, \tilde{y}_i)$. Um die Verzerrung „wegzurechnen", suchen wir eine einfache Funktion mit

$$f(\tilde{x}_i, \tilde{y}_i) = (x_i, y_i).$$

Die Anwendung dieser Funktion auf das gesamte verzerrte Bild sollte dann eine zumindest weniger verzerrte Aufnahme liefern.

Probleme solcher Art treten bei mediengestützten Operationstechniken auf, die z.B. Röntgenaufnahmen vor und während des Eingriffs verwenden. Dabei ist in Echtzeit die unvermeidliche, z.B. durch das Erdmagnetfeld erzeugte Verzerrung der Röntgenstrahlung mittels der schon vor der Operation bestimmten Funktion $f(x, y)$ zu beseitigen. Referenzpunkte können hier durch ein eingeblendetes Stahlgitter geliefert werden.

Als Ansatz für die Funktion f bieten sich verschiedene Varianten an. Im eindimensionalen Fall können wir ein Polynom

$$p(x) = a_0 + a_1 x + \ldots + a_m x^m$$

vom Grad m verwenden, um die n gestörten Referenzpunkte $(\tilde{x}_i)$ möglichst gut auf die tatsächlichen Positionen (x_i) für $i = 0, 1, \ldots, n$ abzubilden.

Im Zweidimensionalen können wir entsprechend zwei Polynome zweiten Grades

$$p(x, y) = a_0 + a_1 x + a_2 y + a_3 x^2 + a_4 y^2 + a_5 xy$$
$$q(x, y) = b_0 + b_1 x + b_2 y + b_3 x^2 + b_4 y^2 + b_5 xy$$

für die x-, bzw. y-Komponente ansetzen. Dann ergeben sich für die n Referenzpunkte zwei lineare Ausgleichsprobleme zur Bestimmung der Koeffizienten von p, bzw. von q durch

$$\min \left\| (p(\tilde{x}_i, \tilde{y}_i) - x_i, \; q(\tilde{x}_i, \tilde{y}_i) - y_i) \right\|_2^2 .$$

Übung 71. Stellen Sie die linearen Gleichungssysteme zu obigen Ausgleichsproblemen auf.

16.3 Gauß'scher Weichzeichner

Bilddaten sind oft durch statistisches Rauschen gestört; d.h. jeder Pixelwert ist dabei um einen kleinen Wert verschoben. Diese Störungen lassen sich – wegen ihres statistischen Charakters – durch eine Mittelwertbildung zwischen benachbarten Pixeln abschwächen. Weiterhin ist es oft sinnvoll, Bildbereiche, an deren Feinstruktur man nicht interessiert ist, zu glätten. In beiden Fällen kann der Gauß'sche Weichzeichner eingesetzt werden:

Liegt das ursprüngliche Bild – der Einfachheit halber – eindimensional in einer Funktion $f(x)$ vor, so modelliert man diese weich zeichnende Mittelwertbildung durch eine Transformation der Form

$$f(x) \longmapsto g(x) = \int K(x - t) f(t) \mathrm{d}t$$

mit

$$K(x) = \exp\left(\frac{-x^2}{2\pi} \sigma^2 \right) .$$

Mathematisch entspricht diese Operation einer Faltung der Funktion f mit der Gauß-Funktion. Dabei wird also – grob gesprochen – jeder Pixelwert auf seine Nachbarpixel verteilt mit einer Gewichtung, die durch eine Gauß'sche Glockenkurve gegeben ist. Ähnliche Operatoren auf Bilddaten werden auch in Kapitel 19.4 diskutiert.

Nach derselben Methode können wir auch häufig vorkommende Störungen von Bilddaten modellieren. So wird bei der Aufnahme von Objekten im Weltall durch die Erdatmosphäre jeder ursprünglich scharfe Bildpunkt zu einem unscharfen Fleck verschmiert; wir sprechen hier vom *Blurring*. Dieser Prozess ist wieder vergleichbar einer – in diesem Falle unerwünschten – Mittelwertbildung, bzw. Faltung.

Um die Beziehung zwischen den originalen Bilddaten f und der gestörten Aufnahme, beschrieben durch eine Funktion g, zu modellieren, stellen wir uns vor, dass die Störung durch Anwendung des Faltungsintergrals zustande gekommen ist, also durch die Verbreiterung und Überlagerung aller Pixelpunkte. Das Faltungsintegral ersetzen wir näherungsweise durch eine Summe unter Anwendung der Mittelpunktsregel. Dadurch entsteht ein linearer Zusammenhang $g = Kf$ zwischen den Pixelpunkten zu f und zu g mit einer Matrix K, die durch die Integrationsregel bestimmt ist.

Wollen wir nun aus gemessenen unscharfen Daten g das ursprüngliche und ungestörte Bild f wiedergewinnen, so ist das Gleichungssystem $g = Kf$ zu lösen. Allerdings haben wir es hierbei mit einem schlecht gestellten, inversen Problem zu tun (vgl. 10.3). Daher sind wir gezwungen, zu einem regularisierten Gleichungssystem überzugehen, um brauchbare Ergebnisse zu erzielen. In diesem Spezialfall ist K symmetrisch und positiv semidefinit, d.h. $x^T K x \geq 0$ für alle x. Daher kann man $g = Kf$ ersetzen durch das System $g = (K + \varrho^2 I)f$ mit Regularisierungsfaktor ϱ. Das zu lösende lineare Gleichungssystem mit Matrix $K + \varrho^2 I$ ist wesentlich besser konditioniert als das ursprüngliche Problem zur Matrix K.

Übung 72. Zu Pixeln $x_j = jh$, Grauwerten $f(x_j)$, $j = 0, ..., n$ mit $h = 1/n$ untersuche man verschiedene Näherungsformeln für den neuen Grauwert $g(x_k)$, der sich aus der Faltung

$$g(x_k) = \int K(x_k - t) f(t) \mathrm{d}t = \sum_{j=0}^{n-1} \int_{x_j}^{x_{j+1}} K(x_k - t) f(t) \mathrm{d}t$$

ergibt unter der Annahme, dass $f(x) = 0$ für $x < 0$ und $x > 1$ gilt. Wie sieht dann die Matrix K aus? Für welche Funktionen $K(x)$ ergibt sich eine Bandmatrix?

16.4 Fuzzy-Steuerung

Fuzzy-Steuerung ist eine einfache Methode, für komplizierte Vorgänge nahezu optimale Steuerung zu erreichen. Bei klassischen mathematischen Steuerungsalgorithmen wird zu Eingabe-Messwerten anhand einer mathematischen Funktion exakt ein Ausgabe-Steuerwert berechnet. In vielen Fällen ist es aber gar nicht möglich, mathematisch eine Optimallösung zu bestimmen. Oft ist man auch nur an einer billigen, aber einigermaßen vernünftigen Wahl der Steuergröße interessiert. Dazu verwendet man in der Fuzzy-Steuerung die folgende Vorgehensweise:
Zunächst werden die exakten Messwerte durch eine Kombination gewichteter, unscharfer Intervalle repräsentiert; je nachdem, in welchen Bereich ein neuer Messwert fällt, wird dann nach einem vorgegebenen Regelwerk aus den

Messwert-Intervallen eine neue gewichtete Kombination von Intervallen bestimmt, die die anzuwendende Steuergröße darstellen sollen. Diese unscharfe Darstellung der Steuergröße ist vergleichbar mit einer Wahrscheinlichkeitsverteilung für die Wahl der Steuergröße. Aus dieser Verteilungsfunktion muss nun wieder ein eindeutiger Ausgabewert gewonnen werden, der dann zur Steuerung verwendet wird. Beim diesem letzten Schritt, dem so genannten Defuzzify, steht man also vor dem Problem, aus einer Funktion $f(t)$, die unter Berücksichtigung aller angesprochenen Intervalle durch Aufaddieren entstanden ist, einen eindeutigen Steuerparameter x auszuwählen. Diese Zuordnung $f(t) \rightarrow x$ erfolgt häufig durch das *„mean-of-area"*-Kriterium; dabei wird dem gesuchten Parameter x der Wert zugewiesen, der dem Schwerpunkt der Fläche unterhalb von f entspricht:

$$x = \frac{\int_a^b t f(t) \mathrm{d}t}{\int_a^b f(t) \mathrm{d}t}$$

Dies ist gleichzeitig auch der Erwartungswert der 'Verteilungsfunktion' $f(t)$.

Wir haben also auf einem Intervall $[a, b]$ zu einer Funktion $f(t) \geq 0$ die Integrale über $f(t)$ und $tf(t)$ zu berechnen. Die sich ergebende Steuergröße x ist der gewichtete Mittelwert.

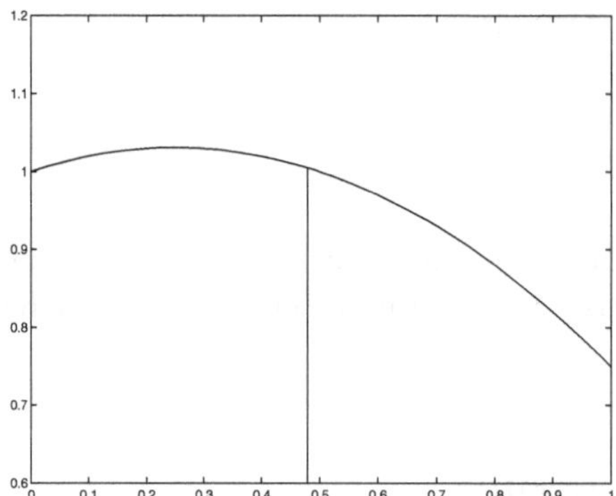

Abb. 16.2. Schwerpunkt $x = 11/23 \approx 0.4783$ in $[0, 1]$ für $f(t) = 1 + t/4 - t^2/2$.

Ein anderes Vorgehen könnte darin bestehen, dasjenige x zur Funktion $f(t)$ auszuwählen, das die Gesamtfläche in zwei genau gleich große Teile zerlegt. Wir wollen also x so bestimmen, dass

$$\int_a^x f(t) \mathrm{d}t = \int_x^b f(t) \mathrm{d}t.$$

In der Funktion aus Abb. 16.2 liefert das *„mean-of-area"*-Kriterium den Wert 0.4783, während das zweite Verfahren $x = 0.4698$ als Steuerparameter ausgeben würde.

17 Aufgaben

„Mathematics is the only instructional material that can be presented in an entirely undogmatic way."

Max Dehn

Übung 73. Bestimmen Sie die Anzahl der Operationen zur Berechnung des interpolierenden Polynoms $p_{0,\ldots,n}(c)$ an einer Stelle c mittels

a) Lagrange-Polynom
b) Neville-Schema
c) Newton-Form des interpolierenden Polynoms.

Übung 74. Wir betrachten die Funktion $f(x) = x^8$. Bestimmen Sie zu f das interpolierende Polynom vom Grad kleiner gleich 6 zu den Stützstellen $-3, -2, -1, 0, 1, 2, 3$.

Übung 75. Approximieren Sie die Funktion $ld(x) = \log_2(x)$.

a) Berechnen Sie das Interpolationspolynom zu $ld(x)$ mit den Stützstellen 16, 32 und 64.
b) Bestimmen Sie die lineare Ausgleichsgerade zu diesen Stützstellen und vergleichen Sie sie mit dem Interpolationspolynom aus a).

Übung 76 (Trigonometrische Interpolation). Im Intervall $[0, 2\pi]$ seien n Stützstellen $x_k = \frac{2\pi}{n}k$, $k = 0, \ldots, n-1$ und n Interpolationsfunktionen $g_l : \mathbb{R} \to \mathbb{C}$, $g_l(x) = \exp(ilx)$, $l = 0, \ldots, n-1$ gegeben.

Zu den n Stützwerten f_k soll nun der Interpolant $p(x)$ gefunden werden, so dass gilt:

$$p(x_k) = f_k \quad \text{für } k = 0, \ldots, n-1, \quad \text{wobei } p(x) = \sum_{l=0}^{n-1} \beta_l g_l(x)$$

a) Formulieren Sie diese Interpolationsaufgabe als Gleichungssystem $By = f$.
b) Zeigen Sie: $BB^H = nI$. Wie erhält man daher B^{-1} und den Interpolanten $p(x)$?

Hinweis: Zeigen Sie:

$$\sum_{j=0}^{n-1} \exp\left(\frac{\nu j 2\pi i}{n}\right) = \begin{cases} n & \text{falls } \nu = 0, \pm n, \pm 2n, \cdots \\ 0 & \text{sonst} \end{cases}$$

Übung 77 (Lagrange-Polynome bei der Hermite-Interpolation). Bestimmen Sie zu Stützstellen $x_0 < x_1 < \ldots < x_n$ ein Polynom der Form

$$\begin{aligned} p(x) &= (x-x_0)^2 \cdots (x-x_j)^2 (x-x_{j+1})^2 \cdots (x-x_n)^2 (\alpha x + \beta) && (17.1) \\ &= w^2(x)(\alpha x + \beta) && (17.2) \end{aligned}$$

mit $p(x_k) = p'(x_k) = 0$ für $k = 0, 1, \ldots, j-1, j+1, \ldots, n$ und

a) $p(x_j) = 0$, $p'(x_j) = 1$
b) $p(x_j) = 1$, $p'(x_j) = 0$

Wie lässt sich mit Hilfe dieser Polynome die Hermite-Interpolationsaufgabe 65 aus Abschn. 14.5 lösen?

Übung 78 (Bernstein-Polynome). Auf dem Intervall $[0,1]$ soll eine Kurve $S = \{(x, s(x))\ ;\ x \in [0,1]\}$ in drei beliebig vorgegebene Punkte $P_i = (x_i, y_i)$; $i = 0, 1, 2$, eingepasst werden. P_0 und P_2 sollen dabei auf den Intervallrändern (also $x_0 = 0$ und $x_2 = 1$) liegen und interpoliert werden. P_1 wird im Allgemeinen nicht auf der Kurve liegen. Die Kurve S wird mittels

$$s(x) := \sum_{i=0}^{2} y_i B_i(x) \quad \text{mit} \quad B_i(x) = \binom{2}{i} x^i (1-x)^{2-i}$$

definiert.

a) Berechnen Sie die Ableitung der Funktion $s(x)$ an den Stellen x_0 und x_1 in Abhängigkeit der Werte y_i, $i = 0, 1, 2$. Verwenden Sie dazu die Ableitungen der Bernsteinpolynome $B_i(x)$.
b) Bestimmen Sie die beiden Kurventangenten in den Punkten P_0 und P_2 mit Hilfe Ihrer Ergebnisse aus Teilaufgabe a). Berechnen Sie dann den Schnittpunkt $\bar{P} = (\bar{x}, \bar{y})$ dieser beiden Geraden.
c) Es seien die Werte y_0 und y_2 so wie ein Punkt $P_* = (0.5, y_*)$ gegeben. Berechnen Sie y_1 so, dass P_* auf der Kurve S liegt.

Übung 79. Prüfen Sie nach, dass die einfache Simpson-Regel Polynome vom Grad 3 exakt integriert.

Übung 80. Zu Stützstellen $x_0 < x_1 < x_2$ mit bekannten Funktionswerten $f(x_0)$, $f(x_1)$ und $f(x_2)$ soll das Integral $\int_a^b f(x)\mathrm{d}x$ näherungsweise bestimmt werden; dabei sei $a \le x_0 < x_2 \le b$.

Beschreiben Sie, wie man mittels eines Polynoms zweiten Grades dieses Integral näherungsweise berechnen kann und geben Sie eine explizite Quadraturregel an der Form

$$\int_a^b f(x)\mathrm{d}x \approx \sum_{j=0}^{2} w_j f(x_j).$$

Übung 81. Gesucht ist eine Quadraturregel auf dem Intervall $[0,1]$ zur Lösung von Integralen der Form $I(f) = \int_0^1 f(x)\mathrm{d}x$. Bekannt seien von f die Werte der Ableitungen an den Stellen 0 und 1, also $f'(0)$ und $f'(1)$. Weiterhin sei an einer Stelle $z \in [0,1]$ der Funktionswert $f(z)$ bekannt. Wir ersetzen nun unter dem Integral die Funktion $f(x)$ durch ein geeignetes Polynom.

Welchen Grad sollte das Polynom haben und welche Bedingungen sollte es erfüllen? Wie lautet die so gewonnene Quadraturregel? Für Polynome welchen Grades liefert diese Regel den exakten Wert? Wie sollte man z wählen, damit Polynome möglichst hohen Grades exakt integriert werden?

Übung 82. Gegeben sei eine Integrationsregel mit nur einer Stützstelle x_0 und einem Gewicht α:

$$\alpha f(x_0) \approx \int_a^b f(x)\mathrm{d}x.$$

Bestimmen Sie x_0 und α so, daß die Integrationsregel für Polynome möglichst hohen Grades exakt gilt. Können Sie eine entsprechende Regel für zwei Stützstellen und zwei Gewichte finden?

Übung 83. Bestimmen Sie zu den Stützstellen $x_0 = 0$, $x_1 = a$, $x_2 = 1$ Gewichte w_0, w_1, w_2 und die Stützstelle a so, daß die Integrationsregel

$$\int_0^1 f(x)\mathrm{d}x = w_0 f(0) + w_1 f(a) + w_2 f(1)$$

für Polynome möglichst hohen Grades exakt ist.

Übung 84. Gegeben sind die Stützstellen $a = x_0$, $x_1 = x_0 + h, \ldots, x_{n-1} = x_0 + (n-1)h$, $x_n = b$, $h = b/n$, n gerade, und eine Funktion $f(x)$. Gesucht ist ein Näherungswert für $\int_a^b f(x)\mathrm{d}x$. Bestimmen Sie mittels der Simpson-Regel

$$\int_u^v g(x)\mathrm{d}x \approx \frac{v-u}{6}\left(g(u) + 4g\left(\frac{u+v}{2}\right) + g(v)\right),$$

angewandt jeweils auf die Teilintervalle $[x_0, x_2], \ldots, [x_{n-2}, x_n]$, eine Formel der Form $\sum_{j=0}^{n} c_j f(x_j)$ als Näherung des gesuchten Wertes.

Übung 85 (Fehlerabschätzung der Simpson-Regel).

a) Bestimmen Sie zu $x_0 = a$, $x_2 = b$, $x_1 = (a+b)/2$ mit gegebenen Werten $f(a)$, $f(b)$, $f((a+b)/2)$ das interpolierende quadratische Polynom in der Form

$$p(x) = \alpha + \beta(x - x_1) + \gamma(x - x_1)^2.$$

Zu berechnen sind also α, β und γ in Abhängigkeit von den gegebenen Stützpaaren.

b) Bestimmen Sie die Taylor-Entwicklung von $f(x)$ um x_1 bis zur vierten Ordnung. Damit können dann $f(a)$ und $f(b)$ durch Funktionswert und Ableitungen an der Stelle x_1 ausgedrückt werden. Dasselbe gilt dann auch für α, β und γ.

c) Zur Abschätzung von $\left|\int_a^b (f-p)\mathrm{d}x\right|$ setze man $p(x)$ ein mit α, β, γ aus b) und für $f(x)$ die Taylor-Entwicklung bis zur vierten Ordnung. Beweisen Sie durch Abschätzung dieser Formel die Fehlerabschätzung für die Simpson-Regel aus 15.3.

Teil V

Die schnelle Fourier-Transformation

18 Eigenschaften und Algorithmen

„Mathematical Analysis is as extensive as nature herself."

J. Fourier

Wir betrachten hier einen Vektor von Daten, der untersucht werden soll. Beispielsweise kann dieser Vektor als Komponenten die mittleren Tagestemperaturen der letzten Jahre enthalten. Die diskrete Fourier-Transformation DFT beschreibt nun eine Basistransformation des $\mathbb{C}^n$, die es ermöglicht, die in dem gegebenen Vektor enthaltenen Daten zu analysieren und ev. zu modifizieren. Die DFT ist also nichts anderes als eine andere Beschreibung der gegebenen Daten in einer Form, die besser zugänglich und verständlich ist. Aus den Fourier-transformierten Daten können dann z.B. Gesetzmäßigkeiten und periodische Anteile extrahiert werden, oder die Daten können entsprechend bestimmter Vorgaben verändert werden.

Wegen der großen Bedeutung der Fourier-Transformation in den Anwendungen ist es natürlich wichtig, effiziente und schnelle Algorithmen zur Durchführung der DFT zu haben. Daher beschäftigen wir uns in den folgenden Abschnitten mit schnellen Verfahren für die DFT, die unter dem Namen Fast Fourier Transformation oder FFT bekannt sind. Diese Algorithmen beruhen alle auf dem divide-and-conquer-Prinzip und sind als spezielle rekursive Verfahren sehr interessant. Dabei sollten wir aber nie vergessen, dass die DFT nichts weiter als eine einfache Matrix-Vektor-Multiplikation ist.

Im zweiten Abschnitt stellen wir dann wichtige Anwendungsmöglichkeiten und Weiterentwicklungen der DFT vor. Wir beschäftigen uns dabei insbesondere mit Anwendungen in der Bildverarbeitung und mit den Themen Filtern und Wavelets.

18.1 Diskrete Fourier-Transformation

Mit den n-ten Einheitswurzeln $\exp\left(\frac{2\pi ij}{n}\right)$, $j = 0, 1, \ldots, n-1$, (siehe Anhang C) als Stützstellen wollen wir das komplexe Polynominterpolationsproblem (vgl. Kapitel 14 und Übung 76)

$$\begin{aligned} v_j &= p\left(\exp\left(\frac{2\pi i j}{n}\right)\right) \\ &= c_0 + c_1 \exp\left(\frac{2\pi i j}{n}\right) + \ldots + c_{n-1} \exp\left(\frac{2\pi i j(n-1)}{n}\right) \\ &= \sum_{k=0}^{n-1} c_k \exp\left(\frac{2\pi i j k}{n}\right) = \sum_{k=0}^{n-1} c_k \omega^{jk} \end{aligned}$$

betrachten. Dabei benutzen wir im Folgenden die Abkürzung $\omega = \exp\left(\frac{2\pi i}{n}\right)$. Die Aufgabe lautet also:

> Finde n komplexe Zahlen $c_0, \ldots, c_{n-1}$, so daß $v_j = p(\omega^j)$ für $j = 0, 1, \ldots, n-1$ gilt.

Dies führt auf das lineare Gleichungssystem

$$\begin{pmatrix} 1 & 1 & 1 & \cdots & 1 \\ 1 & \omega & \omega^2 & \cdots & \omega^{n-1} \\ 1 & \omega^2 & \omega^4 & \cdots & \omega^{2(n-1)} \\ \vdots & \vdots & \vdots & & \vdots \\ 1 & \omega^{n-1} & \omega^{2(n-1)} & \cdots & \omega^{(n-1)(n-1)} \end{pmatrix} \cdot \begin{pmatrix} c_0 \\ c_1 \\ c_2 \\ \vdots \\ c_{n-1} \end{pmatrix} = \begin{pmatrix} v_0 \\ v_1 \\ v_2 \\ \vdots \\ v_{n-1} \end{pmatrix}. \tag{18.1}$$

Glücklicherweise lässt sich für diese Matrix die Inverse leicht angeben, da diese Vandermonde-Matrix bis auf einen Faktor $1/\sqrt{n}$ unitär ist (vgl. Aufgabe 76 und Anhang B.3). Die Inverse der Matrix aus (18.1) ist gerade das Hermite'sche dieser Matrix – bis auf einen zusätzlichen Faktor $1/n$. Die Lösung des Gleichungssystems erhalten wir einfach als

$$\begin{pmatrix} c_0 \\ c_1 \\ c_2 \\ \vdots \\ c_{n-1} \end{pmatrix} = \frac{1}{n} \begin{pmatrix} 1 & 1 & 1 & \cdots & 1 \\ 1 & \bar{\omega} & \bar{\omega}^2 & \cdots & \bar{\omega}^{n-1} \\ 1 & \bar{\omega}^2 & \bar{\omega}^4 & \cdots & \bar{\omega}^{2(n-1)} \\ \vdots & \vdots & \vdots & & \vdots \\ 1 & \bar{\omega}^{n-1} & \bar{\omega}^{2(n-1)} & \cdots & \bar{\omega}^{(n-1)(n-1)} \end{pmatrix} \cdot \begin{pmatrix} v_0 \\ v_1 \\ v_2 \\ \vdots \\ v_{n-1} \end{pmatrix}$$

oder

$$c_k = \frac{1}{n} \sum_{j=0}^{n-1} v_j \bar{\omega}^{jk}, \quad k = 0, 1, \ldots, n-1. \tag{18.2}$$

Die Formeln (18.2) beschreiben nun gerade die diskrete Fourier-Transformation DFT des Vektors $(v_0, \ldots, v_{n-1})$, also

$$\begin{pmatrix} c_0 \\ c_1 \\ c_2 \\ \vdots \\ c_{n-1} \end{pmatrix} = DFT \begin{pmatrix} v_0 \\ v_1 \\ v_2 \\ \vdots \\ v_{n-1} \end{pmatrix} = F^H \cdot c\,.$$

Die Umkehrbeziehung

$$\begin{pmatrix} v_0 \\ v_1 \\ v_2 \\ \vdots \\ v_{n-1} \end{pmatrix} = IDFT \begin{pmatrix} c_0 \\ c_1 \\ c_2 \\ \vdots \\ c_{n-1} \end{pmatrix} = F \cdot c$$

entspricht dem ersten Gleichungssystem (18.1). In Summenform ausgeschrieben

$$v_j = \sum_{k=0}^{n-1} c_k \omega^{jk}, \quad j = 0, 1, \ldots, n-1 \; ,$$

stellt dies die inverse diskrete Fourier-Transformation IDFT dar.

In dieser Form entspricht der Aufwand der Berechnung der DFT den Kosten eines Matrix-Vektor-Produkt, also $\mathcal{O}(n^2)$. Wir wollen nun ein schnelleres Verfahren herleiten, das für spezielle Werte von n in $\mathcal{O}(n\log(n))$ Operationen die DFT berechnet und daher auch als FFT *(Fast Fourier Transformation)* bezeichnet wird. Eine solche effiziente Berechnung ist angebracht, da die DFT in vielen praktischen Anwendungen benötigt wird.

Anmerkung 52. Die Normierungsfaktoren in der DFT und IDFT sind in der Literatur nicht ganz einheitlich definiert. Manchmal normiert man z.B. beide mit $1/\sqrt{n}$ – dann sind beide zugehörigen Matrizen unitär. Immer aber ist die Normierung so vorzunehmen, dass insgesamt bei Anwendung beider Transformationen der Faktor $1/n$ entsteht. Weiterhin sind in manchen Lehrbüchern die Definitionen von DFT und IDFT genau vertauscht; dann entspricht die Matrix F^H der IDFT, und F entspricht der DFT.

18.2 Schnelle Fourier-Transformation am Beispiel der IDFT

Die Grundidee besteht darin, die Summen über n in je zwei Summen halber Länge zu zerlegen und dies rekursiv nach dem Prinzip des *divide-and-conquer* so lange durchzuführen, bis man bei trivialen Summen der Länge 1 angelangt ist. Dazu notwendig ist natürlich im ersten Schritt, dass $n = 2m$ gerade ist. Um das Verfahren voll durchführen zu können, wollen wir uns von vornherein auf den Fall beschränken, dass n eine Zweierpotenz ist, $n = 2^p$ und daher $m = 2^{p-1}$.

Wir untersuchen im Folgenden die inverse Fourier-Transformation; das Verfahren für die eigentliche DFT erhält man daraus offensichtlich durch Übergang zum konjugiert Komplexen und einem zusätzlichen Faktor $1/n$:

$$DFT(v) = \frac{1}{n}\, \overline{IDFT(\overline{v})}.$$

Für $(v_0, \ldots, v_{n-1}) = IDFT(c_0, \ldots, c_{n-1})$ gilt

$$\begin{aligned} v_j &= \sum_{k=0}^{n-1} c_k \exp\left(\frac{2\pi ijk}{n}\right) \\ &= \sum_{k=0}^{\frac{n}{2}-1} c_{2k} \exp\left(\frac{2\pi ij2k}{n}\right) + \sum_{k=0}^{\frac{n}{2}-1} c_{2k+1} \exp\left(\frac{2\pi ij(2k+1)}{n}\right) \\ &= \sum_{k=0}^{m-1} c_{2k} \exp\left(\frac{2\pi ijk}{m}\right) + \omega^j \sum_{k=0}^{m-1} c_{2k+1} \exp\left(\frac{2\pi ijk}{m}\right) \end{aligned}$$

für $j = 0, 1, \ldots, m-1$. Die noch fehlenden Einträge $v_m, \ldots, v_{n-1}$ erhalten wir nach demselben Prinzip aus

$$\begin{aligned} v_{m+j} = \sum_{k=0}^{m-1} c_{2k} \exp\left(\frac{2\pi i(j+m)2k}{n}\right) &+ \sum_{k=0}^{m-1} c_{2k+1} \exp\left(\frac{2\pi i(j+m)(2k+1)}{n}\right) \\ &= \sum_{k=0}^{m-1} c_{2k} \exp\left(\frac{2\pi ijk}{m}\right) - \omega^j \sum_{k=0}^{m-1} c_{2k+1} \exp\left(\frac{2\pi ijk}{m}\right) \end{aligned}$$

für $j = 0, 1, \ldots, m-1$. Dabei ist

$$\exp\left(\frac{2\pi i(j+m)}{n}\right) = \exp(\pi i) \exp\left(\frac{\pi ij}{m}\right) = -\exp\left(\frac{\pi ij}{m}\right) = -\omega^j.$$

Wir können also die Berechnung von

$$(v_0, \ldots, v_{n-1}) = IDFT(c_0, \ldots, c_{n-1})$$

zurückführen auf

$$(v_0^{(1)}, \ldots, v_{m-1}^{(1)}) = IDFT(c_0, c_2, \ldots, c_{n-2})$$

und

$$(v_0^{(2)}, \ldots, v_{m-1}^{(2)}) = IDFT(c_1, c_3, \ldots, c_{n-1})$$

mit Vektoren halber Länge. Daran anschließend folgt eine Kombination der Vektoren $v^{(1)}$ und $v^{(2)}$, versehen mit Gewichtsfaktoren ω^j, um die erste bzw. zweite Hälfte der gesuchten Lösung $(v_0, \ldots, v_{n-1})$ zu erhalten. Wir teilen dabei also den Ausgangsvektor auf in je einen Vektor halber Länge mit den geraden Koeffizienten und mit den ungeraden, wenden auf diese Teilvektoren die IDFT an und kombinieren die Ergebnisvektoren zur gesuchten Lösung des Ausgangsproblems. Diese Vorgehensweise wiederholen wir rekursiv, d.h. auch die IDFT der Teilvektoren führen wir auf Vektoren wiederum halber Länge zurück, bis wir bei Vektoren der Länge Eins angelangt sind, für die die Berechnung der IDFT trivial ist.

In einer ersten Formulierung können wir diesen Algorithmus nun durch ein rekursives Programm beschreiben:

```
FUNCTION (v[0], .., v[n-1]) = IDFT(c[0], .., c[n-1],n)
IF n == 1 THEN
   v[0] = c[0];
ELSE
   m = n/2;
   z1 = IDFT(c[0], c[2], .., c[n-2], m);
   z2 = IDFT(c[1], c[3], .., c[n-1], m);
   omega = exp(2*pi*i/n);
   FOR j=0, ..., m-1:
       v[j]   = z1[j] + omega^j * z2[j];
       v[m+j] = z1[j] - omega^j * z2[j];
   ENDFOR
ENDIF
```

Die wesentliche Operation ist also die komponentenweise Verknüpfung der Zwischenvektoren $z^{(1)}$ und $z^{(2)}$ durch einen *„Butterfly"* (Abb. 18.1).

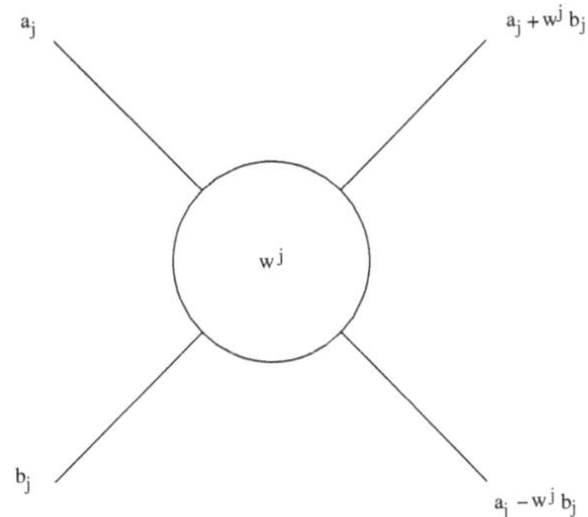

Abb. 18.1. Butterfly, der die elementare Verknüpfung zweier Komponenten bei der FFT beschreibt.

Ein Aufruf des Programms $IDFT(c_0, c_1, c_2, c_3)$ ergibt den in Abb. 18.2 dargestellten Baum, der die verschiedenen Aufrufe von IDFT verschiedener Länge und ihre zeitliche Reihenfolge darstellt.

18.3 FFT-Algorithmus am Beispiel der IDFT

In Anbetracht der großen Bedeutung der diskreten Fourier-Transformation in vielen Anwendungsbereichen sind wir mit dieser rekursiven Formulierung der DFT noch nicht zufrieden. Um ein besseres Laufzeit- und Speicherplatzverhalten zu bekommen, werden wir versuchen, die Rekursion mittels einfacher `FOR`-Schleifen zu realisieren.

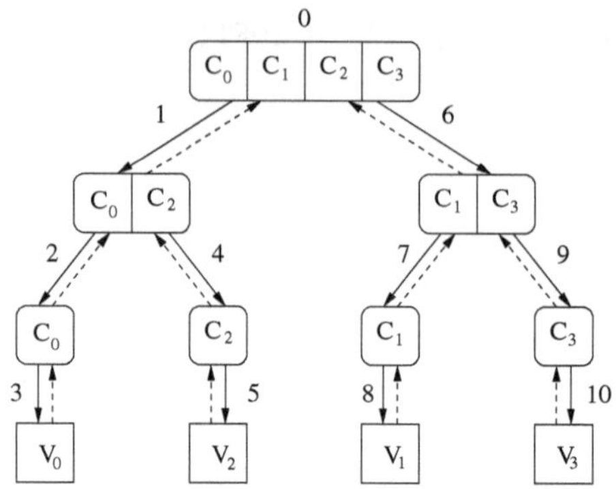

Abb. 18.2. Aufrufbaum der FFT für $n = 4$.

Denn zum einen erlauben nicht alle Programmiersprachen rekursive Programmaufrufe, und zum anderen kostet jeder rekursive Aufruf natürlich zusätzlich Zeit, um z.B. neuen Speicherplatz für das Anlegen der entsprechenden neuen Variablen zur Verfügung zu stellen. Eine genauere Analyse, die in diesem Abschnitt durchgeführt wird, zeigt, wie sich das rekursive Programm auf einfache `FOR`-Schleifen (Loops) zurückführen lässt.

Wir wollen einmal die verschiedenen rekursiven Aufrufe der Funktion $IDFT$ im Falle $n = 8$ genau verfolgen. Zunächst wird also der Vektor $(c_0, \ldots, c_7)$ in zwei Vektoren (c_0, c_2, c_4, c_6) und (c_1, c_3, c_5, c_7) mit den geraden, bzw. ungeraden Koeffizienten aufgeteilt. Für jeden dieser Vektoren wird wieder $IDFT$ aufgerufen. Also wird z.B. $(c_0, \ldots, c_6)$ nun wiederum aufgeteilt nach gerade und ungerade in (c_0, c_4) und (c_2, c_6). Dasselbe wiederholt sich auf dieser Ebene, und (c_0, c_4) wird aufgespalten in (c_0) und (c_4). Ein erneuter Aufruf von $IDFT$ stößt nun aber auf den Sonderfall eines Vektors der Länge 1, und die inverse Fourier-Transformation besteht nun einfach darin, die Zahl unverändert zu übernehmen. Bis hierher wurde also nur durch rekursive Funktionsaufrufe der Ausgangsvektor in immer kleinere Einheiten zerlegt, bis wir bei Länge Eins angekommen sind, und die Ausführung der IDFT trivial ist. Nun meldet der letzte Funktionsaufruf von $IDFT$ sich auf der aufrufenden Ebene zurück mit seinem Ergebnis. Das aufrufende Programm baut die Zwischenergebnisse nach dem bekannten Schema $a_j \pm \omega^j b_j$ zu einem doppelt so langen Vektor zusammen, und meldet sein Ergebnis nach oben. Dies wird so lange durchgeführt, bis wir auf der obersten Ebene des ursprünglich aufgerufenen Programms angekommen sind. Abb. 18.3 beschreibt den Datenfluss und die elementaren Rechenschritte der FFT für $n = 8$.

Der Aufruf von $IDFT$ bewirkt also zunächst ein rekursives Aufteilen des Ausgangsvektors in Anteile mit geraden und ungeraden Indizes. Erst danach beginnt die eigentliche Rechenphase mit der Kombination einzelner Komponenten mittels des Butterflys aus Abb. 18.1. Wir wollen daher im Folgenden

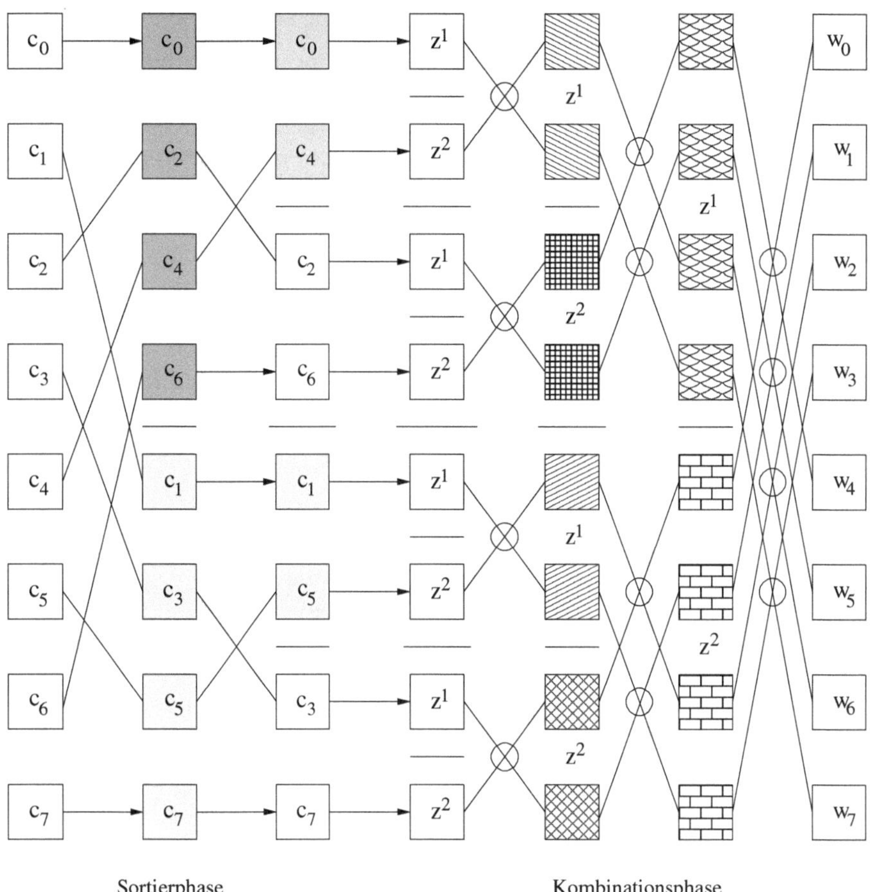

Abb. 18.3. Programmfluß bei der FFT der Länge 8.

den Gesamtalgorithmus in eine Sortierphase und eine anschließende Kombinationsphase aufteilen.

Die Sortierphase:

Zunächst betrachten wir die Sortierphase. In unserem Beispiel mit $n = 8$ wird der Vektor $(c_0, \ldots, c_7)$ durch wiederholtes Aufspalten in 8 Vektoren der Länge Eins transformiert, und erscheint in der neuen Reihenfolge $c_0, c_4, c_2, c_6, c_1, c_5, c_3, c_7$ (entspricht der dritten Spalte in Abb. 18.3). Dabei steht nun z.B. c_4 an zweiter Stelle, c_3 an vorletzter usw. In dieser Reihenfolge werden die Vektoren in der Kombinationsphase entsprechend $a_j \pm \omega^j b_j$ wieder zu längeren Vektoren zusammengesetzt. Die Sortierung ordnet also jedem Index k zu Komponente c_k eine Zahl $\pi(k)$ zu, die beschreibt, an welcher Stelle c_k nach der Sortierung steht. So ist $\pi(1) = 4$, da c_1 durch die Sortierung an Position 5 gelangt, an der sich ursprünglich c_4 befand.

Beschreiben wir für $n = 2^p$ die Indizes k im Binärsystem mit p Stellen, so erfolgt die Sortierung nach der einfachen Regel, dass im ersten Schritt Indizes k mit letzter Binärziffer Eins (Einerstelle) in den hinteren Teil verschoben werden (da ungerade), also am Ende der Sortierphase auf jeden Fall eine Eins als erste (höchste) Binärziffer aufweisen werden. Umgekehrt führt eine Null an der letzten Stelle dazu, dass die Zahl in die vordere Hälfte rückt, also auch nach der Sortierung Null als erste Stelle führen wird. Analog erfolgt die Sortierung im zweiten Schritt dann nach der zweitletzten Binärziffer (wird zur zweithöchsten) usw. Insgesamt erhalten wir also $\pi(k)$ aus $k = (b_{p-1}b_{p-2}\cdots b_0)_2$, indem in der Binärdarstellung von k die Reihenfolge der Ziffern genau umgekehrt wird, also $\pi(k) = (b_0\cdots b_{p-1})_2$. Dieser Vorgang wird als ‚Bitreversal' bezeichnet.

In obigem Beispiel mit $p = 3$ erhalten wir:

$$\begin{aligned} k = 5 = (101)_2 &\to \pi(k) = (101)_2 = 5, \\ k = 3 = (011)_2 &\to \pi(k) = (110)_2 = 6, \\ k = 1 = (001)_2 &\to \pi(k) = (100)_2 = 4, \end{aligned}$$

also genau entsprechend der Sortierung aus Abb. 18.3.

Diese Kenntnis wollen wir dazu benutzen, ein direktes Loop-Programm für die Sortierphase anzugeben. Ist nämlich $\pi(k-1)$ schon bekannt, so gilt

$$\begin{aligned} k - 1 &= (b_{p-1}b_{p-2}b_{p-3}\ldots 011\ldots 11)_2 \\ \text{und} \quad \pi(k-1) &= (11\ldots 110\ldots b_{p-3}b_{p-2}b_{p-1})_2. \end{aligned}$$

Damit folgt

$$\begin{aligned} k &= (b_{p-1}b_{p-2}b_{p-3}\ldots 100\ldots 00)_2 \\ \text{und} \quad \pi(k) &= (00\ldots 001\ldots b_{p-3}b_{p-2}b_{p-1})_2. \end{aligned}$$

Dabei betrachten wir von $k-1$ den rechten Block von aufeinander folgenden Einsen gefolgt von der ersten Null (von rechts); durch die Erhöhung um Eins in k verwandelt sich diese Null in eine Eins und der Einser-Block in entsprechend viele Nullen. Genauso verwandelt sich in $\pi(k-1)$ die Folge $11\ldots 110$ in $00\ldots 001$ in $\pi(k)$. Dieses Vorgehen entspricht also einem Höherzählen von links (statt von rechts, wie das normalerweise geschieht).

Um also aus $\pi(k-1)$ nun $\pi(k)$ zu erhalten, wird von links her das erste Paket aufeinander folgender Einsen durch entsprechende Nullen ersetzt und die erste auftretende Null durch eine Eins. Die restlichen Stellen bleiben unverändert. Hat das erste 1er-Paket die Länge Null, d.h. $\pi(k-1)$ beginnt mit einer Null, so reduziert sich dieser Schritt, und es wird nur diese Null durch eine Eins ersetzt. Daraus resultiert folgender Algorithmus für die Sortierphase der Fast Fourier Transformation:

```
pi[0] = 0;
FOR k = 1, ..., n-1:
    pi[k] = pi[k-1];
    FOR j = 1, ..., p:
        IF pi[k] < 2^(p-j) THEN
           pi[k] = pi[k] + 2^(p-j);
           BREAK
        ELSE
           pi[k] = pi[k] - 2^(p-j);
        ENDIF
   ENDFOR
ENDFOR
```

Im Vektor π ist dann die Permutation P gespeichert, die angibt, an welche Stelle eine entsprechende Komponente des Eingabevektors c durch die Sortierung wandert, also $c \to_P \tilde{v}$ oder $\tilde{v} = c(\pi(k))$. Mit $\tilde{v}$ bezeichnen wir den Vektor, in dem das Zwischenergebnis nach der Sortierphase gespeichert ist. Offensichtlich hat diese Permutation die Eigenschaft, dass sie sich bei zweimaliger Anwendung aufhebt, also $P^{-1} = P$. Die Kosten der Sortierphase sind offensichtlich $\mathcal{O}(n \log_2(n))$, da die Anzahl der Operationen in obigem Programm gegeben ist durch

$$\sum_{k=1}^{n-1} \sum_{j=1}^{p-1} 1 \leq p \cdot n = n \log_2(n).$$

Die Kombinationsphase:

Nach der Sortierphase können wir nun auch die Kombinationsphase direkt durch `FOR`-Schleifen beschreiben. Im ersten Schritt haben wir es mit Vektoren der Länge $m = 2^0 = 1$ zu tun. Dies sind die einzelnen Komponenten des von der Sortierphase gelieferten Vektors $\tilde{v}$ (gleich der mittleren Spalte in Abb. 18.3). Die einzelnen Komponenten dieser Vektoren der Länge $1 = 2^L$ mit $L = 0$ werden paarweise mit dem Faktor $\omega = \exp(\pi \mathrm{i} L/m) = 1$ in der Form $a \pm b$ kombiniert.

Im zweiten Schritt (nächste rechte Spalte) haben wir es mit Vektoren der Länge $m = 2$ zu tun. Die ersten Komponenten zweier Nachbarn zu $L = 0$ werden jeweils mit $\omega = 1$ kombiniert, die zweiten Komponenten zu $L = 1$ mit $\omega = \exp(\pi \mathrm{i}/2) = \mathrm{i}$, also $a \pm \mathrm{i}b$; dies wird wiederholt für zwei Blöcke von Nachbarpaaren im Abstand $2m = 4$.

Allgemein haben wir also im K-ten Schritt Vektoren der Länge $m = 2^{K-1}$ und zu kombinierende Nachbarpaare im Abstand $2m$. Gleiche Komponenten eines Nachbarpaares gehören zu gleichem L und werden mit gleichem $\omega = \exp(\pi \mathrm{i} L/m)$ kombiniert. Also legt in jeder Spalte die Komponente eines Vektors fest, welches ω dazugehört, und gleiche Nachbarkomponenten gehören zum gleichen ω.

Dies können wir in folgendem Programm beschreiben:

```
j=1;
FOR K = 1, ..., p:
    m = j;
    j = 2*m;
    FOR L = 0, ..., m-1:
        omega = cos(pi*L/m) + i*sin(pi*L/m);
        FOR M = 0, j, 2*j, ..., n-j:
            g = vtilde[L+M];
            h = omega * vtilde[L+M+m];
            vtilde[L+M] = g + h;
            vtilde[L+M+m] = g - h;
        ENDFOR
    ENDFOR
ENDFOR
```

Dabei gibt `K` die Spalte in Abb. 18.3 an, `L` die Komponente des Vektors, und mit `M` durchlaufen wir alle Nachbarpaare im Abstand $2m = 2^K$. Nach Beendigung dieses Programmes liegt in **vtilde** $= \tilde{v}$ der gesuchte Vektor v.

Damit haben wir insgesamt ein einfaches Loop-Programm zur Ausführung der schnellen Fourier-Transformation entwickelt. Die Kosten dieses Programms ergeben sich aus der Ausführung des Butterflys für p Spalten aus Abb. 18.3, wobei in jeder Spalte n paarweise Kombinationen anfallen. Also summiert sich der Gesamtaufwand der FFT in dieser Form zu $\mathcal{O}(n \log(n))$ arithmetischen Operationen.

Wir wollen an dieser Stelle eine genauere *Kostenanalyse* durchführen. Für die Anzahl der Operationen T_n (= Anzahl der arithmetischen Operationen für die FFT der Länge n) gilt offensichtlich die einfache Beziehung

$$T_{2n} = 2T_n + \alpha n.$$

Nun führen wir die Beziehung $f_p := T_n = T_{2^p}$ mit $n = 2^p$ ein. Für die Folge der f_p gilt dann

$$f_{p+1} = 2f_p + \alpha 2^p.$$

Betrachten wir nun die zu den Koeffizienten f_p gehörige erzeugende Funktion $F(x) = \sum_{p=0}^{\infty} f_p x^p$, so gewinnen wir für $F(x)$ eine explizite Darstellung der Form

$$F(x) = \frac{\alpha x}{(1-2x)^2} + \frac{f_0}{1-2x}.$$

Aus der Reihenentwicklung von F(x) lassen sich die Koeffizienten f_p ablesen zu

$$f_p = (\alpha p + 2f_0)2^{p-1}, \qquad \text{für } p = 1, 2, \ldots$$

und daher gilt

$$T_n = T_{2^p} = f_p = \frac{\alpha}{2} n \log_2(n) + f_0 n = \mathcal{O}(n \log_2(n))$$

Anmerkung 53. Man beachte, dass diese divide-and-conquer-Idee nur funktionieren kann, wenn die Länge des Eingabevektors n eine Zweier-Potenz ist, oder zumindest in viele Primfaktoren zerfällt. Ist n aber eine Primzahl, so benötigt die DFT $\mathcal{O}(n^2)$ Operationen, da keine Aufspaltung in Teilprobleme möglich ist. Allerdings kann dann die Berechnung der DFT auf die Bestimmung von Fourier-Transformationen von Vektoren anderer Länge zurück geführt werden; diese sind dann nicht von Primzahl-Länge und können wieder rekursiv schnell bestimmt werden.

Ist $n = 2^p = 4^{(p/2)} = 4^q$, so ist z.B. auch eine Aufspaltung in 4 Teilsummen der Länge $n/4$ möglich, die wiederum in 4 Teilsummen zerlegt werden können. Dieses Vorgehen kann q-mal wiederholt werden, bis wieder triviale Teilsummen der Länge Eins erreicht sind. Für jede Teilsumme besteht also die Möglichkeit zwischen einer Aufspaltung in 2 oder 4 Teilprobleme. Allgemein bestimmt jede Faktorisierung $n = n_1 \cdot n_2 \cdots n_k$ eine mögliche Aufspaltung in Teilsummen.

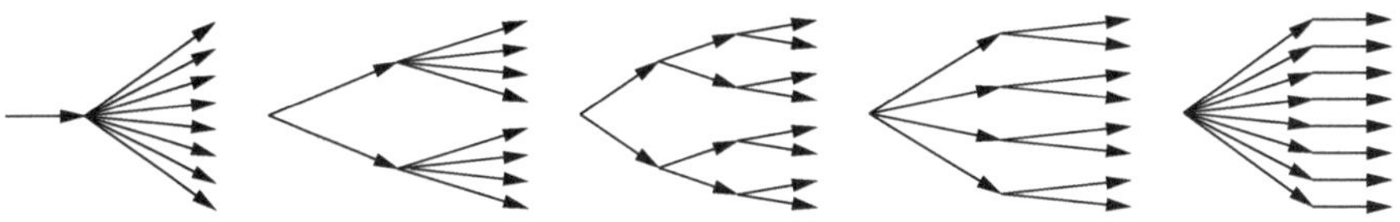

Abb. 18.4. Mögliche FFT-Varianten aus verschiedenen Faktorisierungen von $n = 8 = 1 \cdot 8 = 2 \cdot 4 = 2 \cdot 2 \cdot 2 = 4 \cdot 2 = 8 \cdot 1$.

Anmerkung 54. Unter FFTW versteht man das Programm *,Fastest Fourier Transform in the West'*. Unter Berücksichtigung des benutzten Computers (Speicher, Cache usw.) und der Vektorlänge n und ihrer verschiedenen Primfaktorzerlegungen wird diejenige Aufspaltung in Teilsummen (bzw. Folge von Faktorisierungen von n) und Modifikation der FFT bestimmt, die auf dem benutzten Rechner zur schnellsten Laufzeit führen sollte. Dazu wird ein entsprechender Programmcode erstellt und mit diesem individuell angepassten Programm wird die DFT berechnet.

19 Anwendungen

„Willst du dich am Ganzen erquicken, so musst du das Ganze im Kleinsten erblicken.“

J.W. von Goethe

19.1 Schnelle Multiplikation von Polynomen

Gegeben seien die beiden Polynome $\mathcal{C}(x) = c_0 + c_1 x + \ldots + c_\gamma x^\gamma$ und $\mathcal{D}(x) = d_0 + d_1 x + \ldots + d_\delta x^\delta$ vom Grad γ bzw. δ.

Gesucht ist das Produktpolynom $\mathcal{P}(x) = \mathcal{C}(x) \cdot \mathcal{D}(x) = p_0 + p_1 x + \ldots + p_N x^N$ vom Grad $N = \delta + \gamma$.

Die Koeffizienten berechnen sich gemäß

$$p_j = \sum_{l=0}^{j} c_l d_{j-l} \qquad j = 0, 1, \ldots, N.$$

Die Berechnung aller Koeffizienten gemäß dieser Formel benötigt also $\mathcal{O}(N^2)$ Operationen. Mit Hilfe der Fourier-Transformation lässt sich jedoch ein schnelleres Verfahren finden:

Da N nicht notwendig eine Zweierpotenz ist, bestimmt man zunächst n als die kleinste Zweierpotenz echt größer N. Dann berechnet man an den Stellen $\exp(2\pi \mathrm{i} l/n)$, $l = 0, \ldots, n-1$, die Werte der beiden Polynome $\mathcal{C}$ und $\mathcal{D}$:

$$\mathcal{C}\left(\mathrm{e}^{2\pi \mathrm{i} l/n}\right) = \sum_{k=0}^{n-1} c_k \mathrm{e}^{2\pi \mathrm{i} kl/n} \qquad \mathcal{D}\left(\mathrm{e}^{2\pi \mathrm{i} l/n}\right) = \sum_{k=0}^{n-1} d_k \mathrm{e}^{2\pi \mathrm{i} kl/n} \tag{19.1}$$

Für $k > \delta$ bzw. $k > \gamma$, setzen wir $c_k := 0$ bzw. $d_k := 0$; wir verlängern also die Polynome künstlich durch Nullkoeffizienten. Die sich ergebenden Gleichungen entsprechen dann gerade der IDFT und lassen sich daher in $\mathcal{O}(n \log(n))$ Operationen berechnen.

An den Stellen $\exp(2\pi \mathrm{i} l/n)$ hat das Produktpolynom $\mathcal{P} = \mathcal{C} \cdot \mathcal{D}$ die Werte

$$v_l := \mathcal{P}\left(\mathrm{e}^{2\pi\mathrm{i}l/n}\right) = \mathcal{C}\left(\mathrm{e}^{2\pi\mathrm{i}l/n}\right) \cdot \mathcal{D}\left(\mathrm{e}^{2\pi\mathrm{i}l/n}\right) \qquad l = 0, 1, \ldots, n-1$$

Mittels der zur IDFT inversen Transformation, also der DFT, lassen sich aus diesen Werten die Koeffizienten des Produktpolynoms gewinnen:

$$p_k := \frac{1}{n} \sum_{l=0}^{n-1} v_l \mathrm{e}^{-2\pi\mathrm{i}kl/n} \qquad k = 0, 1, \ldots, n-1. \tag{19.2}$$

Alle drei Transformationen aus diesen letzten Gleichungen werden durch die Schnelle Fourier-Transformation mit Aufwand $O(n \log(n))$ berechnet. Da die Multiplikation der Werte nur $\mathcal{O}(n)$ Operationen braucht, setzt sich der Gesamtaufwand also nur noch aus $\mathcal{O}(n \log(n)) = \mathcal{O}(N \log(N))$ Operationen zusammen.

Die Korrektheit dieses Verfahrens folgt aus der eindeutigen Lösbarkeit des trigonometrischen Interpolationsproblems.

19.2 Fourier-Analyse der Sonnenfleckenaktivität

Die Aktivität der Sonnenflecken folgt einem Zyklus von ca. 11 Jahren. Die sog. Wolf oder Wolfer-Zahl, benannt nach den beiden Schweizer Astronomen Rudolf Wolf und Alfred Wolfer, misst sowohl Anzahl als auch Größe der Sonnenflecken. Diese Zahl wurde seit fast 300 Jahren von Astronomen bestimmt und tabelliert (Abb. 19.1 und 19.2).

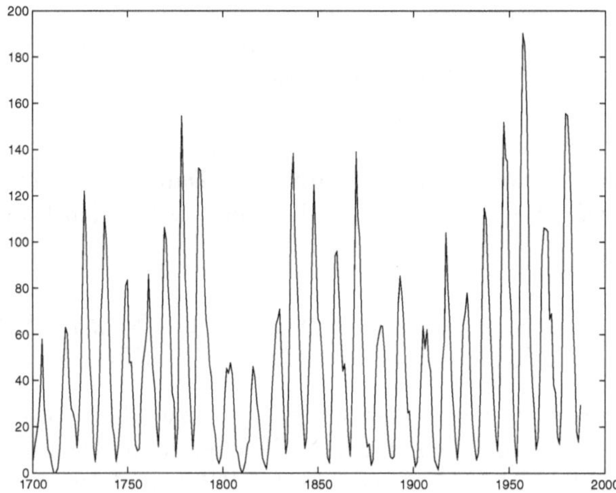

Abb. 19.1. Wolfer-Zahlen für die Jahre 1700 bis 2000.

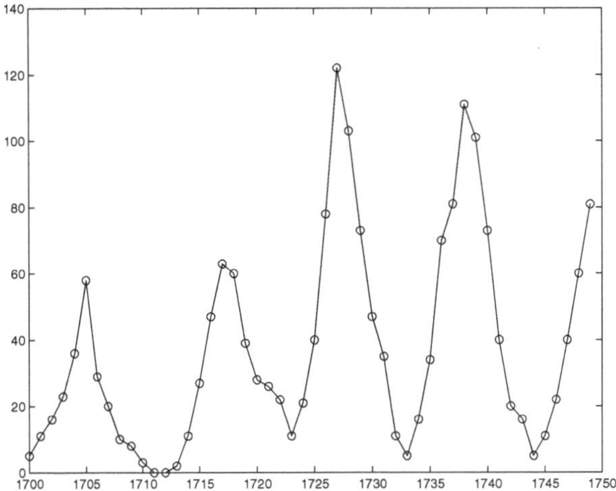

Abb. 19.2. Wolfer-Zahlen für die Jahre 1700 bis 1750.

Wir sammeln diese Werte für jedes Jahr in einem Vektor v. Diesen Vektor wollen wir mit Mitteln der Fourier-Analyse in MATLAB untersuchen und die festgestellte Periode von 11 Jahren dadurch bestätigen [79].

Der Gesamtbeobachtungszeitraum T besteht also aus 300 Jahren; dabei ist $\Delta = 1$ Jahr das Zeitintervall, in dem jeweils eine Wolfer-Zahl bestimmt wurde und $N = T/\Delta$ ist die Anzahl der Beobachtungsintervalle oder die Länge des Vektors v. Die Grundfrequenz $1/(300\text{J})$ gehört also zur Wellenzahl $k = 1$ mit Grund-Periode 300 Jahre (zur Definition von Wellenzahl, Periode und Frequenz siehe Anhang D). Wir betrachten hier also als Grundintervall nicht das Intervall $[0, 2\pi]$ bzw. $[-\pi, \pi]$ sondern das Intervall $[0\Delta, 300\Delta] = [0\Delta, T]$. Daher lautet die Fourier-Reihe der zugrunde liegenden Funktion g, die das Verhalten der Wolfer-Zahl beschreibt,

$$g(x) = \sum_{k=-\infty}^{\infty} c_k \exp\left(\mathrm{i}\frac{2\pi\Delta}{T}kx\right) = \sum_{k=-\infty}^{\infty} c_k \exp(\frac{2k\pi \mathrm{i}x}{300}) =$$

$$= \sum_{k=0}^{\infty}(a_k \cos(\frac{2k\pi x}{300}) + b_k \sin(\frac{2k\pi x}{300})).$$

Um die periodischen Bestandteile der Wolfer-Zahl zu erkennen, wenden wir die DFT auf den Vektor v an, um Näherungen für die Fourier-Koeffizienten c_k zu gewinnen.

Da die Wolfer-Zahl pro Jahr gebildet wird, lassen sich nur periodische Anteile bestimmen, die nicht feiner sind als eine Periode von $2\Delta = 2$ Jahre; Schwingungen mit einer kleineren Periode als 2 Jahren können durch die zwei Zahlenwerte der Wolfer-Zahl für diesen Zeitraum gar nicht dargestellt und erfasst werden. Daher ist die größte beobachtbare Wellenzahl k gleich $N/2$, bzw. die höchste beobachtbare Frequenz gleich $\Delta/2$, die Nyquist-Frequenz, die bestimmt ist durch die Feinheit Δ der verwendeten Diskretisierung.

Zunächst wenden wir die DFT auf v an und erhalten $y = DFT(v)$, einen Vektor komplexer Zahlen. Die erste Komponente von y ist die Summe über die v_j, und bedeutet nur eine Verschiebung der zugrunde liegenden Funktion g und kann ignoriert werden. Der Vektor y enthält nun näherungsweise die Fourier-Koeffizienten von g.

Interessanter für die Analyse der Funktion g ist der Vektor aus den quadrierten Beträgen der Komponenten von y, $p(k) = |y(k)|^2$, $k = 1, \ldots, N/2$. Wir verwenden hier nur die erste Hälfte der Daten bis zur Nyquist-Frequenz. Damit entspricht jeder Wert $p(k)$ der Größe der Komponente zu dem k-ten Vielfachen der Grundfrequenz, also zu der Frequenz $f(k) = k(1/T) = k/(\Delta N)$, $k = 1, \ldots, N/2$. Wir können auch sagen, dass $p(k)$ das Gewicht der Periode $1/f(k) = T/k$ angibt. Tragen wir nun den Vektor $p(k)$ gegen den Vektor der dazugehörige Perioden T/k auf, so entsteht die Abb. 19.3, aus der sich die Periode von 11 Jahren als betragsgrößter Eintrag ablesen lässt.

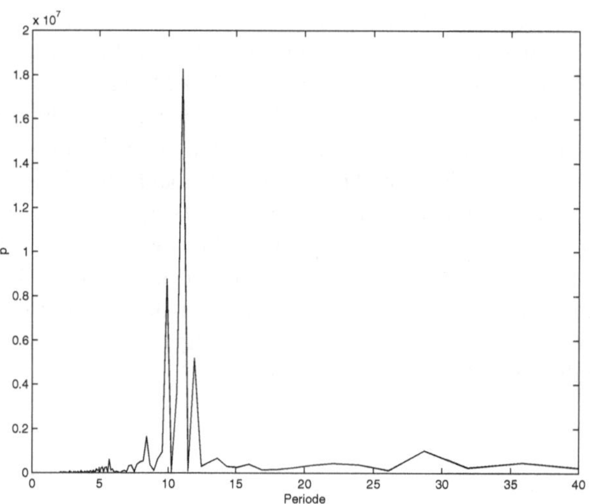

Abb. 19.3. Betragsquadrate der Fourier-Koeffizienten aufgetragen über dazugehörige Perioden.

19.3 Bildkompression

19.3.1 Mathematische Modellierung von Graustufenbildern

Wir wollen ein Graustufenbild (Schwarz-Weiß-Bild) wieder auffassen als eine Matrix von Grauwerten. Jeder Grauwert g_{ij} entspricht dem des Bildpixels in Zeile i und Spalte j des Bildes. Um unabhängig von der Anzahl der verwendeten Graustufen zu bleiben, legen wir fest, daß die g_{ij} Werte aus dem Intervall $[0, 1]$ annehmen dürfen. Null entspricht der Farbe Schwarz, Eins entspricht Weiß.

19.3.2 JPEG-Verfahren zur Komprimierung von Bildern

Das JPEG-Verfahren macht sich die spezielle Frequenzverteilung von „natürlichen" Bildern zunutze, um diese stark komprimiert zu speichern. Dabei werden kleine Verluste in der Bildqualität in Kauf genommen. Die Komprimierung der Bilddaten geschieht in folgenden Schritten:

- Farbbilder werden in das YUV-Farbmodell umgewandelt. Y steht dabei für die Helligkeitsinformation, U und V bezeichnen Farbton und -sättigung. Da das menschliche Auge Farbunterschiede schlechter unterscheiden kann als Helligkeitsunterschiede, wird oft vorneweg als erster Kompressionsschritt die Auflösung der U- und V-Komponenten reduziert.
- Das Bild wird in 8×8 Pixel große Blöcke eingeteilt. Auf jeden einzelnen Block wird eine Schnelle Cosinus-Transformation angewandt (FCT, *„Fast Cosine Transform"*, beschrieben in Abschn. 19.3.3).
- Die Frequenzwerte werden *quantisiert*, d.h. es werden nur einige diskrete Werte für die Frequenzen zugelassen. Dazwischen liegende Frequenzwerte müssen entsprechend gerundet werden (vergleiche die Definition von Maschinenzahlen in Kapitel 4).
  Dieser Arbeitsschritt ist wesentlich für die Qualitätsverluste bei der Komprimierung verantwortlich.
- In den restlichen Schritten werden die quantisierten Daten auf „herkömmliche" Art und Weise gepackt (*Zero Packing*, *Run Length Encoding*, *Huffman Encoding*)[1].

Anmerkung 55 (Digitaler Autofokus). Die Cosinus Transformation von JPEG wird in digitalen Kameras häufig auch noch zur Scharfeinstellung des Kameraobjektivs verwendet. Dabei geht man davon aus, dass ein unscharfes

[1] Der Programmierer Phil Katz, der im Alter von 37 Jahren in Milwaukee, Wisconsin, starb, entwickelte PKZip, das Freeware-Programm, mit dem Dateien ein- und ausgepackt werden. Fast jede größere Datei aus dem Internet (früher auch aus den Mailboxen) trägt das Kennzeichen `.zip`. Katz entwickelte PKZip 1986 am Küchentisch seiner Mutter. Er traute dem Programm anfangs nicht zu, ein kommerzieller Erfolg zu werden und betrachtete es nur als Hobby. Der viel versprechende junge Mann starb an den Folgen seiner Alkoholsucht.

Bild wenig Information enthält, also stark komprimierbar ist. Ablesen lässt sich dies an der Größe der Koeffizienten zu hochfrequenten Anteilen nach Ausführung der DCT. Ein scharfes Bild liefert größere hochfrequente Koeffizienten, die die Feinstruktur des Bildes widerspiegeln. Nun kann für verschiedene Objektiveinstellungen die Größe der hochfrequenten Koeffizienten verglichen werden; aus den verschiedenen Möglichkeiten wählt die Kamera dann automatisch die Einstellung aus, die die beste Feinstrukturinformation enthält, also das schärfste Bild liefert.

19.3.3 Cosinus Transformation

Bilddaten sind weder periodisch, noch haben sie komplexe Anteile. Daher ist die „herkömmliche“ Fourier-Transformation nicht sinnvoll anwendbar. Das JPEG-Verfahren bedient sich folgender Cosinus Transformation:

$$
\begin{aligned}
F_k &= \sum_{j=0}^{N-1} f_j \cos\left(\frac{\pi k\left(j+\frac{1}{2}\right)}{N}\right) \qquad k = 0, \dots, N-1 \\
f_j &= \frac{2}{N} \sum_{k=0}^{N-1}{}' F_k \cos\left(\frac{\pi k\left(j+\frac{1}{2}\right)}{N}\right) \\
&:= \frac{2}{N}\left(\frac{F_0}{2} + \sum_{k=1}^{N-1} F_k \cos\left(\frac{\pi k\left(j+\frac{1}{2}\right)}{N}\right)\right) \\
&\quad j = 0, \dots, N-1\,.
\end{aligned}
$$

Die entsprechende 2D-Transformation lautet:

$$
F_{k_1 k_2} = \sum_{j_1=0}^{N_1-1} \sum_{j_2=0}^{N_2-1} f_{j_1 j_2} \cos\left.\frac{\pi k_1\left(j_1+\frac{1}{2}\right)}{N_1}\right) \cos\left.\frac{\pi k_2\left(j_2+\frac{1}{2}\right)}{N_2}\right), \tag{19.3}
$$

$$
\begin{aligned}
f_{j_1 j_2} &= \frac{4}{N_1 N_2} \cdot \\
&\sum_{k_1=0}^{N_1-1}{}' \sum_{k_2=0}^{N_2-1}{}' F_{k_1 k_2} \cos\left.\frac{\pi k_1\left(j_1+\frac{1}{2}\right)}{N_1}\right) \cos\left.\frac{\pi k_2\left(j_2+\frac{1}{2}\right)}{N_2}\right).
\end{aligned} \tag{19.4}
$$

19.3.4 Reduktion auf die bekannte FFT

Die oben angegebene 2D-Cosinus Transformation lässt sich in 3 Schritten auf die bekannte FFT zurückführen:

1. Die 2D-Cosinus Transformation lässt sich durch Hintereinanderausführen von 1D-Transformationen ausführen. (siehe Aufgabe 86.)

2. Durch Spiegelung der Werte von F_k bzw. f_j lässt sich die Cosinus Transformation in eine modifizierte Fourier-Transformation doppelter Länge überführen, d.h. mit

$$\widetilde{f}_j = \begin{cases} f_j, & j = 0, \ldots, N-1 \\ f_{2N-j-1}, & j = N, \ldots, 2N-1 \end{cases} \quad \text{und}$$

$$\widetilde{F}_k = \begin{cases} 2F_k, & k = 0, \ldots, N-1 \\ 0, & k = N \\ -2F_{2N-k}, & k = N+1, \ldots, 2N-1 \end{cases}$$

gilt:

$$\widetilde{f}_j = \frac{1}{2N} \sum_{j=0}^{2N-1} \widetilde{F}_k \exp\left(\frac{-2\pi i(j+\frac{1}{2})k}{2N}\right),$$

$$\widetilde{F}_k = \sum_{j=0}^{2N-1} \widetilde{f}_j \exp\left(\frac{2\pi i(j+\frac{1}{2})k}{2N}\right). \tag{19.5}$$

3. Durch geeignete Skalierung der $\widetilde{F}_k$ und $\widetilde{f}_j$ wird die obige Fourier-Transformation in die DFT aus Kapitel 18.1 überführt (siehe Aufgabe 87).

Übung 86. Zeigen Sie, daß die Cosinus Transformation aus Gleichung (19.3) und (19.4) durch Hintereinanderausführen von je N_1 und N_2 1D Transformationen durchführbar ist.

Übung 87. Finden Sie Faktoren γ_k, so daß für $\widetilde{g}_k = \gamma_k \widetilde{F}_k$ aus den modifizierten Transformationen aus Gleichung (19.5) die folgenden Fourier-Transformationen entstehen:

$$\widetilde{f}_j = \frac{1}{2N} \sum_{j=0}^{2N-1} \widetilde{g}_k \exp\left(\frac{-2\pi ijk}{2N}\right) \quad , \quad \widetilde{g}_k = \sum_{j=0}^{2N-1} \widetilde{f}_j \exp\left(\frac{2\pi ijk}{2N}\right).$$

19.4 Filter und Bildverarbeitung

Ein Bild stellen wir uns wieder vor als eine Matrix, deren Einträge die Graustufen in den entsprechenden Pixeln repräsentieren. Um ein solches Bild zu bearbeiten, verwenden wir lokale Operatoren, die in jedem Bildpunkt, abhängig von den Werten in den Nachbarpunkten, einen neuen Grauwert berechnen. Solche Operatoren werden bei der Bild-Vorbearbeitung eingesetzt, um eine visuelle Beurteilung des Bildmaterials zu erleichtern oder nachfolgende Analyseverfahren zu ermöglichen.

Ein Filter heißt homogen, wenn er den neuen Pixelwert unabhängig von der Position nach demselben Verfahren aus den Nachbarpunkten berechnet. Die Auswahl der dabei benutzten Pixel-Nachbar-Punkte erfolgt mittels einer Maske, die im Laufe der Anwendung des Filteroperators über das gesamte Bild läuft und jeden Pixel entsprechend neu berechnet.

Durch solche Filter lassen sich z.B.

- wichtige Merkmale hervorheben, wie Ecken und Kanten
- Störungen wie z.B. Rauschen unterdrücken
- die Bildschärfe erhöhen oder erniedrigen.

Wenden wir einen solchen Filter auf die Bilddaten direkt an, so sprechen wir von einer Bearbeitung im Ortsraum. So bestimmen wir z.B. an jeder Stelle i, j einen neuen, gefilterten Grauwert als Mittelwert der neun benachbarten Punkte

$$\tilde{p}_{i,j} = \frac{1}{9} \sum_{m,k=-1}^{1} p_{i+m,j+k} .$$

Diese Operation wird beschrieben durch die Maske

$$\frac{1}{9} \begin{bmatrix} 1 & 1 & 1 \\ 1 & 1 & 1 \\ 1 & 1 & 1 \end{bmatrix} .$$

Man kann auch Filter definieren, indem man die Daten zunächst vom Ortsraum mittels DFT in den sog. Frequenzraum transferiert, und dann eine Filtermaske auf diese transformierten Zahlen anwendet; die Wirkung eines solchen Filters wird durch seine Transferfunktion f beschrieben:

$$\tilde{p} = IDFT(DFT(p) \cdot f)$$

$$p \to DFT(p) =: q \to (q_j * f_j)_{j=1}^{n} =: g \to IDFT(g) = \tilde{p} .$$

Solche Filter werden unter anderem auch bei der Audiokomprimierung, z.B. mit MP3 eingesetzt.

Als Tiefpassfilter zur Abschwächung von hochfrequentem Rauschen kann man den oben definierten Rechteckfilter benutzen. Durch die Mittelwertbildung wird das Bild wird weicher, Kanten verwischen, Details werden abgeschwächt. Sehr gut eignet sich dazu auch der Gauß-Filter (eng verwandt mit der Gauß'schen Glockenkurve aus Abb. 15.1 und dem Gauß'schen Weichzeichner 16.3), beschrieben durch die Maske

$$\frac{1}{16} \begin{bmatrix} 1 & 2 & 1 \\ 2 & 4 & 2 \\ 1 & 2 & 1 \end{bmatrix} .$$

Hochpassfilter benutzt man, um Bilddetails genauer herauszuarbeiten; Kanten werden betont, das Bild wird härter, homogene Bilddaten werden gelöscht. Geeignete Operatoren ergeben sich hier aus der Überlegung, dass Kanten hauptsächlich durch ihre großen Ableitungswerte bzw. Differenzen auffallen. Aus dem Differenzenoperator ergibt sich unmittelbar der Sobel-Filter

$$\frac{1}{2}\begin{bmatrix} 0\,0\,0 \\ -1\,0\,1 \\ 0\,0\,0 \end{bmatrix}$$

bzw. aus der Differenz zweiter Ordnung der Laplace-Filter

$$\frac{1}{16}\begin{bmatrix} 0 & -1 & 0 \\ -1 & 4 & -1 \\ 0 & -1 & 0 \end{bmatrix}.$$

Anmerkung 56 (Audiodesign und mp3). Natürlich spielen auch in der digitalen Musikbearbeitung Filter ein große Rolle. Ein Audiosignal ist zunächst nichts anderes als eine einfache Funktion oder Kurve. Um diese Funktion zu digitalisieren, muss man sich zunächst für eine Abtastrate entscheiden, also das kleinste Zeitintervall, in dem man die Funktionswerte – stellvertretend für die ganze Funktion – speichert. Meist wird für dieses Sampling eine Abtastrate von 44100 Hz gewählt, da das menschliche Ohr nur Töne zwischen 16 Hz und 20 kHz wahrnehmen kann (vgl. die Nyquist-Frequenz). Diese Messwerte sind aber nun wieder reelle Zahlen, die zur Speicherung in spezielle endliche Maschinenzahlen verwandelt werden müssen. Je nach Anzahl der verwendeten Bit spricht man hier von 8 oder 16 Bit Quantisierung. Diese lange Kette von gerundeten Messwerten repräsentiert dann das Audiosignal. Beim Abspielen wird aus der zugeordneten Treppenfunktion durch Interpolation wieder eine glatte Kurve erzeugt, die dann ausgegeben wird. Bei dieser Vorgehensweise werden natürlich hochfrequente Fehler in Kauf genommen, die aber als Rauschen vom menschlichen Ohr nicht mehr wahrgenommen werden.

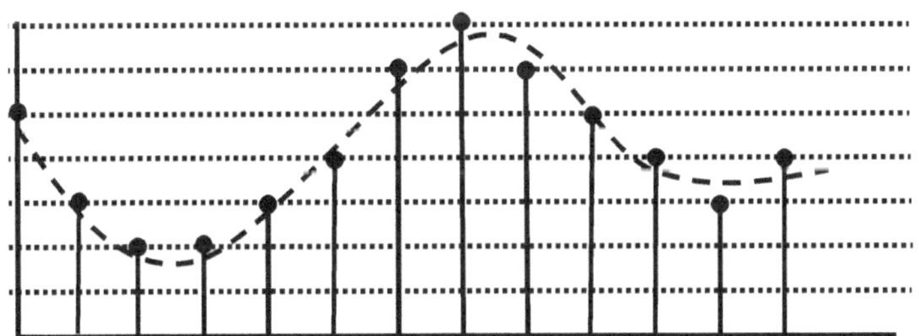

Abb. 19.4. Digitalisierung eines Audiosignals mit 3 Bit Quantisierung

Durch den Prozess der Digitalisierung entsteht natürlich eine riesige Datenmenge; weiterhin benötigt die Aufnahme einer Beethoven-Symphonie denselben Speicherplatz wie ein gleich langes geräuschloses Audiosignal. Daher wurden speichereffizientere Audioformate entwickelt. Dabei wird die Funktion stückweise in den Frequenzraum transformiert durch Anwendung der FFT. In dieser Form lassen sich nun viele Daten ohne Verlust einsparen. So sind Frequenzanteile mit einer Amplitude (Lautstärke) unterhalb der frequenzabhängigen Hörschwelle vom menschlichen Ohr nicht mehr wahrnehmbar und können gelöscht werden. Auch tritt beim Hören oft ein Verdeckungseffekt auf: Ein starker Ton verdeckt benachbarte leisere Frequenzanteile, die kurz nach und auch schon kurz vor dem lauten Ton auftreten. Auch diese leisen Frequenzanteile können ersatzlos eliminiert werden. Insgesamt erlaubt die Ausnutzung dieser Erkenntnisse der Psychoakustik eine wesentliche Reduktion der Datenmenge. Dies ermöglicht den schnellen Austausch von Audiodateien via Internet mit den bekannten rechtlichen und wirtschaftlichen Auswirkungen auf die Musikindustrie.

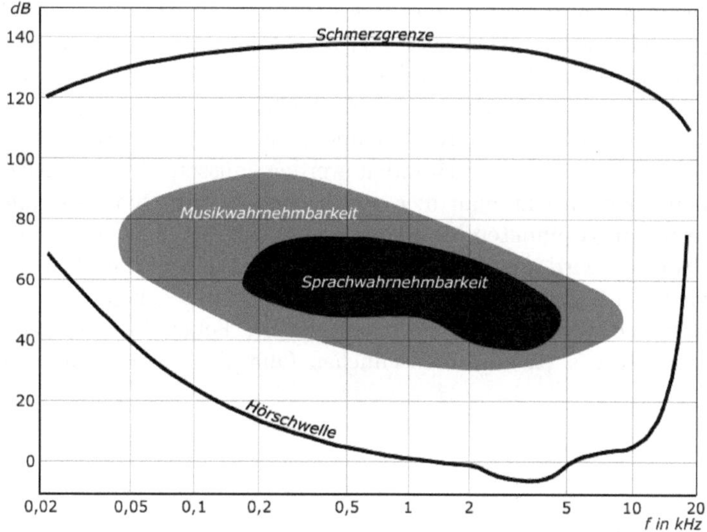

Abb. 19.5. Hörschwelle des menschlichen Ohrs.

19.5 Wavelets

Ausgehend von der eben beschriebenen Filtertechnik wollen wir die Analyse gegebener Daten durch Wavelets[2] beschreiben. Weiterhin wollen wir im Fol-

[2] *wavelet* = franz. kleine Welle

genden die enge Verbindung aufzeigen, die zwischen Wavelets, B-Splines und der diskreten Fourier-Tranformation besteht.

Wir beschränken uns der Einfachheit halber auf eindimensionale Filter, die auf einen Vektor $v = (v_0, \ldots, v_{n-1})$ der Länge n angewandt werden. Als Maske betrachten wir zunächst

$$\frac{1}{4}[1\ 2\ 1],$$

Dies entspricht der Operation

$$v_j = \frac{v_{j-1} + 2v_j + v_{j+1}}{4}, \quad \text{für } j = 0, \ldots, n-1,$$

wobei wir für die Randwerte z.B. $v_{-1} = v_n = 0$ annehmen.

Diese Transformation des Vektors v entspricht der Matrixmultiplikation

$$v \longrightarrow \frac{1}{4}\begin{pmatrix} 2 & 1 & & & \\ 1 & 2 & 1 & & \\ & \ddots & \ddots & \ddots & \\ & & 1 & 2 & 1 \\ & & & 1 & 2 \end{pmatrix} \cdot v.$$

Einen solchen glättenden Tiefpassfilter bezeichnen wir auch als Mittelwertfilter.

Entsprechend gehört zur Maske

$$\frac{1}{4}[-1\ 2\ -1]$$

die Operation

$$v_j = \frac{-v_{j-1} + 2v_j - v_{j+1}}{4}, \quad j = 0, \ldots, n-1,$$

und die Matrixmultiplikation

$$v \longrightarrow \frac{1}{4}\begin{pmatrix} 2 & -1 & & & \\ -1 & 2 & -1 & & \\ & \ddots & \ddots & \ddots & \\ & & -1 & 2 & -1 \\ & & & -1 & 2 \end{pmatrix} \cdot v\,.$$

Einen solchen Hochpassfilter bezeichnet man auch als Differenzfilter.

Die Anwendung beider Filter würde nun zu einer Verdoppelung der Datenmenge und zu Redundanz führen. Daher wenden wir diese Filter nun nicht auf jede Komponente von v an, sondern nur auf jede zweite Komponente. Dies entspricht damit der Matrixmultiplikation

$$\begin{pmatrix} v_t \\ v_h \end{pmatrix} = \frac{1}{4} \begin{pmatrix} 1 & 2 & 1 & & & \\ & & 1 & 2 & 1 & \\ & & & \ddots & & \ddots \\ -1 & 2 & -1 & & & \\ & & -1 & 2 & -1 & \\ & & & \ddots & & \ddots \end{pmatrix} v$$

oder indem man die Komponenten von v_t und v_h, bzw. die Zeilen der Matrix umsortiert

$$\frac{1}{4} \begin{pmatrix} 1 & 2 & 1 & & & & \\ -1 & 2 & -1 & & & & \\ & & 1 & 2 & 1 & \ddots & \\ & & -1 & 2 & -1 & \ddots & \\ & & & & \ddots & & 1 \\ & & & & & \ddots & -1 \\ & & & & & & 1 \quad 2 \\ & & & & & & -1 \quad 2 \end{pmatrix} v.$$

Durch diese Operation wird der ursprüngliche Vektor transformiert in einen neuen Vektor derselben Länge, der sich aber aus dem tiefpassgefilterten Mittelwertanteil v_t und dem hochpassgefilterten Differenzanteil v_h zusammensetzt. In dieser neuen Darstellung enthält der Differenzanteil v_h Informationen darüber, wie sich das beobachtete Signal v in der entsprechenden Größenordnung oder Skalierung verändert; dies entspricht in etwa der Information, die man auch aus einem Fourier-Koeffizienten der dazugehörigen Skalierung erhält. Außerdem ist bei glatten Daten zu erwarten, dass der Differenzanteil größenordnungsmäßig viel kleiner sein wird als die Komponenten von v_t; daher lassen sich Einträge in v_h weit eher ohne größeren Verlust durch Null ersetzen, oder zumindest mit geringerer Genauigkeit darstellen. Dieser Effekt kann zu einer verlustbehafteten Komprimierung von v benutzt werden.

Auf den errechneten Mittelwertanteil lässt sich dieses Vorgehen ebenso anwenden, und dies ermöglicht – unter der Annahme $n = 2^p$ – eine rekursive Umrechnung der Ausgangsdaten nach einem Schema von Abb. 19.6.

Die volle Information, die zu Beginn dem Vektor v entsprach, befindet sich am Ende in den $p-1$ Differenzanteilen v_h der jeweiligen Länge 2^{p-1} bis 2^0 auf allen Leveln und dem letzten, ganz unten stehenden Mittelwertanteil v_t der Länge Eins; dies sind zusammengenommen auch genau n Zahlen. Allerdings eignet sich diese neue Darstellung von v wesentlich besser zur Komprimierung bzw. zur Analyse von v. Die einzelnen Differenzanteile auf den verschiedenen Leveln stellen das Verhalten von v auf verschiedenen Skalen – d.h. in verschiedenen Größenordnungen – dar. Man spricht daher auch von einer Multiskalenanalyse der Daten, die in dem Vektor v vorliegen.

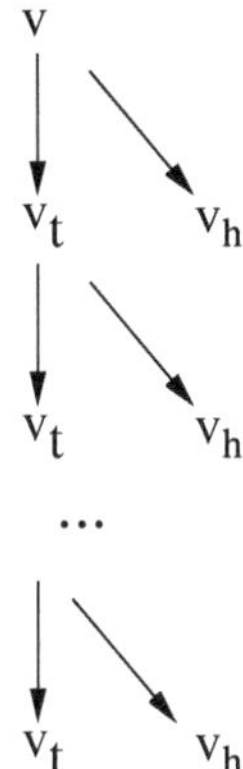

Abb. 19.6. Rekursive Aufspaltung in Mittelwert- und Differenzanteil.

Außerdem sind die Gesamtkosten für diese wiederholte Matrixmultiplikation

$$\sum_{j=0}^{p} \text{konst} \cdot 2^{j-p} = \mathcal{O}(2^p) = \mathcal{O}(n).$$

Das Verfahren ist also noch dazu wesentlich schneller als die FFT mit $\mathcal{O}(n\log(n))$, bietet aber ähnliche Analysemöglichkeiten.

Die algorithmischen Unterschiede zur FFT sieht man am besten an den einfachsten Masken $(1/2)[1\ 1]$ und $(1/2)[1\ -1]$, die zum Haar-Wavelet, beschrieben durch die Matrix

$$H = \frac{1}{2}\begin{pmatrix} 1 & 1 & & & & & & \\ 1 & -1 & & & & & & \\ & & 1 & 1 & & & & \\ & & 1 & -1 & & & & \\ & & & & \cdots & & & \\ & & & & & \cdots & & \\ & & & & & & 1 & 1 \\ & & & & & & 1 & -1 \end{pmatrix},$$

gehören. Im Folgenden wollen wir uns daher auf die Untersuchung dieser Transformation beschränken.

Übung 88. Bestimmen Sie die Umkehrabbildung der durch die Matrix H beschriebenen Transformation.

Die rekursive Anwendung dieser Mittelwert- und Differenzfilter entspricht dem Butterfly aus Abb. 19.7. Der Datenfluss kann für $n = 8$ – ähnlich wie bei der FFT in Abb. 18.3 – in Abb. 19.8 dargestellt werden.

Im Unterschied zur FFT fehlt eine Sortierphase, der Butterfly ist einfacher und von der Position unabhängig und in jedem Schritt wird nur die Hälfte der

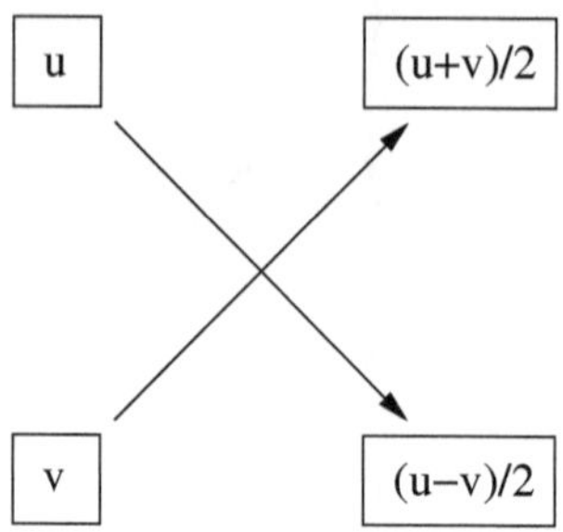

Abb. 19.7. Butterfly für das Haar-Wavelet.

Komponenten weiter bearbeitet, die dem letzten Mittelwertanteil entspricht. Dadurch ergibt sich auch die $\mathcal{O}(n)$-Gesamt-Komplexität des Verfahrens. Der letzte Mittelwertanteil in der rechten Spalte in Abb. 19.8 entspricht dem Gesamtmittelwert der Komponenten von v.

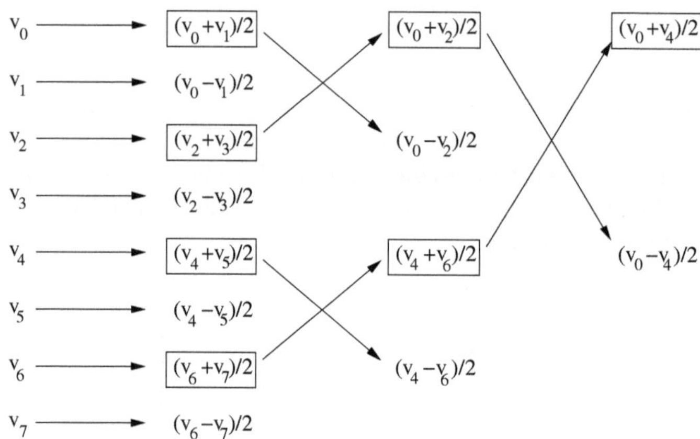

Abb. 19.8. Datenfluss bei der Haar-Wavelet-Transformation für $n = 8$.

Übung 89. Man überlege sich, wie aus den Daten, die aus der rekursiven Anwendung der Haar-Transformation resultieren, der ursprüngliche Vektor wieder rekonstruiert werden kann.

Im Folgenden wollen wir dieses Filterverfahren auf *Funktionen* anwenden und damit die Verbindung zu eigentlichen Wavelets herstellen. Ausgangspunkt ist die Suche nach passenden Ansatzfunktionen, um eine Funktion $f(x)$ darzustellen. Die Rolle des Vektors v wird dabei von Koeffizienten f_k in einer passenden Darstellung von $f(x)$ übernommen.

Als Stützstellen wählen wir die ganzen Zahlen und definieren dazu den stückweise konstanten B-Spline $\Phi(x)$, der zwischen Null und Eins den Wert Eins annimmt und an allen anderen Stellen den Wert Null (vgl. Kapitel 14.5), die sog. Boxfunktion. Aus dieser Skalierungsfunktion $\Phi(x)$ erhalten wir eine ganze Familie von Ansatzfunktionen, indem wir zu den anderen Stützstellen die verschobenen B-Splines dazu nehmen, also alle Funktionen $\Phi(x-k)$, $k = -\infty, \dots, -1, 0, 1, \dots \infty$. Mit diesen B-Splines können wir alle stückweise konstanten Funktionen darstellen, die auf den Intervallen $[k, k+1[$ konstant sind, und zwar durch

$$f(x) = \sum_{k=-\infty}^{\infty} f_k \Phi(x-k) \,. \tag{19.6}$$

Dies sind genau die Treppenfunktionen mit den ganzen Zahlen als Sprungstellen.

Natürlich ist diese Familie von Ansatzfunktionen noch viel zu grob, um eine beliebige gegebene Funktion mit ausreichender Genauigkeit darzustellen. Wir können aber Funktionen mit einer besseren Auflösung leicht gewinnen, indem wir die Skalierungsfunktion $\Phi(x)$ mit dem Faktor 2 umskalieren, und zu den Ansatzfunktionen $\Phi(2x-k)$, $k \in \mathbb{Z}$ übergehen, die aus der Funktion $\Phi(2x)$ durch Verschiebungen um k hervorgehen.

Zwischen den beiden B-Splines $\Phi(x)$ und $\Phi(2x)$ besteht nun die einfache Beziehung

$$\Phi(x) = \Phi(2x) + \Phi(2x-1),$$

die sog. Skalierungsgleichung. Der Übergang von $\Phi(x-k)$ auf die Funktionen $\Phi(2x-k)$ wird daher beschrieben durch die – bis auf den Faktor 2 – schon bekannte Filtermaske [1 1].

Um eine gegebene Darstellung der Funktion $f(x)$ auf einer Skalierung $2x-k$ umzurechnen auf das Level $x-k$, benötigen wir noch die eigentliche Waveletfunktion $W(x)$, die dem Differenzfilter aus dem vorherigen Kapitel entspricht. Hier verwenden wir die Funktion

$$W(x) = \Phi(2x) - \Phi(2x-1),$$

zu der Filtermaske [1 −1].

Wir gehen nun davon aus, dass $f(x)$ auf einer feinen Skalierung dargestellt ist durch

$$f(x) = \sum_k f_k \Phi(2x-k).$$

Aus der Skalierungsgleichung und der Definition der Waveletfunktion folgt nun umgekehrt

$$\Phi(2x) = 2\Phi(x) + 2W(x) \quad \text{und} \quad \Phi(2x-1) = 2\Phi(x) - 2W(x) \,.$$

Daher erhalten wir für $f(x)$ die neue Darstellung

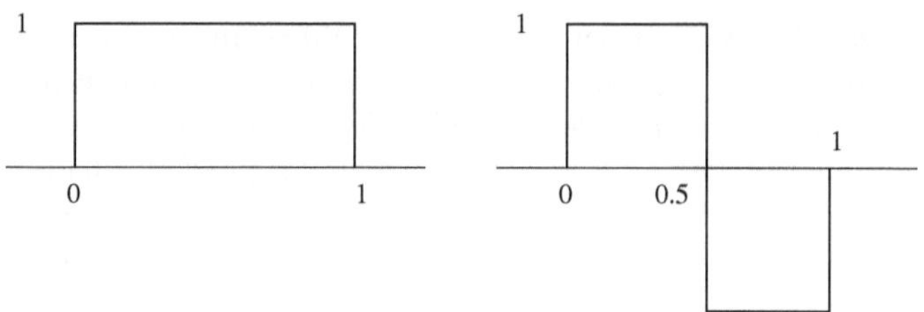

Abb. 19.9. Haar-Skalierungsfunktion (=Boxfunktion) und Haar-Waveletfunktion.

$$f(x) = \sum_k f_{2k}\Phi(2x-2k) + f_{2k+1}\Phi(2x-2k-1) =$$

$$2\sum_k f_{2k}(\Phi(x-k)+W(x-k)) + f_{2k+1}(\Phi(x-k)-W(x-k)) =$$

$$2\sum_k (f_{2k}+f_{2k+1})\Phi(x-k) + 2\sum_k (f_{2k}-f_{2k+1})W(x-k) = t(x)+h(x)\ .$$

Durch Anwendung der Filtermatrix $4H$, bzw. der Filtermasken $2\cdot[\,1\;1\,]$ und $2\cdot[\,1\;-1\,]$, auf denjenigen Vektor, der aus den Koeffizienten f_k der Funktion f gebildet wird, erhalten wir so neue Koeffizienten zu zwei Funktionen $t(x)$ und $h(x)$ auf dem gröberen Level. Dadurch spalten wir also $f(x)$ wieder auf in einen glatten Mittelwertanteil und einen rauen Differenzanteil. Hier ist also die Aufspaltung der Vektoren nun auch direkt verknüpft mit einer Aufspaltung von Funktionen.

Allgemein wählen wir nun als Ausgangspunkt eine Funktion $f(x) = \sum_k f_k\Phi(2^j x - k)$ in einer sehr feinen Diskretisierung. Dann können wir genauso die Darstellung dieser Funktion auf dem Level j aufteilen in eine Darstellung auf dem Level $j-1$, die aus dem Mittelwertanteil (Tiefpass) und einem Differenzanteil (Hochpass) besteht. Dieses Vorgehen können wir rekursiv wiederholen und erhalten so wie in Abb. 19.6 eine Folge von Mittelwert- und Differenzfunktionen. In dieser neuen Form erlauben die gewonnenen Daten nun wieder eine Multiskalenanalyse. Die Funktion befindet sich dadurch in einer neuen, äquivalenten Form, die weit bessere Möglichkeiten zur Analyse oder Komprimierung bietet.

Umgekehrt erhalten wir die ursprünglichen Koeffizienten f_k von $f(x) = t(x) + h(x)$ aus den Koeffizienten t_k und h_k von $t(x)$ und $h(x)$ zurück via

$$f(x) = t(x) + h(x) = \sum_k t_k\Phi(x-k) + h_k W(x-k) =$$

$$\sum_k t_k(\Phi(2x-2k)+\Phi(2x-2k-1)) + h_k(\Phi(2x-k)+\Phi(2x-2k-1)) =$$

$$\sum_k (t_k+h_k)\Phi(2x-2k) + \sum_k (t_k-h_k)\Phi(2x-2k-1) =$$

$$\sum_k f_{2k}\Phi(2x-2k) + \sum_k f_{2k+1}\Phi(2x-(2k+1)),$$

also durch Anwendung des inversen Filters, beschrieben durch die Masken $[\,1\;1\,]$ und $[\,1\;-1\,]$.

Übung 90. Der in Abb. 19.7 beschriebene Butterfly des Haar-Wavelets soll so berechnet werden, dass kein zusätzlicher Speicherplatz benötigt wird (*in-place*-Berechnung)!

Die Wavelet-Transformation bietet also gegenüber den Fourier-Methoden einige wesentliche Vorteile:

- die Kosten beschränken sich auf $\mathcal{O}(n)$,
- wegen des lokalen Charakters der Ansatzfunktionen (hier B-Splines) eignen sich Wavelets auch sehr gut zur Darstellung von Funktionen mit Unstetigkeitsstellen,
- wie B-Splines lassen sich zu vorgegebenem k Wavelet-Funktionen definieren, die k-mal stetig differenzierbar sind,
- auf jedem Level verfügt man über eine evtl. gröbere Darstellung der Ausgangsdaten.

Insgesamt können wir feststellen, dass Wavelets die Vorteile der trigonometrischen Funktionen und der B-Spline-Funktionen verbinden. Wavelets liefern darüber hinaus einen einheitlichen mathematischen Formalismus zur Erzeugung von Filteroperatoren mit vorgegebenen Eigenschaften.

In der Bildkompression hat der in Kapitel 19.3.2 beschriebene JPEG-Standard vor allem Schwierigkeiten mit scharfen Kanten, wie sie z.B. bei Fingerabdrücken oder in geometrischen Abbildungen auftreten. Daher hat man sich bei JPEG2000 für die Verwendung von Wavelets entschieden.

20 Aufgaben

„Do not worry about your problems with mathematics, I assure you mine are far greater."

A. Einstein

Übung 91. Bilden Sie für $n = 30$ alle Faktorzerlegungen und geben Sie alle FFT-Varianten an, die zu den Zerlegungen gehören.

Übung 92. Für $c = DFT(w)$ und $w_j \in \mathbb{R}$ gilt: $c_{n-k} = \bar{c}_k$. Für $w_j \in \mathrm{i}\mathbb{R}$ gilt: $c_{n-k} = -\bar{c}_k$.

Wie können Sie die Fourier-Koeffizienten c_k zu $w_j = g_j + \mathrm{i}h_j$ aus den Koeffizienten von g_j und h_j berechnen? Wie vereinfacht sich die Rechnung, falls g_j und h_j selbst reell sind?

Übung 93 (Sortierphase). Für einen Vektor $c_0, \cdots, c_{15})$ der Länge 16 beschreibe man die Umsortierung, die als Ergebnis der Sortierphase der FFT zustande kommt.

Übung 94. Zeigen Sie für $j, k \in \mathbb{N}$:

$$\int_{-\pi}^{\pi} \cos(jx)\cos(kx)\mathrm{d}x = 0 \quad \text{für } j \neq k$$

$$\int_{-\pi}^{\pi} \sin(jx)\sin(kx)\mathrm{d}x = 0 \quad \text{für } j \neq k$$

$$\int_{-\pi}^{\pi} \cos(jx)\sin(kx)\mathrm{d}x = 0 \quad \text{für alle } j \text{ und } k$$

Übung 95. Sei f eine stückweise stetige periodische Funktion mit Fourier-Reihe

$$f(x) = \frac{a_0}{2} + \sum_{k-1}^{\infty}(a_k\cos(kx) + b_k\sin(kx)).$$

Zeigen Sie, dass die Fourier-Koeffizienten gegeben sind durch

$$a_k = \frac{1}{\pi}\int_{-\pi}^{\pi} f(x)\cos(kx)\mathrm{d}x \quad \text{und} \quad b_k = \frac{1}{\pi}\int_{-\pi}^{\pi} f(x)\sin(kx)\mathrm{d}x$$

Übung 96. Zeigen Sie, dass für eine stückweise stetige periodische Funktion wie in Übung 95 $\|f_n(x) - f(x)\|_2$ minimal ist über alle trigonometrischen Polynome vom Grade n. $f_n(x)$ ist das trigonometrische Polynom mit den Fourier-Koeffizienten von f (Anhang D).

Übung 97. Wir betrachten die Sägezahnfunktion

$$f(x) = \begin{cases} x & \text{für } -\pi < x < \pi \\ 0 & \text{für } x = \pm\pi \end{cases}$$

Bestimmen Sie die Fourier-Koeffizienten a_k und b_k und fertigen Sie einen Graph der Funktion $f_n(x)$ an im Intervall $[-3\pi, 3\pi]$. Für dasselbe n unterteilen wir dieses Intervall äquidistant, und wenden auf den Vektor $(f(x_k))_{k=0}^{n-1}$ die Haar-Wavelet-Transformation an. Die entsprechende Funktionsapproximation ist die stückweise konstante Treppenfunktion zu den Werten $f(x_k)$. Vergleichen Sie die Größe der Fourier- und der Waveletkoeffizienten.

Übung 98. Sei $n = 3m$, also durch drei teilbar. Beschreiben Sie, wie

$$w_j = \sum_{k=0}^{n-1} c_k e^{2\pi ijk/n}, \quad j = 0, 1, \ldots, n-1$$

in drei Summen der Länge m aufgespalten werden kann. Wie kann mit dieser Aufspaltung die Berechnung der IDFT eines Vektors der Länge n auf die Berechnung von mehreren IDFT's kürzerer Vektoren zurückgeführt werden?

Übung 99. Zur $n \times n$ Matrix A ist die 2D-DFT beschrieben durch

$$b_{jk} = \sum_{s=0}^{n-1} \sum_{t=0}^{n-1} a_{st} e^{-2\pi ijs/n} e^{-2\pi ikt/n}.$$

Zeigen Sie, dass mit der Fourier-Matrix $F = (\omega^{jk})_{j,k=0}^{n-1}$ die 2D-Fourier-Transformation von A gegeben ist durch $B = FAF$.

Teil VI

Iterative Verfahren

21 Fixpunktgleichungen

„To Infinity and Beyond“

Buzz Lightyear
aus *„Toy Story“*

In vielen Fällen lässt dich die Lösung eines Problems nicht direkt berechnen, sondern nur iterativ approximieren. Dabei wird mittels einer geeigneten Iterationsvorschrift eine Folge konstruiert, deren Grenzwert gerade die gesuchte Lösung ist. Wir stehen hier also vor dem Problem, geeignete Folgen zu definieren, und müssen dann deren Konvergenzverhalten analysieren.

21.1 Problemstellung

Unter einer allgemeinen Iteration verstehen wir ein Verfahren der Form

$$x_0 \in \mathbb{R} \text{ Startwert}, \quad x_{k+1} = \Phi(x_k) \in \mathbb{R}, k = 0, 1, \dots$$

mit einer Iterationsfunktion $\Phi(x)$. Falls die so definierte Folge der x_k konvergiert, also $x_k \to \bar{x}$ oder $\|x_k - \bar{x}\| \to 0$ für $k \to \infty$, so folgt für eine stetige Funktion Φ sofort, daß $\bar{x} = \Phi(\bar{x})$ gilt. Wir nennen ein $\bar{x}$ mit dieser Eigenschaft einen Fixpunkt von Φ.

Beispiel 36. Sei $\Phi(x) = x^2$. Damit gilt also $x_{k+1} = x_k^2$, und durch Induktion offensichtlich $x_k = x_{k-1}^2 = x_{k-2}^4 = \dots = x_0^{2^k}$. Das Konvergenzverhalten dieser Folge hängt nun ausschließlich vom Startwert x_0 ab:

$$\begin{aligned} x_0 = 0 &\Longrightarrow x_k = 0, \ k = 1, 2, \dots, \ \bar{x}_1 = 0 \\ x_0 = \pm 1 &\Longrightarrow x_k = 1, \ k = 1, 2, \dots, \ \bar{x}_2 = 1, \\ 0 < |x_0| < 1 &\Longrightarrow x_k = x_0^{2^k} \to 0 = \bar{x}_1, \\ |x_0| > 1 &\Longrightarrow x_k = x_0^{2^k} \to \infty. \end{aligned}$$

Die Folge konvergiert also für fast alle Startwerte entweder gegen den Fixpunkt $\bar{x}_1 = 0$, oder gegen ∞ (in gewisser Weise auch ein Fixpunkt wegen

$\infty = \infty^2$); allerdings ist offensichtlich $\bar{x}_2 = 1$ ebenfalls ein Fixpunkt, aber keine der erzeugten Folgen konvergiert gegen 1, es sei denn, der Startwert x_0 ist schon exakt gleich ± 1. Wir sprechen dann von einem abstoßenden Fixpunkt. Die Folgen in diesem Beispiel sind stets monoton fallend ($x_{k+1} \leq x_k$ für $k > 0$) oder monoton wachsend ($x_{k+1} \geq x_k$ für $k > 0$).

Beispiel 37 (Grippeausbreitung im Kindergarten). Wir bezeichnen mit t_i eine diskrete Folge von Zeitpunkten, z.B. im Abstand eines Tages, mit k_i die relative Anzahl von zum Zeitpunkt t_i erkrankten Kindern, und mit $\alpha > 1$ die Infektionsrate. Es werden nun um so mehr neue Kinder erkranken, je mehr gesunde und je mehr kranke Kinder es gibt; denn eine Virusübertragung kann nur bei einer Begegnung zwischen einem gesunden und einem kranken Kind stattfinden. Weiterhin gehen wir vereinfachend davon aus, dass nach einem Zeitschritt die kranken Kinder wieder gesund sind, aber sich im Folgenden wieder neu anstecken können. Daher ist die Anzahl k_{i+1} der zum Zeitpunkt t_{i+1} Erkrankten direkt proportional der Anzahl Gesunder und der Anzahl Kranker zum Zeitpunkt t_i. Damit erhalten wir folgende Modellbeziehung für die Ausbreitung der Krankheit:

$$k_{i+1} = \alpha k_i(1 - k_i).$$

Die dazugehörige Iterationsfunktion $\Phi(x) = \alpha x(1 - x)$ mit $\alpha > 1$ ist eine konkave Parabel, die logistische Parabel mit dem relativen Maximum bei $x = 0.5$, $\Phi(0.5) = 0.25\alpha$; die Nullstellen von Φ liegen bei Null und Eins. Der Fixpunkt von Φ ist gegeben durch

$$\bar{x} = \Phi(\bar{x}) = \alpha\bar{x}(1 - \bar{x}) \Rightarrow \bar{x} = \frac{\alpha - 1}{\alpha}.$$

Speziell für $\alpha = 1.5$ wird $\bar{x} = 1/3$, und ein Startwert $k_0 = 0.1$ führt zu Abb. 21.2, die die gegen $1/3$ konvergierende Folge zeigt.

Ein Fixpunkt $\bar{x}$ ist also geometrisch nichts anderes als der Schnittpunkt der Geraden $g(x) = x$ mit der Iterationsfunktion $\Phi(x)$ (Abb. 21.1).

21.2 Banach'scher Fixpunktsatz

An Beispiel 36 haben wir gesehen, dass die erzeugte Folge manchmal konvergiert, manchmal divergiert und manche Fixpunkte abstoßend sind. Daher müssen wir klären, welche Eigenschaften Φ, der Startwert x_0 und der Fixpunkt $\bar{x}$ haben müssen, damit Konvergenz vorliegt:

Theorem 5 (Banach'scher Fixpunktsatz). *Sei I ein abgeschlossenes Intervall, so dass $x_0 \in I$ gilt, und Φ das Intervall in sich abbildet, also $x \in I \Rightarrow \Phi(x) \in I$. Ist weiterhin Φ in I eine kontrahierende Abbildung, d.h. es gibt eine Konstante $0 < L < 1$, so dass stets*

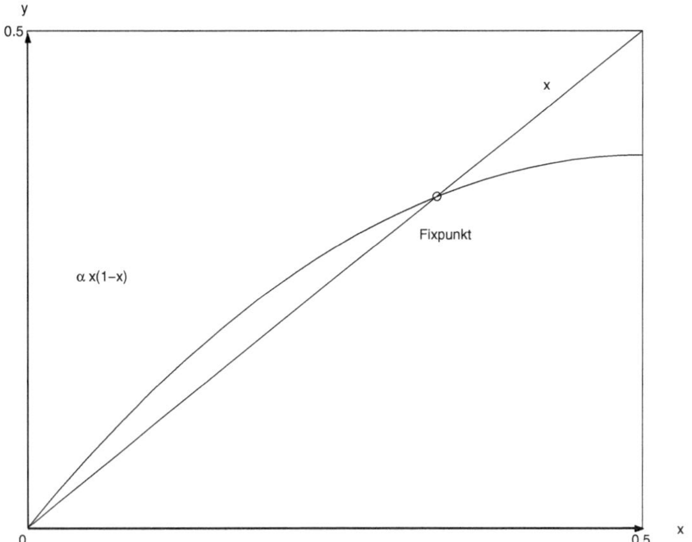

Abb. 21.1. Fixpunkt als Schnittpunkt der Funktionen $\Phi(x)$ und x.

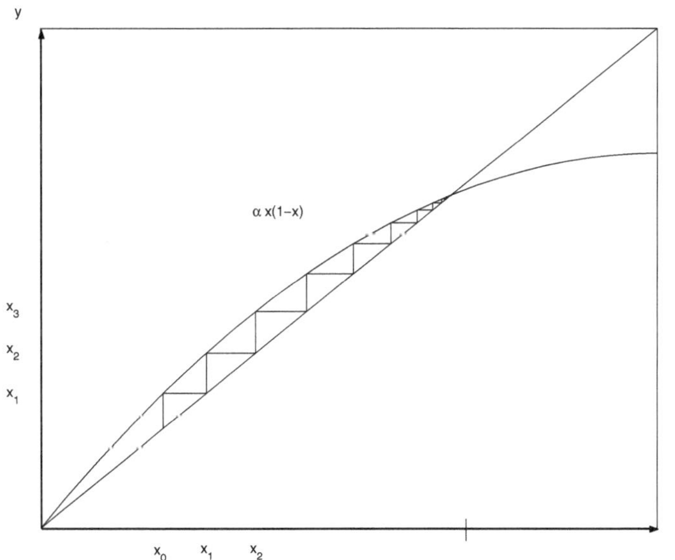

Abb. 21.2. Ausbreitung des Grippevirus.

$$|\Phi(x) - \Phi(y)| \leq L|x - y|$$

für $x, y \in I$ gilt, dann konvergiert die Folge x_k gegen den eindeutigen Fixpunkt $\bar{x}$ von Φ in I.

Beweis. Da Φ kontrahierend in I ist und alle Iterierten in I liegen, gilt

$$\begin{aligned} |x_{k+1} - x_k| &= |\Phi(x_k) - \Phi(x_{k-1})| \leq L|x_k - x_{k-1}| \\ &\leq L(L|x_{k-1} - x_{k-2}|) \leq \ldots \leq L^k|x_1 - x_0|. \end{aligned}$$

Damit ergibt sich für den Abstand zweier Iterierten x_m und x_k für $m > k$:

$$\begin{aligned} |x_m - x_k| &= |(x_m - x_{m-1}) + (x_{m-1} - x_{m-2}) + \ldots + (x_{k+1} - x_k)| \\ &\leq |x_m - x_{m-1}| + |x_{m-1} - x_{m-2}| + \ldots + |x_{k+1} - x_k)| \\ &\leq (L^{m-1} + \ldots + L^k)|x_1 - x_0| \\ &\leq \sum_{j=k}^{\infty} L^j |x_1 - x_0| = \frac{L^k}{1 - L}|x_1 - x_0|. \end{aligned}$$

Daher wird dieser Abstand zwischen zwei Zahlen x_m und x_k beliebig klein, wenn nur m und k genügend groß sind; eine Folge mit einer solchen Eigenschaft heißt Cauchy-Folge. Eine Cauchy-Folge in einer abgeschlossenen Menge ist konvergent, d.h. es existiert ein x aus der Menge, dem sich die Iterierten immer mehr annähern. Daher gibt es eine Zahl $\bar{x} \in I$ mit $x_k \to \bar{x}$. Dieses $\bar{x}$ ist der gesuchte Fixpunkt in I, da

$$\begin{aligned} 0 &\leq |\bar{x} - \Phi(\bar{x})| \leq |\bar{x} - x_k| + |x_k - \Phi(\bar{x})| \\ &\leq |\bar{x} - x_k| + |\Phi(x_{k-1}) - \Phi(\bar{x})| \leq |\bar{x} - x_k| + L|x_{k-1} - \bar{x}| \overset{k\to\infty}{\longrightarrow} 0\,. \end{aligned}$$

Dieser Fixpunkt ist eindeutig; nehmen wir nämlich an, wir hätten zwei verschiedene Fixpunkte $\bar{x}$ und $\hat{x}$ in I, so gilt

$$|\bar{x} - \hat{x}| = |\Phi(\bar{x}) - \Phi(\hat{x})| \leq L|\bar{x} - \hat{x}| < |\bar{x} - \hat{x}|,$$

was nicht möglich ist. □

Für die zu Φ gehörige Folge gilt also

$$|x_{k+1} - \bar{x}| = |\Phi(x_k) - \Phi(\bar{x})| \leq L|x_k - \bar{x}|$$

mit $0 < L < 1$. Man spricht hier von linearem Konvergenzverhalten.

Genügend nahe bei $\bar{x}$ kann für eine stetig differenzierbare Funktion Φ dann $L \approx |\Phi'(\bar{x})|$ gesetzt werden. Denn aus dem Mittelwertsatz (Anhang A.1)

$$\Phi(y) = \Phi(x) + \Phi'(z)(y - x)$$

mit einer zwischen x und y gelegenen Zahl z folgt

$$|\Phi(y) - \Phi(x)| \leq \max_{z \in I} |\Phi'(z)| \cdot |y - x|.$$

Ist nun $|\Phi'(\bar{x})| < 1$, so nennt man den Fixpunkt $\bar{x}$ einen anziehenden Fixpunkt von Φ; denn es gibt dann ein kleines Intervall I um $\bar{x}$, so dass Φ die Voraussetzungen des Banach'schen Fixpunktsatzes erfüllt.

Theorem 6. *Sei $\bar{x}$ ein anziehender Fixpunkt der stetig differenzierbaren Funktion $\Phi(x)$. Dann kann man ein Intervall I mit $\bar{x} \in I$ angeben, so dass für jeden Startwert $x_0 \in I$ die Folge x_k gegen $\bar{x}$ konvergiert.*

Beweis. Setze $I := [\bar{x}-h, \bar{x}+h]$; für h genügend klein gilt $L := max_{z\in I}|\Phi'(z)| < 1$, da sich sonst ein Widerspruch zur Stetigkeit von $\Phi'(x)$ ergeben würde. Für ein $x \in I$ folgt weiterhin

$$|\Phi(x) - \bar{x}| = |\Phi(x) - \Phi(\bar{x})| \leq L|x - \bar{x}| < h,$$

und es gilt: $\Phi(x) \in I$. Daher sind die Voraussetzung von Theorem 5 erfüllt und x_k konvergiert gegen $\bar{x}$. □

Gilt $|\Phi(x)| > 1$, so ist Φ lokal bei $\bar{x}$ nicht kontrahierend, und keine Folge mit Startwert $x_0 \neq \bar{x}$ wird gegen den Fixpunkt $\bar{x}$ konvergieren; wir haben dann also einen abstoßenden Fixpunkt wie $\bar{x}_2 = 1$ im Beispiel 36:

Beispiel 38 (Fortsetzung von Beispiel 36). Wir können als Intervall $I = [0, 0.4]$ wählen. Dann gilt auf diesem Intervall mit $L = 0.8$

$$|\Phi(y) - \Phi(x)| = |y^2 - x^2| = (x + y)|y - x| \leq 0.8|y - x|.$$

Weiterhin ist die Ableitung in den Fixpunkten $\Phi'(0) = 0 < 1$ und $\Phi'(1) = 2 > 1$; daher ist $\bar{x}_1 = 0$ ein anziehender Fixpunkt und $\bar{x}_2 = 1$ ein abstoßender.

Beispiel 39 (Fortsetzung von Beispiel 37). Für die Ableitung im Fixpunkt gilt:

$$\Phi'(\bar{x}) = \alpha(1 - 2\bar{x}) = \alpha\left(1 - \frac{2\alpha - 2}{\alpha}\right) = 2 - \alpha.$$

Nur solange also $\alpha \in]1, 3[$ ist, wird die Folge gegen den Fixpunkt konvergieren. Wir können dabei noch die Fälle $\alpha \in]1, 2[$ und $\alpha \in]2, 3[$ unterscheiden. Im ersten Fall erhalten wir eine monoton wachsende oder fallende, konvergente Folge (Abb. 24.1). Im zweiten Fall ergibt sich eine alternierende, konvergente Folge mit $\Phi'(\bar{x}) < 0$ (Abb. 24.2).

22 Newton-Verfahren zur Nullstellenbestimmung

„Nimmt man die Mathematik vom Anfang der Welt bis zur Zeit Newtons, so ist das, was er geschaffen hat, die weitaus bessere Hälfte.“

Gottfried Willhelm Leibniz

22.1 Beschreibung des Newton-Verfahrens

Gesucht ist eine Nullstelle $\bar{x}$ einer Funktion $f(x) : \mathbb{R} \to \mathbb{R}$, es soll also gelten $f(\bar{x}) = 0$. Man bezeichnet dann $\bar{x}$ als Lösung einer durch f gegebenen nichtlinearen Gleichung (vgl. dazu eine lineare Gleichung $Ax - b = 0$ aus Kapitel 9).

Bisher haben wir uns mit Iterationsverfahren beschäftigt, die einen Fixpunkt einer Funktion bestimmen. Wir versuchen daher nun, das Nullstellenproblem in eine Fixpunktaufgabe umzuformulieren. Dazu verwenden wir die Taylor-Entwicklung von f in der letzten Iterierten x_k:

$$0 = f(\bar{x}) = f(x_k) + f'(x_k)(\bar{x} - x_k) + \mathcal{O}((\bar{x} - x_k)^2).$$

Dabei setzen wir voraus, dass f genügend oft stetig differenzierbar ist. Um nun ein Iterationsverfahren zu erhalten, ignorieren wir in obiger Gleichung den quadratischen Term, und benutzen die entstehende lineare Gleichung zur Bestimmung der nächsten Iterierten, indem wir $\bar{x}$ durch x_{k+1} ersetzen. Auflösen nach x_{k+1} liefert dann das Newton-Verfahren zur Bestimmung einer Nullstelle von f:

$$x_{k+1} = x_k - \frac{f(x_k)}{f'(x_k)}, \quad \text{falls } f'(x_k) \neq 0.$$

Die dazugehörige Iterationsfunktion ist also

$$\Phi(x) = x - \frac{f(x)}{f'(x)},$$

und die Nullstelle $\bar{x}$ von f ist offensichtlich auch ein Fixpunkt von Φ, solange $f'(\bar{x}) \neq 0$ gilt.

In Kapitel 21 hatten wir gesehen, dass der Wert der Ableitung von Φ im Fixpunkt ausschlaggebend dafür ist, ob der Fixpunkt anziehend oder abstoßend ist. In dem vorliegenden Fall gilt

$$\Phi'(x) = 1 - \frac{f'(x)^2 - f(x)f''(x)}{f'^2(x)} = \frac{f(x)f''(x)}{f'^2(x)}.$$

Unter der Annahme, dass $\bar{x}$ eine einfache Nullstelle von f ist, $f'(\bar{x}) \neq 0$ gilt, ergibt sich daher im Fixpunkt

$$\Phi'(\bar{x}) = 0.$$

Daher ist Φ genügend nahe bei $\bar{x}$ stets kontrahierend, und das Newton-Verfahren konvergiert stets gegen $\bar{x}$, wenn wir den Startwert x_0 nur nahe genug bei $\bar{x}$ wählen.

Theorem 7. *Die Folge x_k ist lokal quadratisch konvergent gegen die Nullstelle $\bar{x}$, wenn $\bar{x}$ eine einfache Nullstelle von f ist.*

Beweis. Wir betrachten wieder die Taylor-Entwicklung von f in x_k

$$0 = f(\bar{x}) = f(x_k) + f'(x_k)(\bar{x} - x_k) + \frac{1}{2} f''(z)(\bar{x} - x_k)^2$$

mit einer Zwischenstelle z. Aus dieser Gleichung erhalten wir durch Umformung

$$\bar{x} - x_k + \frac{f(x_k)}{f'(x_k)} = -\frac{1}{2}\frac{f''(z)}{f'(x_k)}(\bar{x} - x_k)^2$$

und daher für die Beträge

$$|\bar{x} - x_{k+1}| = \left| \frac{f''(z)}{2f'(x_k)} \right| \cdot |\bar{x} - x_k|^2 = C(x_k, \bar{x})|\bar{x} - x_k|^2.$$

Ist $f'(\bar{x}) \neq 0$, so können wir in einer Umgebung von $\bar{x}$ den Wert von C durch eine Konstante L nach oben beschränken, und es gilt für den Abstand der Näherungslösung zur echten Nullstelle die Ungleichung

$$|\bar{x} - x_{k+1}| \leq L|\bar{x} - x_k|^2.$$

Die Folge x_k ist daher quadratisch konvergent gegen $\bar{x}$, wenn wir nur genügend nahe an der gesuchten Stelle sind. □

Aus Theorem 7 resultiert im Falle der Konvergenz ein sehr schnelles Verfahren. Als Voraussetzungen für die quadratische Konvergenz benötigen wir, dass

- $f'(\bar{x}) \neq 0$ gilt, also $\bar{x}$ nur eine einfache Nullstelle von f ist; dies kann man auch so formulieren, dass $f(x) = (\bar{x} - x)g(x)$ mit $g(\bar{x}) \neq 0$; und

– der Startwert genügend nahe bei $\bar{x}$ liegt.

Das Newton-Verfahren zur Berechnung einer einfachen Nullstelle ist also *lokal quadratisch konvergent.* Ausgehend von einem Startwert x_0 iterieren wir so lange, bis die x_k sich nicht mehr ändern, oder die relative Änderung $|x_k - x_{k+1}|/|x_{k+1}|$ genügend klein ist.

Ist $\bar{x}$ eine mehrfache Nullstelle, so konvergiert das Newton-Verfahren lokal nur noch linear, d.h. es gibt eine Konstante $L < 1$ mit

$$|\bar{x} - x_{k+1}| \leq L|\bar{x} - x_k|.$$

Dazu nehmen wir an, dass $\bar{x}$ eine m-fache Nullstelle von f ist und daher gilt: $f(x) = (x - \bar{x})^m g(x)$ mit $g(\bar{x}) \neq 0$. Damit folgt für unsere Iterationsfunktion

$$\Phi(x) = x - \frac{(x - \bar{x})^m g(x)}{m(x - \bar{x})^{m-1} g(x) + (x - \bar{x})^m g'(x)}$$

und daher

$$\Phi'(\bar{x}) = 1 - \frac{1}{m} < 1.$$

Dann ist $\bar{x}$ ein anziehender Fixpunkt und wir haben lineare Konvergenz im Sinne des Banach'schen Fixpunktsatzes.

Geometrisch gesehen besteht das Newton-Verfahren darin, die Funktion $f(x)$ lokal an der Stelle x_k linear durch eine Gerade zu ersetzen – gerade die Tangente an f bei x_k, und die Nullstelle dieser Geraden als x_{k+1} zu wählen. Denn die Tangentengerade ist bestimmt durch die Beziehung

$$g(x) = f(x_k) + f'(x_k)(x - x_k),$$

und es ist $g(x_{k+1}) = 0$ (Abb. 22.1).

Die Nachteile des Newton-Verfahrens bestehen darin, dass wir Ableitungen benötigen und dass die Konvergenz nur für einen „guten" Startwert x_0 garantiert ist. Liegt zum Beispiel x_0 nahe bei einem lokalen Maximum oder Minimum von f, so ist die Tangente fast waagrecht und x_1 kann beliebig weit von x_0 entfernt liegen (Abb. 22.2). Ist die Ableitung $f'(x_0)$ sogar Null, so ist x_1 gar nicht definiert, und wir müssen die Iteration neu starten.

22.2 Weitere Methoden zur Nullstellenbestimmung

22.2.1 Sekantenverfahren

Wir wollen noch zwei andere Algorithmen vorstellen, die in Zusammenhang mit dem Newton-Verfahren stehen. Im ersten Verfahren ersetzen wir die Tangente durch die Sekantengerade, die bestimmt ist durch die beiden letzten Näherungswerte x_{k-1} und x_k. Der Schnittpunkt dieser Geraden mit der x-Achse liefert uns dann den neuen Wert x_{k+1}.

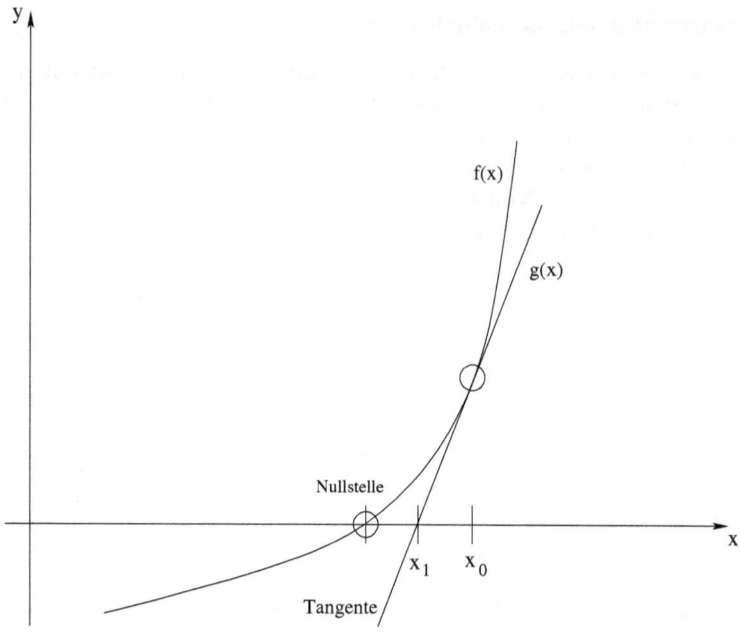

Abb. 22.1. Geometrische Herleitung des Newton-Verfahrens.

Also

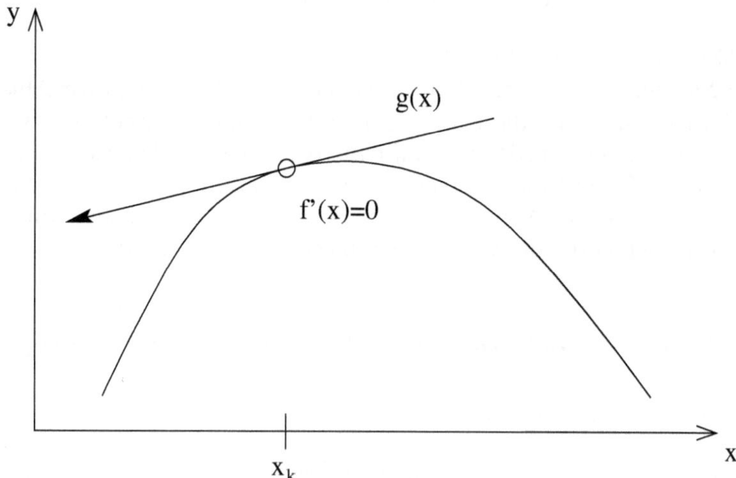

Abb. 22.2. Problem des Newton-Verfahrens an einer Stelle x_k mit $f'(x_k) \approx 0$.

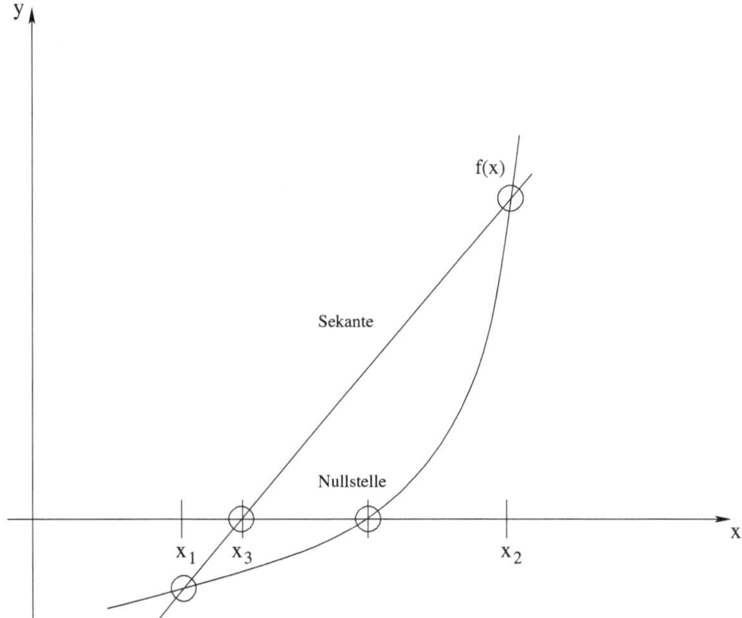

Abb. 22.3. Graphische Darstellung des Sekantenverfahrens.

$$g(x) = f(x_{k-1}) + (f(x_k) - f(x_{k-1}))\frac{x - x_{k-1}}{x_k - x_{k-1}}$$

mit der Nullstelle

$$x_{k+1} = x_{k-1} - \frac{f(x_{k-1})(x_k - x_{k-1})}{f(x_k) - f(x_{k-1})} = \frac{x_{k-1}f(x_k) - x_k f(x_{k-1})}{f(x_k) - f(x_{k-1})}.$$

Auch hier können wir nur mit lokaler Konvergenz rechnen, aber es werden keine Ableitungen benötigt, sondern die Werte der beiden letzten Iterierten: denn x_{k+1} berechnet sich aus den Funktionswerten bei x_k und x_{k-1}. Daraus folgt eine langsamere Konvergenzgeschwindigkeit, aber dafür sind keine Ableitungen nötig und jeder Iterationsschritt kostet nur **eine** neue Funktionsauswertung.

22.2.2 Bisektionsverfahren

Dieses Verfahren kommt ebenfalls ohne die Berechnung von Ableitungen aus und ist darüber hinaus stets konvergent (man spricht von globaler Konvergenz). Allerdings ist dafür die Konvergenzgeschwindigkeit nur noch linear. Wir beginnen mit zwei Startwerten a und b, die eine Nullstelle von f einschließen. Das können wir garantieren, wenn f stetig ist, und $f(a)$ und $f(b)$

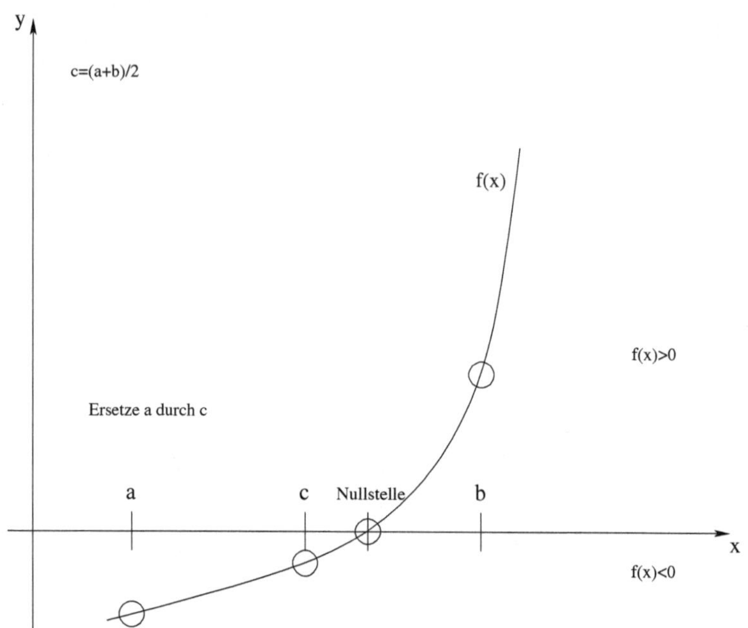

Abb. 22.4. Graphische Darstellung des Bisektionsverfahrens.

verschiedene Vorzeichen haben, also $sign(f(a)f(b)) = -1$. Nun wählen wir als c genau die Zwischenstelle $c = (a+b)/2$ und berechnen $f(c)$.

Das Ziel besteht darin, mittels c ein neues, nur noch halb so großes Intervall anzugeben, das garantiert eine Nullstelle von f enthält. Dazu ersetzt man von a und b dasjenige durch c, dessen Funktionswert dasselbe Vorzeichen wie $f(c)$ hat, wodurch automatisch wieder $sign(f(a)f(b)) = -1$ erfüllt ist (Abb. 22.4). Also

Ist $sign(f(a)f(c)) = 1$: setze $a := c$
Ist $sign(f(b)f(c)) = 1$: setze $b := c$.

Nach jedem Schritt ist das Einschließungsintervall und damit der Abstand von der Lösung $\bar{x}$ um einen Faktor $1/2$ verkleinert, und wegen der Vorzeichenbedingung enthalten die Intervalle garantiert eine Nullstelle von f. Genauer gilt für die Folge der Einschließungsintervalle $[a_k, b_k]$:

$$\begin{aligned}|\bar{x} - a_{k+1}| + |b_{k+1} - \bar{x}| &= \bar{x} - a_{k+1} + b_{k+1} - \bar{x} \\ &= |b_{k+1} - a_{k+1}| = \frac{1}{2}|b_k - a_k| = \frac{1}{2}\left(|\bar{x} - a_k| + |b_k - \bar{x}|\right).\end{aligned}$$

Der mittlere Abstand der Intervallgrenzen von der Nullstelle schrumpft in jedem Schritt um den Faktor $1/2$.

Oft wird Newton- und Bisektionsverfahren kombiniert, um ein global konvergierendes Verfahren zu erhalten, das zusätzlich lokal quadratisch konvergiert. Dazu startet man mit dem Bisektionsverfahren, und schaltet auf das Newton-Verfahren um, sobald man genügend nahe an der gesuchten Stelle ist.

Die Kombination von Bisektionsverfahren und Sekantenverfahren liefert die *Regula falsi*, bei der wie bei der Bisektion eine Folge von Einschließungsintervallen erzeugt wird; der neue Kandidat zum Austausch einer Intervallgrenze wird dabei aber als die Nullstelle aus dem Sekantenverfahren gewählt.

Beispiel 40 (Das Newton-Verfahren zur Berechnung der Quadratwurzel, vgl. Übungsaufgabe 106). Gesucht ist für $a > 0$ die Quadratwurzel von a, also genau die Nullstelle von $f(x) = x^2 - a$. Daraus folgt die Iterationsvorschrift

$$x_{k+1} = x_k - \frac{x_k^2 - a}{2x_k} = \frac{1}{2}x_k + \frac{1}{2}\frac{a}{x_k}$$

Beispiel 41. In Kapitel 16.4 haben wir das Problem kennen gelernt, einer gegebenen Funktion einen einzigen Wert zuzuordnen. Anstelle des „*mean of area*“-Kriteriums soll wieder dasjenige x bestimmt werden mit

$$\int_a^x f(t)\mathrm{d}t = \int_x^b f(t)\mathrm{d}t.$$

Diese Aufgabe können wir umformulieren als Nullstellenproblem für

$$F(x) := \int_a^x f(t)\mathrm{d}t - \int_x^b f(t)\mathrm{d}t = \int_a^b f(t)\mathrm{d}t - 2\int_x^b f(t)\mathrm{d}t.$$

Das Newton-Verfahren liefert wegen $F'(x) - 2f(x)$ die Iterationsvorschrift

$$x_{k+1} = x_k - \frac{F(x_k)}{2f(x_k)},$$

die lokal quadratisch gegen die Lösung $\bar{x}$ konvergiert, falls $f(\bar{x}) \neq 0$ gilt.

22.2.3 Newton-Verfahren für Polynome

Für das Polynom

$$p(x) = a_n x^n + a_{n-1}x^{n-1} + \ldots + a_1 x + a_0$$

soll (zunächst nur) eine Nullstelle gefunden werden. Wir verwenden dazu das Newton-Verfahren

$$x_{k+1} = \Phi(x_k) = x_k - \frac{p(x_k)}{p'(x_k)}$$

mit einem geeigneten Anfangswert x_0.

Betrachten wir nur Polynome mit lauter reellen Nullstellen $\xi_1 > \ldots > \xi_n$, dann konvergiert das Newton-Verfahren für alle Startwerte $x_0 > \xi_1$ monoton fallend gegen die größte Nullstelle ξ_1.

Mittels Polynomdivision kann das Polynom $p_1(x) = p(x)/(x-\xi_1)$ definiert werden. Dieses hat, bei exakter Rechnung, bis auf ξ_1 dieselben Nullstellen wie $p(x)$. Wie oben kann also die Nullstelle ξ_2 von $p(x)$ als Nullstelle von $p_1(x)$ bestimmt werden.

Durch fortgesetztes Bestimmen der größten Nullstelle und folgendes Abdividieren dieser Nullstelle kann man also der Reihe nach alle Nullstellen von p berechnen.

In der Praxis jedoch treten beim Abdividieren der Nullstellen Rundungsfehler auf, die die Berechnung der Nullstellen empfindlich beeinträchtigen können. Mittels eines auf Maehly zurückgehenden Tricks lässt sich das Abdividieren vermeiden. Für das Polynom p_1 gilt

$$p_1'(x) = \frac{p'(x)}{x-\xi_1} - \frac{p(x)}{(x-\xi_1)^2},$$

und damit ergibt sich die Newton'sche Iterationsvorschrift:

$$x_{k+1} = x_k - \frac{p_1(x_k)}{p_1'(x_k)} = x_k - \frac{\frac{p(x_k)}{x_k-\xi_1}}{\frac{p'(x_k)}{x_k-\xi_1} - \frac{p(x_k)}{(x_k-\xi_1)^2}} = x_k - \frac{p(x_k)}{p'(x_k) - \frac{p(x_k)}{x_k-\xi_1}}.$$

Allgemein erhält man für die Berechnung der Nullstelle ξ_{j+1} die Polynome

$$p_j(x) = \frac{p(x)}{(x-\xi_1)\cdots(x-\xi_j)}$$

$$p_j'(x) = \frac{p'(x)}{(x-\xi_1)\cdots(x-\xi_j)} - \frac{p(x)}{(x-\xi_1)\cdots(x-\xi_j)} \sum_{i=1}^{j} \frac{1}{x-\xi_i}$$

und die Iterationsvorschrift

$$x_{k+1} = x_k - \frac{p(x_k)}{p'(x_k) - \displaystyle\sum_{i=1}^{j} \frac{p(x_k)}{x_k-\xi_i}}.$$

22.2.4 Newton-Verfahren zur Berechnung eines Minimums

Berechnung von Nullstellen im $\mathbb{R}^n$: Das Newton-Verfahren kann dazu verwendet werden, Nullstellen mehrdimensionaler Funktionen zu bestimmen. Betrachten wir die Funktion

$$f \,:\, \mathbb{R}^n \longrightarrow \mathbb{R}^n \quad \text{mit}$$

$$f(x) = f(x_1,\ldots,x_n) = \begin{pmatrix} f_1(x_1,\ldots,x_n) \\ \vdots \\ f_n(x_1,\ldots,x_n). \end{pmatrix}$$

Die Ableitungen dieser Funktion werden in der Jacobi-Matrix zusammengefasst:

$$J = \begin{pmatrix} \frac{\partial f_1}{\partial x_1} & \cdots & \frac{\partial f_1}{\partial x_n} \\ \vdots & \ddots & \vdots \\ \frac{\partial f_n}{\partial x_1} & \cdots & \frac{\partial f_n}{\partial x_n} \end{pmatrix}.$$

Damit lässt sich formal das Newton-Verfahren zur Bestimmung einer Nullstelle $\bar{x} \in \mathbb{R}^n$ schreiben als

$$x^{k+1} = x^k - J^{-1} f(x^k).$$

Berechnung des Minimums einer Funktion: Zur Bestimmung eines lokalen Extremums einer Funktion f benötigen wir die Nullstellen der Ableitung f', also Punkte mit waagrechter Tangente. Wie bekannt liegt für positive zweite Ableitung ein lokales Minimum vor, und für negative zweite Ableitung ein lokales Maximum. Die Iterationsvorschrift zur Berechnung einer Nullstelle der Ableitung lautet

$$x_{k+1} = x_k - \frac{f'(x_k)}{f''(x_k)}.$$

Oft wird unsere zu minimierende Funktion nicht nur von einer Variablen abhängen, sondern von mehreren. Unser Problem ist dann also gegeben durch

$$\min_{x_1,\ldots,x_n} F(x_1, x_2, \ldots, x_n).$$

Ein lokales Minimum ist auf jeden Fall ein Punkt mit waagrechter Tangente, d.h. die Ableitung oder besser gesagt der Gradientenvektor

$$\nabla F = \begin{pmatrix} \frac{\partial F}{\partial x_1} \\ \vdots \\ \frac{\partial F}{\partial x_n} \end{pmatrix}$$

muss dort eine Nullstelle haben. Wir sind dabei also auf das Problem gestoßen, für eine Vektorfunktion der Form

$$\nabla F = f(x_1, \ldots, x_n) = \begin{pmatrix} f_1(x_1, \ldots, x_n) \\ \vdots \\ f_n(x_1, \ldots, x_n) \end{pmatrix}$$

eine Nullstelle zu finden mit

$$f_j(\bar{x}_1, \ldots, \bar{x}_n) = 0, \quad j = 1, \ldots, n.$$

Wir können nun das Newton-Verfahren genauso formulieren und herleiten wie im skalaren Fall. Allerdings wird die Ableitung der aus n Komponenten bestehenden Funktion $f(x_1, \ldots, x_n)$ eine Matrix der Form

$$\mathrm{D}f = \begin{pmatrix} \frac{\partial f_1}{\partial x_1} & \dots & \frac{\partial f_1}{\partial x_n} \\ \vdots & & \vdots \\ \frac{\partial f_n}{\partial x_1} & \dots & \frac{\partial f_n}{\partial x_n} \end{pmatrix} = \left(\frac{\partial F}{\partial x_i \partial x_j} \right)_{i,j=1}^{n}$$

sein, die Hesse-Matrix zur Funktion $F(x)$. Das Newton-Verfahren sieht dann formal so aus:

$$\begin{pmatrix} x_1 \\ \vdots \\ x_n \end{pmatrix}^{(k+1)} = \begin{pmatrix} x_1 \\ \vdots \\ x_n \end{pmatrix}^{(k)} - \mathrm{D}f^{-1} \begin{pmatrix} f_1 \\ \vdots \\ f_n \end{pmatrix}^{(k)} .$$

Dabei bezeichnet der hochgestellte Index den k-ten Iterationsschritt. In jedem Schritt ist also ein lineares Gleichungssystem mit der Matrix $\mathrm{D}f$ zu lösen.

Das ist nur möglich, solange $\mathrm{D}f$ regulär ist. Um die Kosten zu reduzieren, ersetzt man häufig die Matrix $\mathrm{D}f$ durch eine billiger zu gewinnende Näherung B, aber unter der Vorgabe, dass B wichtige Eigenschaften von $\mathrm{D}f$ enthält. Man spricht von Quasi-Newton-Verfahren, bei denen in jedem Iterationsschritt eine verbesserte Näherung B an die Hesse-Matrix $\mathrm{D}f$ berechnet wird.

Nichtlineare Ausgleichsrechnung: Eine weitere Anwendung des Newton-Verfahrens ergibt sich in der Ausgleichsrechnung. In Verallgemeinerung von Kapitel 10 stehen wir hier vor der Aufgabe:

$$\min_{x \in \mathbb{R}^n} \left\| \begin{pmatrix} f_1(x_1, \dots, x_n) \\ \vdots \\ f_m(x_1, \dots, x_n) \end{pmatrix} - b \right\|_2^2 .$$

Um dieses Problem auf den bekannten linearen Fall zurückzuführen, ersetzen wir f durch den Anfang der Taylor-Entwicklung an der zuletzt berechneten Näherungslösung. Mit der Jacobi-Matrix J führt dies auf das einfachere Problem

$$\begin{aligned} &\min_x \left\| \left(f(x^{(k)}) + J \cdot (x - x^{(k)}) \right) - b \right\|_2^2 \\ &\qquad = \min_x \left\| Jx - \left(b + Jx^{(k)} - f(x^{(k)}) \right) \right\|_2^2 . \end{aligned}$$

Dieses lineare Ausgleichsproblem kann wie in Kapitel 10 gelöst werden und liefert in $x^{(k+1)}$ eine nächste Näherung. Dieses Vorgehen wird in $x^{(k+1)}$ wiederholt, und wir erhalten so eine Folge $x^{(k)}$, die im günstigen Fall gegen das gesuchte Minimum konvergiert.

Man spricht hier vom Gauß-Newton-Verfahren, da in jedem Schritt eine Linearisierung erfolgt wie bei der Newton-Iteration , und das lineare Teilproblem gerade ein lineares Ausgleichsproblem darstellt.

23 Iterative Lösung Linearer Gleichungssysteme

„Schon die Mathematik lehrt uns, dass man Nullen nicht übersehen darf.“

Gabriel Laub

23.1 Stationäre Methoden

Für große, dünnbesetzte Matrizen wird man oft direkte Verfahren zum Lösen eines linearen Gleichungssystems $Ax = b$ vermeiden, da in der Regel der Vorteil der Dünnbesetztheit im Verlauf der Gauß-Elimination verloren geht. Dünnbesetzte Matrizen lassen sich normalerweise mit $\mathcal{O}(n)$ Speicherplatz darstellen, und man ist an Lösungsverfahren interessiert, die ebenfalls von dieser Größenordnung sind. Hier bieten iterative Verfahren große Vorteile, da sie von den Eingangsdaten des Problems nur ein Programm benötigen, das beschreibt, wie die Matrix mit einem Vektor multipliziert wird. Die Gesamtkosten eines iterativen Gleichungssystemlösers ergeben sich unter dieser Voraussetzung als

$$\text{(Anzahl der Iterationen)} \cdot \mathcal{O}(n);$$

man muss also „nur noch“ für genügend schnelle Konvergenz des Verfahrens sorgen.

Das einfachste iterative Verfahren ist das Richardson-Verfahren; es resultiert aus folgendem Ansatz:

$$b = Ax = (A - I)x + x \quad \Longleftrightarrow \quad x = b + (I - A)x.$$

Dies kann interpretiert werden als Iterationsvorschrift der Form

$$x^{(k+1)} = b + (I - A)x^{(k)} = x^{(k)} + (b - Ax^{(k)}) = \Phi(x^{(k)}),$$

so dass, ausgehend von einem Startvektor $x^{(0)}$, eindeutig die Folge $x^{(k)}$ berechnet werden kann; dazu notwendig ist nur ein Unterprogramm zur Berechnung von $Ax^{(k)}$. Die Iterationsfunktion ist $\Phi(x) = b + (I - A)x$.

Hier stellt sich die Frage der Konvergenz. Wenn wir die tatsächliche Lösung mit $\bar{x} = A^{-1}b$ bezeichnen, ist diese Iterationsfunktion nur sinnvoll, wenn die Iterierten $x^{(k)}$ gegen $\bar{x}$ konvergieren. Wir betrachten den Fehler im $k+1$-ten Schritt

$$\begin{aligned}\bar{x} - x^{(k+1)} &= \bar{x} - x^{(k)} - (b - Ax^{(k)}) \\ &= \bar{x} - x^{(k)} - (A\bar{x} - Ax^{(k)}) = (I - A)(\bar{x} - x^{(k)}).\end{aligned}$$

Daher gilt

$$\|\bar{x} - x^{(k+1)}\|_2 = \|(I - A)(\bar{x} - x^{(k)})\|_2 \leq \|I - A\|_2 \|\bar{x} - x^{(k)}\|_2$$

und damit

$$\|\bar{x} - x^{(k)}\|_2 \leq \|I - A\|_2^k \, \|\bar{x} - x^{(0)}\|_2.$$

Der Fehler geht gegen Null und die Folge $x^{(k)}$ konvergiert gegen die gesuchte Lösung, wenn die Norm der Matrix $I - A$ kleiner als Eins ist. Wir können auch Theorem 5 anwenden und müssen dazu nur prüfen, ob die Funktion Φ im $\mathbb{R}^n$ kontrahierend ist,

$$\|\Phi(x) - \Phi(y)\|_2 \leq \|I - A\|_2 \|x - y\|_2.$$

Das Richardson-Verfahren ist nur sinnvoll, wenn die Ausgangsmatrix „nahe an der Einheitsmatrix“ ist. Davon kann man in der Praxis nicht ausgehen. Andererseits ist dieses Verfahren doch der Kern und Ausgangspunkt weit besserer Methoden, die durch nahe liegende Verbesserungen eingeführt werden können. Um nahe an der Einheitsmatrix zu sein, sollten zum Beispiel die Diagonalelemente alle Eins sein. Dies lässt sich aber einfach erreichen. Dazu bezeichnen wir mit $D = diag(A)$ die Diagonalmatrix, bestehend aus den Diagonaleinträgen von A, die alle von Null verschieden sein sollen. Damit führen wir die Diagonalmatrix D^{-1} ein, indem wir jedes Diagonalelement durch d_{ii}^{-1} ersetzen. Offensichtlich hat die neue Matrix $D^{-1}A$ nun als Diagonaleinträge nur noch Einsen. Weiterhin können wir das Ausgangssystem äquivalent umformen

$$Ax = b \iff (D^{-1}A)x = (D^{-1}b)$$

oder

$$\tilde{A}x = \tilde{b}, \quad \text{mit} \quad \tilde{A} = D^{-1}A, \quad \tilde{b} = D^{-1}b.$$

Für die Matrix $\tilde{A}$ können wir mit besserer Konvergenz im Richardson-Verfahren rechnen, da die Verbesserung in jedem Iterationsschritt von $\|I - D^{-1}A\|_2$ abhängt. Man spricht hier davon, dass das ursprüngliche Problem durch einen Präkonditionierer – in diesem Fall D – auf eine neue Matrix transformiert wird, bei der wir mit schnellerer Konvergenz rechnen können.

Die Richardson-Iteration auf $\tilde{A}$ lautet

$$\begin{aligned} x^{(k+1)} &= x^{(k)} + (\tilde{b} - \tilde{A}x^{(k)}) = x^{(k)} + D^{-1}(b - Ax^{(k)}) \\ \text{oder} \quad Dx^{(k+1)} &= Dx^{(k)} + (b - Ax^{(k)}) = b + (D - A)x^{(k)}. \end{aligned}$$

Dieselbe Iterationsvorschrift lässt sich auch auf eine andere Art und Weise gewinnen. Durch Abspalten der Diagonalelemente von A schreibt man das ursprüngliche Problem $Ax = b$ in der Form

$$\begin{aligned} b &= Ax = (D + A - D)x = Dx + (A - D)x, \\ \text{oder} \quad Dx &= b + (D - A)x, \end{aligned}$$

und benutzt diese Schreibweise als Ausgangspunkt eines iterativen Verfahrens. In dieser Formulierung spricht man vom Jacobi-Verfahren zur iterativen Lösung eines linearen Gleichungssystems. Ein Iterationsschritt wird beschrieben durch folgendes Programm:

```
FOR i = 1, ..., n:
    xneu[i] = b[i];
    FOR j = 1, ..., i-1, i+1, ..., n:
        xneu[i] = xneu[i] - a[i,j] * x[j];
    ENDFOR
    xneu[i] = xneu[i] / a[i,i];
ENDFOR
```

Wie bei Richardson oder Jacobi können wir weitere *Splittings* von A einführen, um unseren Verfahren zu schnellerer Konvergenz zu verhelfen. Dazu zerlegen wir A in den Diagonalteil D, den unteren Dreiecksteil L und den oberen Dreiecksteil U und schreiben:

$$b = Ax = (L + D + U)x = (L + D)x + Ux.$$

Daraus ergibt sich die Iterationsvorschrift

$$\begin{aligned} (L + D)x^{(k+1)} &= b - Ux^{(k)} = b - (A - L - D)x^{(k)} \\ &= (L + D)x^{(k)} + (b - Ax^{(k)}) \\ \text{oder} \qquad x^{(k+1)} &= x^{(k)} + (L + D)^{-1}(b - Ax^{(k)}). \end{aligned}$$

Dabei ist zur Berechnung der nächsten Iterierten ein Gleichungssystem zu lösen, allerdings ein sehr einfaches; denn die zugehörige Matrix $L + D$ ist eine untere Dreiecksmatrix. Das so definierte iterative Verfahren wird als Gauß-Seidel-Verfahren bezeichnet:

```
FOR i = 1, ..., n:
    xneu[i] = b[i];
    FOR j = 1, ..., i-1:
        xneu[i] = xneu[i] - a[ij] * xneu[j];
    ENDFOR
    FOR j = i+1, ..., n:
```

```
        xneu[i] = xneu[i] - a[ij] * x[j];
    ENDFOR
    xneu[i] = xneu[i] / a[ii];
ENDFOR
```

Dieses Verfahren unterscheidet sich vom Jacobi-Verfahren dadurch, dass zur Berechnung der nächsten Iterierten $x^{(k+1)}$ = **xneu** sofort die in diesem Schritt bereits vorliegenden Komponenten von **xneu** eingesetzt werden. Damit erhält man unter Verwendung nur eines einzigen Vektors x das einfachere Programm

```
FOR i = 1, ..., n:
    x[i] = b[i];
    FOR j = 1, ..., i-1, i+1, ..., n:
        x[i] = x[i] - a[ij] * x[j];
    ENDFOR
    x[i] = x[i] / a[ii];
ENDFOR
```

Die Konvergenz hängt nun ab von

$$\|I - (L + D)^{-1}A\|_2.$$

Die Matrix $(L+D)^{-1}$ wird als Präkonditionierer bezeichnet, da das neue System $(L + D)^{-1}A$ besser konditioniert sein sollte. Das Gauß-Seidel-Verfahren ist dann genau das Richardson-Verfahren, angewandt auf das präkonditionierte Gleichungssystem

$$(L + D)^{-1}Ax = (L + D)^{-1}b.$$

Durch die verbesserte Kondition des neuen Gleichungssystems nach Anwendung des Präkonditionierers $(L + D)$ soll eine schnellere Konvergenz erreicht werden.

Allgemein erhalten wir ein stationäres Iterationsverfahren, indem wir A in der Form $A = M - N$ darstellen, wobei die Matrix M leicht invertierbar sein soll. Dann können wir äquivalent umformen

$$\begin{aligned} & b = Ax = (M - N)x = Mx - Nx \\ \iff\ & Mx = Nx + b \\ \iff\ & x = M^{-1}Nx + M^{-1}b. \end{aligned}$$

Nun haben wir unser Gleichungssystem in eine Form $x = \Phi(x)$ gebracht, die wir von unseren Fixpunktbetrachtungen her kennen. Die gesuchte Lösung wollen wir daher als Fixpunkt der obigen Gleichung mit der Iteration

$$x^{(k+1)} = \Phi(x^{(k)}) = M^{-1}Nx^{(k)} + M^{-1}b$$

berechnen. Um die Frage der Konvergenz dieser Vorschrift zu klären, können wir den Banach'schen Fixpunktsatz heranziehen. Diese Folge ist danach konvergent, wenn die Funktion $\Phi(x)$ kontrahierend ist:

$$\|\Phi(x) - \Phi(y)\|_2 = \|M^{-1}N(x-y)\|_2 \leq \|M^{-1}N\|_2 \, \|x-y\|_2 .$$

Ist die Matrixnorm $L = \|M^{-1}N\|_2 < 1$, so liegt lineare Konvergenz vor gegen den Fixpunkt von Φ, der gleichzeitig die Lösung von $Ax = b$ ist. Die Konvergenzgeschwindigkeit hängt von $L = \|M^{-1}N\|$ ab; je kleiner diese Zahl, desto schneller die Konvergenz. Ist L nahe bei Eins, so wird die Konvergenz sehr langsam sein.

In der allgemeinen Form

$$\begin{aligned} x^{(k+1)} &= M^{-1}Nx^{(k)} + M^{-1}b = M^{-1}(M-A)x^{(k)} + M^{-1}b \\ &= x^{(k)} + M^{-1}(b - Ax^{(k)}) \end{aligned}$$

ist dieses Verfahren bestimmt durch eine Suchrichtung $M^{-1}(b - Ax^{(k)})$, in die der nächste Schritt erfolgt. Daher liegt es nahe, hier eine Schrittweite α einzuführen und das gedämpfte Verfahren

$$x^{(k+1)} = x^{(k)} + \alpha M^{-1}(b - Ax^{(k)})$$

zu definieren. Dabei kann α noch möglichst gut gewählt werden.

Üblicherweise werden, ausgehend von einem Startvektor $x^{(0)}$, die Näherungslösungen $x^{(k)}$ so lange berechnet, bis das relative Residuum $\|Ax^{(k)} - b\|_2 / \|Ax^{(0)} - b\|_2$ genügend klein ist.

Die bisher besprochenen stationären Verfahren sind also Spezialfall einer Iterationsvorschrift

$$x^{(k+1)} = \Phi\left(x^{(k)}\right), \qquad x^{(k)}, x^{(k+1)} \in \mathbb{R}^n. \tag{23.1}$$

Eine nahe liegende Verbesserung eines solchen Verfahrens kann dadurch erreicht werden, dass wir bei der Berechnung einer neuen Komponente $x_i^{(k+1)} = \Phi_i(x_1^{(k)}, \ldots, x_n^{(k)})$ auf der rechten Seite in Φ die bereits verbesserten Komponenten von $x^{(k+1)}$ einsetzen. Wenn wir den Vektor in der üblichen Reihenfolge von Eins bis n durchlaufen, so führt dies auf

$$x_i^{(k+1)} = \Phi_i\left(x_1^{(k+1)}, \ldots, x_{i-1}^{(k+1)}, x_i^{(k)}, \ldots, x_n^{(k)}\right)$$

was sich durch das einfache Programm

```
FOR i = 1, ..., n:
  x[i] = Phi[i] (x[1], ..., x[n]);
ENDFOR
```

realisieren lässt. Dieses Vorgehen wird mit Einzelschrittverfahren bezeichnet. Im Gegensatz dazu heißt das durch (23.1) beschriebene Verfahren Gesamtschrittverfahren.

Der Unterschied zwischen Gesamt- und Einzelschrittverfahren entspricht dem Unterschied zwischen Jacobi- und Gauß-Seidel-Verfahren bei der Lösung linearer Gleichungssysteme. Man beachte, dass beim Einzelschrittverfahren die Reihenfolge, in der die Komponenten neu berechnet werden, frei wählbar ist und großen Einfluss auf die Konvergenzgeschwindigkeit haben kann.

23.2 Gradientenverfahren

Im Folgenden gehen wir davon aus, dass A symmetrisch positiv definit ist, also $A^T = A$ und $x^T Ax > 0$ für alle $x \neq 0$ gilt.

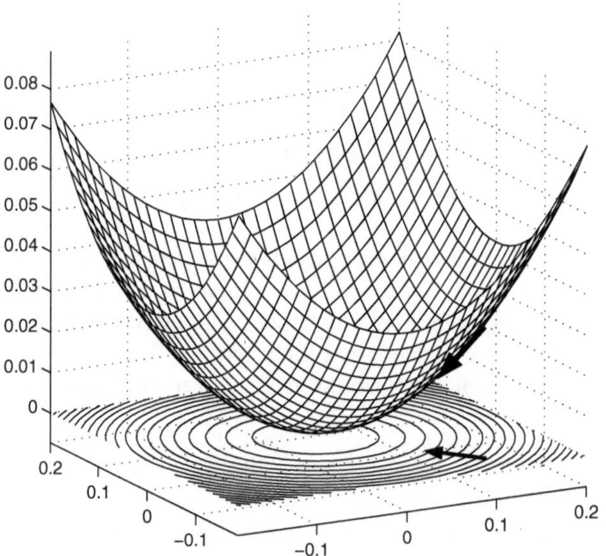

Abb. 23.1. Paraboloid mit Tangentenrichtung.

Nun führen wir die Funktion

$$F(x) = \frac{1}{2} x^T Ax - b^T x$$

ein. Diese Funktion stellt die Verallgemeinerung einer Parabel in mehr Dimensionen dar, einen Paraboloiden (Abb. 23.1). Daher existiert ein eindeutiges Minimum von $F(x)$, das dadurch charakterisiert ist, dass die Ableitung von F an dieser Stelle gleich Null ist (waagrechte Tangente). Die Ableitung von $F(x)$ ist der Gradient $\nabla F(x)$ (siehe Abschn. 22.2.4), und dient dazu, die Richtungsableitung von $F(x)$ zu bestimmen. Schränken wir die Funktion

$F(x)$ auf eine Dimension ein, indem wir nur solche x zulassen von der Form $x = x_0 + \alpha y$, so ist die gewöhnliche eindimensionale Ableitung nach α gegeben durch

$$\frac{\mathrm{d}}{\mathrm{d}\alpha} F(x_0 + \alpha y) = \nabla F(x_0) \cdot y.$$

Das relative Minimum x_0 von $F(x)$ ist dadurch gekennzeichnet, dass alle Richtungsableitungen in x_0 und damit der Gradient gleich Null sein muss. Der Gradient ist $Ax - b$, so dass das Minimum von F genau die Lösung des linearen Gleichungssystems $Ax = b$ ist.

Daher liegt es nahe, das Problem des linearen Gleichungssystems zu ersetzen durch das Problem der Minimierung von $F(x)$.

Zur Bestimmung des Minimums einer gegebenen Funktion formulieren wir folgenden Ansatz für ein Iterationsverfahren:

$$x_{k+1} = x_k + \alpha_k \mathrm{d}_k.$$

Dabei ist d_k eine Suchrichtung, die eine Verkleinerung des Funktionswertes $F(x_k)$ erlaubt, und α_k ist eine Schrittweite, die angibt, wie weit man in Suchrichtung laufen sollte, damit der neue Funktionswert möglichst klein, also möglichst nahe an dem gesuchten Minimum liegt.

Iterative Verfahren zur Bestimmung eines Minimums einer Funktion unterscheiden sich im Wesentlichen durch die Wahl der Suchrichtung. Aus der Beschränkung auf den eindimensionalen Fall sieht man, dass die Richtungsableitung den betragsgrößten negativen Wert annimmt für die Richtung $y = -\nabla F$. Denn nach dem Mittelwertsatz gilt, dass an der Stelle x_k die eindimensionale Funktion in α beschrieben werden kann durch

$$F(x_k + \alpha y) = F(x_k) + \alpha \nabla F(x_k) y + \mathcal{O}\left(\alpha^2\right).$$

Die Richtungsableitung von $F(x)$ in Richtung y an der Stelle x_k ist dabei gegeben durch $\nabla F(x_k)y$; daher nimmt $F(x)$ bei x_k am stärksten ab in Richtung des negativen Gradienten $y = -\nabla F(x_k)$. Dieser negative Gradient eignet sich also gut als Suchrichtung, da auf jeden Fall für genügend kleine α die Funktion $F(x)$ kleinere Werte annimmt als in $F(x_k)$, zumindest solange x_k noch nicht die gesuchte Lösung mit $\nabla F(x) = 0$ ist. Man nennt $-\nabla F(x_k)$ daher auch Abstiegsrichtung für F in x_k, da die Funktion F in dieser Richtung lokal abnimmt. Um also von x_k aus näher an das gesuchte Minimum zu kommen, kann man den negativen Gradienten $\mathrm{d}_k = b - Ax_k$ als Suchrichtung wählen. Daraus resultiert die Iteration

$$x_{k+1} = x_k + \alpha_k(b - Ax_k),$$

und es bleibt nur noch α_k zu bestimmen. Dazu erinnern wir uns daran, dass wir das Minimum von F suchen, also sollte man auch α_k so wählen, dass die Funktion

$$G(\alpha) := F(x_k + \alpha(b - Ax_k))$$

minimal wird. Dies ist ein einfaches, eindimensionales Problem - quadratisch in α, und lässt sich direkt lösen. Nullsetzen der Ableitung nach α und Auflösen dieser Gleichung nach α_k liefert

$$\alpha_k = \frac{\mathrm{d}_k^T \mathrm{d}_k}{\mathrm{d}_k^T A \mathrm{d}_k}.$$

Die Iterationsvorschrift lautet daher insgesamt

$$x_{k+1} = x_k + \frac{\|b - Ax_k\|_2^2}{(b - Ax_k)^T A (b - Ax_k)} (b - Ax_k).$$

Die dazugehörige Fixpunktgleichung hat die Form

$$x = \Phi(x) := x + \frac{\|b - Ax\|_2^2}{(b - Ax)^T A (b - Ax)} (b - Ax),$$

mit dem eindeutigen Fixpunkt $\bar{x} = A^{-1} b$.

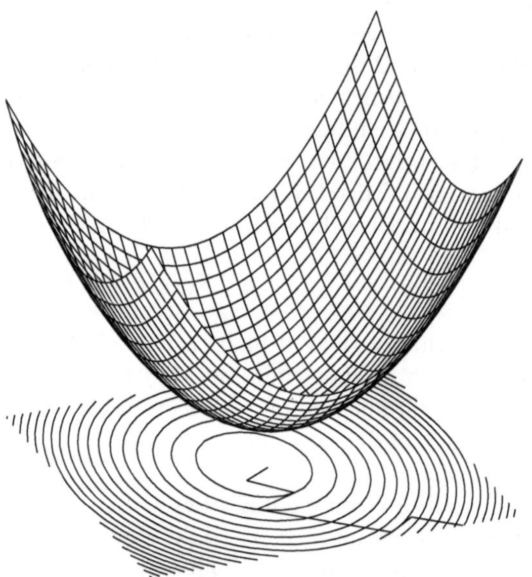

Abb. 23.2. Graph von $F(x)$, Höhenlinien mit Zick-Zack-Weg der Iterierten.

Da die Suchrichtung durch den Gradienten festgelegt ist, wird dieses Verfahren das Gradientenverfahren oder *„steepest descent"* (steilster Abstieg) genannt. Wie man an dem Paraboloiden sieht, konvergiert dieser Algorithmus für jeden Startwert x_0 gegen das gesuchte Minimum, aber evtl. sehr langsam. Ist nämlich A schlecht konditioniert, so ist der Paraboloid stark verzerrt. Dann wird sich die Folge der x_k in einer Zickzack-Linie dem Minimum annähern, da die lokale Abstiegsrichtung nicht zum Minimum weist (Abb. 23.2 und 23.3).

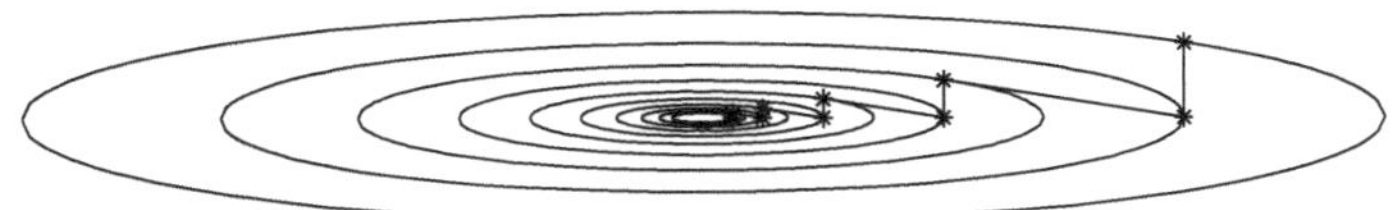

Abb. 23.3. Höhenlinien von $F(x)$ und Zick-Zack-Iterationsschritte im Gradientenverfahren.

Anmerkung 57. Um eine Verbesserung der Konvergenzgeschwindigkeit zu erreichen, modifizieren wir die Abstiegsrichtung d_k. Wir wählen nicht den Gradientenvektor selbst, sondern nur diejenige Komponente, die A-orthogonal zu den bereits vorher verwendeten Suchrichtungen ist, d.h. es soll gelten $\mathrm{d}_j^T A\mathrm{d}_k = 0$ für $j < k$. Auf diese Art und Weise erreicht man ein wesentlich besseres Verfahren, das Verfahren der konjugierten Gradienten, kurz cg-Verfahren für *conjugate gradient method.* Für unsymmetrische Matrizen wurden ähnliche Verfahren entwickelt, wie z.B. GMRES (*Generalized Minimum Residual*). Dabei versucht man, beste Näherungen an die gesuchte Lösung aus speziellen, kleinen Unterräumen zu bestimmen. Als Unterräume betrachtet man die aus A und $r_0 = Ax_0 - b$ gewonnenen sog. Krylovräume $K_p(A, r_0) := span\{r_0, Ar_0, ..., A^{p-1}r_0\}$ zu Startvektor x_0. In jedem Schritt wird dann die Funktion $\|Ax - b\|_2$ über den Krylovräumen K_p wachsender Dimension minimiert.

23.3 Vektoriteration

Wir betrachten die Fixpunktgleichung zur Iterationsfunktion $\Phi(x) = Ax / \lambda$ mit einer $n \times n$-Matrix A und einer Zahl $\lambda \neq 0$. Ein Fixpunkt $x \neq 0$ kann nur existieren, wenn $\lambda x = Ax$ gilt, oder anders ausgedrückt, die Gleichung $(\lambda I - A)x = 0$ eine nichttriviale Lösung besitzt. Dies kann aber nur dann der Fall sein, wenn $\lambda I - A$ singulär ist, oder

$$\det(\lambda I - A) = 0.$$

Die Zahlen λ, für die diese Matrix singulär wird, nennt man Eigenwerte von A (siehe Anhang B.4). Für solche Eigenwerte λ existiert also auch ein Fixpunkt x zu $\Phi(x)$, genannt Eigenvektor. Man beachte, dass mit x auch jedes skalare Vielfache αx, $\alpha \neq 0$, wieder ein Eigenvektor zum Eigenwert λ ist.

Der Einfachheit halber nehmen wir an, dass A wieder symmetrisch positiv definit ist. Zur Bestimmung des größten Eigenwertes betrachten wir dann die Iterationsvorschrift

$$x_{k+1} = \frac{Ax_k}{\|Ax_k\|}.$$

Im Falle der Konvergenz dieser Folge gilt:

$$x_k \to \bar{x} \quad \text{und} \quad \bar{x} = \frac{A\bar{x}}{\|A\bar{x}\|}.$$

Daher ist $\bar{x}$ ein Eigenvektor der Länge Eins zu dem Eigenwert $\lambda = \|A\bar{x}\|$ wegen

$$\|A\bar{x}\|\bar{x} = A\bar{x}.$$

Um dieses Verfahren genauer zu analysieren, stellen wir den Startvektor x_0 in der Orthogonalbasis der Eigenvektoren dar

$$x_0 = c_1 v_1 + \ldots + c_n v_n.$$

Dann folgt

$$Ax_0 = A(c_1 v_1 + \ldots + c_n v_n) = c_1 \lambda_1 v_1 + \ldots + c_n \lambda_n v_n$$

und allgemein

$$A^k x_0 = c_1 \lambda_1^k v_1 + \ldots + c_n \lambda_n^k v_n.$$

Ist nun λ_1 der eindeutig betragsröße Eigenwert, so gilt

$$\frac{A^k x_0}{\lambda_1^k} = c_1 v_1 + c_2 \left(\frac{\lambda_2}{\lambda_1}\right)^k v_2 + \ldots + c_n \left(\frac{\lambda_n}{\lambda_1}\right)^k v_n \quad \longrightarrow \quad c_1 v_1$$

für $k \to \infty$, und dasselbe gilt für $A^k x_0 / \|A^k x_0\|$, also

$$\frac{A^k x_0}{\|A^k x_0\|} \quad \longrightarrow \quad \frac{c_1 v_1}{\|c_1 v_1\|}.$$

Nun unterscheiden sich die k-te Iterierte x_k und der Vektor $A^k x_0$ aber nur um einen konstanten Faktor, also $x_k = r \cdot A^k x_0$, und daher folgt:

$$x_k = \frac{x_k}{\|x_k\|} = \frac{A^k x_0}{\|A^k x_0\|} \quad \longrightarrow \quad \sigma v_1$$

mit $|\sigma| = 1$. Daher konvergiert die Folge x_k gegen einen Eigenvektor zum Eigenwert λ_1.

Ist A z.B. eine unsymmetrische Matrix, so muss die Skalierung von x_{k+1} so modifiziert werden, dass z.B. $x_{k+1}^T x_k > 0$ ist, um ein Hin-und-Her-Springen der Iterierten zwischen den Fixpunkten $-v_1$ und $+v_1$ zu vermeiden. Außerdem können wir nur dann Konvergenz erwarten, wenn ein eindeutiger betragsgrößter Eigenwert existiert.

Beispiel 42 (Weltmodelle und iterative Verfahren). In Abschnitt 12.3 haben wir ein Austauschmodell zur Verteilung von Ressourcen vorgestellt. Die Matrix A erfüllt dabei die Bedingung

$$(1, \ldots, 1) \cdot A = (1, \ldots, 1).$$

Daher ist 1 ein Eigenwert von A mit Links-Eigenvektor $(1, \ldots, 1)$. Das zu lösende Gleichungssystem $Ax = x$ entspricht der Eigenwertgleichung zu diesem Eigenwert 1. Wir können daher die Bedingung $(A - I)x = 0$ lösen, indem wir zum Eigenwert 1 den entsprechenden Rechts-Eigenvektor bestimmen, z.B. durch das oben beschriebene Verfahren der Vektoriteration.

Mit der Vektoriteration haben wir ein einfaches Verfahren zur Bestimmung von Eigenwerten kennen gelernt. Für weitergehende Methoden wie das QR-Verfahren wollen wir hier nur auf weiterführende Literatur verweisen [108].

24 Anwendungsbeispiele

„Eine mathematische Aufgabe kann manchmal genauso unterhaltsam sein wie ein Kreuzworträtsel."

George Polya

24.1 Iteration und Chaos

24.1.1 Logistische Parabel

Wir betrachten die Iterationsvorschrift

$$x_{i+1} = \alpha x_i(1 - x_i) = \Phi(x)$$

aus Beispiel 37 für verschiedene Werte von α. Für einen Startwert $0 < x_0 < 1$ erhalten wir die Folge $(x_0, x_1, x_2, \ldots)$ von Iterierten, die wir als Orbit von x_0 bezeichnen. Dieser Orbit kann nun unterschiedliches Verhalten zeigen. Die Folgenglieder können konvergieren, divergieren oder zwischen mehreren Punkten, sog. Attraktoren, hin und her springen; dann besitzt die Folge mehrere konvergente Teilfolgen.

Für $1 < \alpha \leq 2$ konvergiert der Orbit gegen den Fixpunkt $\bar{x}$, und zwar für $0 < x_0 < \bar{x}$ monoton wachsend und für $\bar{x} < x_0 < 1$ monoton fallend. Für $2 \leq \alpha < 3$ und $0 < x_0 < 1$ konvergiert die Folge alternierend gegen den Fixpunkt $\bar{x}$.

Ein anderes Verhalten zeigt der Fall $\alpha > 3$. Für $\alpha = 3.1$ ist der Fixpunkt $\bar{x}$ abstoßend und es findet keine Konvergenz statt. Stattdessen erhalten wir zwei Attraktoren – die Fixpunkte zur Iterationsfunktion

$$\Phi(\Phi(x)) = \alpha^2 x(1 - x)(1 - \alpha x + \alpha x^2),$$

und die Folge der x_i zerfällt in zwei gegen diese Attraktoren konvergente Teilfolgen x_{2k} und x_{2k+1} (Abb. 24.3).

Die Fixpunkte von $\Phi(x)$ sind dann abstoßend, während sie als Fixpunkte von $\Phi(\Phi(x))$ anziehend sind. Wir können die Folge x_k zerlegen in die durch die

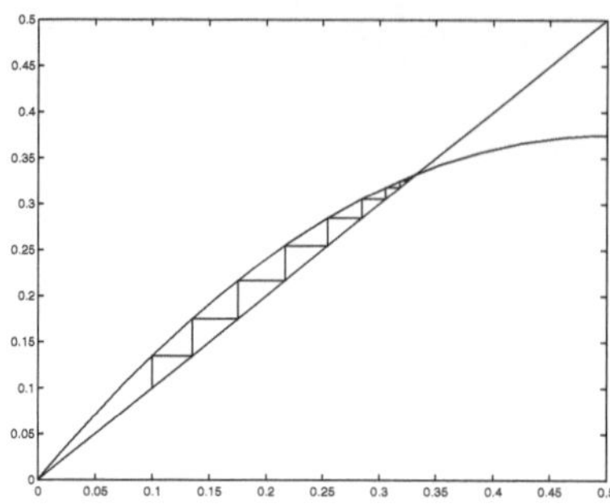

Abb. 24.1. Monoton wachsende Folge für $\alpha = 1.5$.

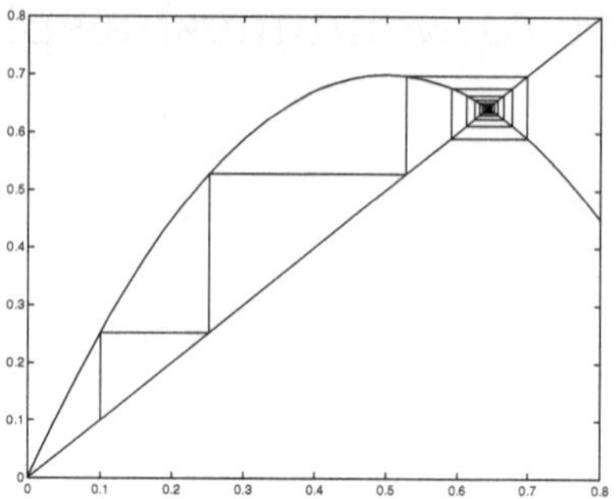

Abb. 24.2. Alternierende Folge für $\alpha = 2.8$.

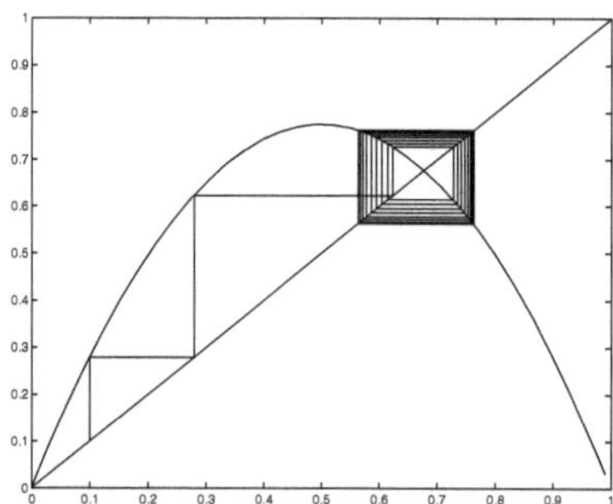

Abb. 24.3. x_k mit $\alpha = 3.1$ und zwei Fixpunkten.

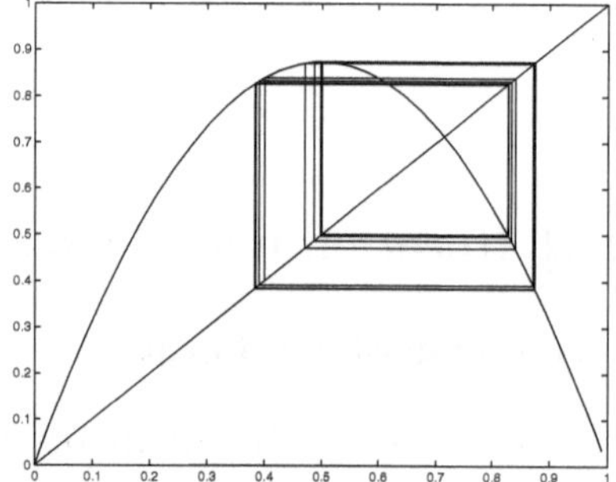

Abb. 24.4. x_k mit $\alpha = 3.5$ und vier Fixpunkten.

Iterationsfunktion $\Phi(\Phi(x))$ erzeugten Folgen x_{2k} zu Startwert x_0 und x_{2k+1} zu Startwert x_1.

Erhöht man α noch weiter, so nimmt die Zahl der Attraktoren immer weiter zu. Für $\alpha = 4$ liegt chaotisches Verhalten vor, d.h. die Iteration hat keine einzelnen Häufungspunkte mehr, sondern füllt das ganze Intervall $[0, 1]$ aus (Abb. 24.5).

Zusätzlich tritt ein weiteres Phänomen auf, das uns in Kapitel 7 begegnet ist. Für zwei nahe beieinander liegende Startwerte $x_0 = 0.99999999$ und $y_0 = x_0 + 10^{-16}$ vergleichen wir die entstehenden Orbits. Eine Rechnung mit MATLAB liefert $x_{44} = 0.0209\ldots$ und $y_{44} = 0.9994\ldots$. Also hat eine minimale Störung in den Anfangsdaten dazu geführt, dass sich bereits nach 44 Schritten ein völlig anderes Resultat ergibt. Auch das ist ein Zeichen chaotischen Verhaltens. Es ist praktisch unmöglich, den Orbit einer solchen Folge über längere Zeit vorherzusagen. Wir würden – in Anlehnung an Kapitel 7 – dieses Problem als extrem schlecht konditioniert bezeichnen.

Übung 100. Man untersuche, warum die Bestimmung des Orbits der Iterationsfunktion $\Phi(x) = 4x(1 - x)$ schlecht konditioniert ist.

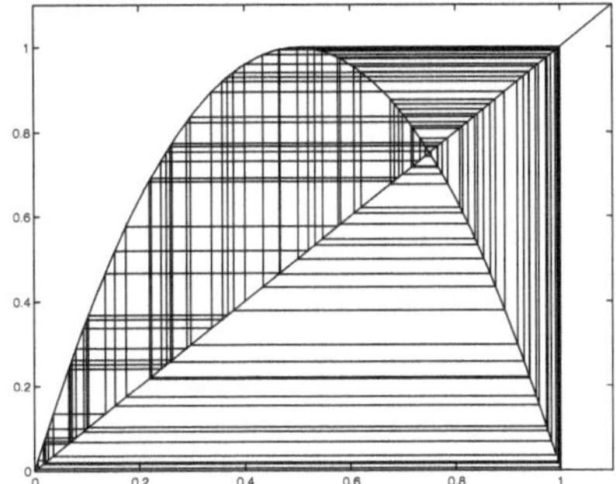

Abb. 24.5. Folge x_k mit $\alpha = 4$; chaotisches Verhalten.

24.1.2 Komplexe Iteration

Betrachten wir nun Startwerte im Komplexen, $z_0 \in \mathbb{C}$, und eine Iterationsfunktion $\Phi(x) = x^2 - c$. Wir teilen unsere komplexen Startwerte in zwei Kategorien. Die eine Menge M_0 enthalte alle Zahlen z_0 mit beschränktem Orbit; die andere Menge M_∞ umfasse alle Startwerte z_0, bei denen Folgenglieder beliebig groß werden können. Im Beispiel $c = 0$ haben wir ein einfaches Verhalten: Startwerte $|z_0| < 1$ führen zu einer Konvergenz der z_i gegen den Fixpunkt Null, und Startwerte $|z_0| > 1$ haben als Attraktor den Fixpunkt ∞.

Für $c \neq 0$ vereinfachen wir die Verhältnisse. Wir sagen, ein Startwert gehört zur Menge M_0, wenn z.B. nach 60 Iterationsschritten immer noch $|z_i| \leq \max\{|c|, 2\}$ erfüllt ist. Dadurch sparen wir uns die Analyse unendlich langer Zahlenfolgen. Stellen wir diese Mengen M_0 graphisch dar, so erhalten wir komplizierte Bilder von sog. Julia-Mengen, die sich durch eine fraktale, selbstähnliche Form auszeichnen. Dabei bezeichnet man Objekte als selbstähnlich, wenn sich in unterschiedlichen Vergrößerungen wieder dasselbe Bild ergibt; d.h. ein Zoom in das Objekt zeigt immer wieder die gleichen Formen.

Auch hier tritt das Phänomen auf, dass sehr nahe beieinander liegende Startpunkte zu völlig verschiedenem Verhalten führen können; ein z_0 erzeugt einen beschränkten Orbit, während ein benachbarter Startwert zu einem unbeschränkten Orbit führt. Es liegt daher wieder chaotisches – oder schlecht konditioniertes – Verhalten vor.

Anmerkung 58. Weitere fraktale Formen lassen sich auch leicht rekursiv definieren; typisches Beispiel ist die bekannte Koch'sche Schneeflocke. Solche Gebilde finden dann auch in der Computergraphik Anwendung, um natürliche Gegenstände wie Pflanzen, Wolken oder Gebirge zu modellieren. All diese Objekte haben die Eigenschaft, dass sie aus unterschiedlicher Entfernung betrachtet die gleiche Struktur besitzen.

Anmerkung 59. Fraktale finden aber auch in anderen Bereichen der Informatik Verwendung. So sind eindimensionale, fraktale, rekursiv definierte Kurven in der Lage, mehrdimensionale Bereiche vollständig zu überdecken. Beispiel einer solchen raumfüllenden Kurve ist die zweidimensionale Hilbert-Kurve (Abb. 24.6). Durch immer weiter gehende rekursive Verfeinerung der Kurve kann dabei das ganze zweidimensionale Quadrat durch eine eindimensionale Kurve überdeckt werden. Diese Eigenschaft lässt sich auch ausnutzen bei der Indizierung und Suche in großen, mehrdimensionalen Datenfeldern.

Abb. 24.6. Konstruktionsvorschrift für die Hilbert-Kurve.

24.1.3 Newton-Iteration und Chaos

Wir betrachten das kubische Polynom

$$y = p(x) = x^3 - x$$

mit den Nullstellen $\chi_1 = -1$, $\chi_2 = 0$, und $\chi_3 = 1$. Das Newton-Verfahren liefert die Iterationsvorschrift

$$x_{i+1} = \Phi(x_i) = x_i - \frac{f(x_i)}{f'(x_i)} = x_i - \frac{x_i^3 - x_i}{3x_i^2 - 1}.$$

Wählen wir als Startwert ein $x_0 \neq \pm\sqrt{1/3}$, so konvergiert die erzeugte Folge gegen einen der drei Fixpunkte von $\Phi(x)$ bzw. Nullstellen von $p(x)$. Gegen welche der Nullstellen die Folge konvergiert, wird durch den Startwert bestimmt. Liegt der Startwert $x_0 < -\sqrt{1/3}$, so konvergiert x_i gegen χ_1. Entsprechend für $\sqrt{1/3} < x_0$ Konvergenz gegen χ_3. Vergleichen wir nun das Konvergenzverhalten für die drei nahe beieinander liegenden Startwerte 0.44720, 0.44725 und 0.44730 so stellen wir fest, dass sie zur Konvergenz gegen χ_2, χ_1, bzw. χ_3 führen. Hier zeigt sich also wieder chaotisches, schlecht konditioniertes Verhalten. Kleinste Abweichungen im Startwert führen zu völlig verschiedenen Lösungen unseres Ausgangsproblems.

Die Menge von Startwerten, die zur Konvergenz gegen eine der drei Nullstellen führt, ist von fraktaler, selbstähnlicher Form [7].

24.2 Iterative Verfahren in Anwendungen

24.2.1 Neuronale Netze und iterative Verfahren

Wir wollen an den Abschn. 12.2 anknüpfen. Gesucht ist ein Neuronales Netz, das für verschiedene Eingabedaten möglichst genau einen vorgegebenen Ausgabewert liefert. Also sind wieder Gewichte w_i so zu bestimmen, dass

$$\sum_{i=1}^{n} w_i x_i^{(j)} = w^T x^{(j)} \approx y_j, \quad j = 1, \ldots, m$$

gilt. Zur Lösung dieses Problems können wir nun auch ein iteratives Verfahren heranziehen. Dazu gehen wir von geschätzten Gewichten w_i aus, und versuchen, anhand eines neuen Testbeispieles die Gewichte leicht zu verändern, so dass das Neuronale Netz auch für dieses neue Beispiel eine gute Näherung liefert. Dazu soll also die neue Eingabe x_{neu} möglichst zum Resultat y_{neu} führen; tatsächlich liefert das Neuronale Netz aber den Wert $y = w^T x_{neu}$ und damit eine Abweichung $d_{neu} = y_{neu} - y$. Nehmen wir an, dass wir die Gewichte verändern wollen, so dass das neue Testbeispiel mit berücksichtigt ist. Dies bedeutet, dass

$$(y_{neu} - w^T x_{neu})^2 = 0$$

ist. Die Ableitung bzw. der Gradient dieser Funktion ist

$$\nabla\left((y_{neu}^2 + (w^T x_{neu})^2 - 2y_{neu}(w^T x_{neu})\right) = \text{const} \cdot x_{neu}.$$

Um die Gewichte so zu verändern, dass das neue Testbeispiel für $d^2 = (y_{neu} - y)^2$ ungefähr Null liefert, verschiebt man die Gewichte in Richtung dieses Gradienten, da der negative Gradient immer in Richtung des Minimums zeigt. Daher setzen wir als verbesserte Gewichte

$$w_{neu} = w + \alpha x_{neu}.$$

Damit liefert das modifizierte Netz die Ausgabe

$$w_{neu}^T x_{neu} = y + \alpha x_{neu}^T x_{neu} = y + \alpha \|x_{neu}\|^2.$$

Diese Modifizierung sollte zu dem gewünschten Wert y_{neu} führen; dazu müssten wir $\alpha = d_{neu}/\|x_{neu}\|^2$ wählen. Nun will man aber die bisherigen Testbeispiele nicht vollständig vernachlässigen; daher setzen wir statt α hier $\eta\alpha$ ein mit einer vorgegebenen Zahl $0 < \eta < 1$, der Lernrate η.

Auf diese Art und Weise können wir jedes neue Testbeispiel sofort für eine verbesserte Schätzung der Gewichte des Neuronalen Netzes verwenden und Testbeispiel für Testbeispiel verbesserte Gewichte berechnen durch

$$w_{neu} = w_{alt} + \eta \frac{y_{neu} - w_{alt}^T x_{neu}}{\|x_{neu}\|^2} x_{neu}.$$

Man spricht hier von Lernregeln für ein Neuronales Netz, die offensichtlich eng mit dem Gradientenverfahren aus Abschn. 23.2 verwandt sind.

24.2.2 Markov-Ketten und stochastische Automaten

Wir betrachten einen Automaten mit Zuständen $S_1, \ldots, S_n$. Ausgehend von einem Startzustand S_1 kann der Automat in verschiedene Folgezustände mit Wahrscheinlichkeit p_{ij} übergehen. Dabei bedeutet p_{ij} die Wahrscheinlichkeit, mit dem der Automat vom Zustand S_i in den Zustand S_j übergeht. Daher muss für alle $i = 1, \ldots, n$ $\sum_{j=1}^n p_{ij} = 1$ gelten. Zu diesem Automaten definieren wir eine Matrix, wobei jede i-te Zeile dieser Matrix die Übergangswahrscheinlichkeiten enthalten soll, ausgehend vom Zustand S_i:

$$A = (p_{ij})_{i,j=1}^n.$$

Ein Vektor $x^t = (x_1^t, \ldots, x_n^t)$ beschreibt dann eine mögliche Wahrscheinlichkeitsverteilung des Automaten auf die Zustände zu einem Zeitpunkt t; also gibt dann z.B. x_1^t die Wahrscheinlichkeit für den Zustand S_1 zur Zeit t an. Die Wahrscheinlichkeitsverteilung zu dem nächsten Zeitpunkt t' errechnet sich aus $x^t A = x^{t'}$. Wegen der Eigenschaft $A(1, \ldots, 1)^T = (\sum_j p_{ij})_{i=1}^n = (1, \ldots, 1)^T$ nennt man A auch eine stochastische Matrix. Dies bedeutet auch, dass der Vektor $(1, \ldots, 1)^T$ ein (Rechts-)Eigenvektor dieser stochastischen Matrix ist mit Eigenwert 1.

Wir gehen davon aus, dass zunächst nur der Zustand S_1 eingenommen wird, dies entspricht dem Vektor $x^0 = (1, 0, \ldots, 0)$. So lässt sich nach mehreren Schritten der Zustandsvektor $x^k = x^0 A^k$ berechnen, dessen j-te Komponente angibt, mit welcher Wahrscheinlichkeit nach k Schritten ein Zustand S_j eingenommen wird.

Beispiel 43. Wir untersuchen eine Schule mit n Jahrgängen [57]. Am Ende des i-ten Jahres gibt es für einen Schüler folgende Aussichten:

Mit der Wahrscheinlichkeit p_i bricht er die Schule ab;
Mit der Wahrscheinlichkeit q_i muss er die Klasse wiederholen;

Mit der Wahrscheinlichkeit $r_i = 1 - p_i - q_i$ wird er in die nächste Klasse versetzt bzw. besteht er die Abschlussprüfung im Falle $i = n$.

Unsere Zustandsmenge besteht nun aus den Zuständen

S_0 für: Abschlussprüfung bestanden
S_1 für: Abbruch der Ausbildung
S_{l+1} für: Befindet sich im l-ten Schuljahr.

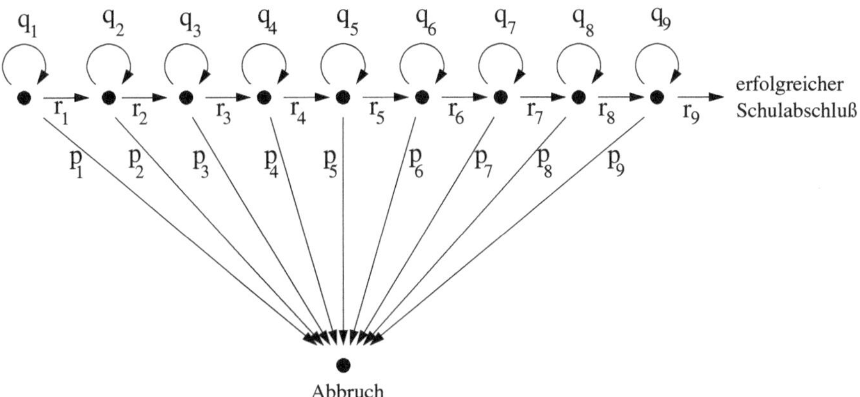

Abb. 24.7. Gewichteter Graph der möglichen Zustandsübergänge.

Damit erhalten wir die folgende $(n+2) \times (n+2)$ Übergangsmatrix

$$A = \begin{pmatrix} 1 & 0 & & & & & \\ 0 & 1 & 0 & & & & \\ \vdots & p_1 & q_1 & r_1 & & & \\ \vdots & p_2 & 0 & q_2 & r_2 & & \\ \vdots & \vdots & & & \ddots & \ddots & \\ 0 & p_{n-1} & 0 & \cdots & \cdots & q_{n-1} & r_{n-1} \\ r_n & p_n & 0 & \cdots & \cdots & 0 & q_n \end{pmatrix}.$$

Ein Schüler ist verknüpft mit einem Vektor x, der widerspiegelt, mit welcher Wahrscheinlichkeit sich der Schüler in einem bestimmten Zustand (Jahrgang) befindet. Ausgehend von einem Startvektor (meist $(0, 0, 1, 0, ..., 0)$, wenn der Schüler sich in der ersten Klasse befindet), berechnet sich dann die Wahrscheinlichkeit für den Zustand des Schülers nach k Schuljahren aus $x^k = xA^k = xAA \dots A$. Wir betrachten nun ein Schulsystem, in dem der Schüler beliebig lange die Schule besuchen darf. Es stellt sich dann die Frage, mit welcher Wahrscheinlichkeit ein Schüler die Abschlussprüfung erfolgreich ablegen wird, wenn er sich gerade in einer bestimmten Jahrgangsstufe befindet, und wenn jeder Schüler beliebig lange Zeit hat, um die Abschlussprüfung zu erreichen.

Dazu betrachten wir die Grenzmatrix

$$\tilde{A} = \lim_{k\to\infty} A^k = \begin{pmatrix} 1 & 0 & \cdots & \cdots & 0 \\ 0 & 1 & 0 & \cdots & 0 \\ b_1 & 1-b_1 & 0 & \cdots & 0 \\ \vdots & \vdots & \vdots & & \vdots \\ b_n & 1-b_n & 0 & \cdots & 0 \end{pmatrix}.$$

Die Komponenten von $A^k(1,0,...,0)^T$ geben die Wahrscheinlichkeit für einen erfolgreichen Schulabschluss nach k Schuljahren an, ausgehend von einem Zustand S_0, S_1,..., bzw. S_{n+1}. Im Grenzfall $k \to \infty$ bedeutet so z.B. der Koeffizient b_n, mit welcher Wahrscheinlichkeit ein Schüler der letzten Klasse die Abschlussprüfung bestehen wird. Zur Bestimmung der Koeffizienten b_j berechnen wir $A^k(1,0,\ldots,0)^T$ und $A^k(0,1,0,\ldots,0)^T$ für großes k.

Die beiden ersten Spalten der obigen Grenzmatrix $\tilde{A}$ entsprechen zwei linear unabhängigen Eigenvektoren der Ausgangsmatrix A zu dem maximalen Eigenwert 1. Dies folgt aus der Beziehung

$$\begin{pmatrix} 1 \\ 0 \\ b_1 \\ \vdots \\ b_n \end{pmatrix} \leftarrow A^{k+1}e_1 = A\,A^k e_1 \to A \begin{pmatrix} 1 \\ 0 \\ b_1 \\ \vdots \\ b_n \end{pmatrix}.$$

Die obere Grenzmatrix $\tilde{A}$ kann also berechnet werden durch zwei einfache Vektoriterationen zur Bestimmung der beiden Eigenvektoren zu dem betragsgrößten Eigenwert 1 von A, jeweils mit den Startvektoren e_1, bzw. e_2.

24.2.3 *Data Mining und Information Retrieval*

Numerische Verfahren spielen heutzutage eine wesentliche Rolle auch in Bereichen, von denen man es zunächst nicht erwarten würde. So hat sich zur Suche in großen Datenmengen das Vektorraummodell als sehr hilfreich erwiesen. Dazu stellen wir jedes Dokument $D^{(j)}$ durch einen Vektor $u^{(j)} \in \mathbb{R}^m$ dar, wobei jede Komponente $u_i^{(j)}$ verknüpft ist mit einem Suchterm T_i; $u_i^{(j)}$ kann als die Gewichtung angesehen werden, mit der der Term T_i mit diesem Dokument verknüpft ist. Genauso stellen wir uns jede Suchanfrage als einen Vektor $l \in \mathbb{R}^m$ vor, wobei jede Komponente wieder das Gewicht ausdrückt, mit dem der entsprechende Term in die Suche eingehen soll. Fassen wir n Dokumentvektoren $u^{(j)}$ zu einer $m \times n$-Matrix zusammen, so ist A die Term-Dokument-Matrix, ihre Zeilen heißen Termvektoren ($\in \mathbb{R}^n$), ihre

Spalten Dokumentvektoren ($\in \mathbb{R}^m$). Jeder Eintrag a_{ij} gibt die gewichtete Häufigkeit an, mit der Term T_i im Dokument $D^{(j)}$ auftritt.

Um Information darüber zu erhalten, welche Dokumente zu einer vorgegebenen Suchanfrage „passen“, untersuchen wir die Winkel zwischen Anfragevektor und den Dokumentvektoren $u^{(j)}$,

$$\cos(\theta_j) = \frac{l^T u^{(j)}}{\|l\|_2 \|u^{(j)}\|_2} = \frac{\sum_{i=1}^m a_{ij} l_i}{\sqrt{\sum_{i=1}^m a_{ij}^2} \sqrt{\sum_{i=1}^m l_i^2}}.$$

Dokumentvektor und Anfragevektor sollten möglichst „verwandt“ sein, also möglichst linear abhängig oder parallel; daher wählen wir solche Dokumente aus, für die θ_j nahe bei 0 ist, bzw. $cos(\theta_j)$ nahe bei 1.

In dieser einfachen Form führt das Vektorraummodell häufig zu ungenügenden Ergebnissen. Es hat sich als Erfolg versprechend erwiesen, die sehr große Matrix A zunächst durch eine einfachere Matrix zu approximieren, die besser in der Lage ist, die wesentliche Zusammenhänge herauszufinden; man könnte auch sagen, dass in der Matrix A sehr viel Rauschen und Störungen enthalten sind, die entfernt werden sollten, um bessere Resultate zu erhalten.

Eine erste Methode zur Reduktion der Matrix A besteht in der Berechnung der QR-Zerlegung von A, $A = QR$. Aus R lässt sich ablesen, welche Einträge sehr klein sind und als Rauschen zu interpretieren sind. Dazu schreiben wir

$$R = \begin{pmatrix} R_{11} & R_{12} \\ 0 & R_{22} \end{pmatrix}$$

und nehmen an, dass R_{22} klein ist im Verhältnis zur Gesamtmatrix. Dann ersetzen wir $A = QR$ durch eine Approximation niederen Ranges

$$\tilde{A} = Q \begin{pmatrix} R_{11} \\ 0 \end{pmatrix}$$

und bearbeiten unsere Suchanfrage durch Anwendung von l auf die Spalten von $\tilde{A}$.

Eine Approximation niederen Ranges liefert auch die Singulärwertzerlegung $A = U\Sigma V$ (Anhang B.4). Um eine Reduktion der Term-Dokument-Matrix A zu erhalten, löschen wir in der Singulärwertzerlegung in Σ sehr kleine Diagonaleinträge. Dies ergibt eine Diagonalmatrix $\tilde{\Sigma}$. Damit ist $\tilde{A} = U\tilde{\Sigma}V$ wieder eine Approximation niedrigeren Ranges an A. Diese Art der Repräsentation einer großen Datenmenge bezeichnet man als rangreduziertes Vektorraummodell oder als *latent semantic indexing*.

Gerade im Bereich des World Wide Web spielen Suchverfahren eine große Rolle. Zu einem Suchbegriff wird es möglicherweise bis zu Hunderttausend und mehr Webseiten geben, in denen dieser Suchbegriff auftaucht. Um aus dieser Menge wichtige Adressen auszuwählen, verwenden bisherige Suchmaschinen oft einfache Daumenregeln wie: „Je öfter die Suchbegriffe in einem

Dokument vorkommen, desto wichtiger ist das Dokument". Offensichtlich werden dadurch oft uninteressante Webseiten überbewertet oder eine WWW-Seite wird künstlich „wichtig" gemacht, indem besondere Schlüsselworte oft wiederholt werden.

Anmerkung 60 (Pagerank und Google). Geschicktere Ansätze gehen davon aus, die auf Webseiten befindlichen Hyperlinks als Kriterien zu verwenden. Dazu betrachtet man das World Wide Web als gewichteten Graph, dessen Knoten die einzelnen Webseiten sind. Die Kanten sind die Links zwischen den einzelnen Webseiten. Hat eine Seite i genau d ausgehende Kanten, so erhält jede dieser Kanten das Gewicht $1/d$. Dies entspricht einer Adjazenzmatrix mit Einträgen $s_{ij} = 1/d$, falls Knoten i genau d ausgehende Kanten hat, und eine davon zu Seite j führt. Ansonsten ist $s_{ij} = 0$, falls keine Verbindung von i nach j besteht, bzw. $s_{ij} = 1/n$, falls i überhaupt keine ausgehende Kanten hat. Dabei ist n die Größe der Matrix, bzw. die Zahl aller Webseiten. Daher misst s_{ij} die Wahrscheinlichkeit, dass ein Surfer von Seite i zu j springt. Die entstehende Adjazenzmatrix S ist wieder eine stochastische Matrix mit der Eigenschaft $S\,\mathbf{1} = \mathbf{1} = (1, 1, ..., 1)^T$. Also ist $\mathbf{1}$ ein Rechtseigenvektor von S zu Eigenwert 1. Eine Komponente w_i des Linkseigenvektors w mit $w^T S = w^T$ zu diesem maximalen Eigenwert 1 gibt nun die Wahrscheinlichkeit an, mit der ein Surfer die i-te Webseite besucht. Die Suchmaschine Google verwendet nun nicht die Matrix S selbst, sondern $G := \alpha S + (1 - \alpha)\ \mathbf{1}\ v^T$ mit einem Dämpfungsfaktor $0 < \alpha < 1$ und einem "personalization vector" $v \geq 0$, $\sum_{j=1}^{n} |v_j| = \|v\|_1 = 1$. Dann ist auch G wieder eine stochastische Matrix. Der gesuchte Linkseigenvektor von G zu Eigenwert 1 ist dann eindeutig und lässt sich numerisch bestimmen. Außerdem verfügt man durch die Wahl von v noch über eine zusätzliche Einflussmöglichkeit, um die Gewichte der Webseiten positiv oder negativ zu beeinflussen. Die i-te Komponente dieses Linkseigenvektors ist dann der Pagerank der i-ten Webseite. Um den Pagerank zu bestimmen, muss also z.B. durch Vektoriteration dieser Eigenvektor möglichst genau berechnet werden. Dies wird in bestimmten Zeitabständen wieder neu durchgeführt, um die zwischenzeitlichen Veränderungen zu berücksichtigen. Der Pagerank jeder Seite wird dann gespeichert und kann schnell abgefragt werden. Eine Suchanfrage findet dann die zu den Suchbegriffen passenden Webseiten mit maximalem Pagerank. Die genaue Rezeptur des verwendeten Verfahrens wird von Google natürlich geheim gehalten, um nicht gegenüber Mitkonkurrenten den erreichten Vorsprung zu verlieren.

Analysiert man das WWW genauer, so kristallisieren sich zwei Sorten von interessanten Webadressen heraus. Zum einen sogenannte Authorities, das sind Adressen, die zu einem Suchvektor wichtig sind; zum anderen Hubs[1], darunter sind Sammlungen relevanter Webseitenlinks zu verstehen. Bezogen auf einen vorgegebenen Themenbereich lassen sich diese beiden Mengen verschränkt definieren:

---

[1] *hub* bedeutet übersetzt Nabe, Angelpunkt

- eine angesehene Authority ist eine Webseite, auf die viele gute Hubs verweisen
- ein nützlicher Hub ist eine Webseite, die auf viele gute Authorities verweist.

Wir starten mit einer Menge geeigneter Hubs, d.h. wir haben einen Startvektor, der für jeden möglichen Hub eine *a priori*-Gewichtung enthält. Jeder Hub verweist nun auf mehrere Authorities, so dass wir zu unserem Startvektor sofort einen Vektor von dazugehörigen Authorities angeben können. Diese Authorities stehen nun aber selbst wieder in einigen Hubs, die auf diese Webseiten verweisen, so dass wir auf diese Art und Weise – ausgehend von einer Startgewichtung der Hubs – wieder bei einer neuen Gewichtung der Hubs angekommen sind. Dasselbe können wir auch formulieren, indem wir mit einer Gewichtung von Authorities starten.

Um diese Vorgehensweise etwas genauer zu formulieren, definieren wir die $n \times m$ Matrix B als Hub-Authority-Matrix, deren Werte b_{ij} angeben, mit welchem Gewicht Authority A_j, $j = 1, \ldots, n$ im Hub H_i vorkommt, $i = 1, \ldots, m$. Seien $H^{(0)}$ und $A^{(0)}$ Startannahmen für Hubs und Authorities, d.h. jede Komponente $H_i^{(0)}$ des Vektors $H^{(0)}$ spiegelt das Gewicht des j-ten Hubs wieder. Also gibt $(BA^{(0)})_i$ wieder, wie oft der i-te Hub auf eine der Start-Authorities verweist. Entsprechend gibt $(B^T H^{(0)})_j$ an, mit welchem Gewicht die Start-Hubs auf die j-te Authority zeigen.

Wiederholen wir diesen Prozess, so ergibt sich die Iteration

$$A^{(k+1)} = \frac{(B^T B)A^{(k)}}{|(B^T B)A^{(k)}|},$$
$$H^{(k+1)} = \frac{(BB^T)H^{(k)}}{|(BB^T)H^{(k)}|}.$$

Dies entspricht zwei unabhängigen Vektoriterationen zu der Matrix $B^T B$ bzw. BB^T. Daher konvergieren die Vektorfolgen gegen die jeweiligen Eigenvektoren zu dem maximalen Eigenwert von $B^T B$ (der gleich dem maximalen Eigenwert von BB^T ist). Die Komponenten dieser Eigenvektoren geben dann eine Gewichtung der Hub- bzw. Authority-Seiten an, bezogen auf den ausgewählten Themenbereich. Eine Suchmaschine sollte daher auf eine Anfrage hin WWW-Seiten hoher Gewichtung anzeigen, also Dokumente, die zu betragsgroßen Komponenten in den Eigenvektoren zu dem maximalen Eigenwert gehören. Der Vorteil einer solchen Vorgehensweise liegt darin, dass die Suchanfrage von Anfang an mit berücksichtigt wird und dass die Hub-Authority-Matrix wesentlich kleiner ist als die Anzahl aller WWW-Seiten. Andererseits bedeutet dies auch, dass die entsprechende Vektoriteration erst nach Eingang der Suchabfrage durchgeführt werden kann und also quasi in Echtzeit das Ergebnis liefern müsste; diese Schwierigkeit ist auch der Grund dafür, dass es bisher nicht gelungen ist, aus diesem Ansatz eine konkurrenzfähige Suchmaschine zu entwickeln.

25 Aufgaben

„Anyone who cannot cope with mathematics is not fully human. At best he is a tolerable subhuman who has learned to wear shoes, bathe and not make messes in the house.“

Lazarus Long in "Time Enough for Love" von Robert A. Heinlein

Übung 101 (Fixpunkt des Cosinus). Zeigen Sie, dass die Iteration

$$x_{n+1} = \cos(x_n)$$

für alle $x_0 \in \mathbb{R}$ gegen den einzigen Fixpunkt χ, $\chi = \cos(\chi)$, konvergiert.

a) Formulieren Sie ferner ein Newton-Verfahren zur Berechnung von χ. Konvergiert dieses Verfahren ebenfalls für jeden beliebigen Startwert?
b) Vergleichen Sie die Konvergenzgeschwindigkeit der beiden Iterationsverfahren.

Übung 102 (Fixpunkt-Iteration und Newton-Verfahren). Gegeben sei eine Funktion $\Phi : \mathbb{R} \to \mathbb{R}$. Wir wollen einen Fixpunkt $x_* \in \mathbb{R}$ von Φ finden. Um das Newton-Verfahren anwenden zu können, benötigen wir eine Funktion $f : \mathbb{R} \to \mathbb{R}$ mit der Eigenschaft

$$\Phi(x) = x \Leftrightarrow f(x) = 0.$$

a) Geben Sie eine Funktion f an, die obige Bedingung erfüllt.
b) Formulieren Sie das Newton-Verfahren für die in Teilaufgabe a) bestimmte Funktion.
c) Ist das in Teilaufgabe b) entwickelte Verfahren stets quadratisch konvergent? Begründen Sie Ihre Antwort und nennen Sie gegebenenfalls notwendige Bedingungen an Φ, um quadratische Konvergenz zu erzielen.

Übung 103 (Konvergenzgeschwindigkeit des Newton-Verfahrens). Wir suchen eine einfache Nullstelle χ einer Funktion $g(x)$. Natürlich ist dann χ auch eine Nullstelle von $g^2(x)$.

a) Formulieren Sie das Newton-Verfahren zur Bestimmung von χ einmal mittels der Funktion $g(x)$ und einmal mittels Funktion $g^2(x)$ (unter Verwendung von $g'(x)$).
b) Da χ eine einfache Nullstelle ist, können wir $g(x) = (x-\chi)h(x)$ schreiben mit $h(\chi) \neq 0$. Welches der beiden Verfahren konvergiert schneller? Wie ist der Unterschied zu erklären?
c) Sei nun χ eine zweifache Nullstelle einer Funktion $f(x)$. Wie kann daher das Newton-Verfahren modifiziert werden, so dass schnellere Konvergenz erreicht wird? Diskutieren Sie mehrere Möglichkeiten.

Übung 104. Zur Berechnung von $1/b$ suchen wir eine Nullstelle χ der Funktion $f(x) = 1/x - b$, $b \neq 0$.

a) Formulieren Sie das Newton-Verfahren zur Bestimmung von χ. Für welche Startwerte konvergiert das Verfahren in einem Schritt?
b) Für welche b ist das Newton-Verfahren lokal quadratisch konvergent?
c) Diskutieren Sie die Iteration, die durch die Festlegung $\Phi(x) = bx^2$, $x_{k+1} = \Phi(x)$ definiert ist. Wo liegen evtl. Fixpunkte? Ist dieses Verfahren zur Berechnung von $1/b$ zu empfehlen?

Übung 105. Wir betrachten die Iterationsfunktion $\Phi(x) = x^2 + 1/(2x)$. Welche Fixpunkte hat Φ? Sind diese Fixpunkte abstoßend oder anziehend?

Zeigen sie dass für einen Startwert x_0 gilt:

$$|x_{k+1} - 1| \leq \frac{1}{2x_k}(x_k - 1)^2.$$

Was folgt daraus für die Konvergenzordnung dieses Verfahrens?

Man bestimme ein Intervall I so, dass für $x \in I$ die Funktion Φ kontrahierend ist und eine Abbildung $\Phi : I \to I$ darstellt.

Übung 106 (Quadratwurzelberechnung nach Heron [78]). Das Verfahren von Heron dient dazu, die Quadratwurzel einer beliebigen positiven Zahl mit festem Aufwand auf Maschinengenauigkeit zu berechnen. Es basiert auf der Bestimmung der positiven Nullstelle der Funktion $f(x) = x^2 - a$ mittels Newton-Verfahrens.

a) Bestimmen Sie zunächst mittels linearer Interpolation für $a \in [1, 4)$ einen guten Näherungswert für $\sqrt{a}$. Verwenden Sie die Funktion

$$s(x) = \frac{1}{24}(8x + 17)$$

als Näherung an die Wurzelfunktion. Schätzen Sie den relativen Fehler des gefundenen Näherungswertes ab (also die Größe von $(s(x) - \sqrt{x})/\sqrt{x}$).
b) Formulieren Sie das Newton-Verfahren zur Bestimmung der Nullstelle $\sqrt{a}$ von $f(x)$. Wie entwickelt sich der Fehler während der Iteration? Wie viele Iterationen sind nötig, um $\sqrt{a}$ bis auf Maschinengenauigkeit zu berechnen, falls $a \in [1, 4)$ ist?

c) Wie kann das obige Verfahren angewandt werden, falls $a \notin [1, 4)$ gilt? Dazu schreiben wir a in der Form $a = \alpha 2^{2p}$ mit passendem p und $\alpha \in [1, 4)$.

Übung 107 (Nachiterieren zur Lösung eines linearen Gleichungssystems $Ax = b$). Wir nehmen an, dass bereits mit einem direkten Verfahren, z.B. der Gauß-Elimination, eine Näherungslösung $\tilde{x}$ des linearen Gleichungssystems berechnet wurde. Diese Lösung ist mit Rundungsfehlern behaftet, d.h. $b - A\tilde{x} = r \neq 0$. Um die Störung zu verringern, setzen wir $x = \tilde{x} + c$ mit einem zu bestimmenden Korrekturvektor c; daher muss gelten $b = Ax = A(\tilde{x} + c) = Ac + A\tilde{x}$ oder

$$Ac = b - A\tilde{x} = r$$

Dies ist ein neues lineares Gleichungssystem zur Bestimmung der Korrektur c, das evtl. wieder mit einem direkten Verfahren gelöst werden kann. Wir wollen statt dessen ein iteratives Verfahren einsetzen. Dazu setzen wir

$$c_0 = c, \quad c_{i+1} = c_i + S(r - Ac_i).$$

Welche Bedingung muss die Matrix S erfüllen, damit diese Iteration konvergiert?

Übung 108. Sei f eine zweimal stetig differenzierbare Funktion. Wir wollen mittels Newton-Verfahren eine Nullstelle unbekannter Ordnung bestimmen, unter Verwendung der Funktion $h(x) := f(x)/f'(x)$. Was lässt sich über die Konvergenz des Newton-Verfahrens, angewandt auf die Funktion h, sagen?

Übung 109. Gesucht ist eine Nullstelle $\bar{x}$ von $f(x)$. Wir betrachten die durch die Iterationsfunktion $\Phi - \alpha f(x) + x$ und einem Startwert x_0 definierte Folge x_k. Was lässt sich – in Abhängigkeit von α – über die Konvergenz dieser Folge sagen?

Übung 110. Zu Bestimmung eines Fixpunktes $\bar{x}$ einer Funktion $\Phi(x)$ definieren wir die Hilfsfunktion $f(x) := \Phi(x) - x$. Wie kann man mittels $f(x)$ den gesuchten Fixpunkt $\bar{x}$ bestimmen?

Teil VII

Numerische Behandlung von Differentialgleichungen

26 Gewöhnliche Differentialgleichungen

„Die Mathematiker sind eine Art Franzosen; redet man mit ihnen, so übersetzen sie es in ihre Sprache, und dann ist es alsobald ganz etwas anderes."

Johann Wolfgang von Goethe

In diesem Kapitel wenden wir uns nochmals einem spannenden Teilgebiet der Mathematik zu. Dies ist aus der zugegebenermaßen etwas trockenen Überschrift nicht ohne weiteres erkennbar und daher schicken wir folgende motivierende Bemerkung voraus:

Viele technische, physikalische und ökonomische Vorgänge lassen sich mit mathematischen Modellen simulieren, bei denen die relevanten Größen mit ihren zeitlichen und/oder räumlichen Veränderungen verknüpft sind. Die gesuchte Größe, die wir mathematisch als eine Funktion interpretieren, ist daher durch Gleichungen gegeben, in der sowohl die gesuchte Funktion als auch Differentialquotienten der Funktion auftauchen. Mit Hilfe dieser Differentialgleichungen können wir z.B. die komplette, unbelebte Materie beschreiben. Dies dient nicht nur dem tieferen Verständnis unserer Umwelt. Wir sind auch in der Lage, quantitative Voraussagen für Ereignisse in der Zukunft zu machen. Differentialgleichungen bilden somit eine Grundlage für Simulationen und, darauf aufbauend, auch für Optimierungen. Kein Wunder also, dass sich Physiker, Ingenieure und Techniker dafür interessieren, wie Lösungen von Differentialgleichungen konstruiert werden können. Beginnen wollen wir mit der

Definition 28 (Differentialgleichungen). *Unter einer Differentialgleichung verstehen wir eine Gleichung, in der neben der gesuchten Funktion auch Differentialquotienten der Funktion auftreten. Je nachdem, ob nur Ableitungen einer Funktion u einer Variablen, z.B. nach der Zeit t oder dem Ort x, oder partielle Ableitungen mehrerer Variablen, z.B. nach dem Ort x und y zugleich, auftreten, unterscheiden wir* gewöhnliche *und* partielle *Differentialgleichungen. Die* Lösung *einer Differentialgleichung ist eine Funktion u, die, zusammen mit ihren Ableitungen, für alle Werte des Definitionsbereichs der Variablen die Differentialgleichung erfüllt. Die höchste auftretende*

Ableitungsordnung der gesuchten Funktion legt die Ordnung *der Differentialgleichung fest.*

Einen Überblick auf die numerischen Lösungsmethoden für gewöhnliche Differentialgleichungen geben wir in diesem Kapitel. Partielle Differentialgleichungen behandeln wir im Kapitel 27.

Wir führen ein einfaches Beispiel einer gewöhnlichen Differentialgleichung an in dem

Beispiel 44 (Freier Fall im konstanten Schwerefeld). Ein Körper wird aus der Höhe h_0 zum Zeitpunkt $t_0 = 0$ losgelassen und unter dem Einfluss der konstanten Erdanziehung $-g$ nach unten beschleunigt. Zum Zeitpunkt des Loslassens ist die Anfangsgeschwindigkeit gerade $v_0 = 0$. Wir wollen sowohl die momentane Höhe $h(t)$ als auch Geschwindigkeit $v(t)$ in Abhängigkeit von der Zeit t bestimmen.

Aus der Physik kennen wir die fundamentalen Beziehungen zwischen der Beschleunigung $a(t) = -g$, der Geschwindigkeit $v(t)$ und der Höhe $h(t)$ als System von gewöhnlichen Differentialgleichungen

$$v(t) = \dot{h}(t) = \frac{\mathrm{d}h}{\mathrm{d}t}, \quad \text{und} \tag{26.1}$$

$$a(t) = \dot{v}(t) = \frac{\mathrm{d}v}{\mathrm{d}t} = \frac{\mathrm{d}^2h}{\mathrm{d}t^2} = \ddot{h}(t). \tag{26.2}$$

Die Geschwindigkeit $v(t)$ bestimmen wir durch Integration von (26.2) mit der bekannten Beschleunigung $a(t) = -g$

$$v(t) = \int_{t_0}^{t} a(\tau)\mathrm{d}\tau = -g\int_0^t \mathrm{d}\tau = -gt. \tag{26.3}$$

Die Geschwindigkeit $v(t)$ steigt somit proportional mit der verstrichenen Fallzeit t an. Die Proportionalitätskonstante entspricht der konstanten Beschleunigung $-g$. Um die Höhe $h(t)$ zu bestimmen, integrieren wir (26.1) und erhalten

$$h(t) = h_0 + \int_{t_0}^{t} v(\tau)\mathrm{d}\tau = h_0 - g\int_0^t \tau\mathrm{d}\tau = h_0 - gt^2/2.$$

Somit haben wir die Höhe $h(t)$ und die Geschwindigkeit $v(t)$ in Abhängigkeit der Zeit t berechnet und können z.B. die Aufschlagzeit t_1 und die entsprechende Aufschlaggeschwindigkeit v_1 auf dem Boden aus der Bedingung $h(t_1) = 0$ ermitteln:

$$t_1 = \sqrt{\frac{2h_0}{g}} \qquad \text{und} \qquad v_1 = -\sqrt{2h_0g}.$$

Das Beispiel 44 ist vergleichsweise einfach durch zweifache Integration zu lösen, weil die auftretende Differentialgleichung nur eine Funktion der unabhängigen Variablen t und **nicht** von den abhängigen Variablen $h(t)$ oder $v(t)$ ist. In allgemeiner Form lautet die Aufgabe der gewöhnlichen Differentialgleichung in expliziter Form: Bestimme die Funktion $y(x)$, deren Ableitung die Gleichung

$$y'(x) = \varphi(y, x) \tag{26.4}$$

erfüllt. Neben der expliziten Form (26.4) können gewöhnliche Differentialgleichungen auch durch eine implizite Gleichung

$$\psi(y', y, x) = 0.$$

gegeben sein.

Anmerkung 61 (Ableitungsnotation). Wir werden in den beiden folgenden Abschnitten sowohl die „physikalische", wie etwa $\dot{v}(t)$, als auch die „mathematische" Notation $y'(x)$ für die Ableitung verwenden.

Gewöhnliche Differentialgleichungen besitzen i.Allg. immer eine Schar von Lösungen. Im Beispiel 44 wählten wir davon eine konkrete Lösung aus, indem wir spezielle Anfangswerte v_0 und h_0 zum Zeitpunkt t_0 vorgegeben haben. Das Beispiel 44 ist keine Ausnahme und daher lohnt sich die

Definition 29 (Anfangswertproblem). *Um eine Lösung $y(x)$ der gewöhnlichen Differentialgleichung*

$$y'(x) = \varphi(y, x) \tag{26.5}$$

eindeutig festzulegen, benötigen wir den Anfangswert

$$y(x_0) = y_0. \tag{26.6}$$

Die gesuchte Lösung $y(x)$ des Anfangswertproblems *erfüllt daher sowohl die gewöhnliche Differentialgleichung (26.5) für $x \geq x_0$ als auch die Anfangswertbedingung (26.6).*

Im Folgenden wollen wir Lösungen für Anfangswertprobleme konstruieren. In Spezialfällen können wir analytische Lösungen angeben, wie in dem

Beispiel 45 (Einfaches Populationsmodell). Das Anfangswertproblem

$$y'(x) = \varphi(y, x) := ay \quad \text{mit} \quad y(x_0) = y_0 \quad \text{und} \quad a \in \mathbb{R} \tag{26.7}$$

beschreibt die zeitliche Entwicklung der Anzahl der Individuen $y(x)$ einer Population in Abhängigkeit von der Zeit x. In diesem Modell nehmen wir an, dass die Zerfalls- oder Wachstumsprozesse ($a < 0$ oder $a > 0$), also die Ab- oder Zunahme der Anzahl der Individuen $y'(x)$ zum Zeitpunkt x proportional zur vorhandenen Anzahl der Individuen $y(x)$ ist. Wir bestimmen die zeitliche Entwicklung durch Integration mittels Trennung der Variablen x und y

$$\frac{\mathrm{d}y}{\mathrm{d}x} = ay \quad \Longleftrightarrow \quad \frac{\mathrm{d}y}{y} = a\,\mathrm{d}x$$

$$\text{und daher} \qquad \int_{y_0}^{y} \frac{\mathrm{d}\eta}{\eta} = \int_{x_0}^{x} a\,\mathrm{d}\xi,$$

$$\text{oder} \qquad \ln y - \ln y_0 = a(x - x_0).$$

Für die Lösung gilt

$$y(x) = y_0 \mathrm{e}^{a(x-x_0)}. \tag{26.8}$$

Jede Lösung der Differentialgleichung (26.7) hat die Form (26.8). Um eine eindeutige Lösung festzulegen, müssen wir den Anfangswert $y(x_0) = y_0$ vorgeben.

Generell empfiehlt es sich, die gefundene Lösung eines Anfangswertproblems durch eine Probe zu bestätigen. Wir überlassen Ihnen dies in der

Übung 111. Zeigen Sie, dass die Funktionen $y(x)$, definiert in (26.8), sowohl die Differentialgleichung (26.7) löst als auch den Anfangswert erfüllt.

Die beiden Beispiele 44 und 45 besitzen vergleichsweise einfach strukturierte rechte Seiten $\varphi(y, x)$ und erlauben die Berechnung der Lösung durch Integration. In anwendungsrelevanten Aufgabenstellungen ist dies i.Allg. nicht mehr der Fall.

Eine generelle Lösungsmethode erschließt sich aus der

Anmerkung 62 (Geometrische Interpretation). Wir können die Konstruktion der Lösung eines Anfangswertproblems auf die folgende geometrische Aufgabe reduzieren:

Wir betrachten die Lösung des Anfangswertproblems $y(x)$ als eine Funktion in der xy-Ebene. Die gewöhnliche Differentialgleichung (26.4) ordnet jedem Punkt (x, y) dieser Ebene genau die Tangentenrichtung $(1, \varphi(y, x))$ zu. Dieses Richtungsfeld tragen wir in die Ebene ein, wie z.B. in der Abb. 26.1. Die Grundidee besteht darin, beginnend vom Punkt (x_0, y_0), der die Anfangswertbedingung repräsentiert, eine stetige Linie zu zeichnen, die in jedem Punkt $(x, y(x))$ genau die durch das Richtungsfeld vorgegebenen Geraden als Tangenten besitzt. So wird z.B. die Tangente im Anfangswert durch die Gleichung

$$g(x) = y_0 + \varphi(y_0, x_0)(x - x_0) \tag{26.9}$$

beschrieben. Ziehen wir entlang dieser Tangente einen Strich, erhalten wir angenähert einen Teil der Lösungskurve und gelangen zu einem zweiten Ausgangspunkt, für den wir erneut die Tangente bestimmen können. Mit dieser Methode können wir uns relativ einfach einen Überblick über die Lösungsvielfalt verschaffen und gewinnen einen qualitativen Eindruck sowohl über den

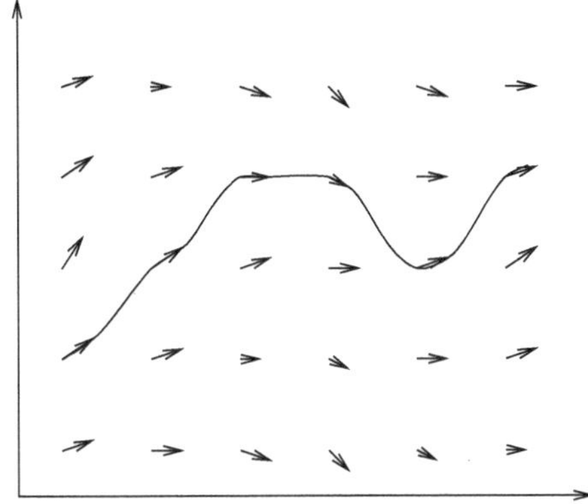

Abb. 26.1. Beispiel für ein Richtungsfeld einer gewöhnlichen Differentialgleichung.

Verlauf der Lösungsfunktion $y(x)$ als auch den Definitions- und Wertebereich der Variablen x und y.

Mittels der geometrischen Methode aus Anmerkung 62 wollen wir die Lösung für das Beispiel 44 berechnen. In Abb. 26.2 zeigen wir das entsprechende Richtungsfeld der Differentialgleichung (26.1). Es zeichnet sich dadurch aus, dass es in jedem Punkt der Ebene die konstante Richtung $(1, -g)$ hat. Wir erhalten die Lösung für die Geschwindigkeit $v(t)$, indem wir – ausgehend vom Anfangswert $v(0) = 0$, der durch den Punkt $(0, 0)$ repräsentiert wird – dem konstanten Richtungsfeld folgen. Daher ist die Tangente an die gesuchte Lösung $v(t)$ in dem Punkt $(0, 0)$ genau die Lösung des Anfangswertproblems. Nach (26.9) ergibt sich daher für die Lösung

$$v(t) = 0 - g(t - 0) = -gt.$$

Die Lösung $v(t)$ ist die Gerade durch den Ursprung mit der Steigung $-g$.

So anschaulich dieses einfache Beispiel auch ist, zeigt es aber die Grenzen der geometrischen Lösungsmethode auf: Die Qualität der Lösung hängt einerseits von der Anzahl der eingetragenen Richtungsvektoren und damit der Anzahl der Tangentenabschnitte und andererseits von der Dicke des verwendeten Bleistiftes ab. Daher ist sie für anwendungsrelevante Probleme i.Allg. nicht ausreichend. Dennoch greifen wir auf die Grundidee im nächsten Abschnitt zurück und zeigen eine Vielzahl von Lösungsansätzen auf, mit denen wir rechnergestützt gewöhnliche Differentialgleichungen lösen können.

26.1 Numerische Lösungsverfahren

Um ein gegebenes Anfangswertproblem, festgelegt wie in Definition 29, numerisch zu lösen, nähern wir die gesuchte Lösung $y(x)$ durch eine stückweise

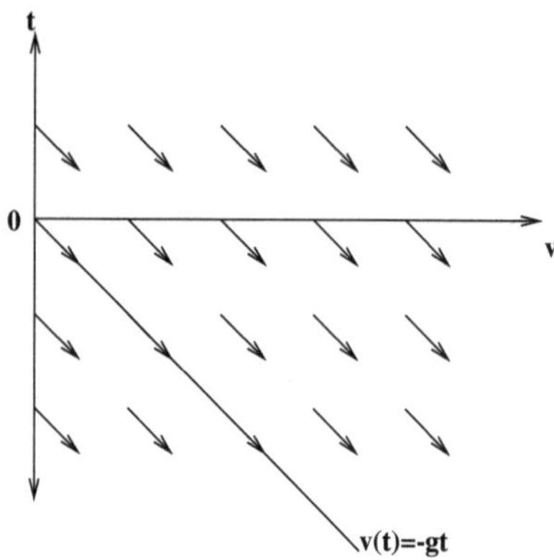

Abb. 26.2. Das Richtungsfeld der Differentialgleichung (26.1) aus Beispiel 44 mit der Lösung $v(t) = -gt$ für das Anfangswertproblem.

lineare Funktion an. Wir wählen die linearen Abschnitte dieses Ansatzes als Tangentenstücke der geometrischen Lösungsmethode aus Anmerkung 62 an das Richtungsfeld der zu lösenden Differentialgleichung. Die Tangentenstücke konstruieren wir schrittweise. Wir starten mit dem Anfangswert (x_0, y_0) und der zugehörigen Tangente (26.9) und legen den Geltungsbereich dieses Tangentenabschnittes für das Intervall $[x_0, x_1]$ mit $x_0 < x_1$ fest, siehe Abb. 26.3. Der Endpunkt des Geltungsbereichs $(x_1, y_0 + \varphi(y_0, x_0)(x_1 - x_0))$ ist zugleich der Ausgangspunkt für das folgende Tangentenstück. Auf diese Weise erhalten wir eine Folge von Näherungswerten y_k an den vorgegebenen Stellen x_k für die exakten Funktionswerte $y(x_k)$ mit $0 \leq k \leq n \in \mathbb{N}$. Wir „hangeln" uns schrittweise durch das Richtungsfeld der Differentialgleichung von einem Punkt (x_k, y_k) zum nächsten (x_{k+1}, y_{k+1}). Dieses Verfahren wurde von Euler erstmalig in den Werken *„Institutiones calculi integralis"*, erschienen 1768 bis 1770, als Lösungsmethode für Differentialgleichungen erster und höherer Ordnung vorgeschlagen.

Verwenden wir der Einfachheit halber in jedem Schritt die gleiche Schrittweite $h > 0$, dann lautet das Euler-Verfahren

```
x[0] = x0; y[0] = y0;
FOR k = 0, ..., n-1:
    x[k+1] = x[k] + h;
    y[k+1] = y[k] + h * phi (y[k],x[k]);
ENDFOR
```

Ein Schritt im Euler-Verfahren kostet zwei Additionen und sowohl eine Multiplikation als auch eine Funktionsauswertung. Die Größe der Schrittweite h ergibt sich aus dem Anfangswert $x_0 = a$ und dem Endwert $x_n = b$, in dem wir die Lösung $y(b)$ durch y_n angenähert berechnen wollen. Bei äquidistanter Schrittweite erhalten wir $h = (b - a)/n$. Die Schrittweite h steuert

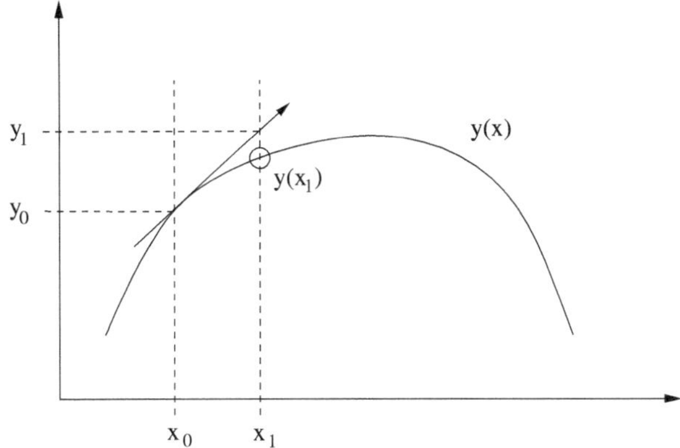

Abb. 26.3. Der erste Schritt im Euler-Verfahren. Die Lösung $y(x)$ wird durch die Tangente im Punkt (x_0, y_0) angenähert.

auch den Fehler, den wir bei dem Euler-Verfahren machen. Wir analysieren das Euler-Verfahren mit der Taylor-Entwicklung der Lösungfunktion $y(x)$ nach Anhang A.1 in dem Punkt x_0

$$y(x_1) = y(x_0 + h) = y(x_0) + hy'(x_0) + \frac{h^2}{2} y''(\xi) \qquad (26.10)$$

mit dem Anfangswert $y(x_0) = y_0$ und dem Zwischenwert $\xi \in [x_0, x_1]$. Vernachlässigen wir den Term mit h^2, so erhalten wir wegen der vorgeschriebenen Differentialgleichung

$$y'(x_0) = \varphi(y_0, x_0)$$

den ersten Schritt des Euler-Verfahrens für die erste Näherung $y_1 \approx y(x_1)$. Daher machen wir einen Fehler in der Approximation der Funktion $y(x)$ mit der Größenordnung $\mathcal{O}(h^2)$. D.h., je genauer wir die Differentialgleichung approximieren wollen, desto kleiner ist h zu wählen und desto mehr Rechenaufwand müssen wir spendieren.

In der Herleitung des Euler-Verfahrens in (26.10) haben wir die Lösungsfunktion $y(x)$ im Punkt x_0 in eine Taylor-Reihe entwickelt. Verwenden wir dagegen den Punkt x_1, so erhalten wir analog zu dem obigen Algorithmus des Vorwärts-Euler-Verfahrens das implizite oder Rückwärts-Euler-Verfahren

```
x[0] = x0; y[0] = y0;
FOR k = 0, ..., n-1:
    x[k+1] = x[k] + h;
    SOLVE: y[k+1] = y[k] + h * phi(y[k+1],x[k+1]);
ENDFOR
```

Bei diesem Verfahren wird der „neue" Näherungswert y_{k+1} implizit durch die Gleichung

$$f(z) := z - y_k - h\varphi(z, x_{k+1}) = 0$$

festgelegt. Die Nullstelle von $f(z)$ können wir z.B. durch das Newton-Verfahren berechnen. Wir werden später den Vorteil des impliziten Verfahrens kennen lernen.

Eine alternative Herleitung des Euler-Verfahren erhalten wir, wenn wir den Differentialquotienten $y'(x)$ durch den Differenzenquotienten

$$\frac{\mathrm{d}y}{\mathrm{d}x} \approx \frac{\Delta y}{\Delta x} = \frac{y_1 - y_0}{x_1 - x_0} \tag{26.11}$$

ersetzen. Betrachten wir die rechte Seite als Näherung an $y'(x)$ im Punkt x_0, resp. x_1, so ergibt sich das Euler-, resp. Rückwärts-Euler, -Verfahren. Dieser allgemeine Lösungsansatz, bei dem wir alle auftretenden *Differential*quotienten näherungsweise durch *Differenzen*quotienten ersetzen, wird Finite-Differenzen-Methode genannt.

Das Euler-Verfahren lässt sich auch mittels Integration herleiten, wie wir zeigen in der

Anmerkung 63 (Euler-Verfahren mittels Integration). Die Differentialgleichung (26.4) kann durch formale Integration in die Gleichung

$$y(x_1) - y(x_0) = \int_{x_0}^{x_1} y'(x)\mathrm{d}x = \int_{x_0}^{x_1} \varphi(y(x), x)\mathrm{d}x \tag{26.12}$$

überführt werden. Um das Integral auf der rechten Seite von (26.12) zu berechnen, können wir auf Integrationsmethoden aus dem Kapitel 15 zurückgreifen. Nähern wir das Integral mit der Fläche des Rechtecks mit den Eckpunkten $(x_0, 0)$, $(x_1, 0)$, $(x_1, \varphi(y_0, x_0))$ und $(x_0, \varphi(y_0, x_0))$ entsprechend der Abb. 26.4 mittels

$$\int_{x_0}^{x_1} \varphi(y(x), x)\mathrm{d}x \approx (x_1 - x_0)\varphi(y_0, x_0)$$

an, so erhalten wir ebenfalls das Euler-Verfahren.

Den Zusammenhang aus Anmerkung 63 zwischen Lösungen gewöhnlicher Differentialgleichungen und Quadraturregeln nutzen wir, um eine weitere Klasse von numerischen Lösungsverfahren zu konstruieren. Wir berechnen das Integral in (26.12) nicht mehr nur mit den beiden Intervallgrenzen, sondern beziehen weitere, schon bekannte Werte mit ein. Kennen wir z.B. die

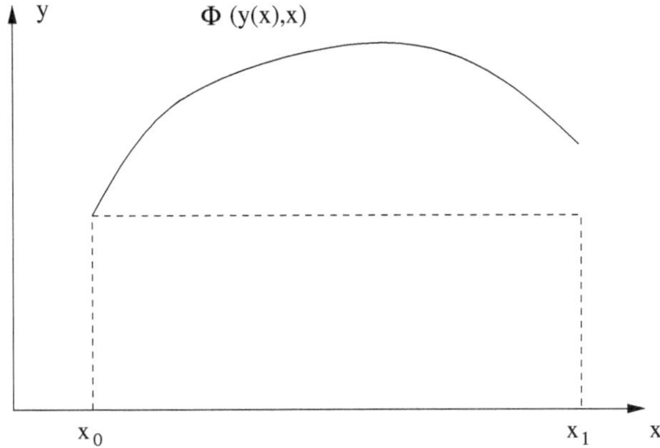

Abb. 26.4. Zur Herleitung des Euler-Verfahren durch Integrationsregeln.

Näherungswerte für y_k und y_{k+1} an den Stellen x_k und x_{k+1}, so können wir bei äquidistanter Schrittweite mit der Mittelpunktsregel

$$\begin{aligned} y(x_{k+2}) - y(x_k) &= \int_{x_k}^{x_{k+2}} y'(x)\mathrm{d}x = \int_{x_k}^{x_{k+2}} \varphi(y(x), x)\ \mathrm{d}x \\ &\approx (x_{k+2} - x_k)\ \varphi(y_{k+1}, x_{k+1}) \end{aligned}$$

herleiten. Den „neuen“ Näherungswert y_{k+2} berechnen wir mittels

$$y_{k+2} = y_k + 2h\varphi(y_{k+1}, x_{k+1}).$$

Die Startwerte verschaffen wir uns z.B. mit dem Euler-Verfahren. Dies führt zu dem Verfahren

```
x[0] = x0; y[0] = y0; x[1]=x[0] + h;
y[1] = y[0] + h * phi(y[0],x[0]);
FOR k = 1, ..., n-2:
    y[k+2] = y[k] + 2 * h * phi (y[k+1],x[k+1]);
ENDFOR
```

Abschließend stellen wir eine weitere Verallgemeinerungsmöglichkeit vor. Um eine höhere Approximationsgenauigkeit zu erreichen, liegt es nahe, bei der Herleitung sowohl des Euler- als auch des Rückwärts-Euler-Verfahrens mittels Taylor-Reihenentwicklung weitere Entwicklungsterme zu berücksichtigen. Wir leiten die benötigten höheren Ableitungen der gesuchten Lösungsfunktion $y(x)$ an der Stelle x_0 bzw. x_1 aus der gegebenen Differentialgleichung $y'(x) = \varphi(y, x)$ unter Verwendung der partiellen Ableitungen von $\varphi(y, x)$ nach x und y ab. Für die zweite Ableitung ist z.B.

$$\begin{aligned} y''(x) &= \frac{\mathrm{d}y'(x)}{\mathrm{d}x} = \frac{\mathrm{d}}{\mathrm{d}x}\varphi(y(x),x) = \frac{\partial}{\partial y}\varphi(y,x)\frac{\mathrm{d}y}{\mathrm{d}x} + \frac{\partial}{\partial x}\varphi(y,x) \\ &= \frac{\partial}{\partial y}\varphi(y,x)\varphi(y,x) + \frac{\partial}{\partial x}\varphi(y,x). \end{aligned}$$

Wir erhalten ein Verfahren mit höherer Genauigkeit, bei dem der Unterschied zwischen exakter Lösung und Näherung von der Größenordnung $\mathcal{O}(h^3)$ ist

$$\begin{aligned} y_{k+1} &= y_k + hy'(x_k) + \frac{h^2}{2}y''(x_k) \\ &= y_k + h\varphi(y_k,x_k) \\ &\quad + \frac{h^2}{2}\left(\frac{\partial}{\partial y}\varphi(y,x)\Big|_{(y_k,x_k)}\varphi(y_k,x_k) + \frac{\partial}{\partial x}\varphi(y,x)\Big|_{(y_k,x_k)}\right). \end{aligned}$$

26.2 Gewöhnliche Differentialgleichungen höherer Ordnung

In Beispiel 44 leitet sich das System der beiden gewöhnlichen Differentialgleichungen (26.1) und (26.2) aus der allgemeinen physikalischen Bewegungsgleichung *„actio gleich reactio“* ab. Im Fall des konstanten Schwerefeldes entspricht dies der gewöhnlichen Differentialgleichung zweiter Ordnung

$$\frac{\mathrm{d}^2h}{\mathrm{d}t^2} = a(t) := -g. \tag{26.13}$$

In diesem Abschnitt stellen wir vor, wie wir gewöhnliche Differentialgleichungen höherer Ordnung

$$\frac{\mathrm{d}^jy}{\mathrm{d}x^j} = y^{(j)}(x) = \Psi(y^{(j-1)},\dots,y,x) \tag{26.14}$$

mit $j > 1$ in ein gleichwertiges System von j gewöhnlichen Differentialgleichungen erster Ordnung überführen und die im letzten Abschnitt besprochenen Verfahren zur Lösung heranziehen können.

Wir führen den Vektor

$$u(x) = (u_1(x),\dots,u_j(x))^T$$

ein und definieren die höheren Ableitungen als „eigenständige“ Funktionen

$$u_1(x) := y(x), \quad u_2(x) := y'(x), \quad \dots, \quad u_j(x) := y^{(j-1)}(x).$$

Mit dieser Transformation erhalten wir aus (26.14) das System von j Differentialgleichungen erster Ordnung

$$u'(x) = \begin{pmatrix} u_1' \\ \vdots \\ u_{j-1}' \\ u_j' \end{pmatrix} = \begin{pmatrix} u_2 \\ \vdots \\ u_j \\ \Psi(u_j, \ldots, u_1, x) \end{pmatrix} = \varphi(u, x)$$

mit den transformierten Anfangsbedingungen

$$y(x_0) = y_0, \quad \ldots, \quad y^{(j-1)}(x_0) = y_0^{(j-1)}$$

$$\text{in} \quad u(x_0) = \begin{pmatrix} y_0 \\ \vdots \\ y_0^{(j-1)} \end{pmatrix}.$$

Im allgemeinen Fall können wir nun also eine *vektorwertige* Funktion $y(x) = (y_1(x), \ldots, y_n(x))^T$ und ein zugehöriges Anfangswertproblem

$$y'(x) = \begin{pmatrix} y_1'(x) \\ \vdots \\ y_n'(x) \end{pmatrix} = \varphi(y, x) = \begin{pmatrix} \varphi_1(y_1, \ldots, y_n, x) \\ \vdots \\ \varphi_n(y_1, \ldots, y_n, x) \end{pmatrix}$$

mit vorgegebenem Startvektor $y(x_0)$ betrachten; wir wenden dann die bisher beschriebenen skalaren Lösungsverfahren komponentenweisen an. Damit sind wir in der Lage, auch explizite Differentialgleichungen höherer Ordnung zu lösen.

Übung 112 (Herleitung der Bewegungsgleichungen). Leiten Sie aus (26.13) die Bewegungsgleichungen (26.1) und (26.2) für das Beispiel 44 „Freier Fall im konstanten Schwerefeld“ her.

26.3 Fehleruntersuchung

Die Lösung $y(x)$ des Anfangswertproblems (26.5) ersetzen wir beim Euler-Verfahren und seiner geometrischen Interpretation nach Anmerkung 62 schrittweise durch eine stückweise lineare Funktion. In jedem Schritt machen wir durch diese Diskretisierung der Lösung $y(x)$ mittels der Tangente (26.9) einen Fehler, dem wir einen Namen geben in der

Definition 30 (Lokaler Diskretisierungsfehler). *Unter dem* lokalen Diskretisierungsfehler *verstehen wir den Fehler*

$$e_{k+1} := y_{k+1} - y^{(k)}(x_{k+1}) \quad \textit{für } k \geq 0, \tag{26.15}$$

den wir machen, wenn wir die Lösungsfunktion $y(x)$ schrittweise durch die Lösung $y^{(k)}$ des lokalen Anfangswertproblems

$$y^{(k)'}(x) = \varphi(y^{(k)}(x), x) \quad \textit{mit } y^{(k)}(x_k) = y_k \tag{26.16}$$

in den Teilintervallen $[x_k, x_{k+1}]$ ersetzen, siehe Abb. 26.5. Wir vereinbaren weiterhin $e_0 := 0$.

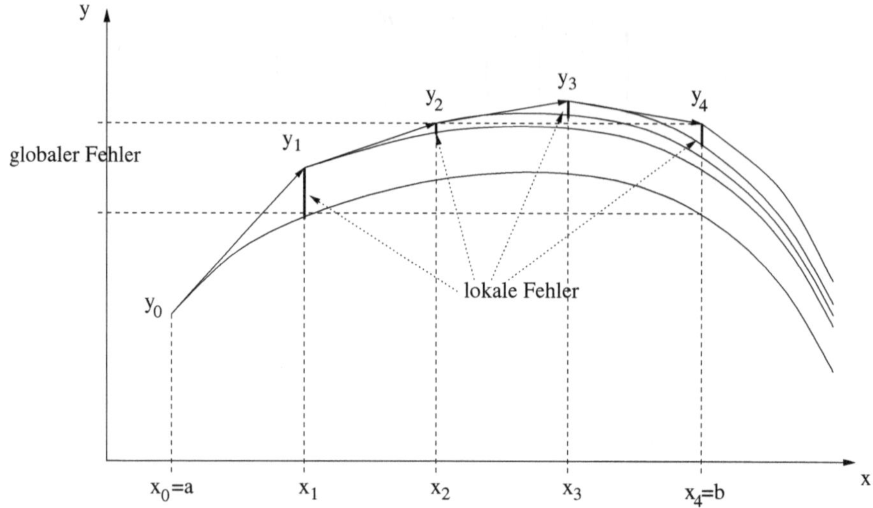

Abb. 26.5. Zur Definition der lokalen Diskretisierungsfehler e_k mit $k \geq 0$ und deren Beitrag zum globalen Diskretisierungsfehler g_n.

Die lokalen Diskretisierungsfehler e_{k+1} sind nach der Taylor-Entwicklung (26.10) von der Größenordnung $\mathcal{O}(h^2)$. Wir müssen die Schrittweite h verkleinern, wenn wir die Werte y_{k+1} mit $k \geq 0$ genauer berechnen wollen. Um den Wert y_n in einem fest vorgegebenen Endpunkt $b = x_n$ zu erhalten, sind $\mathcal{O}(h^{-1})$ Euler-Schritte durchführen. Höhere Genauigkeit schlägt sich in einem höheren Rechenaufwand nieder. Wir wollen den Fehler $y_n - y(x_n)$, den wir machen, nun analysieren.

Definition 31 (Globaler Diskretisierungsfehler). *Mit dem* globalen Diskretisierungsfehler

$$g_k := y_k - y(x_k) \quad \textit{für } k \geq 0 \tag{26.17}$$

bezeichnen wir die Differenz an den Stellen x_k zwischen der gesuchten Lösung $y(x)$ des originalen Anfangswertproblems (26.5) und der Folge der konstruierten Näherungswerte y_k mit $k \geq 0$.

Wir machen die

Anmerkung 64. Die Definitionen 30 und 31 unterscheiden sich nur in der jeweiligen „Referenzlösung“ $y^{(k)}(x_{k+1})$ des *lokalen* Anfangswertproblems (26.16) bzw. $y(x)$ des *globalen* Anfangswertproblems (26.5).

Daran schließt sich die

Übung 113. Machen Sie sich klar, dass die beiden Definitionen 30 und 31 nur für $k = 1$ zusammenfallen und daher $g_1 = e_1$ ist.

Der globale Diskretisierungsfehler g_k wird für $k > 1$ i.Allg. vom lokalen Diskretisierungsfehler e_k abweichen, wie wir in Abb. 26.5 exemplarisch studieren können.

Mit dem globalen Diskretisierungsfehler bewerten wir die Güte der konstruierten Approximation.

Definition 32 (Konvergenz). *Wir nennen ein Lösungsverfahren eines Anfangswertproblems* konvergent, *wenn für die Lösungen an der Stelle b in exakter Arithmetik, d.h. ohne Rundungsfehlereinfluss, gilt:*

$$\lim_{h \to 0,\, n \to \infty} y_n = y(b).$$

Wir analysieren den globalen Diskretisierungsfehler g_n, der bei der Konstruktion der Lösungsfolge y_k mit $k \geq 0$ auftritt, abhängig von der rechten Seite $\varphi(y, x)$ und dem Anfangswert y_0. Da wir den Wert g_n i.Allg. nur für Spezialfälle direkt berechnen können, führen wir ihn auf die lokalen Diskretisierungsfehleranteile e_0, e_1, ..., e_{k-1}, die bei der schrittweisen Konstruktion der Werte y_k entstehen, zurück. Wir wenden den Mittelwertsatz auf die rechte Seite der Differentialgleichung $q(y) := \varphi(y, x_k)$ zwischen den Stellen $y(x_k)$ und y_k an und folgern

$$\begin{aligned}
g_{k+1} &:= y(x_{k+1}) - y_{k+1} \\
&= y(x_k) + h\varphi(y(x_k), x_k) + \frac{h^2}{2} y''(z_k) - (y_k + h\varphi(y_k, x_k)) \\
&= (y(x_k) - y_k) + h(\varphi(y(x_k), x_k) - \varphi(y_k, x_k)) + \frac{h^2}{2} y''(z_k) \\
&= (y(x_k) - y_k) + h\frac{\partial \varphi}{\partial y}(w_k, x_k)(y(x_k) - y_k) + \frac{h^2}{2} y''(z_k) \\
&= \left(1 + h\frac{\partial \varphi}{\partial y}(w_k, x_k)\right) g_k, + e_k
\end{aligned} \tag{26.18}$$

mit geeigneten Zwischenstellen w_k und z_k.

Wir zeigen für das Beispiel 45 mit der Lösung

$$y(x) = y_0 \exp(\lambda x), \qquad \text{mit} \quad y_0 > 0, \tag{26.19}$$

wie wir mit der Gleichung (26.18) den globalen Diskretisierungsfehler bestimmen können:

Übung 114. Zeigen Sie, dass die Gleichung (26.18) für die rechte Seite $\varphi(y(x_k), x_k) := \lambda y$

$$g_{k+1} = (1 + h\lambda) g_k + e_k \quad \text{für } k \geq 0 \tag{26.20}$$

lautet und für den lokalen Diskretisierungsfehler nach (26.15) mit Hilfe der Taylor-Reihenentwicklung

$$e_{k+1} = y_k \mathcal{O}((h\lambda)^2) \quad \text{für } k \geq 0 \tag{26.21}$$

gilt.

Der in jedem Schritt neu eingeschleppte, lokale Diskretisierungsfehler e_{k+1} wird nach (26.20) für $|1+h\lambda| < 1$ gedämpft. Die Lösung $y(x)$ wird qualitativ korrekt approximiert. Wir verifizieren dies, indem wir die Näherungslösungen mit den Euler-Verfahren berechnen:

Übung 115. Zeigen Sie, dass das Euler-Verfahren für das Anfangswertproblem

$$y'(x) = \lambda y \quad \text{mit} \quad y(x_0) = y_0 > 0 \tag{26.22}$$

aus Beispiel 45 die Nährungswerte

$$y_k = (1 + h\lambda)^k y_0 \text{ mit } k \geq 0 \tag{26.23}$$

produziert.

Ohne Einschränkung der Allgemeinheit wählen wir $x_0 = 0$. Der globale Diskretisierungsfehler g_k ergibt sich aus der Differenz der Lösungswerte $y(x_k)$ aus (26.19) und der Näherungswerte y_k aus Übung 115

$$g_k = y_0 \left(\exp(\lambda hk) - (1 + h\lambda)^k\right). \tag{26.24}$$

Der globale Diskretisierungsfehler g_k verschwindet nach (26.24) höchstens dann, wenn sich beide Ausdrücke qualitativ gleich verhalten, d.h. für $x \to \infty$ entweder streng monoton wachsen oder fallen. Dies ist für $\lambda > 0$ wegen $h > 0$ immer sichergestellt, da sowohl die Funktion $\exp(x)$ als auch das Monom x^k für $x \to \infty$ wachsen. Dagegen bildet für $\lambda < 0$ das Monom x^k die exponentielle Dämpfung der Funktion $\exp(x)$ nur unter der Zusatzbedingung

$$|1 + h\lambda| < 1 \tag{26.25}$$

ab. Dieser Bedingung geben wir einen Namen in der

Definition 33 (Stabilität). *Die* Stabilitätsbedingung *(26.25) garantiert für das Euler-Verfahren, dass die Lösung $y(x)$ des Anfangswertproblems (29) dasselbe qualitative Verhalten hat, wie die Folge der Näherungslösungen y_k mit $k \geq 0$.*

Daran schließt sich die

Übung 116 (Schrittweitenbegrenzung). Zeigen Sie, dass die Stabilitätsbedingung (26.25) zu

$$\lambda > 0 \quad \text{oder} \quad \left(\lambda < 0 \quad \text{und} \quad h < \left|\frac{2}{\lambda}\right|\right) \tag{26.26}$$

äquivalent ist.

Wir können nach Übung 116 die Schrittweite h nicht beliebig wählen und müssen die Bedingung (26.26) beachten: Wenn die Schrittweitenbegrenzung für h nicht erfüllt ist, kann der globale Diskretisierungsfehler g_k nach (26.24) beliebig groß werden. Wir dürfen für das Euler-Verfahren im Fall $\lambda < 0$ keine Schrittweiten h größer als $|2/\lambda|$ wählen. Da wir, wie weiter oben schon bemerkt, $\mathcal{O}(h^{-1})$ Euler-Schritte durchführen müssen, um y_n zu berechnen, führt diese zusätzliche, von dem Euler-Verfahren eingeschleppte Stabilitätsbedingung für $\lambda < 0$ in vielen Anwendungsaufgaben zu nicht akzeptablem Rechenaufwand.

Anmerkung 65 (Implizites Euler-Verfahren). Wir berechnen entsprechend (26.23) für das implizite Euler-Verfahren die Näherungswerte

$$y_k = \frac{y_0}{(1-h\lambda)^k} \quad \text{für } k \geq 0.$$

Das implizite Euler-Verfahren erfüllt unabhängig von der Schrittweite h für $\lambda < 0$ die Stabilitätsbedingung. Allerdings müssen wir pro Schritt eine Gleichung mit dem Newton-Verfahren lösen.

Abschließend weisen wir darauf hin, dass die Stabilitätsbedingung insbesondere für Systeme von gewöhnlichen Differentialgleichungen eine Einschränkung darstellt. Wir betrachten das

Beispiel 46 (Steife Differentialgleichung). Für das System der gewöhnlichen Differentialgleichungen

$$\begin{aligned} y_1'(x) &= \lambda_1 y_1(x) \quad \text{und} \\ y_2'(x) &= \lambda_2 y_2(x) \end{aligned}$$

mit $\lambda_2 \ll \lambda_1 < 0$ lautet das Euler-Verfahren

$$\begin{pmatrix} y_1^{k+1} \\ y_2^{k+1} \end{pmatrix} = \begin{pmatrix} y_1^k \\ y_2^k \end{pmatrix} + h \begin{pmatrix} \lambda_1 y_1^k \\ \lambda_2 y_2^k \end{pmatrix}$$

Die beiden Lösungsfolgen $y_1^0, y_1^1, \ldots$ und $y_2^0, y_2^1, \ldots$ könnten in diesem einfachen Fall voneinander entkoppelt berechnet werden. Diese Entkoppelung ist aber i.Allg. nicht möglich oder sinnvoll. Betrachten wir z.B. ein vektorwertiges System $y'(x) = A(x)y(x)$, so wäre die Entkoppelung der einzelnen Komponenten nur durch Diagonalisierung der Matrix $A(x)$ möglich! Daher wollen wir auch hier in diesem einfachen Fall das Euler-Verfahren simultan auf y_1 und y_2 anwenden. Dann erlaubt aber die Stabilitätsbedingung für die Schrittweite h des Euler-Verfahrens nur

$$h < \min\{2/|\lambda_1|, 2/|\lambda_2|\} = 2/|\lambda_2|,$$

wenn jeweils beide Komponenten das qualitativ richtige Verhalten für $x \to \infty$ zeigen sollen. Obwohl wir erwarten können, dass die zweite Lösungsfolge wegen $\lambda_2 \ll \lambda_1 < 0$ schneller abfällt, beschränkt gerade diese Komponente die Schrittweite h. In solchen Fällen ist es sinnvoll, z.B. auf das implizite Euler-Verfahren auszuweichen und den zusätzlichen Rechenaufwand für die Newton-Iteration in Kauf zu nehmen, da dann die Schrittweite h keiner Stabilitätsbedingung unterliegt und größer gewählt werden kann.

26.4 Anwendungsbeispiele

26.4.1 Räuber-Beute-Modell

In diesem Abschnitt verallgemeinern wir das einfache Populationsmodell aus dem einführenden Beispiel 45. Wir untersuchen die Populationsdynamik von zwei Arten: Beutetieren $x(t)$ und Räubern $y(t)$, siehe [6]. In den Jahren 1910 bis 1923 regten Beobachtungen der Fischpopulationen im Adriatischen Meer die Entwicklung eines mathematischen Modells an. Unter vereinfachenden Annahmen gelangen wir zu dem nichtlinearen Differentialgleichungssystem

$$\begin{aligned}\dot{x}(t) &= ax - byx,\\ \dot{y}(t) &= cxy - dy,\end{aligned} \qquad \text{für } t_0 \le t \le t_n. \tag{26.27}$$

Die zeitliche Änderung der Populationen $\dot{x}(t)$ und $\dot{y}(t)$ ist abhängig von der Anzahl von Räuber- und Beutetieren $x(t)$ und $y(t)$ mit entsprechenden Geburts- und Sterberaten. Die Variable $a > 0$ beschreibt die Geburtenrate der Beutetiere x und c die Sterberate der Räuber y. Sowohl die Sterberate b der Beutetiere x als auch die Geburtenrate c der Räuber y ist proportional zum Produkt der momentanen Anzahl von Individuen $x(t)y(t)$.

Als Anfangswerte zur Zeit $t = t_0$ nehmen wir an, dass x_0 Beutetiere und y_0 Räuber existieren

$$x(t_0) = x_0, \qquad y(t_0) = y_0. \tag{26.28}$$

Wir verallgemeinern das Euler-Verfahren und ersetzen die rechten Seiten durch ein gewichtetes Mittel

$$\begin{aligned}\frac{x_{i+1} - x_i}{\tau} &= \lambda(a\,x_{i+1} - b\,x_{i+1}\,y_{i+1}) + (1-\lambda)(a\,x_i - b\,x_i\,y_i,),\\ \frac{y_{i+1} - y_i}{\tau} &= \lambda(c\,x_{i+1}\,y_{i+1} - d\,y_{i+1}) + (1-\lambda)(c\,x_i\,y_i - d\,y_i).\end{aligned} \tag{26.29}$$

Der Parameter $\lambda \in [0,1]$ steuert dabei das Diskretisierungsverfahren: Wir erhalten für $\lambda = 0$ als Spezialfall das Euler-Verfahren, für $\lambda = 1$ das Rückwärts-Euler-Verfahren und für $\lambda = 1/2$ das Crank-Nicolson-Verfahren.

Für $\lambda \neq 0$ ist zur Bestimmung der Werte x_{i+1} und y_{i+1} in jedem Schritt das System (26.29) zu lösen. Durch Addition der beiden mit c (obere Gleichung) bzw. b (untere Gleichung) multiplizierten Gleichungen erhalten wir die Beziehung

$$\begin{aligned} &c(x_{i+1} - x_i) + b(y_{i+1} - y_i) \\ &\qquad = \tau\lambda(acx_{i+1} - bdy_{i+1}) + \tau(1-\lambda)(acx_i - bdy_i) \\ \Longrightarrow \quad & y_{i+1} = \frac{1}{b + \tau\lambda bd}\left(c(\tau\lambda a - 1)x_{i+1} + \omega\right), \qquad (26.30) \\ & \text{mit} \quad \omega = cx_i + by_i + \tau(1-\lambda)(acx_i - bdy_i). \end{aligned}$$

Setzen wir (26.30) in die obere Gleichung (26.29) ein, folgt eine quadratische Gleichung für die Bestimmung von x_{i+1}

$$\beta_2 x_{i+1}^2 + \beta_1 x_{i+1} + \beta_0 = 0 \qquad (26.31)$$

$$\begin{aligned} \text{mit:} \quad \beta_0 &= -x_i - \tau(1-\lambda)(ax_i - bx_i y_i) \\ \beta_1 &= 1 - \tau\lambda a + \frac{\tau\lambda\omega}{1 + \tau\lambda d} \\ \beta_2 &= \frac{\tau\lambda c}{1 + \tau\lambda d}(\tau\lambda a - 1). \end{aligned}$$

Wir berechnen mit dem Newton-Verfahren x_{i+1}, ausgehend von dem Startwert x_i, und müssen sicherstellen, dass die „richtige“ der beiden Nullstellen gefunden wird. Mit Gleichung (26.30) können wir dann y_{i+1} berechnen.

26.4.2 Lorenz-Attraktor

Wir betrachten das Differentialgleichungssystem

$$\begin{aligned} \dot{x}(t) &= a(y - x) \\ \dot{y}(t) &= bx - y - xz \qquad (26.32) \\ \dot{z}(t) &= xy - cz. \end{aligned}$$

Die Lösung dieses Systems ist eine spiralförmige Kurve mit zwei Attraktoren, d.h. zwei Punkten, denen sich die Lösungskurve abwechselnd immer mehr annähert, siehe Abb. 26.6. Dabei springt die Kurve in unregelmäßigen Abständen von einem Attraktor zum anderen.

Diese Gleichung wurde von Lorenz eingeführt, um die durch die Sonnenstrahlung angeregte Luftzirkulation in der Erdatmosphäre zu beschreiben. Die Lösung dieses Problems hängt dann natürlich von den gewählten Anfangswerten ab. Aus dem Verlauf der Lösung sehen wir aber, dass schon eine kleine Veränderung der Anfangswerte zu einem anderen „Zweig“ der Kurve führt und zu einem anderem Lösungsverhalten in dem gefragten Zeitraum. Dies ist also ein Beispiel für Unvorhersehbarkeit, die daraus resultiert, dass wir die Anfangswerte exakt kennen müssten, um eine glaubwürdige Vorhersage für einen späteren Zeitpunkt machen zu können. Wir beobachten chaotisches Verhalten.

Abb. 26.6. 2D-Projektion des Lorenz-Attraktors als Lösung des Differentialgleichungssystems (26.32).

An diesem Beispiel werden die Herausforderungen einer brauchbaren Wettervorhersage deutlich. Wir können das poetisch so beschreiben, dass der „Flügelschlag eines Schmetterlings“ die Anfangswerte, z.B. für eine Wetterprognose, so verändern kann, dass sich zu einem späteren Zeitpunkt ein qualitativ anderes Lösungsverhalten, in diesem Fall das Wetter, ergibt, wie beschrieben in der

Anmerkung 66 (Wintersturm Lothar, 1990). Automatische Messgeräte meldeten in der Nacht vom 25. auf den 26. Dezember 1999, dass der Luftdruck über der Biskaya innerhalb von nur drei Stunden im Durchschnitt um ca. zwanzig Hektopascal gesunken war. Die Station Caen an der französischen Kanalküste beobachtete den extremen Luftdruckabfall von 27,7 Hektopascal zwischen 3 und 6 Uhr MEZ. Solche Werte sind laut Deutschem Wetterdienst, siehe `www.dwd.de`, noch nie in Kontinentaleuropa aufgetreten. Das großräumige Auftreten dieser extremen Druckabfälle verursachte hohe Windgeschwindigkeiten, wie z.B. 259 km/h auf dem Wendelstein in Oberbayern. Der Deutsche Wetterdienst hatte allerdings keine Sturmwarnung herausgegeben, da das Prognoseprogramm den extremen Luftdruckabfall als Messfehler interpretierte und einfach ignorierte, so als ob die Messgeräte defekt gewesen wären. Dadurch wurden falsche Anfangswerte von den Differentialgleichungslöser des DWD benutzt. Die Wettervorhersage warnte daher nur vor Windgeschwindigkeiten bis zu 90 km/h. Der Schaden, den *Lothar* verursachte, wird in dreistellige Millionenhöhe geschätzt. Mehrere Menschen starben sogar nachträglich noch bei den Aufräumarbeiten.

Wir könnten – im Anschluss an Kapitel 7 – auch davon sprechen, dass das Problem der Wettervorhersage sehr schlecht konditioniert ist, da kleinste Änderungen in den Eingabedaten zu qualitativ unterschiedlichen Ausgangsdaten führen können.

26.4.3 Algebraische Differentialgleichungen und Chip-Design

In Beispiel 23 von Kapitel 9 haben wir die einfachen Kirchhoff'schen Regeln benutzt, das Gesetz über die Summe der Ströme (Schleifen) und das Gesetz über die Summe der Spannungen (Maschen). Dies sind einfache lineare Gleichungen. Dazu kommen die Regeln über die Schaltkreiselemente wie Widerstände, Kondensatoren und Induktoren (immer noch linear), und nichtlineare Bedingungen für Dioden und Transistoren. Zusätzlich enthalten diese Regeln die zeitlichen Ableitungen der Unbekannten, führen also auf gewöhnliche Differentialgleichungen.

Wir bezeichnen mit $q(x,t)$ die Ladung zum Zeitpunkt t, $j(x,t)$ den Stromfluss und $e(t)$ die von Außen angelegte Erregung. Weiterhin bezeichnet $x = x(t)$ den unbekannten Vektor der Schaltkreisvariablen.

Dabei wird z.B.

- ein Widerstand R in dem zu untersuchenden Schaltkreis lokal beschrieben durch die Gleichung $I = U/R$
- ein Kondensator mit der Kapazität C durch die Differentialgleichung $I = C\dot{U}$
- und eine Spule mit der Induktivität L durch $U = L\dot{I}$.

Dann gilt

$$\dot{q}(x,t) + j(x,t) = e(t).$$

Das bedeutet, eine Ladungsänderung kann nur durch einen Strom und eine von Außen angelegte Erregung erfolgen.

Im stationären Fall (Gleichgewichtsfall, keine Ladungsänderung mit der Zeit, d.h. $\dot{q} = 0$) bei konstanter Erregung $e(t) = e_0$ vereinfacht sich dies zu

$$j(x_0) = e_0.$$

Lassen wir kleine Schwankungen zu, so erhalten wir

$$\dot{q}(x_0 + x(t)) + j(x_0 + x(t)) = e_0 + e(t)$$

und in erster Näherung

$$\left.\frac{\partial q}{\partial x}\right|_{x_0} \dot{x}(t) + \left.\frac{\partial j}{\partial x}\right|_{x_0} x(t) = e(t)$$

oder

$$C\dot{x}(t) + Gx(t) = e(t).$$

Dies ist eine gewöhnliche Differentialgleichung und gleichzeitig kommen Matrizen C und G vor, die singulär sein können. Für den Spezialfall $C = 0$ vereinfacht sich die Differentialgleichung zu einem linearen Gleichungssystem; ist C regulär, so bleibt ein System von Differentialgleichungen. Wir sprechen hier wegen der Vermischung von linearem Gleichungssystem mit Differentialgleichungssystem von Algebraischen Differentialgleichungen. Der schwierige und interessante Fall ist dann gegeben, wenn die Matrix C singulär ist.

Algebraische Differentialgleichungen und Chip-Design

27 Partielle Differentialgleichungen

„Die Physik erklärt die Geheimnisse der Natur nicht, sie führt sie auf tieferliegende Geheimnisse zurück.“

C.F. von Weizsäcker

27.1 Einleitung

Wenden wir uns der numerischen Behandlung partieller Differentialgleichungen zu. Nach Definition 28 verknüpfen partielle Differentialgleichungen Ableitungen nach mehreren unabhängigen Variablen in einer Gleichung. Das Definitionsgebiet Ω einer partiellen Differentialgleichung ist eine Teilmenge eines mehr-dimensionalen Raumes, in dem wir eine spezielle Lösungsfunktion numerisch annähern müssen.

Wir illustrieren Definition 28 und geben das

Beispiel 47 (Laplace-Gleichung). Die Funktionenschar

$$u(x,y) := \sin(m\pi x)\sin(n\pi y), \qquad (x,y) \in \Omega := [0,1]^2 \tag{27.1}$$

mit den Parametern $m, n \in \mathbb{N}$ löst die partielle Differentialgleichung zweiter Ordnung

$$-\Delta u(x,y) = 0, \qquad \forall (x,y) \in \Omega \tag{27.2}$$

mit dem *Laplace-Operator*

$$-\Delta := -\partial_{xx} - \partial_{yy}.$$

Die Gleichung (27.2) heißt daher auch *Laplace-Gleichung.*

Die Funktionenschar (27.1) liefert die Lösung der Laplace-Gleichung (27.2), wie Sie in Übungsaufgabe 140 zeigen können.

Mit der Laplace-Gleichung (27.2) können wir *Gleichgewichtszusände* beschreiben: In der Gravitationstheorie z.B. die Wechselwirkung des Newton'schen Potentials, in der Elektrodynamik die Verteilungen statischer elektrischer und magnetischer Felder, in der Hydrodynamik die Geschwindigkeitsverteilung inkompressibler und wirbelfreier Strömungen.

Die Laplace-Gleichung ist ein Beispiel einer partiellen Differentialgleichung zweiter Ordnung. Mit partiellen Differentialgleichung zweiter Ordnung lassen sich außer Gleichgewichtszusänden sowohl *Ausgleichsvorgänge*, etwa von Energiedifferenzen mittels Wärmeleitung, von Dichtedifferenzen mittels Diffusion, von Impulsdifferenzen mittels Flüssigkeitsreibung, von Spannungsdifferenzen mittels Elektrizitätsleitung, als auch *Schwingungsvorgänge*, wie z.B. in der Akustik die Ausbreitung des Schalls, in der Elektrodynamik veränderliche elektrische und magnetische Felder, in der Optik die Ausbreitung des Lichts, u.ä. beschreiben. In diesem Kapitel wollen wir uns auf diese wichtige Klasse partieller Differentialgleichungen konzentrieren.

Die mathematische Analyse partieller Differentialgleichungen zweiter Ordnung zeigt, dass es drei unterschiedliche Grundtypen von Gleichungen gibt, die sich qualitativ in den Eigenschaften ihrer Lösungen unterscheiden. Wir geben das

Beispiel 48 (Typeinteilung, Perron 1928). Damit das Differentialgleichungssystem

$$\begin{aligned} u_x - u_y - v_y &= 0 \quad \text{und} \\ bu_y - v_x + v_y &= f(x+y) \end{aligned}$$

mit den Anfangswerten

$$\begin{aligned} u(0,y) &= 0 \quad \text{und} \\ v(0,y) &= 0 \quad \text{mit } b \in \mathbb{R}, \end{aligned}$$

stetige Lösungen u und v besitzt, muss für $b < 0$ die Funktion f analytisch sein (die Differentialgleichung ist dann vom elliptischen Typ), d.h. durch eine Potenzreihe darstellbar, für $b = 0$ zweimal stetig differenzierbar (parabolischer Typ) und für $b > 0$ stetig (hyperbolischer Typ).

Wir unterscheiden partielle Differentialgleichungen von elliptischen, parabolischen und hyperbolischen Typ[1] und halten dies fest in der

Definition 34 (Normalformen Partieller Differentialgleichungen 2. Ordnung).
Die drei Typen unterschiedlicher partieller Differentialgleichungen 2. Ordnung haben die Normalformen

$$\begin{array}{lrl} \textit{elliptisch} & -\Delta u = f, & \\ \textit{parabolisch} & u_t - \Delta u = f & \textit{und} \\ \textit{hyperbolisch} & u_{tt} - \Delta u = f. & \end{array}$$

Dabei stehen u_t und u_{tt} für die erste und zweite Ableitung nach der Zeit t.

[1] Die Namensgebung beruht **nicht** auf der Klassifikation der Lösungsfunktion u selbst, sondern auf der verwendeten Transformation, um eine der drei Grundtypen zu erreichen, siehe [25]. Der Typ hängt weiterhin von den unabhängigen Variablen ab und muss nicht notwendigerweise über das gesamte Gebiete Ω überall derselbe sein.

Daran schließt sich die

Anmerkung 67 (Zuordnung der Typen). Partielle Differentialgleichungen des elliptischen Typs beschreiben Gleichgewichtszustände, solche des parabolischen Typs beschreiben Ausgleichsvorgänge und des hyperbolischen Typs Schwingungsvorgänge.

Aussagen über die Existenz von Lösungen partieller Differentialgleichungen sind i.Allg. schwer aufzustellen, siehe [119]. Wie das Beispiel 47 der Laplace-Gleichung (27.2) zeigt, haben partielle Differentialgleichungen, wenn sie eine Lösung besitzen, häufig eine Schar von Lösungen. Um aus der Menge der Lösungen einer gegebenen partiellen Differentialgleichung eine eindeutige Lösung zu erhalten, müssen zusätzlich *Anfangswert-* und/oder *Randwertbedingungen* vorgeschrieben werden. Diese Vorgabe ist insbesondere für die numerische Konstruktion einer Lösung von zentraler Bedeutung. Wir betrachten die

Übung 117 (Hadamard).
Zeigen Sie: Das elliptische System partieller Differentialgleichungen[2]

$$u_x + v_y = 0, \qquad u_y + v_x = 0$$

mit den Anfangswerten

$$u(x, y) = 0, \qquad v(x, y) = -\frac{1}{n^2} \cos nx,$$

mit $n \in \mathbb{N}$, hat die Lösung

$$\begin{aligned} u(x, y) &= \frac{1}{n^2} \sin nx \sinh ny, \\ v(x, y) &= -\frac{1}{n^2} \cos nx \cosh ny. \end{aligned}$$

Aufgrund der unbeschränkten Funktionen sinh und cosh können sich kleine Änderungen in den Anfangswerten mit $n \to \infty$ sehr stark in der Lösung auswirken. Die Lösung der partiellen Differentialgleichung hängt nicht stetig von den Anfangswerten ab.

Da die Anfangswerte i.Allg. mit Rundungsfehlern behaftet sind, ist es nicht sinnvoll, die Lösung eines elliptischen Anfangswertproblems numerisch zu berechnen.

Damit die Lösung stetig von den vorgeschriebenen Bedingungen abhängt, müssen wir entsprechend des Typs der partiellen Differentialgleichung unterschiedliche Bedingungen vorschreiben: Elliptische partielle Differentialgleichungen benötigen ausschließlich Randbedingungen. Bei parabolischen und

[2] Für Systeme partieller Differentialgleichungen lässt sich eine konsistente Typeneinteilung definieren.

hyperbolischen partiellen Differentialgleichungen müssen sowohl Anfangs- als auch Randwertbedingungen vorgegeben werden.

Die Vorgabe der Bedingungen kann sich entweder auf die gesuchte Größe selbst oder auf eine ihrer Ableitungen beziehen. Je nachdem unterscheiden wir *Dirichlet*-Bedingungen, die die Funktionswerte am Rand vorschreiben, oder *Neumann*-Bedingungen, bei denen Funktionswerte und Ableitungen am Rande verknüpft werden. Die Bedingungen werden auf dem Rand des Definitionsgebietes Ω vorgeschrieben und müssen nicht einheitlich sein.

Anfangswertbedingungen entsprechen z.B. der räumlichen Wellen- oder Temperaturverteilung $a(x, y)$ oder deren Ableitungen zu einem gewissen Startzeitpunkt t_0. Damit können wir die weitere Verteilungsentwicklung berechnen. Dagegen beschreiben Randwertbedingungen $g(t)$ den zeitlichen Verlauf der Verteilung oder deren Ableitung am Rand $\partial\Omega$ des Definitionsgebietes Ω.

Leider lassen sich i.Allg. die Lösungen u partieller Differentialgleichungen nur in Ausnahmefällen in geschlossener Form analytisch angeben. In [69] findet sich z.B. ein Überblick über die geschlossen lösbaren Differentialgleichungen und ihre Konstruktion.

Denn ein Königsweg zur Konstruktion von Lösungen partieller Differentialgleichungen existiert (noch) nicht. Vor ca. 100 Jahren wurden gegebene partielle Differentialgleichungen mittels geeigneter Transformationen auf schon gelöste partielle Differentialgleichung zurückgeführt unter Anwendung der zu diesem Zeitpunkt schon relativ weit entwickelten Funktionentheorie. Wegen der Stagnation bei nichtlinearen partiellen Differentialgleichungen, schlug John von Neumann im Juni 1946 vor, einen „digitalen Windkanal“ zu entwickeln. Strömungsmechanische Verhältnisse sollten in einem Rechner simuliert werden. Um solche komplizierten Aufgabenstellungen anpacken zu können, bedurfte es erst der Entwicklung leistungsfähiger Rechner[3].

Parallel dazu, aber weniger von der Öffentlichkeit beachtet, wurden immer effizientere Lösungsverfahren vorgeschlagen. Heute werden moderne, numerische Algorithmen mit leistungsfähigen Rechenanlagen kombiniert, um partielle Differentialgleichungen zu lösen, und viele Anwendungen sind in erreichbare Nähe gerückt, wie z.B. die Vorhersage der atmosphärischen Dynamik und damit der Wettererscheinungen, der Simulation von Fahrzeugzusammenstößen oder der Zirkulation der Ozeane.

Um eine gegebene partielle Differentialgleichung einer numerischen Lösung zugänglich zu machen, wird die gegebene Aufgabe in einem ersten Schritt in ein lineares Gleichungssystem, das die Eigenschaften der partiellen Differentialgleichung in einem noch zu spezifizierenden Sinne möglichst gut nachbildet, überführt. Dieser Schritt, allgemein als *Diskretisierung* bezeichnet, ist ein mathematischer Aspekt der Lösung partieller Differentialgleichungen. In ei-

[3] Den Startschuss dafür hat der Ingenieur Jack Kilby im Jahr 1971 gegeben. Er entwickelte den ersten integrierten Schaltkreis (Chip) bei Texas Instruments und ist dafür im Jahre 2000 mit dem Nobelpreis ausgezeichnet worden.

nem zweiten Schritt wird das aufgestellte Gleichungssystem gelöst. Prinzipiell haben wir in Kapitel 9 Lösungsmethoden bereit gestellt. Verwenden wir allerdings die vorgeschlagenen Lösungstechniken, so verschwenden wir unnötig Speicher und Rechenzeit. Die Bereitstellung effizienter Werkzeuge zur optimalen Nutzung vorhandener Ressourcen stellt einen Aspekt der Lösung partieller Differentialgleichungen dar, der in den Bereich der Informatik fällt.

Allgemein beruhen numerische Lösungsverfahren auf folgender Grundidee: Zunächst stellen wir sicher, dass die gesuchte Lösung eindeutig ist, indem wir z.B. konkrete, sich nicht widersprechende Anfangs- und/oder Randwertbedingungen vorschreiben. Die gegebene partielle Differentialgleichung soll sinnvoll gestellt sein und die zu konstruierende Lösung muss im Wesentlichen nur einigen Differenzierbarkeitsanforderungen genügen. Als Lösungskandidaten stehen überabzählbar viele Funktionen aus dem Raum aller Funktionen, die die nötigen Differenzierbarkeitsvoraussetzungen erfüllen, zur Verfügung.

Um das Problem einer rechnergestützten Lösung zugänglich zu machen, müssen wir das **unendlich**-dimensional formulierte Problem in ein **endlich**-dimensional definiertes Problem überführen. In einem endlich-dimensionalen Funktionenraum können wir eine Basis auswählen und die Koeffizienten zur Darstellung der Lösung abspeichern. Dieser Schritt entspricht der Diskretisierung. Wir erwarten, dass sich die Lösungen des diskretisierten Problems qualitativ wie die Lösungen des originalen Problems verhalten. Schließlich macht es keinen Sinn, Lösungen zu berechnen, die sich nicht aus dem ursprünglichen Problem ableiten.

Anmerkung 68. Der Typ einer partiellen Differentialgleichung hat einen wesentlichen Einfluss auf die Wahl des endlich-dimensionalen Funktionenraums, wie das Beispiel 48 zeigt. Weiterhin legt der Typ der Differentialgleichung den zugehörigen Lösungsalgorithmus fest. Darauf gehen wir in diesem Kapitel allerdings nicht ein.

Die Anzahl N der ausgewählten Basisfunktionen bestimmt die Komplexität des Lösungsalgorithmus. Ist sichergestellt, dass wir es mit einer genügend genauen Diskretisierung zu tun haben, bleibt – und das ist aus Sicht der Numerik der spannende Punkt – die Aufgabe, einen Algorithmus zur Berechnung der Lösung des diskreten Näherungsproblems effizient in Rechenzeit und Speicher, d.h. in $\mathcal{O}(N)$, anzugeben. Wir erwarten von diesem Lösungsalgorithmus, dass er uns Auskunft darüber gibt, wie gut wir in einem noch zu spezifizierenden Sinn die Lösung der originalen partiellen Differentialgleichung und deren Anfangs- und Randwertbedingungen erfüllen.

Nur in Spezialfällen werden das diskrete und das originale Problem exakt übereinstimmen. Daher werden wir i.Allg. nur Näherungslösungen mit unterschiedlicher Genauigkeit berechnen können. Um genauere Näherungslösungen zu erhalten, bietet es sich an, auf einer Näherungslösung aufzubauen, um geeignetere Diskretisierungen des Problems anzugeben, mit der sich eine genauere Näherungslösung berechnen lässt. Diese *adaptive* Vorgehensweise, abwechselnd eine Näherungslösung zu berechnen und daraus eine neue Diskretisierung abzuleiten, ist Gegenstand der aktuellen Forschung, siehe dazu Abschn. 27.3.1.

Wir unterscheiden drei wichtige Diskretisierungsmethoden: Finite-Differenzen-, Finite-Elemente- und Finite-Volumen-Methoden.

Finite Differenzen. In Abschn. 27.2.1 stellen wir die Finite-Differenzen-Methode vor. Beim Übergang zum diskreten Problem werden die in der partiellen Differentialgleichung auftretenden *Differentialoperatoren* durch *Differenzenoperatoren* ersetzt. Die Differenzenoperatoren werden an gewissen Gitterpunkten des Definitionsgebietes ausgewertet und die entsprechenden Funktionswerte als Koeffizienten abgespeichert.

Finite Elemente. Bei Finiten-Element-Methoden wird die gegebene partielle Differentialgleichung in ein äquivalentes *Variationsproblem* umformuliert, siehe Abschn. 27.2.3. Mit diesem Ansatz können wir die Lösung der gegebenen partiellen Differentialgleichung als eine extremale Lösung eines zugehörigen Variationsproblems interpretieren. Wir definieren auf den Finiten Elementen, das sind Teilgebiete des Definitionsbereiches Ω, Test- und Ansatzfunktionen, deren Koeffizienten abgespeichert werden.

Finite Volumen. Der Vollständigkeit halber geben wir schließlich noch die Grundidee der Finiten-Volumen-Methoden an, die hier nicht behandelt werden. Das Definitionsgebiet Ω der partiellen Differentialgleichung wird – ähnlich wie bei der Finiten-Element-Methode – in eine endliche Anzahl von Teilgebieten zerlegt. In diesen Teilgebieten wird die gegebene partielle Differentialgleichung mittels Gauß'schem Integralsatz umformuliert. Die darin auftretenden Flüsse koppeln die unterschiedlichen Teilgebiete über gemeinsame Ränder. Weitere Gleichungen ergeben sich aus dem Prinzip der Erhaltung in den einzelnen Teilgebieten, denn die Summe aller Zu- und Abflüsse sowie Quellen und Senken muss verschwinden. Als Funktionswerte werden die Flüsse über die Ränder abgespeichert.

Wir deuten die unterschiedlichen Diskretisierungsmethoden in Abb. 27.1 an.

27.2 Diskretisierungsmethoden

In diesem Abschnitt zeigen wir, wie eine gegebene partielle Differentialgleichung so formuliert werden kann, dass sie einer rechnergestützten Lösung zugänglich wird. Die partiellen Differentialgleichungen werden an einer endlichen Menge von Stellen ausgewertet und über lineare Gleichungen in Beziehung zueinander gesetzt. Es entstehen große lineare Gleichungssysteme. Die notwendigen Überlegungen entwickeln wir für die Finite-Differenzen- und Finite-Elemente-Methode an einem Modellproblem, das wir bereitstellen in der

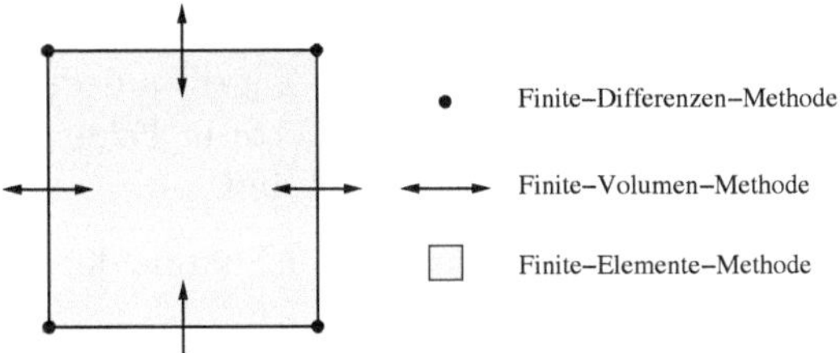

Abb. 27.1. Die Finite-Differenzen-, die Finite-Element- und die Finite-Volumen-Methode im Vergleich: Die zu bestimmenden diskreten Werte sind beim Finiten-Differenzen-Ansatz Funktionswerte auf den Gitterpunkten, bei dem Finiten-Elemente-Modell Koeffizienten der Ansatzfunktionen auf den einzelnen Flächen und bei der Finiten-Volumen-Methode Größen, die den Austausch über die Kanten der einzelnen Volumina angeben.

Definition 35 (Modellproblem).
Wir wollen die d-dimensionale Poisson-Gleichung mit Dirichlet-Randwertbedingungen

$$-\Delta u = f \quad \textit{und} \quad u|_{\partial\Omega} = g \tag{27.3}$$

lösen. Die Funktion f beschreibt die Quellen und Funktion g die Randwerte des Modellproblems.

Bei der Vorstellung der Diskretisierungsmethoden beginnen wir mit der historisch zu erst entwickelten Finiten-Differenzen-Methode, die erstmals in [25] besprochen wurde.

27.2.1 Finite Differenzen

Bei der Methode der Finiten-Differenzen gehen wir von einer Lösungsfunktion u aus, die sich in jedem Punkt ihres Definitionsgebietes in eine Taylor-Reihe entwickeln lässt, siehe Kapitel A.1. Die Lösung muss mindestens einmal mehr stetig differenzierbar sein, als die Ordnung der partiellen Differentialgleichung. Für das Modellproblem 35 bedeutet dies, dass die Lösungsfunktion u im Gebiet Ω nach allen Raumrichtungen mindestens dreimal stetig differenzierbar sein muss. Wir können ein beliebiges Gitter über das Definitionsgebiet Ω legen und für jeden Gitterpunkt die in der partiellen Differentialgleichung enthaltenden Differentialoperatoren durch Differenzenoperatoren ersetzen.

Wir geben ein Beispiel für ein äquidistantes Gitter. Für das Definitionsgebiet $\Omega := [0,1]^2$ verwenden wir die Diskretisierungspunkte (x_i, y_j) mit

$$x_i = ih \quad \text{und} \quad y_j = jh, \quad 0 \leq i,j \leq 1/h \in \mathbb{N}, \tag{27.4}$$

die in Abb. 27.2 für die Parameter $h = 1/2$, $h = 1/4$, $h = 1/8$ und $h = 1/16$ zu sehen sind. Die zugehörigen Funktionswerte kürzen wir $u_{i,j} := u(x_i, y_j)$ ab.

Anmerkung 69. Äquidistante Gitter sind die einfachsten Beispiele *strukturierter Gitter.* Sie erlauben einen schnellen Zugriff auf die abgespeicherten Werte durch Speicherung der benötigten Werte in Feldern, deren Einträge Elemente einer vorgegebenen Datenstruktur sind.

Der Laplace-Operator $-\Delta$ besteht aus der Summe der zweiten Ableitungen in alle Raumrichtungen

$$-\Delta u := \sum_{i=1}^{d} \partial_{x_i x_i} u. \tag{27.5}$$

Die Diskretisierung des d-dimensionalen Laplace-Operators können wir auf die Summe der Diskretisierungen der zweiten Ableitungen $\partial_{x_i x_i} u$ in eine Richtung x_i mit $1 \le i \le d$ zurückführen. Nach dem Satz von Taylor gilt für den Entwicklungspunkt mit x_i-Komponente $(x_i)_k = kh$ bei festgehaltenen anderen Variablen x_j, $j \neq i$

$$\begin{aligned} u((x_i)_k + h) &= u((x_i)_{k+1}) = u_{k+1} \\ &= u((x_i)_k) + h u_{x_i}((x_i)_k) \frac{h^2}{2} u_{x_i x_i}((x_i)_k) + \cdots \quad \text{und} \\ u((x_i)_k - h) &= u((x_i)_{k-1}) = u_{k-1} \\ &= u((x_i)_k) - h u_{x_i}((x_i)_k) \frac{h^2}{2} u_{x_i x_i}((x_i)_k) + \cdots . \end{aligned}$$

Für den Differenzenoperator $\partial^h_{x_i x_i}$ folgt als Approximation des Differentialoperator $\partial_{x_i x_i}$

$$\begin{aligned} \partial^h_{x_i x_i} u_k &:= \frac{u_{k-1} - 2u_k + u_{k+1}}{h^2} \\ &= \partial_{x_i x_i} u_k + \frac{h^2}{24} u_{x_i x_i x_i x_i}(\xi), \end{aligned} \tag{27.6}$$

mit einem Zwischenwert ξ mit $|\xi - x_{i,k}| < h$. Dieser Ansatz ist gültig für viermal stetig differenzierbare Funktionen u. Für praktische Anwendungen ist das i.Allg. zu hoch. Wir erhalten z.B. für den zwei-dimensionalen Laplace-Operator

$$\begin{aligned} -\Delta u_{i,j} = \frac{4u_{i,j} - u_{i,j+1} - u_{i,j-1} - u_{i-1,j} - u_{i+1,j}}{h^2} \\ - \frac{1}{24} \left(u_{xxxx}(\xi) + u_{yyyy}(\eta) \right). \end{aligned} \tag{27.7}$$

Entsprechendes ergibt sich für den d-dimensionalen Laplace-Operator. Betrachten wir die letzte Gleichung (27.7); da sämtliche vierte Ableitungen stetig sind, ist die Lösungsfunktion u in eine Taylor-Reihe entwickelbar. Ersetzen wir näherungsweise den *Differential*operator $-\Delta u$ durch den *Differenzen*operator Δ_h, so machen wir einen Fehler der Größenordnung $\mathcal{O}(h^2)$. Weil dieser Fehler von zentraler Bedeutung ist, geben wir ihm einen Namen in der

Definition 36 (Diskretisierungsfehler und Konsistenzordnung). *Der Unterschied zwischen Differential- und Differenzenoperator, ausgewertet an einer beliebigen Stelle des Definitionsgebietes Ω, heißt* Diskretisierungsfehler. *Die kleinste, führende Potenz gibt dabei die Ordnung des Diskretisierungsfehlers an und wird* Konsistenzordnung *genannt.*

Unter gewissen Bedingungen, auf die wir hier nicht eingehen können, überträgt sich die Konsistenzordnung auf die Genauigkeit der diskreten Lösung. In diesem Fall ist dann die Differenz zwischen der Lösung der partiellen Differentialgleichung u und der Lösung des diskreten Ersatzproblems ebenfalls eine Funktion des Diskretisierungsparameters h. Die führende Potenz gibt die Ordnung der Konvergenz an und stimmt i.Allg. mit der Konsistenzordnung überein. Wir können die Genauigkeit der Lösung mit der Genauigkeit der Diskretisierung und daher mit dem Diskretisierungsparameter h steuern.

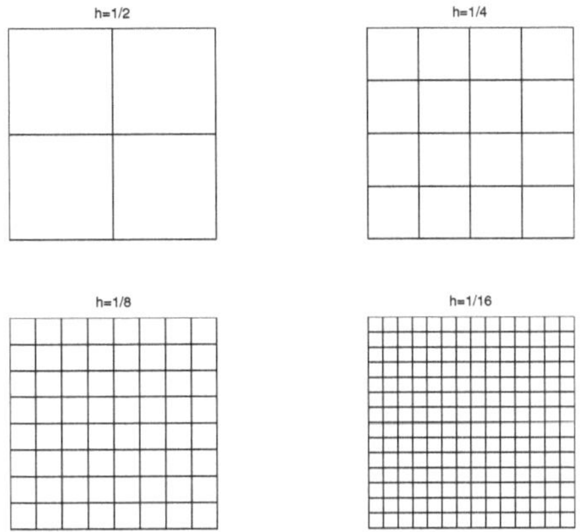

Abb. 27.2. Gitter zu verschiedenen Maschenabständen h zu Beispiel 49.

Wir wollen dies für das zwei-dimensionale Modellproblem 35 mit der Lösung

$$u(x, y) := \exp(x + y) \tag{27.8}$$

verdeutlichen, in dem

Beispiel 49. Für die äquidistanten Diskretisierungen ergeben sich als Lösungen der diskreten Probleme für die Parameter $h = 1/2$, $h = 1/4$, $h = 1/8$ und $h = 1/16$ die in Abb. 27.3 linear interpolierenden Funktionen u_h. Wir beachten, dass die Funktionswerte für $i = 0$, $j = 0$, $i = 1/h$ und $j = 1/h$ jeweils durch Randwerte vorgeschrieben sind. Das sich ergebende äquidistante Gitter ist in Abb. 27.2 zu sehen. Für die Anzahl der Freiheitsgrade N erhalten wir $N = ((1/h) - 1)^2$. In Tabelle 27.1 geben wir den maximalen

Betragsfehler ε und die Anzahl der Freiheitsgrade N in Abhängigkeit des Diskretisierungsparameters h an.

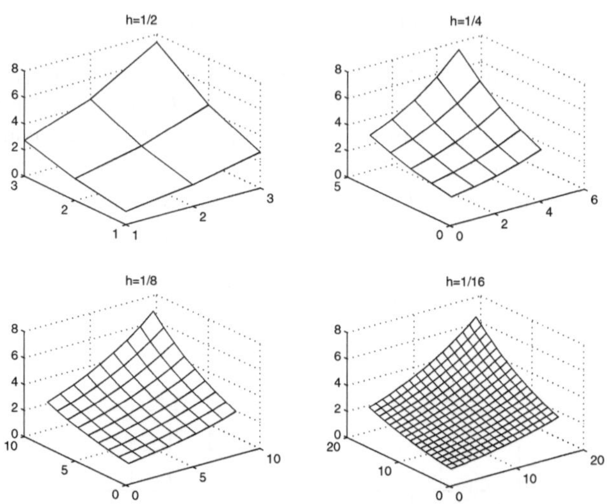

Abb. 27.3. Die linear interpolierenden Lösungen u_h der diskreten Probleme für $h = 1/2$, $h = 1/4$, $h = 1/8$ und $h = 1/16$.

Übung 118. Bestimmen Sie aus Tabelle 27.1 sowohl die Konsistenz- als auch Konvergenzordnung der Diskretisierung mittels äquidistanten Gittern.

Tabelle 27.1. Der maximale Betragsfehler ε und die Anzahl der Freiheitsgrade N in Abhängigkeit des Diskretisierungsparameters h.

h	N	ε
$1/2$	1	$7.1 \cdot 10^{-3}$
$1/4$	9	$2.1 \cdot 10^{-3}$
$1/8$	49	$5.4 \cdot 10^{-4}$
$1/16$	225	$1.4 \cdot 10^{-4}$

Wir überzeugen uns, dass der maximale Betragsfehler ebenso wie der Diskretisierungsfehler von der Größenordnung $\mathcal{O}(N^{-1}) = \mathcal{O}(h^2)$ ist.

Um den Fehler der diskreten Lösung zu verringern, müssen wir den Diskretisierungsparameter $h > 0$ verkleinern.

Es stellt sich die Frage, welche Auswirkungen dies auf den Lösungsalgorithmus hat. Wir speichern die Werte der Näherungslösung u an den Stellen des Gitters (x_i, y_j) mit $0 \leq i, j \leq N$ in dem Lösungsvektor $\mathbf{u} = (u_k)_{1 \leq k \leq N}$ mit N Komponenten ab. Der Parameter N ist der Schlüssel zur Quantifizierung des Speicherplatzbedarfs, des Rechenaufwands und der Genauigkeit.

Für den d-dimensionalen Fall hängt die Genauigkeit ε der Näherungslösung mit N Diskretisierungpunkten bei einem äquidistanten Gitter mittels

$$\varepsilon = \mathcal{O}(N^{-2/d}) \tag{27.9}$$

zusammen. Die Genauigkeit ε ist nicht unabhängig von der Dimensionsanzahl d: Mit zunehmender Dimension d nimmt die Verbesserung durch Erhöhung der Anzahl der Diskretisierungspunkte N ab. Dies ist als *Fluch der Dimension*[4] bekannt.

Unter Vernachlässigung der Restglieddarstellung der Taylor-Reihe ist nach Gleichung (27.7) jeder Diskretisierungspunkt (x_i, y_j) mit $0 \leq i, j \leq N$ mit seinen unmittelbar benachbarten Gitterpunkten über eine lineare Gleichung

$$4u_{i,j} - u_{i,j+1} - u_{i,j-1} - u_{i-1,j} - u_{i+1,j} = h^2 \cdot f_{i,j} \tag{27.10}$$

verknüpft. Wir erhalten für das gesamte diskretisierte Problem ein System von linearen Gleichungen. Um die Werte $u_{i,j}$ in einen Vektor zu verwandeln, führen wir eine zeilenweise Nummerierung durch. Dadurch erhalten wir mit $k = iN + j$ die gesuchten Koeffizienten in einem Vektor u_k als Lösung des Gleichungssystems mit Matrix

[4] R. Bellmann verwendete den Begriff *Fluch der Dimension* erstmalig in *Dynamic Programming* 1957. Damit wird i.Allg. zum Ausdruck gebracht, dass die optimale Konvergenzordnung negativ von der Dimension d beeinträchtigt wird.

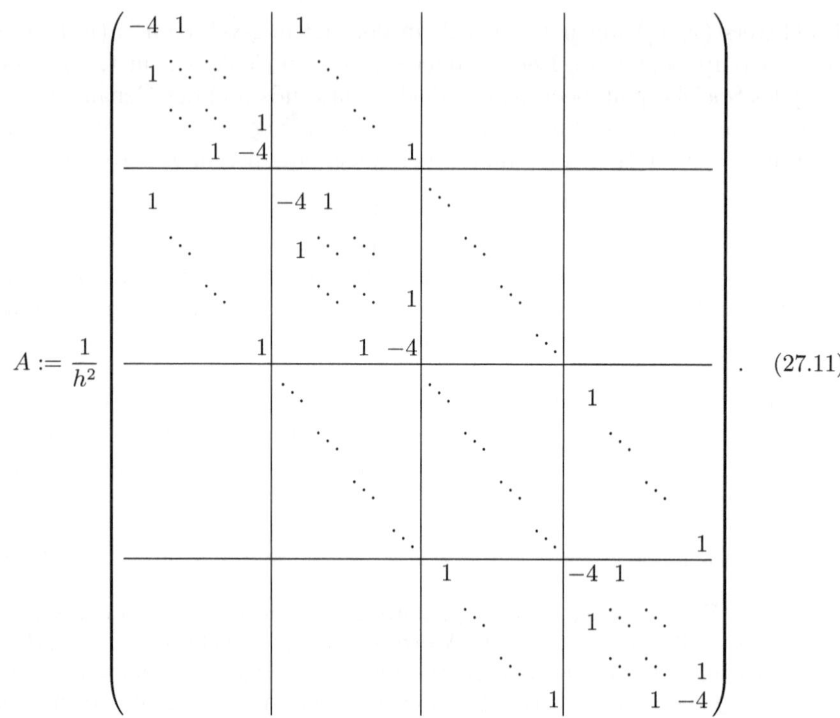

Die Einträge $a_{m,n}$ der Matrix A geben die Abhängigkeit zwischen den Koeffizienten u_n und u_m wider. Damit müssen wir das Gleichungssystem

$$Au = b \tag{27.12}$$

lösen. Der Vektor b sammelt die Einflüsse durch die Randwerte g und die Quellterme f der Modellgleichung 35.

Übung 119 (Rechte Seite).
Berechnen Sie aus Gleichung (27.10) die explizite Darstellung der rechten Seite b des Gleichungssystems (27.12) aus den Quellterm- und Randwertfunktionen f und g.

In Kapitel 9 haben wir einige Algorithmen zur Lösung von linearen Gleichungssystemen bereitgestellt. Der vorgestellte Gauß-Algorithmus benötigt zur Abspeicherung der in Gleichung (27.11) definierten Matrix $\mathcal{O}(N^2)$ Speicherplätze und zur Lösung des Gleichungssystems $\mathcal{O}(N^3)$ Rechenoperationen.

Übung 120. Geben sie den Zusammenhang in Größenordnungen zwischen der Genauigkeit ε der Lösung des diskreten Problems und

a) dem Rechenaufwand R sowie
b) dem Speicherplatzbedarf S

an. Interpretieren Sie die Ergebnisse.

Aus datenverarbeitungstechnischer Sicht wollen wir diese Gleichungssysteme sowohl kompakt abspeichern als auch effizient lösen. Dabei lassen wir uns von folgendem Gedanken leiten:
Der verfügbare Speicher sollte „nur" durch die Anzahl N der Lösungskomponenten und **nicht** durch die Anzahl der $N^2 \gg N \gg 1$ Matrixeinträge zur Abspeicherung der Matrix A in einem $N \times N$-Feld erschöpft werden. Denn sonst verschwenden wir den Speicherplatz durch den speziellen Lösungsansatz, hier den Gauß-Algorithmus, der nicht zwingend durch das vorliegende Problem vorgeschrieben ist. Um dies bewerkstelligen zu können, verändern wir schrittweise den Gauß'schen Lösungsalgorithmus als „Mutter" aller Lösungsverfahren, indem wir spezielle Eigenschaften partieller Differentialgleichungen vorteilhaft verwenden. Wir untersuchen die gegebene Matrix aus Gleichung (27.11) etwas genauer. Alle von Null verschiedenen Einträge $a_{n,m}$ der Matrix A sind in einem Band der Breite w um die Hauptdiagonale gruppiert. Dies spiegelt eine allgemeingültige Eigenschaft partieller Differentialgleichungen wider: Die lokale Abhängigkeit des Differentialoperators. Daher ist es nicht nur für dieses Beispiel sinnvoll, nur diese lokalen Abhängigkeiten abzuspeichern und alle anderen Interaktionen, die wir im diskretisierten Problem nicht zu beachten haben, natürlicherweise nicht mit abzuspeichern. Dies bedeutet aus Sicht der Datenverarbeitung, dass wir dort keinen Speicherplatz spendieren, wo es für die Lösung nicht notwendig ist.

Übung 121. Wie viel Speicherplatz können wir sparen, wenn wir anstatt der vollen $N \times N$-Matrix A nur eine Bandmatrix der Breite $w \leq N$ abspeichern? Interpretieren Sie das Ergebnis.

Da im Rahmen des Gauß'schen Lösungsalgorithmus die Matrix A schrittweise durch Zeilenmanipulationen umgeformt wird und die sich neu ergebenden Einträge abgespeichert werden müssen, hilft die Abspeicherung der Matrix A als Bandmatrix nicht weiter. Verwenden wir die Gauß-Elimination ohne Pivotsuche zur Lösung von (27.12), so transformiert sich A in eine Bandmatrix mit Bandbreite $\sqrt{N}$. Damit reduzieren sich die Speicherkosten zu $\mathcal{O}(N^{3/2})$ und es werden $\mathcal{O}(N^2)$ arithmetische Operationen zur Lösung benötigt.

Da uns die optimale Speicherplatzausnutzung wichtiger ist als die Verwendung des Gauß'schen Lösungsalgorithmus, gehen wir zu iterativen Lösungsverfahren über.

27.2.2 Iterative Lösungsverfahren

Bei einem Iterationsverfahren beginnen wir mit einer Näherung u^0 für die Lösung u des Gleichungssystems (27.12). Ausgehend von dieser ersten Schätzung erzeugen wir eine Folge von weiteren Näherungslösungen u^1, u^2,

.... Um eine weitere Näherungslösung u^{i+1} zu berechnen, wenden wir eine noch festzulegende Iterationsvorschrift $u^{i+1} = \Phi(u^i)$ auf die jeweils aktuelle Näherungslösung u^i mit $i \geq 0$ an. Wir wiederholen die Iteration solange, bis die Näherungslösung u^{i+1} das Gleichungssystem (27.12) hinreichend gut erfüllt. Um dies festzustellen, prüfen wir, wie gut oder wie schlecht wir mit der aktuellen Näherungslösung u^{i+1} die rechte Seite b annähern. Ein naheliegendes Maß ist das Residuum $r = Au - b$.

Wir versehen nun das Jacobi-Verfahren aus Abschn. 23.1 mit einem die Diagonale wichtenden Relaxationsparameter $0 \neq \omega \in \mathbb{R}$ und wählen $D_\omega := \omega^{-1} diag(A)$ und setzen $E := A - \omega^{-1} diag(A) = A - D_\omega$. Mit dem Parameter ω können wir, wie wir weiter unten noch sehen werden, die Iteration beschleunigen. Aus $b = Au = (A - D_\omega + D_\omega)u$ erhalten wir dann die Iterationsvorschrift

$$\begin{aligned} u^{i+1} &= D_\omega^{-1}(b - Eu^i) \\ &= D_\omega^{-1}(b - Eu^i - D_\omega u^i + D_\omega u^i) \\ &= u^i + D_\omega^{-1}(b - Au^i) \\ &= u^i + D_\omega^{-1} r^i \quad \text{für} \quad i \geq 0. \end{aligned} \tag{27.13}$$

Um aus der „alten“ Näherungslösung u^i die „neue“ Näherungslösung u^{i+1} berechnen zu können, müssen wir zunächst das Residuum $r^i = b - Au^i$ bereitstellen. Aus Gleichung (27.13) folgt die Iterationsvorschrift

$$u^{i+1} = \Phi(u^i) := \left(I - D_\omega^{-1} A\right) u^i + D_\omega^{-1} b \qquad \text{für} \quad i \geq 0, \tag{27.14}$$

wobei I die Einheitsmatrix repräsentiert. Die Berechnung der Lösung u des Gleichungssystems (27.12) reduziert sich auf eine Folge von Matrix-Vektor-Produkten und Vektor-Additionen.

Für die Analyse des Iterationsverfahrens stellen wir eine weitere, wichtige Gleichung bereit. Analog zu (27.14) erhalten wir eine Beziehung zwischen aufeinanderfolgenden Residuen

$$r^{i+1} = (I - AD_\omega^{-1}) r^i, \qquad \text{für} \quad i \geq 0. \tag{27.15}$$

Falls $q := \|I - AD_\omega^{-1}\| < 1$ in einer vorgegebenen Norm ist, so verkleinert das Iterationsverfahren das Residuum mit jedem Iterationsschritt um einen Faktor q. Nach dem Banach'schen Fixpunktsatz konvergiert eine so konstruierte Folge von Näherungslösungen u^i mit $0 \leq i$ dann gegen die Lösung des Gleichungssystems u mit streng monoton fallender Residuumsnorm

$$\|r^i\| \leq q^i \|r^0\|. \tag{27.16}$$

Aus Gleichung (27.16) ergibt sich die Forderung, dass der Wert des Reduktionsfaktors q so klein wie möglich sein soll. In der Praxis sollte der Wert von q nicht zu nahe bei Eins liegen, damit nicht zu viele Iterationen durchzuführen sind. Wir brechen die Iteration ab, wenn die Residuumsnorm $\|r^i\|$ der aktuellen Näherungslösung u^i eine vorgegebene Genauigkeitsgrenze unterschritten hat. Dies ist spätestens bei Erreichen der Maschinengenauigkeit ε_{mach} der Fall. Denn dann ist die Norm des Residuum bis auf Maschinengenauigkeit gleich Null und die Lösung u ist gefunden. Bestätigen Sie das in der

Übung 122. Zeigen Sie: Das Residuum $r := b - Av$ ist genau dann Null, wenn v das Gleichungssystem (27.12) löst.

Daran schließt sich die

Übung 123. Geben Sie die Anzahl der Iterationen n in Abhängigkeit der Maschinengenauigkeit ε_{mach}, des Startresiduums $\|r^0\|$ und des Reduktionsfaktors q an, um das Residuum auf Maschinengenauigkeit genau berechnen zu können.

Mit Hilfe der Gleichung (27.15) können wir den Reduktionsfaktor $0 \leq q < 1$ analysieren. Verwenden wir ein iteratives Verfahren, das aus einem Splitting $A = A - M + M$ hervorgeht, so hängt der sich ergebende Reduktionsfaktor $q = \|I - AM^{-1}\|$ entscheidend von den Eigenschaften der Matrix $I - AM^{-1}$ ab. Idealerweise müssten wir $M := A$ wählen, denn dann wäre q und damit das Residuum r^i ab der ersten Iteration immer identisch gleich Null. Leider widerspricht das der Forderung nach der einfachen Invertierbarkeit der Matrix M. Damit der Reduktionsfaktor q klein wird, muss die Matrix M hinreichend gut die Matrix A approximieren. Die Wahl der Matrix M steht zwischen den beiden Polen hinreichend guter Approximation der Matrix A für einen kleinen Reduktionsfaktor q und einfacher Invertierbarkeit für eine schnelle Iteration. Wie die Praxis zeigt, sind diese beiden Forderungen nicht immer einfach zu vereinbaren.

Mit Gleichung (27.15) lässt sich der Reduktionsfaktor q quantitativ abschätzen. Wir führen die Analyse der Einfachheit halber für das ein-dimensionale Modellproblem 35 durch und überlassen den allgemeinen d-dimensionalen Fall als Übungsaufgabe 141.

Wir untersuchen im Folgenden die Wirkung der Iteration (27.18) für ein **ein-dimensionale Modellproblem** 35 auf die Funktionen $\sin(k\pi x)$, $k = 1, \ldots, N$, die an den Stellen j/N, $j = 1, \ldots, N$, diskretisiert als Vektoren $\sin(k\pi j/N)_{j-1,\ldots,N}$ für $k = 1, \ldots, N$, vorliegen. Berechnen Sie zunächst die Matrix A und die rechte Seite b für das ein-dimensionale Modellproblem in der

Übung 124 („Ein-dimensionale"Varianten von A und b). Zeigen Sie, dass die „ein-dimensionale"Variante der Matrix A in Gleichung (27.11) folgender Matrix A entspricht:

$$A := \frac{1}{h^2} \begin{pmatrix} -2 & 1 & & \\ 1 & \ddots & \ddots & \\ & \ddots & \ddots & 1 \\ & & 1 & -2 \end{pmatrix}. \tag{27.17}$$

Wie lautet „ein-dimensionale“Variante der rechten Seite b aus Übung 119?

Stellen wir das Residuum mit diesen Vektoren als Basis dar, so können wir den Einfluss der Matrix $I - AD_\omega^{-1}$ auf das Residuum r^i mittels der Fourier-Zerlegung

$$r^i(x) = \sum_{k=1}^{N-1} r_k^i \sin(k\pi x) \tag{27.18}$$

studieren.

Wir berechnen die Verstärkung der einzelnen Frequenzanteile $\sin(k\pi x)$ mit $0 < k < N$ für das Jacobi-Verfahren mit Relaxationsfaktor ω.

Übung 125. Rechnen Sie die Identität

$$(I - AD_\omega{}^{-1})r^i(x) = \sum_{k=1}^{N-1} \left(1 - \omega + \omega \cos\left(\frac{\pi k}{N}\right)\right) r_k^i \sin(k\pi x) \tag{27.19}$$

nach. Beachten Sie dabei, dass die Matrix D_ω nur ein skalares Vielfaches der Einheitsmatrix ist.

Der Reduktionsfaktor q_k ist eine Funktion der Frequenzkomponente k und entspricht nach Gleichung (27.19) genau dem k-ten Eigenwert der Matrix $I - AD_\omega{}^{-1}$. Durch Vergleich der Gleichungen (27.18) und (27.19) definieren wir

$$q_k := 1 - \omega + \omega \cos\left(\frac{\pi k}{N}\right) = 1 - 2\omega \sin^2\left(\frac{\pi k}{2N}\right), \quad \text{mit } 0 < k < N. \tag{27.20}$$

Das Residuum wird pro Iterationsschritt verringert, wenn wir die Reduktionsfaktoren q_k für $0 < k < N$ betragsmäßig durch Eins beschränken können. Anderenfalls würde eine entsprechende Residuenkomponente von Iterationsschritt zu Iterationsschritt vergrößert werden und die Iteration divergieren. Daraus können wir folgern, dass der Relaxationsparameter ω der Bedingung

$$0 < \omega \leq 1 \tag{27.21}$$

genügen muss. Mit der betragsmäßig größten Verstärkung der Residuenkomponenten können wir den Reduktionsfaktor q abschätzen:

$$\begin{aligned} q &:= \max_{1<k<N} q_k \\ &= 1 - \omega + \omega \cos\left(\frac{\pi}{N}\right). \end{aligned} \tag{27.22}$$

Der Reduktionsfaktor q wird für alle zulässigen ω von der niederfrequentesten Residuenkomponente $k = 1$ dominiert. Nur im Fall $\omega = 1$ gilt wegen der Symmetrie der cos-Funktion $q = q_1 = q_k$. Der Wert des Reduktionsfaktors ist nach Gleichung (27.20) immer echt kleiner als 1. Das Residuum reduziert sich pro Iterationsschritt im Wesentlichen um den Faktor q_1. Da die Genauigkeit der Diskretisierung mit der Anzahl der Diskretisierungspunkte N zunimmt, ergibt sich im Grenzfall mit $N \to \infty$ für den Reduktionsfaktor q aus Gleichung (27.22) mit Hilfe eines Reihenentwicklungsansatzes

$$q \to 1 - 2\omega \left(\frac{\pi}{2N}\right)^2 \quad \text{für } N \to \infty. \tag{27.23}$$

Je mehr Diskretisierungspunkte N für die Lösung spendiert werden, desto geringer fällt die Reduktion des Residuums pro Iterationsschritt aus. Um dies zu verdeutlichen, berechnen wir die quantitative Abhängigkeit der Anzahl der Iterationsschritte n von dem Reduktionsfaktor q in der

Übung 126 (Anzahl der Iterationen).
Zeigen Sie, dass asymptotisch

$$n := -\frac{2\log(q_0)}{\omega\pi^2} N^2 \qquad \text{für} \quad N \to \infty \tag{27.24}$$

Iterationen benötigt werden, um eine vorgegebene Reduktion $0 \leq q_0 < 1$ der Norm des Startresiduums $\|r^0\|$ zu erreichen.

Das Ergebnis ist nicht ermutigend: Denn einerseits steuert die Anzahl der Diskretisierungspunkte N über die Gleichung (27.24) die Anzahl der Iterationen n um eine vorgeschriebene Reduktion des Residuums q_0 zu erreichen und eine Genauigkeit der numerischen Näherungslösung u^n zu garantieren. Andererseits wird über die Gleichung (27.9) die prinzipiell erreichbare Genauigkeit der diskreten Lösung u^n festgelegt. Um ein verlässliches Resultat zu erhalten, müssen wir sowohl die Anzahl der Diskretisierungsparameter N hinreichend groß wählen als auch die Anzahl der Iterationsschritte n. Da wir pro Iterationsschritt $\mathcal{O}(N)$ Rechenzeit und insgesamt $\mathcal{O}(N^2)$ Iterationschritte benötigen, erhalten wir die Komplexität $\mathcal{O}(N^3)$ für den Gesamtrechenaufwand. Dies entspricht genau der Komplexität des Gauß'schen Lösungsalgorithmus für lineare Gleichungssysteme. Aufgrund der Endlichkeit der dargestellten Zahlen droht das Iterationsverfahren ab einem gewissen N_0 sogar überhaupt nicht mehr zu konvergieren.

Verantwortlich für dieses Siechtum der Iteration ist nach Abschätzung (27.22) die niederfrequenteste Residuenkomponente $k = 1$ der Fourier-Zerlegung (27.18). Diese wird mit $N \to \infty$ zunehmend schlechter gedämpft.

Die hochfrequenten Residuenkomponenten $k \to N$ dagegen können wir durch geschickte Wahl des Relaxationsparameters ω unabhängig von N stärker dämpfen. In Abb. 27.4 sind die Reduktionsfaktoren q_k in Abhängigkeit des Relaxationsparameters ω und der Residuenkomponenten k aufgetragen.

Übung 127. Zeigen Sie, dass durch die Wahl des Relaxationsparameters $\omega_{opt} := 2/3$ für alle Reduktionsfaktoren q_k mit $N/2 < k < N$ erreicht werden kann

$$\max_{N/2<k<N} |q_k| < 1/3.$$

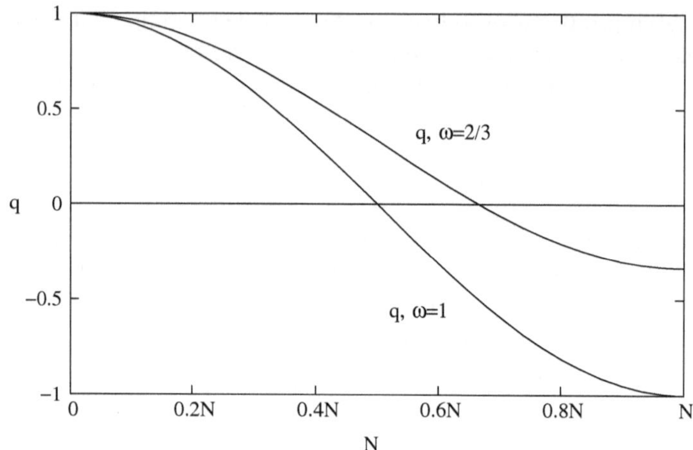

Abb. 27.4. Dämpfung der Residuumskomponente in Abhängigkeit von k und ω für $k = 0, \ldots, N$ und $\omega = 2/3$ (kurz gestrichelt) und $\omega = 1$ (lang gestrichelt, untere Kurve).

Wählen wir $\omega = \omega_{opt}$, so werden die hochfrequenten Fehleranteile mit $N/2 < k < N$ wesentlich stärker gedämpft als die niederfrequenten Fehleranteile mit $0 < k < N/2$ siehe Abb. 27.5.

Nach wenigen Iterationsschritten ist der hochfrequente Fehleranteil stark reduziert worden. Der Gesamtfehler wird nur noch von niederfrequenten Fehleranteilen dominiert. Zur Repräsentation dieser niederfrequenten Fehleranteile genügt ein gröberes Gitter, wie es in der Abb. 27.6 exemplarisch gezeigt wird.

Der Übergang von einem feineren Gitter mit N Diskretisierungspunkten zu einem gröberen Gitter mit N/g Diskretisierungspunkten, wobei $1 < g < N/2$ ein Teiler von N ist, hat zwei wesentliche Vorteile: Erstens benötigen wir statt N nur mehr N/g Diskretisierungspunkte um eine glatte Residuenkomponente darzustellen. Und zweitens relaxiert ein Jacobi-Schritt auf dem gröberen Gitter die entsprechende Residuenkomponente bedeutend schneller als auf dem ursprünglichen, relativ feinen Gitter. Wir veranschaulichen dies in der Abb. 27.7.

Um diese Beschleunigung quantitativ zu erfassen, repräsentieren wir den niederfrequenten Fehleranteil $\sin(k\pi x)$ mit $0 < k < N/2$ sowohl auf dem feinen Gitter an den Stellen $x = i/N$ mit $0 \le i \le N$ als auch auf dem groben Gitter an den Stellen $x = j/(N/g) = gj/N$ mit $i = jg$, $0 \le j \le N/g$. Für alle Punkte des groben Gitters gilt die Gleichung

$$\sin\left(k\pi\frac{i}{N}\right) = \sin\left(k\pi\frac{i/g}{N/g}\right) = \sin\left(\frac{k}{g}\pi\frac{i}{N/g}\right). \tag{27.25}$$

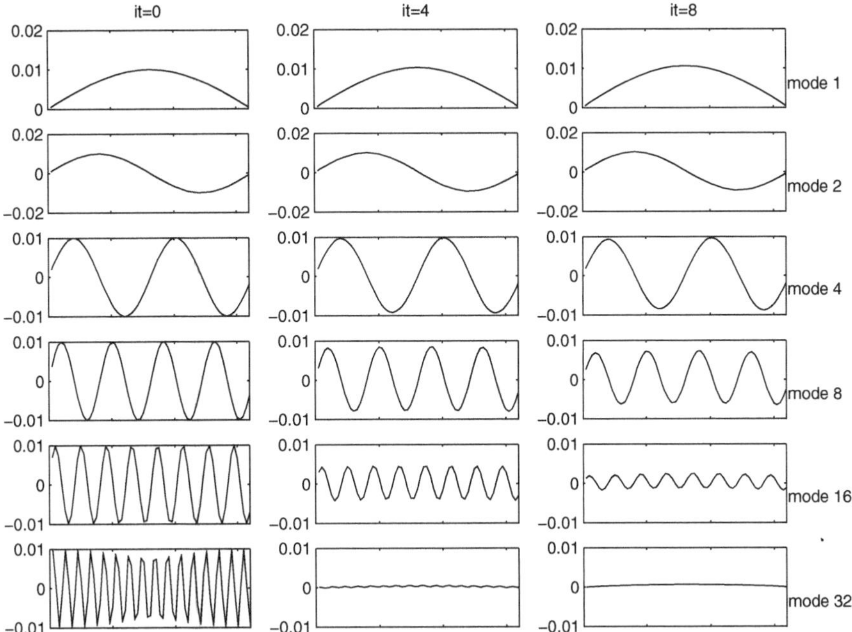

Abb. 27.5. Wirkung der gedämpften Jacobi-Iteration auf verschiedene Residuenkomponenten.

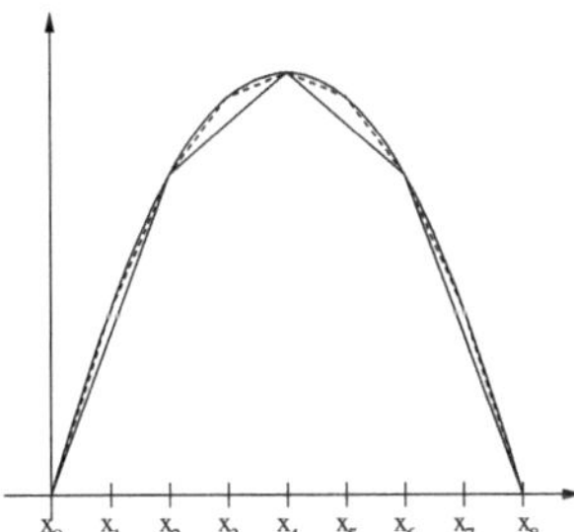

Abb. 27.6. Eine niederfrequente Sinuswelle wird durch N und $N/2$ Diskretisierungspunkte dargestellt.

Der Fehleranteil $\sin(k\pi x)$ erscheint auf dem feinen Gitter mit der Maschenweite $1/N$ als Residuenkomponente k und auf dem gröberen Gitter mit der Maschenweite g/N als Residuenkomponente k/g. Entsprechend glättet ein Jacobi-Schritt auf dem feineren Gitter nach (27.20) mit dem Faktor $1 - 2\omega \sin^2(\pi/2N)$ und auf dem gröberen Gitter mit dem Faktor $1 - 2\omega \sin^2(g\pi/2N)$ pro Iterationsschritt. Im Grenzfall für große N bedeutet dies eine Verbesserung um ungefähr den Faktor $g^2 - 1$. Dies führt zu einer Reduktion der Iterationsschritte um den Faktor $1/(g^2 - 1)$.

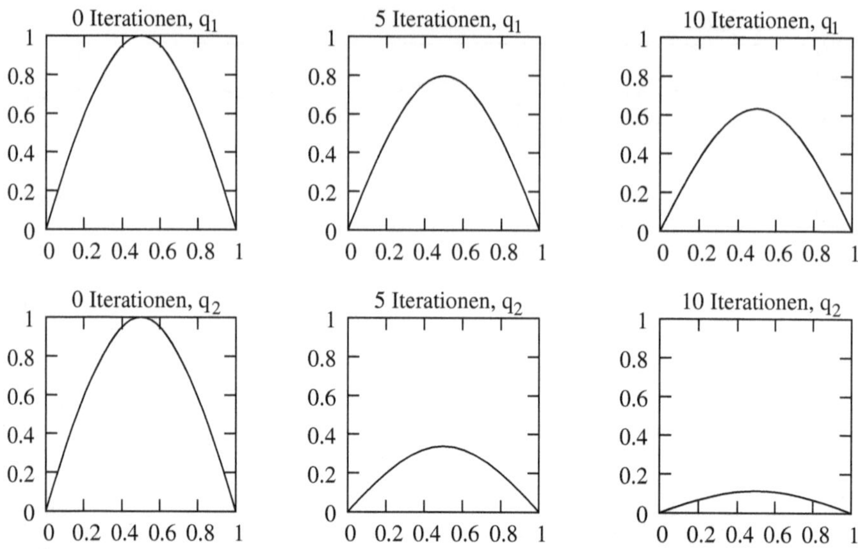

Abb. 27.7. Wir relaxieren niederfrequente Fehleranteile auf einem feinen (obere Zeile) und gröberen (untere Zeile) Gitter mit 5 und 10 Iterationsschritten. Auf dem groben Gitter wird der Fehleranteil deutlich schneller gedämpft.

Wir geben eine anschauliche Erklärung: Beim Jacobi-Verfahren errechnet sich der „neue" Residuenwert $r^{i+1}(x)$ nach der Iterationsvorschrift (27.15) als konvexe Summe des „alten" Residuenwertes $r^i(x)$ und des Mittelwertes seiner beiden Nachbarwerte $r^i(x-1/N)$ und $r^i(x+1/N)$ nach der Formel

$$r^{i+1}(x) = (1-\omega)r^i(x)\omega\frac{r^i(x-1/N)+r^i(x+1/N)}{2}. \tag{27.26}$$

Die Mittelwertbildung der unmittelbar benachbarten Residuenwerte nach Gleichung (27.26) führt daher zu einer Auslöschung von hochfrequenten Residuenkomponenten. Dagegen können niederfrequente Residuenkomponenten nur sehr langsam abgebaut werden, wie wir das in Abb. 27.8 an einem Beispiel studieren können.

Wir fassen zusammen: Übertragen wir eine glatte Residuenkomponente auf ein göberes Gitter mit der Maschenweite g/N, so kann die Mittelwertbildung über die g-fache Distanz wirken. Die entsprechend niederfrequenten Residuenkomponenten können somit effizient geglättet werden. Denn der niederfrequenten Residuenkomponte k der ursprünglichen Diskretisierung mit N Diskretisierungsparametern entspricht die Residuenkomponente k/g der gröberen Diskretisierung mit N/g Diskretisierungsparametern.

Damit haben wir den Schlüssel zu einem effektiven Lösungsverfahren in der Hand. Denn es liegt folgende Idee nahe: Wir starten den Iterationsvorgang mit n so genannten *Vorglättungsschritten* mittels Jacobi-Iteration mit dem

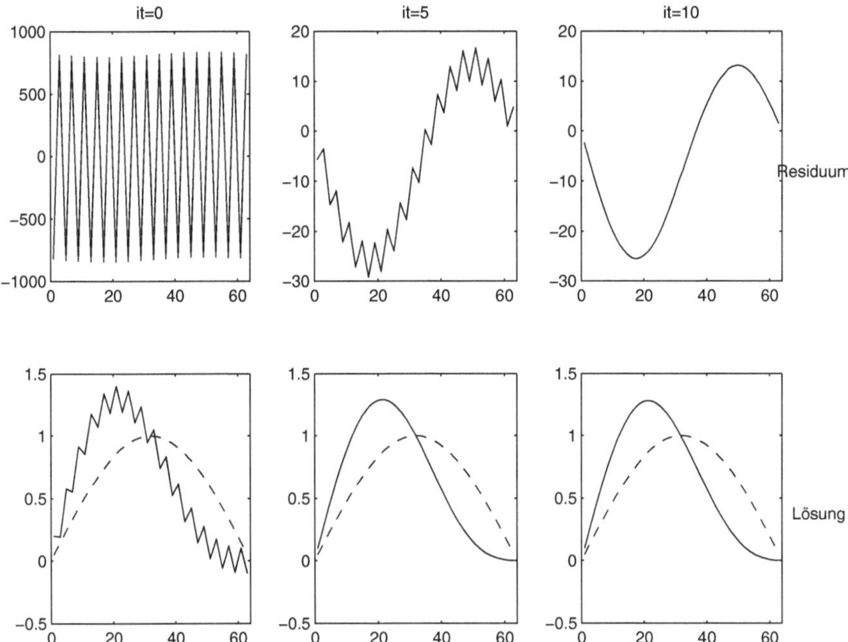

Abb. 27.8. Verlauf des Residuums und der Lösung eines eindimensionalen Problems nach einigen Iterationsschritten.

Relaxationsparameter $\omega = \omega_{opt}$ auf dem problemangepassten feinen Ausgangsgitter mit N Diskretisierungspunkten. Wie wir oben gezeigt haben, wird das Residuum nach dem Vorglätten durch relativ niederfrequente Fehleranteile dominiert sein. Daher können wir diesen übrigen Residuumanteil auf einem relativ gröberen Gitter mit z.B. $N/2$ Diskretisierungspunkten repräsentieren. Den Übergang von einem Gitter zu einem relativ gröberen Gitter bezeichnen wir als *Restriktion*. Dabei wird meist der neue Wert auf dem gröberen Gitter durch Mittelwertbildung berechnet. In einer Dimension entspricht dies der Anwendung der einfachen Filtermaske [1 2 1] (vgl. Kapitel 19.4). Dieses erste vergröberte Gitter betrachten wir wiederum als ein feines Gitter für eine zweite Restriktion und führen daher auf dem vergröberten Gitter eine Vorglättung durch. Anschließend wird der niederfrequente Fehleranteil auf ein noch gröberes Gitter mit $N/4$ Diskretisierungspunkten übertragen. Wir wechseln Vorglätten und Restriktion solange ab, bis wir ein Gitter mit $N = 2$ Punkten erreicht haben. Dadurch erreichen wir, dass alle Fehlerkomponenten effizient reduziert werden können. Anschließend interpolieren wir sukzessive die so reduzierten Residuen auf die jeweils nächst feineren Gitter. Bei diesem Übergang tragen wir Interpolationsfehler in die Iteration ein, die wir bei der Analyse des Verfahrens nicht vernachlässigen dürfen. Diese Fehler glätten wir erneut mit m Jacobi-Glättungsschritten mit dem Relaxationsparameter $\omega = \omega_{opt}$. Dies entspricht der so genannten *Nachglättung*. Wir zeigen den Gitterdurchgang in Abb. 27.9.

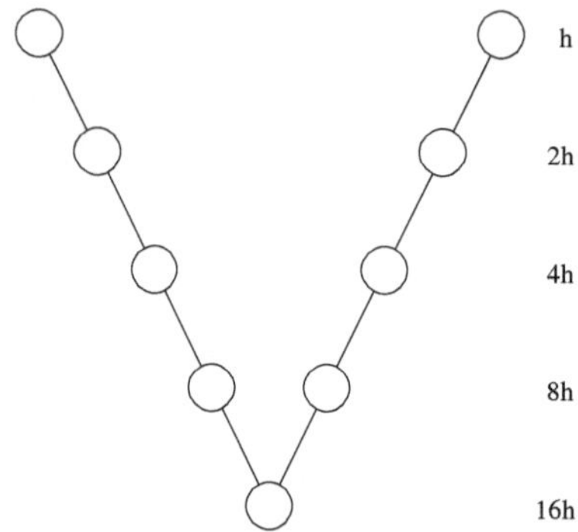

Abb. 27.9. Der wegen seiner V-förmigen graphischen Darstellung auch genannte V-Zyklus des Mehrgitteralgorithmus mit den Gitterübergängen und Vor- und Nachglättungen.

Die Anzahl n der Vorglättungs- und m der Nachglättungsschritte wird so eingestellt, dass der neu eingeschleifte Interpolationsfehler hinreichend gut gedämpft wird. Wir erreichen eine effektive Dämpfung der glatten Fehleranteile unabhängig von der Anzahl der Diskretisierungsparamter N.

Die vorgestellte Reihenfolge der verschachtelten Operationen Vorglättung, Restriktion, Interpolation und Nachglättung beschreibt einen Schritt des *Mehrgitterverfahrens*, der erstmals in [109] analysiert wurde. Das Mehrgitterverfahren unterscheidet sich von einem Schritt eines klassischen Verfahrens wie z.B. des Jacobi-Verfahrens durch die Abfolge von mehrstufiger Restriktion, Glättung und Interpolation, die wir unter dem Begriff *Grobgitterkorrektur* zusammenfassen.

Wir wollen den Speicherplatzbedarf des Mehrgitterverfahrens für ein d-dimensionales Gitter mit n Diskretisierungspunkten in jeder Koordinatenrichtung abschätzen in der

Übung 128 (Speicherplatzbedarf des Mehrgitterverfahrens).
Für das feinste Gitter benötigen wir $N = n^d$ Gitterpunkte. Um die Grobgitterkorrektur durchführen zu können, müssen Ergebnisse auf gröberen Gittern mit $(n/2)^d$, $(n/4)^d$, ... abgespeichert werden. Zeigen Sie, dass sich die Summe der Gitterpunkte mit

$$\frac{1}{1-2^{-d}} N \leq 2N \qquad (27.27)$$

abschätzen lässt.

Die Aufgabe 128 zeigt, dass wir unabhängig von der Dimension d nicht mehr als doppelt so viele Diskretisierungspunkte benötigen. Ebenso können wir für die Anzahl der arithmetischen Operationen argumentieren: Wir benötigen $\mathcal{O}(N)$ Rechenoperationen für eine Grobgitterkorrektur.

Da die Reduktion des Residuums unabhängig von der Anzahl der Diskretisierungsparameter N ist, hängt auch die Anzahl der durchzuführenden Iterationsschritte, um eine vorgegebene Reduktion des Residuums zu erreichen, nicht mehr von N ab. Wir haben einen Lösungsalgorithmus für das Modellproblem 35 angegeben, der linear sowohl in Rechenzeit als auch im Speicherplatz ist. Das Mehrgitterverfahren ist optimal in dem Sinn, dass die Anzahl der zur Lösung der betreffenden Gleichungssysteme erforderlichen Rechenoperationen proportional zur Anzahl der Unbekannten ist.

Wir können die beschriebene Mehrgittermethode auch unter dem Aspekt der Filterung (Kap. 19.4 und 19.5) betrachten. Die Projektion auf das grobe Gitter entspricht der Anwendung eines Mittelwertfilters mit Maske $[\ 1\ 2\ 1\ ]$. Durch die vorausgegangenen Glättungsschritte ist der hochfrequente Anteil im Residuum so stark reduziert, dass wir den Differenzanteil vernachlässigen können und den Vektor auch schon durch weniger Gitterpunkte gut darstellen können. Die Anwendung von Hochpass- und Tiefpass-Filtern nach Abb. 19.6 reduziert sich daher auf die Ausführung der Mittelwertfilter. Es ergibt sich eine neue Darstellung auf dem gröberen Gitter. Die neuen Vektoren werden wieder geglättet, und das Verfahren rekursiv wiederholt. Auf unterster Stufe wird das sich ergebende kleine Gleichungssystem exakt gelöst, und die Lösungsvektoren wieder Level für Level hoch projiziert auf die feineren Gitter, bis auf der obersten Stufe eine verbesserte Lösung bereit steht.

27.2.3 Finite-Element-Diskretisierungen

Eine weitere, wichtige Diskretisierungsmethode ist die Finite-Elemente-Methode. Diese Technik wurde im Wesentlichen von Ingenieuren entwickelt. Im Jahr 1956 wurde sie erstmalig als umfassendes Näherungsverfahren für die gesamte Struktur- und Kontinuumsmechanik für die Berechnung gefeilter Flugzeugtragflügel bei dem Flugzeughersteller Boeing in Seattle eingesetzt. Die Finite-Elemente-Methode gliedert komplizierte Teile in einfache Abschnitte, die eine näherungsweise Berechnung des realen Bauteils ermöglichen. Hierbei wird ein idealisiertes Modell aus einfachen (endlichen) Bauelementen wie z.B. Stäben, Dreieckselementen oder Tetraedern, den sogenannten *finiten Elementen*, zusammengesetzt. Damit lassen sich Verformungen, mechanische Spannungen, Drehungen u.a. an komplizierten, analytisch nicht berechenbaren, belasteten Bauteilen ermitteln. Der Begriff *Finite Elemente* beschränkt sich heutzutage nicht mehr auf Probleme der Festigkeitslehre, sondern steht für ein allgemeines numerisches Lösungsverfahren. Wir geben eine spektakuläre Anwendung in dem

Beispiel 50. Das Dach des Münchner Olympiastadions, siehe Abb. 27.10, wurde Ende der sechziger Jahre mit Hilfe der Finiten-Element-Methode konstruiert. Die Struktur des Dachs, die sich unter Berücksichtigung seines Eigengewichts oder des zusätzlichen Gewichts einer Schneedecke ergeben würde, konnte so berechnet werden. Weiterhin konnten die durch den Wind auf die Tragseile wirkenden Kräfte abgeschätzt werden.

Abb. 27.10. Das an Seilen aufgehängte Münchner Olympiastadion Dach wurde vor dem Bau mit der Finiten-Element-Methode analysiert.

In diesem Abschnitt befassen wir uns allerdings nicht mit einem so ehrgeizigen Ziel. Wir entwickeln die Finite-Element-Technik vielmehr an dem uns vertrauten Modellproblem (35). Der generelle Ausgangspunkt für die Finite-Element-Methode ist ein *Variationsproblem*. Wir formen das Modellproblem (35) um: Durch multiplizieren mit einer beliebigen Funktion $v \in V$ eines Funktionenraumes V und anschließendem Integrieren über das gesamte Definitionsgebiet Ω erhalten wir

$$-\int_{\Omega} v \Delta u \mathrm{d}x = \int_{\Omega} v f \mathrm{d}x \quad \forall\, v \in V. \tag{27.28}$$

Die Gleichung (27.28) formen wir mittels des Gauß'schen Integrationssatzes um in

$$\int_{\Omega} \nabla v \circ \nabla u \mathrm{d}x = \int_{\Omega} v f \mathrm{d}x + \int_{\partial\Omega} v \partial_{\nu} u \mathrm{d}S \quad \forall\, v \in V. \tag{27.29}$$

In dem Funktionenraum V sammeln wir alle die Funktionen v, für die die Integrale aus Gleichung (27.29) definiert sind. Eine ausführliche Beschreibung dieser Sobolev-Räume und ihrer Eigenschaften findet sich in [119].

Diese Umformulierung ist von zentraler Bedeutung. Daher führen wir einige Abkürzungen ein in der

Definition 37. *Im Folgenden wollen wir vereinbaren*

$$a(v,u) := \int_\Omega \nabla v \circ \nabla u \mathrm{d}x \quad \forall\ u,v \in V \tag{27.30}$$

sowie

$$l(v) := \int_\Omega v f \mathrm{d}x + \int_{\partial\Omega} v \partial_\nu u \mathrm{d}S \quad \forall\ v \in V. \tag{27.31}$$

Die Ableitung $\partial_\nu u$ beschreibt die Ableitung in Richtung des Normalenvektor ν an den Rand $\partial\Omega$.

Für die Gleichung (27.28) ergibt sich

$$a(v,u) = l(v) \quad \forall\ v \in V, \tag{27.32}$$

als variationelle *oder* schwache *Formulierung des Modellproblems (27.3).*

Mit (27.30) wird ein abstraktes Skalarprodukt für Funktionen $v, u \in V$ definiert. Die variationelle Formulierung (27.32) hat gegenüber der *differentiellen* Formulierung (27.3) eine attraktive Eigenschaft: Die Berechnung der Lösung u lässt sich als eine Suche nach einem Minimum in einem abstrakten Funktionenraum interpretieren. Dies machen wir uns klar in dem

Theorem 8 (Minimierungseigenschaft der schwachen Formulierung). *Das Funktional*

$$J(v) := \frac{1}{2} a(v,v) - l(v) \tag{27.33}$$

nimmt sein Minimum u genau dann in V an, wenn Gleichung (27.32) erfüllt ist. Den einfachen Beweis überlassen wir als Übungsaufgabe 142.

Anmerkung 70. Diese mathematische Minimierungseigenschaft ist eine Folge eines physikalischen Energieprinzips, denn stationäre Lösungen nehmen stets ein relatives Energieminimum an. Viele physikalische Aufgabenstellungen werden in Form von Variationsproblemen gestellt. Der Umweg über die Formulierung als ein differentielles Problem erscheint als mathematische Kür.

Die variationelle Formulierung (27.32) ist der Ausgangspunkt für die Diskretisierung. Wir nehmen an, dass die Lösung u des variationellen Problems im Ansatzraum $u \in A \subset V$ liegt. Wir ersetzen die beiden unendlich-dimensionalen Funktionenmengen A und V durch endlich-dimensionale Funktionenmengen A_N und V_M. Wählen wir $A_N = V_M$, so sprechen wir von einer *Ritz-Galerkin*-Diskretisierung. Im allgemeinen Fall mit $A_N \neq V_M$ von einer *Petrov-Galerkin*-Diskretisierung.

Als Beispiel für die Wahl des Ansatzraumes A_N und des Testraumes V_M zeigen wir die ein-dimensionale Standard-Hütchen-Basis, siehe Abb. 27.11.

Die Lösung $u_N \in A_N$ erhalten wir aus der diskretisierten variationellen Formulierung

$$a(v_M, u_N) = l(v_M) \quad \forall v_M \in V_M. \tag{27.34}$$

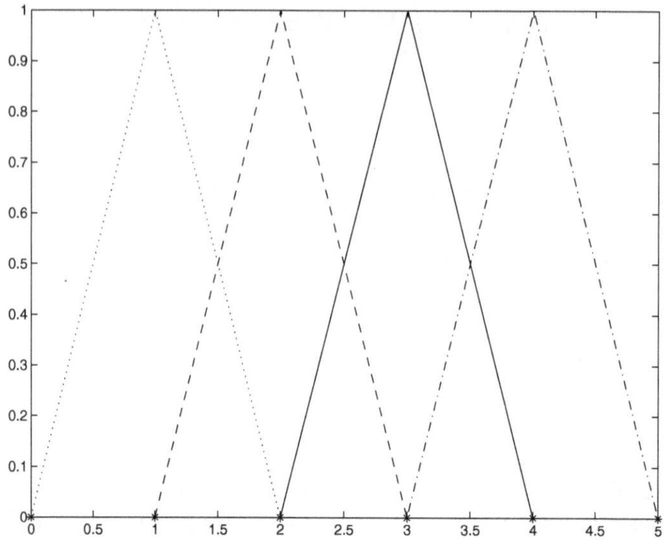

Abb. 27.11. Die ein-dimensionale Standardhütchen-Basis für den Ansatzraum A_N und den Testraum V_M.

Formal gesehen ergibt sich Gleichung (27.34) aus Gleichung (27.32), indem wir den Ansatzraum A durch A_N und den Testraum V durch V_M ersetzen.

Wir veranschaulichen den Zusammenhang der Lösung u der Gleichung (27.32) und der Lösung u_N der Gleichung (27.34) in der Abb. 27.12.

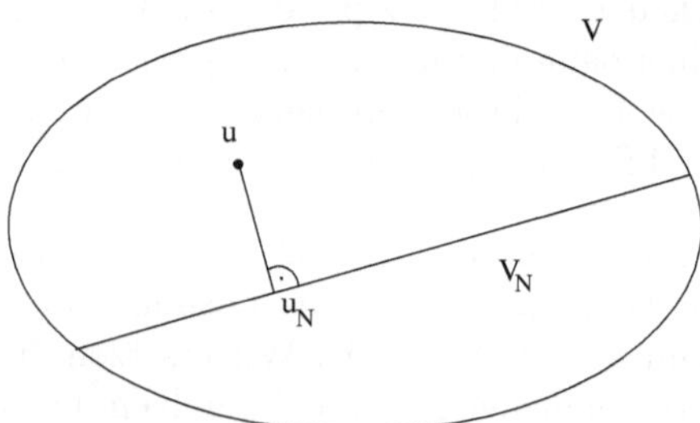

Abb. 27.12. Eine geometrische Interpretation der Finiten-Element-Methode: Die Orthogonalprojektion der gesuchten, exakten Lösung $u \in V$ liefert die numerische Näherungslösung $u_h \in V_h$ in dem endlich-dimensionalen Unterraum V_h.

Die Lösung $u_N \in V_M$ können wir als Bestapproximation der Lösung $u \in V$ interpretieren, siehe auch Anhang B.5. Dazu müssen wir noch zeigen, dass die Bilinearform $a(.,.)$ ein Skalarprodukt ist. Dies überlassen wir in der

Übung 129. Zeigen Sie: Durch die Bilinearform $a(.,.)$ aus Gleichung (27.30) wird ein Skalarprodukt vermittelt.

Um die Funktionen u_N und v_M in einem Rechner darstellen zu können, führen wir die beiden Funktionenbasen $\{a_j \in V | 0 \leq j \leq N\}$ für den Ansatzraum A_N und $\{t_i \in V | 0 \leq i \leq M\}$ für den Testraum V_M ein. Jede Funktion $u_N \in A_N$ hat dann eine eindeutige Repräsentation

$$u_N = \sum_{j=0}^{N} u_j a_j \tag{27.35}$$

Diese Darstellung aus Gleichung (27.35) setzen wir in Gleichung (27.32) ein und erhalten

$$\sum_{j=0}^{N} u_j a(t_i, a_j) = l(t_i) \quad \forall\, t_i \in V_M. \tag{27.36}$$

Die Gleichungen (27.36) stellen ein lineares Gleichungssystem

$$Au = b \tag{27.37}$$

für den Vektor u der Koeffizienten u_i der gesuchten Näherungslösung u_N dar. Für die Matrix A und die rechte Seite b erhalten wir aus Gleichung (27.36)

$$A = (a(t_i, a_j))_{0 \leq j \leq N,\ 0 \leq i \leq M} \quad \text{und} \tag{27.38}$$

$$b = (l(t_i))_{0 \leq i \leq M}\,. \tag{27.39}$$

Übung 130. Berechnen Sie die Einträge der Matrix A für die ein-dimensionale Standard-Hütchen-Basis, wie sie in Abb. 27.11 definiert ist.

Wir stehen vor der Aufgabe, das Gleichungssystem (27.36) effizient zu lösen. Dazu können wir den Gauß-Algorithmus, ein klassisches Iterationsverfahren oder das eine Modifikation des oben eingeführten Mehrgitterverfahren verwenden.

An dieser Stelle wollen wir die Eigenschaft des Energieminimums der Lösung u der variationellen Ausgangsgleichung (27.32) aus Übung 8 nutzen. Diese energieminimale Interpretation trifft auch für die diskrete variationelle Formulierung (27.36) zu.

Übung 131 (Energieminimum des diskreten variationellen Problems). Zeigen Sie, dass die in (27.38) definierte Matrix A positiv definit ist. Unter dieser Voraussetzung gilt wie bei Theorem 8:

Die Lösung u_N des linearen Gleichungssystems (27.36) minimiert das diskrete Funktional

$$J_N(v) := 1/2\, v^T A v - b^T v, \qquad \text{mit} \quad v \in V_M. \tag{27.40}$$

Geben Sie den Wert des Funktionals J_N für das Minimum u_N an.

Für positiv definite Matrizen A ist die Bestimmung der Lösung des Gleichungssystems (27.37) mit dem Aufsuchen eines Minimums nach Gleichung (27.40) äquivalent. Wir verweisen auf die Verfahren aus Abschn. 22.

27.3 Weitere Beschleunigungsmethoden

In diesem Kapitel wollen wir noch zwei weitere Ideen vorstellen, wie wir die numerische Lösung weiter beschleunigen können. Diese stellen auch aus Sicht der Datenverarbeitung interessante Probleme dar.

27.3.1 Adaptivität

In Abschnitt 27.2 haben wir gelernt, dass die Genauigkeit ε einer diskreten Lösung mit der Anzahl des Diskretisierungspunkte N über eine Gleichung der Art

$$\varepsilon = \mathcal{O}(N^{\alpha}) \tag{27.41}$$

mit einem $0 > \alpha \in \mathbb{R}$ zusammenhängt. So haben wir z.B. in Tabelle 27.2 den maximalen Betragsfehler ε der Anzahl der Freiheitsgrade N gegenüber gestellt.

Da wir das Ausgangsproblem so genau wie möglich berechnen wollen, interpretieren wir die Genauigkeit ε im Folgenden als Nutzen einer Diskretisierung. Dem gegenüber stehen die Kosten des Lösungsalgorithmus, der Speicherplatz benötigt und Rechenzeit verwendet. Könnten wir jedem dieser Diskretisierungspunkte ein Kosten-Nutzen-Verhältnis zuschreiben, dann läge es nahe, nur die Diskretisierungspunkte zu verwenden, die relativ viel zur Genauigkeit betragen, und die Diskretisierungspunkte wegzulassen, die nur unnötig Speicher und Rechenzeit verschwenden. Um diesen ökonomischen Aspekt in die Diskretisierung einbringen zu können, benötigen wir einen *Fehlerschätzer*, der jedem Diskretisierungspunkt ein Kosten-Nutzen-Verhältnis zuschreibt. Es gibt viele Ansätze für Fehlerschätzer, die wir hier nicht aufzählen können. Einen Überblick gibt [115].

Ein nahe liegendes Maß ist z.B. eine bestimmte Ableitung in dem Diskretisierungspunkt. Dabei gehen wir von der Vorstellung aus, dass Bereiche mit relativ großen Ableitungen stärker aufgelöst werden müssen als Bereiche, die relativ glatt sind, um ein bestimmten Fehler ε kontrollieren zu können. Wir können so das Gitter an die spezielle Struktur der zu lösenden partiellen Differentialgleichung anpassen. Wir sprechen in diesen Zusammenhang von *Adaptivität.*

Prinzipiell unterscheiden wir zwei Arten von Fehlerschätzern: die *apriori*- und die *aposteriori*-Fehlerschätzer[5].

Ein apriori-Fehlerschätzer leitet aus der speziellen Differentialgleichung, den Anfangs- und Randwertvorgaben die Bereiche sensibler Auflösung ab und verdichtet dort die Diskretisierungspunkte. Danach wird die Lösung berechnet. Die Feinheit des Gitters ist fest vorgegeben. In Abb. 27.13 sehen wir ein vor der numerischen Rechnung erzeugtes Gitter.

Im Gegensatz dazu wird bei einem aposteriori-Fehlerschätzer zunächst eine Lösung auf einem relativ groben Gitter berechnet. Anschließend zeigt

[5] *apriori* = lat. vorher; *aposteriori* = lat. nachher

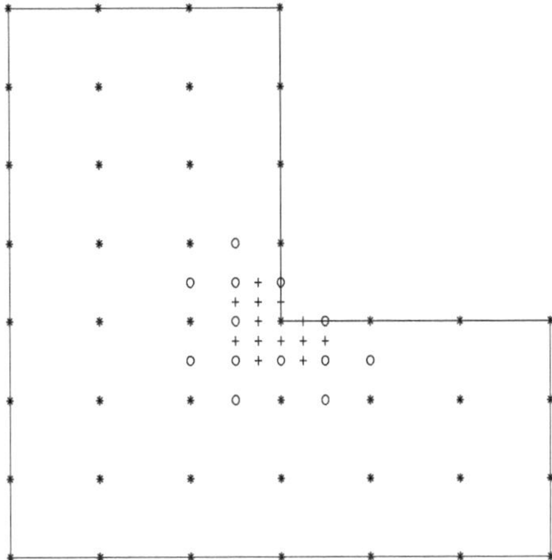

Abb. 27.13. Adaptive Diskretisierung mit feinerem Gitter in der Nähe des kritischen Knickbereichs.

der Fehlerschätzer die Bereiche an, in denen es sich lohnt, weitere Diskretisierungspunkte einzufügen, und wo wir ggf. sogar Diskretisierungspunkte wieder herausnehmen können. Die zugrunde liegende Datenstruktur muss solche Einfüge- und Herausnahmeoperationen effizient unterstützen können. Der Lösungsalgorithmus wird solange das Gitter verfeinern und die entsprechende Lösung berechnet, bis eine vorgegebene Genauigkeit ε_0 unterschritten wird. Das ist ein großer Vorteil, denn häufig wissen wir nicht im Vorhinein, wo wir die Diskretisierungspunkte geschickt zu verteilen haben. Auch hängt die optimale Gittergenerierung ganz davon ab, für welches Fehlermaß wir uns interessieren. Diese Arbeit kann ein selbstadaptiver Algorithmus übernehmen, den wir hier angeben.

```
[Der selbst-adaptive Algorithmus]
konstruiere grobes Startgitter G[0];
n = 0;
DO
  loese diskretes Problem fuer Gitter G[n];
  schaetze Kosten/Nutzen-Beitraege mit dem
       aposteriori-Fehlerschaetzer;
  fuege dem Gitter G[n] an den angezeigten Stellen neue
       Gitterpunkte hinzu,
       daraus entsteht dann das Gitter G[n+1];
  n = n + 1;
UNTIL ( "geschaetzer Fehler" > epsilon[0] )
\\ n = Anzahl der Verfeinerungsschritte
```

Dieser selbstadaptive Algorithmus könnte z.B. in der Wettersimulation sinnvoll eingesetzt werden. In der Nähe der berechneten Wetterfronten könnte der Algorithmus automatisch mit einer verfeinerten Gitterauflösung nachiterieren. Es konnte gezeigt werden, dass derartige selbstadaptive Verfahren die benötigten Rechenzeiten um einen Faktor 100 reduzieren konnten.

Aus diesem Beispiel wird klar, dass es sich bei der Adaptivität um ein zusätzliches Prinzip zum Beschleunigen von Lösungsalgorithmen handelt.

27.3.2 Parallelität

Die Parallelisierung ist ein universelles Werkzeug zur Beschleunigung von Algorithmen. Wie wir dieses Werkzeug für die numerische Lösung partieller Differentialgleichungen nutzen können, stellen wir in diesem Abschnitt vor.

Aufgrund der lokalen Eigenschaft der Differentialoperatoren wirken sich Randbedingungen und Quellterme immer nur auf benachbarte Diskretisierungspunkte aus. Daher erlaubt die Lösung partieller Differentialgleichungen einen hohen Grad an Parallelität. Um eine partielle Differentialgleichung zu lösen, können wir das ursprüngliche Definitionsgebiet Ω in zusammenhängende Teilgebiete Ω_i, $1 \leq i \leq p$, zerlegen. In Abb. 27.14 geben wir ein Beispiel für eine Gebietszerlegung an.

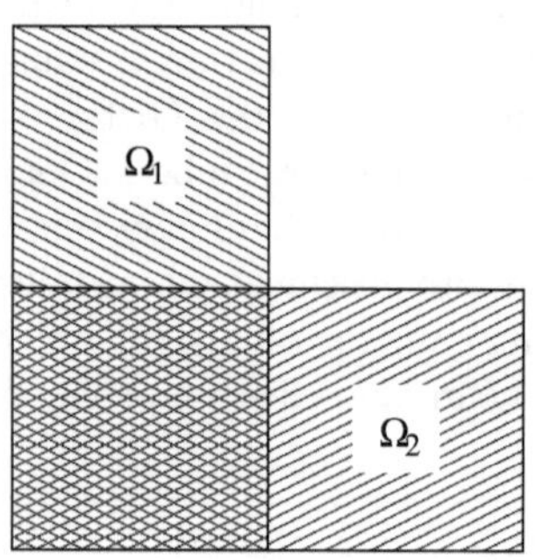

Abb. 27.14. Gebietszerlegung, rechtsschraffiert Gebiet Ω_1, linksschraffiert Ω_2.

Auf jedem dieser Teilgebiete Ω_i lösen wir die gegebene Differentialgleichung. Wir benötigen für jedes Teilgebiet Ω_i Randwertbedingungen. Fällt der Rand von Ω_i mit dem Rand von Ω zusammen, dann wählen wir die vorgegebene Randwertbedingung. Ist dies nicht der Fall, müssen wir die noch fehlenden Randwertbedingungen aus den entsprechenden bekannten Näherungswerten des Nachbargebiets Ω_j übernehmen. Da dies ein symmetrischer Prozess ist – denn aus Sicht des Teilgebietes Ω_j bestimmen wir die fehlenden Randwertbedingungen aus dem Teilgebiet Ω_i und umgekehrt – sind Gebietszerlegungsmethoden immer ein iteratives Verfahren: Mit den Randbedingungen aus Ω_1 berechnen wir eine Lösung in Ω_2; mit den neuen Randbedingungen aus Ω_2 bestimmen wir eine Lösung in Ω_1 usw.. Dieses iterative Verfahren brechen wir ab, wenn die "inneren" Randwertbedingungen, die im Innern von Ω_1 oder Ω_2 liegen, nicht mehr korrigiert werden müssen. Die daraus berechneten Teillösungen setzen wir zusammen und erhalten die gesuchte Lösung des ursprünglichen Problems. Daraus wird klar, dass die Gebietszerlegung Ω_i, $1 \leq i \leq p$ das Definitionsgebiet Ω vollständig überdecken muss, d.h. es gilt $\Omega \subset \cup_{i=1}^{p} \Omega_i$.

Ordnen wir jedem dieser Teilgebiete Ω_i einen eigenen Prozessor zu, so können wir die Teillösungen gleichzeitig berechnen. Aus Effizienzgründen sollte bei der Zerlegung darauf geachtet werden, dass der Durchschnitt zweier beliebiger Teilgebiete Ω_i und Ω_j nicht „zu groß" wird. Denn sonst bestimmen wir die Lösung im Durchschnittsgebiet $\Omega_i \cap \Omega_j$ unnötigerweise doppelt. Andererseits sollte der Durchschnitt groß genug sein, um einen schnellen Informationsfluss von einem Teilgebiet ins andere zu ermöglichen, damit die inneren Randwerte – und damit das Gesamtverfahren – schnell konvergieren.

Wie oben schon bemerkt, werden bei der Berechnung der Lösung jeweils zwischen den zugeordneten Prozessoren zweier Teilgebiete Ω_i und Ω_j über deren gemeinsamen Rand Daten ausgetauscht. Die Organisation dieser nötigen Kommunikation ist die „hohe Kunst" der Gebietszerlegungsmethoden. Im Vergleich zu einem sequentiellen Lösungsalgorithmus verlangen wir von einem robusten Gebietszerlegungsalgorithmus, dass wir beim Einsatz von p Prozessoren eine Beschleunigung der Rechenzeit um den Faktor $1/p$ unabhängig von der Art der Gebietszerlegung erzielen. Dazu müssen wir erreichen, dass die benötigte Rechenzeit zum Zerlegen des Ausgangsproblem, der nötigen Kommunikation zwischen den Teilgebieten während der Iteration und zum Zusammenfügen der Teillösungen vernachlässigbar ist gegenüber der Rechenzeit zum Lösen der einzelnen Teilprobleme.

Der *Speed-up* durch diese Lösungsbeschleunigung liegt zwischen dem Wert Eins – d.h. keine Beschleunigung – und p, was der maximal zu erwartenden Beschleunigung entspricht. Da die Rechenzeit des parallelen Lösungsalgorithmus im Wesentlichen durch die benötigte Rechenzeit des langsamsten Teilprozesses bestimmt ist, versuchen wir, diesen Prozess zu identifizieren und zu entlasten, indem wir das Gebiet Ω so zerlegen, dass alle Prozessoren möglichst gleich ausgelastet sind. Um eine ideale Gleichauslastung der Prozessoren zu erhalten, verwenden wir *Load-Balancing*-Methoden. Darunter verstehen wir die Verteilung der einzelnen Arbeitsaufträge auf die einzelnen Prozessoren einer parallelen Applikation. Das Ziel der Lastverteilung ist, möglichst solche Teilaufgaben zu definieren, die unter Beachtung der möglicherweise unterschiedlich schnellen Prozessoren zu einer minimalen Gesamtlaufzeit führen.

Abschließend analysieren wir eine spezielle Gebietszerlegungsmethode mathematisch. Wir betrachten den Spezialfall einer minimalen Überlappung der Teilgebiete Ω_i für eine Finite-Differenzen Diskretisierung. Es handelt sich um eine sog. *nichtüberlappende Gebietszerlegung*, bei der der Durchschnitt zweier Teilgebiete nur aus einer dünnen Randschicht besteht. Die Diskretisierungspunkte nummerieren wir entsprechend den Teilgebieten. Die inneren Diskretisierungspunkte des Teilgebiets Ω_1 erhalten daher die Nummern 1, ..., n_1, des Teilgebiets Ω_2 die Nummern n_1+1, ..., n_1+n_2, usw. Die Diskretisierungspunkte auf den Grenzlinien aller Durchschnitte $\Omega_i \cap \Omega_j$ mit $i \neq j$ werden mit den Nummern $n_1 + \ldots + n_p + l_i, \ldots$ versehen. Die Matrix A aus (27.37) erhält dadurch die Struktur

$$\begin{pmatrix} A_1 & & & & B_1 \\ & A_2 & & & B_2 \\ & & \ddots & & \vdots \\ & & & A_p & B_p \\ C_1 & C_2 & \cdots & C_p & A_S \end{pmatrix} \begin{pmatrix} u_1 \\ u_2 \\ \vdots \\ u_p \\ u_S \end{pmatrix} = \begin{pmatrix} b_1 \\ b_2 \\ \vdots \\ b_p \\ b_S \end{pmatrix}. \tag{27.42}$$

Die oberen p Blöcke entsprechen gerade den Steifigkeitsmatrizen A_i aller Teilgebiete Ω_i mit $1 \leq i \leq p$. Wir können die Matrix A nun in Blockform schreiben

$$\begin{pmatrix} A_I & B \\ C & A_S \end{pmatrix} \begin{pmatrix} x_I \\ x_S \end{pmatrix} = \begin{pmatrix} b_I \\ b_S \end{pmatrix} \tag{27.43}$$

mit Block-Diagonalmatrix A_I. Diese Diagonalform ist nun der Grund für die gute Parallelisierbarkeit. Zum effizienten Lösen von (27.43) eliminieren x_I mittels

$$A_I x_I + B x_S = b_I \rightarrow x_I = A_I^{-1}(b_I - B x_S). \tag{27.44}$$

Dieser Schritt entspricht der Lösung der partiellen Differentialgleichung auf den Teilgebieten Ω_i, $i = 1, ..., p$. Die Gebietszerlegung erlaubt also p kleinere Randwertprobleme zu lösen; dazu benötigt wird aber die Kenntnis von x_S. Setzen wir die gesuchten Teillösungen in (27.43) ein, so erhalten wir eine Gleichung zur Bestimmung von x_S:

$$\begin{aligned} b_S &= C x_I + A_S x_S = C A_I^{-1}(b_I - B x_S) + A_S x_S \\ &= \left(A_S - C A_I^{-1} B\right) x_S + C A_I^{-1} b_I \end{aligned} \tag{27.45}$$

und daher

$$(A_S - C A_i^{-1} B) x_S = b_S - C A_I^{-1} b_I. \tag{27.46}$$

Die Lösung des ursprünglichen Gleichungssystems (27.42) ist auf die Lösung eines kleineren Systems mit der Matrix $A_S - C A_I^{-1} B$, dem *Schur-Komplement* von A_I in A, zurückgeführt worden.

Das Gebietszerlegungsverfahren unterstützt somit die effiziente, parallele Lösung des ursprünglichen Problems durch geschickte Nummerierung der gesuchten Koeffizienten. Daraus resultiert eine Aufspaltung der Matrix in eine große Block-Diagonalmatrix plus Randspalten und -zeilen, die mittels Schurkomplement gelöst werden kann.

28 Beispiele

„Für regelmäßige numerische Wettervorhersagen ist ein Heer von rund 64000 mit Rechenmaschinen bewaffneten Mathematikern notwendig."

Lewis Fry Richardson (1881 bis 1953)

28.1 Wetter

Eine mathematisch-physikalische Wettervorhersage geht von der folgenden Grundidee aus: Wir kennen den kompletten Zustand der Atmosphäre zu einem gegebenen Zeitpunkt t_0 und berechnen für die Zukunft mit Hilfe physikalischer Gesetzmäßigkeiten die sich daraus ergebenden atmosphärischen Bewegungen und Veränderungen. Daraus lassen sich die Wettererscheinungen ableiten. Ein atmosphärischer Zustand ist vollständig durch die dreidimensionale räumliche Verteilung von insgesamt sechs Variablen beschrieben: Den drei Geschwindigkeitskomponenten des Windes $\mathbf{v}$, dem Luftdruck p, der Luftdichte ϱ und der Luftfeuchte.

Das Wetter sorgt als ein gigantisches Energieunternehmen dafür, dass die von der Sonne hauptsächlich am Äquator einfallende Energie zu den beiden Polen abgeführt wird, wo diese Energie in den Weltraum abgestrahlt wird. Wir könnten sonst keine stabilen Verhältnisse für das Leben auf der Erde vorfinden. Die für das Wetter relevanten atmosphärischen Bewegungen spielen sich zwischen der Erdoberfläche und der Tropopause[1] ab, die sich über dem Äquator in einer Höhe von ca. 15 km und über den Polen in der Höhe von ca. 8 km befindet, siehe Abb. 28.1.

In den Randbedingungen des Wetters gehen die Wechselwirkungsprozesse zwischen der Atmosphäre und einerseits der Erd- und Wasseroberfläche und andererseits des Weltraums ein.

[1] Die Tropopause ist die obere Grenze der Troposphäre, des untersten Stockwerks der Atmosphäre. Das Wort Troposphäre leitet sich aus dem Griechischen ab und ist eine Kurzbildung von Trope = Wendung und Atmosphäre. Sie enthält 3/4 der gesamten Atmosphärenmasse und den gesamten Wasserdampf.

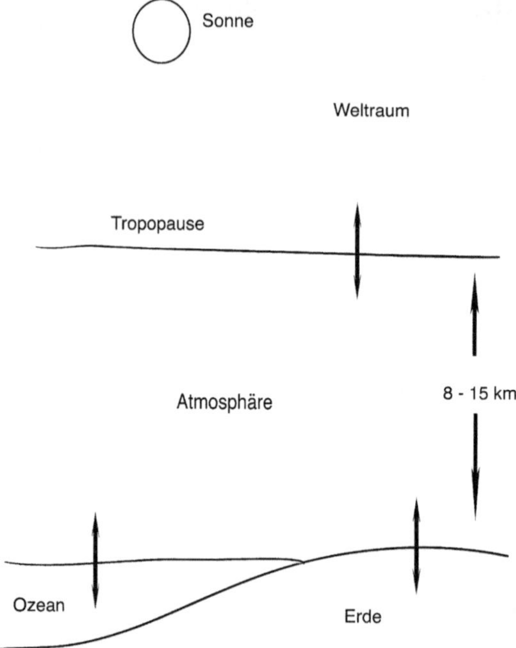

Abb. 28.1. Bild der Erde mit Erd- und Wasseroberfläche, sowie Tropopause und Wechselwirkungen zwischen Sonne, Erde und Weltraum.

Den Anfangszustand der Atmosphäre liefert die meteorologische *numerischen Analyse*: Die Verteilung eines atmosphärischen Zustands wird an Beobachtungsstationen gleichzeitig zu den *Mannheimer Stunden* ermittelt und in einem drei-dimensionalen diskreten Gitter, bestehend aus den entsprechenden Beobachtungsorten, dargestellt. Bei dieser vereinfachten Repräsentation der Atmosphäre gehen viele Details sowie kleinräumige Strukturen verloren. Wir machen an dieser Stelle einen Modellierungsfehler: Jeder numerischen Vorhersagerechnung liegt eine mehr oder weniger vereinfachte Wiedergabe der wirklichen Atmosphäre zugrunde. Je nach Art und Grad der Vereinfachung unterscheiden wir verschiedene *Wettermodelle*, welche sich nicht nur in der Maschenweite des verwendeten horizontalen Gitternetzes unterscheiden, sondern auch in der Anzahl der Flächen, mit der die drei-dimensionale Atmosphäre dargestellt wird, siehe Abb. 28.2. Vor allem aber in deren Annahmen über die physikalischen Prozesse, die nicht ohne tief greifende Vereinfachung behandelt werden können. Eine Diskussion dieser Vereinfachungen würde zu weit gehen. Doch damit nicht genug: Prinzipiell könnten wir auch nur ungefähr 1/3 der Erdoberfläche mit einem hinreichend engen Netz von ortsfesten Beobachtungsstationen versehen. Denn auf den Ozeanen sind Wetterbeobachtungen nur bedingt möglich: Zwar gibt es einige Hauptverkehrswasserwege und die dort reisenden Schiffe können Wetterbeobachtungen liefern, doch decken diese die Weltmeere nicht flächendeckend ab.

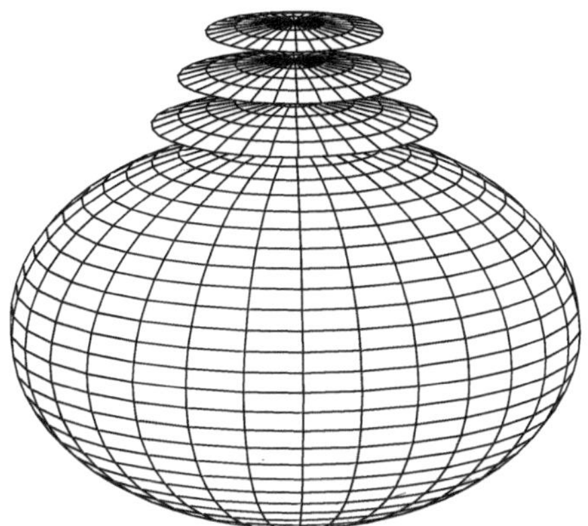

Abb. 28.2. Drei-dimensionales Gitter zur Modellierung der Erdatmosphäre.

Ein analysierter Anfangszustand der Atmosphäre zu einem bestimmten Zeitpunkt t_0, die Kenntnis der Randbedingungen und ein angemessenes physikalisches Modell erlauben die Berechnung eines Zustandes der Atmosphäre zu einem in der Zukunft liegendem Zeitpunkt $t_1 > t_0$. Diesen können wir als Anfangszustand interpretieren und einen weiteren atmosphärischen Zustand zum Zeitpunkt $t_2 > t_1$ berechnen. Diese Iteration liefert die zeitliche Entwicklung der atmosphärischen Zustände zu einer Folge von Zeitpunkten t_0, t_1, t_2, ...

Von einer Wetterprognose verlangen wir, dass sich die Ergebnisse schneller berechnen lassen, als sich die Atmosphäre selbst weiterentwickelt.

Zur Vorausberechnung eines atmosphährischen Zustands, der wie bereits erwähnt aus sechs Variablen besteht, benötigen wir aus mathematischen Gründen ein Gleichungssystem von ebenfalls sechs unabhängigen Gleichungen. Ein Wettermodell muss mindestens sechs Gleichungen aufweisen.

Wir geben eine motivierte, aber knappe Einführung zu den Modellgleichungen. Weiterführende Literatur findet man in [76]. Wir beginnen mit der Dynamik der Atmosphäre. Gemäß dem zweiten Newton'schen Axiom „Kraft = Masse × Beschleunigung“ setzt sich die resultierende Beschleunigung eines gegebenen Luftquantums aus der Summe der in der Atmosphäre wirkenden Kräfte, der Gravitationskraft, der Gradientenkraft, der Corioliskraft und der Reibungskraft, zusammen. Wir erhalten für die drei Komponenten des Winds die drei *hydrodynamischen Bewegungsgleichungen*

$$\frac{\mathrm{d}}{\mathrm{d}t}\mathbf{v} = \frac{1}{\rho}\nabla p - g - 2\mathbf{\Omega} \circ \mathbf{v} + \mathbf{F}. \qquad (28.1)$$

Dabei beschreibt g die lokale Gravitationsbeschleunigung, $\boldsymbol{\Omega}$ die Winkelgeschwindigkeit der Erde und $\mathbf{F}$ das Dissipationsmoment auf ein bestimmtes Luftquantum, siehe Abb. 28.3.

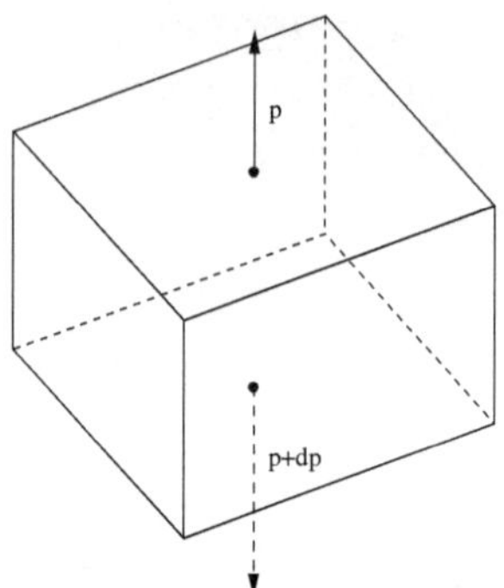

Abb. 28.3. Durch Druckdifferenzen erzeugte Kraft auf ein Luftquantum.

Da die Atmosphäre ein im Wesentlichen abgeschlossenes System darstellt, und atmosphärische Masse weder neu entsteht noch verloren geht, leiten wir aus der Massenerhaltung die *Kontinuitätsgleichung*

$$\frac{\mathrm{d}}{\mathrm{d}t}\rho_d = -\rho_d \nabla \circ \mathbf{v}, \qquad (28.2)$$

für die Dichte ϱ_d der trockenen Luft ab, siehe Abb. 28.4.

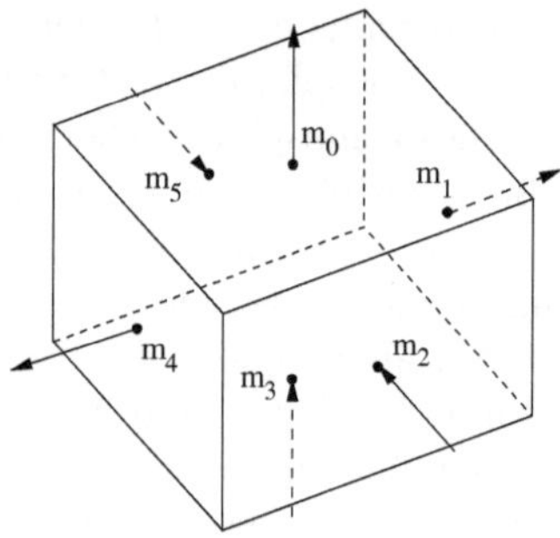

Abb. 28.4. Die Summe aller zu- und abströmenden Massen verschwindet für jedes Luftquantum.

Um den Effekt, der die Atmosphäre antreibt, zu beschreiben, modellieren wir mittels des *ersten Hauptsatzes der Wärmelehre*

$$c_p \frac{\mathrm{d}}{\mathrm{d}t} T - R \frac{\mathrm{d}}{\mathrm{d}t} p = Q \tag{28.3}$$

die Erhaltung der Energie. Dabei beschreibt c_p die spezifische Wärmekapazität bei konstantem Druck p, T die Temperatur, R die Gaskonstante der feuchten Luft und Q die zu- oder abgeführte Wärmemenge. Die sechste Gleichung (28.4) ist die *Zustandsgleichung idealer Gase*, die einen Zusammenhang zwischen der Dichte ϱ, der Temperatur T und dem Druck p herstellt. Damit können wir die nur schwer zu bestimmende Luftdichte ϱ durch den Luftdruck p und die Temperatur T ersetzen

$$p = \varrho R T. \tag{28.4}$$

Diese Gleichung wird in die anderen Gleichungen eingesetzt und die Anzahl der Variablen und Gleichungen um Eins reduziert. Schließlich wird zur Vorhersage der Luftfeuchte noch eine *Wasserdampftransportgleichung* benötigt, die neben dem Transport auch Quellen und Senken des Wasserdampfs beschreiben kann:

$$\frac{\mathrm{d}}{\mathrm{d}t} \varrho_w = -\varrho_w \nabla \circ \mathbf{v} + S. \tag{28.5}$$

Hier bedeuten ϱ_w die Dichte des Wasserdampfs und S Wasserdampfquellen und -senken. Für die gesamte Luftdichte ergibt sich

$$\varrho = \varrho_d + \varrho_w. \tag{28.6}$$

Dieses mathematisch-physikalische Grundmodell für die Meteorologie ist vor weit mehr als 100 Jahren in seinen Grundzügen entwickelt worden. Es beschreibt die Vorgänge in der Atmosphäre, die die Wettererscheinungen bestimmen, und hat im Laufe seiner Weiterentwicklung eine Vielzahl von Ergänzungen und Verbesserungen erfahren.

Das Gleichungssystem (28.1) bis (28.6) ist wegen der Nichtlinearität der partiellen Differentialgleichungen so kompliziert, dass es nicht analytisch lösbar ist. Nicht einmal die Anfangs- und Randwertvorgaben sind geschlossen beschreibbar.

Numerische Verfahren bieten hier einen erfolgversprechenden Lösungsansatz. Bei der Lösung dieses Gleichungssystems diskretisieren wir alle Gleichungen einzeln und koppeln diese über ihre gemeinsamen Variablen. Dabei gehen wir wiederum iterativ vor: Wir lösen der Reihenfolge nach die Gleichungen und verwenden deren Lösung jeweils als Anfangs- und Randwerte für die nächste Gleichung. Wir iterieren solange, bis sich die Lösung des gesamten Systems nicht mehr verändert. Wir schließen ab mit der

Übung 132 (Speicherplatzabschätzung für Wettervorhersage). Verdeutlichen Sie sich den enormen Speicherbedarf einer Diskretisierung eines atmosphärischen Zustandes zu einem festen Zeitpunkt t_i. Geben sie den Speicherplatzbedarf an, unter der Annahme, dass wir die gesamte Erdoberfläche mit einem Gitter der Maschenweite h überdecken könnten und nach oben f Flächen verwenden, siehe in Ergänzung auch Übung 143.

28.2 Tsunami

Die Vorhersage von Wasserwellen bietet ein breites interessantes Anwendungsgebiet der angewandten Mathematik, insbesondere in der Modellbildung, der Theorie der partiellen Differentialgleichungen und deren numerischen Lösung. Wasserwellen kann man zunächst grob danach unterscheiden, welche Wasserschichten bewegt werden:

1. „gewöhnliche“Meereswellen, wie sie z.B. durch den Wind angeregt werden, die nur oberflächennahe Wasserschichten bewegen und
2. *Tsunamis*[2], die die gesamte Wassersäule bis zum Meeresboden bewegen.

In diesem Abschnitt wenden wir uns der Diskussion der Tsunamis zu, die i.Allg. durch Unterwasserseebeben ausgelöst werden, wie dies z.B. am 26.12.2004 im indischen Ozean geschah. Tsunamis haben auf hoher See i.Allg. eine sehr kleine Amplitude und sind daher meistens sehr unauffällig. Die Wasserwelle steilt sich erst in Küstennähe zu zerstörerischer Höhe auf.

Der englischen Ingenieur John Scott Russel beobachtete diese außergewöhnlichen Wasserwellen erstmals im Jahr 1834 in einem Kanal bei seinem Landhaus in Schottland, siehe `www.ma.hw.ac.uk/~chris/scott_russel.html`. Russel experimentierte mit diesen Kanalwellen, so genannten Solitonen, und erkannte, dass die Solitonen keine „Oberflächenwellen“sind. Die Kanalwellen sind formstabil und breiten sich mit einer Geschwindigkeit aus, die im Wesentlichen von der Wassertiefe h abhängt. Die Überlagerung von Kanalwellen führt **nicht** zu den bei Wellen erwarteten Phänomenen wie Interferenz oder Auslöschung: Die Solitionen verhalten sich überraschenderweise ganz im Gegenteil eher wie Teilchen.

Der niederländische Mathematiker *Diederik Korteweg* und sein Doktorand *Gustav de Vries* zeigten im Jahr 1895, dass Solitionenwellen mit der Amplitude u in einem Gewässer mit der konstanten Tiefe h der partiellen Differentialgleichung

$$\frac{1}{gh}\,u_t + \left(1 + \frac{3}{2h}\,u\right)\,u_x + \frac{h^2}{6}\,u_{xxx} \overset{\Delta}{=} 0 \qquad (28.7)$$

genügen und gaben die Lösung

$$u(x,t) = A\,\cosh^{-2}\,\frac{x - vt}{L}$$

mit dem Parameter L als Breite der Welle an. Die partielle Differentialgleichung (28.7) lässt sich normieren zu der heute bekannten *Korteweg-de-Vries-Gleichung*

---

[2] Das japanische Wort *Tsunami* bedeutet Hafenwelle.

$$u_t + u_{xxx} - 6\,u\,u_x \stackrel{\Delta}{=} 0. \tag{28.8}$$

Die Korteweg-de-Vries-Gleichung (28.8) ist eine nicht-lineare Differentialgleichung und lässt sich aus den *Euler-Lagrange-Gleichungen* der Hydrodynamik unter vereinfachenden Annahmen, wie ein-dimensionaler Ausbreitung in Richtung x, konstanter Wassertiefe h etc., herleiten. Die Korteweg-de-Vries-Gleichung beschreibt nicht nur das Verhalten der Tsunamis, sondern z.B. auch das Verhalten von optischen Solitonen, die verlustfrei Information in Glasfaserkabeln transportieren.

Die Diskussion, ob die Korteweg-de-Vries-Gleichung die Solitonenwellen hinreichend korrekt modelliert, ist noch nicht abgeschlossen. Korteweg und de Vries haben eine für die Herleitung notwendige Taylor-Entwicklung zu früh abgeschnitten, nämlich nach dem dritten anstatt nach dem fünften Glied.

Die Simulation eines Tsunamis ist grundsätzlich nur dann möglich, wenn Seebeben und ihre Epizentren genau detektiert werden können. Eine sinnvolle Warnung kann wiederum nur dann ausgesprochen werden, wenn die Solitonenwellen mindestens in Echtzeit simuliert werden können. Dagegen sprechen mindestens folgende Punkte:

- *Anfangswerte:* nicht genügend und unvollständige Anfangsdaten der Wasserwellen,
- *Randbedingungen:* zu ungenaues Kartenmaterial für die Ozeane und deren Küstenregionen,
- *Modellgleichungen für das „Innere“ der Ozeane:* fehlende Bestimmungsgleichungen für eine drei-dimensionale Beschreibung sowie
- *Modellgleichungen für den „Rand“ der Ozeane:* Beschreibungen für den Übergang zur Küste, wo sich die Wellen aufsteilen.

Die drei-dimensionale Beschreibung ist insbesondere für die numerische Simulation ein großes Problem, da man aus Speicherplatzgründen kein hinreichend feines Gitter über einen gesamten Ozean legen kann. Hier fehlen noch Strategien, wie man das Gitter adaptiv verfeinern kann. Die häufigen Fehlalarme deuten auch darauf hin, dass diese grundlegenden Probleme der Simulation (noch) nicht gelöst sind, siehe auch [121].

28.3 Bildverarbeitung und PDE

Zunächst sollen hier kurz die wirkenden Mechanismen bei Konzentrationsveränderungen in Flüssigkeiten beschreiben. Dazu betrachten wir eine Flüssigkeit, in der sich ein Stoff in unterschiedlicher, ortsabhängiger Konzentration befindet. Durch den Dichteunterschied wird nun eine Strömung j hervorgerufen in Richtung des negativen Gradienten der Konzentration $u(x,t)$, also

$$j(x,t) = -D\,\nabla u(x,t).$$

Aus der Massenerhaltung folgt weiterhin, dass die Änderung der Konzentration in einem Volumenelement nur durch Strömung erfolgen kann, und daher

$$\frac{\partial}{\partial t}u(x,t) = -\mathrm{div}(j) = -\frac{\partial}{\partial x_1}j - \frac{\partial}{\partial x_2}j - \frac{\partial}{\partial x_3}j.$$

Fasst man diese beiden physikalischen Bedingungen zusammen, so folgt

$$u_t = \mathrm{div}(D\,\nabla u).$$

Für den Fall, dass die Diffusionskonstante isotrop ist, d.h. orts- und richtungsunabhängig ist, ergibt sich D als reelle Zahl, und damit vereinfacht sich die Gleichung zu

$$u_t = D\,\mathrm{div}(\nabla u) = D\,\Delta u$$

mit dem Laplace-Operator Δ.

Wir wollen das Modell der Diffusion nun auf die Bildverarbeitung anwenden. Dazu betrachten wir ein Schwarz-Weiß-Bild, gegeben durch Grauwerte in einem zweidimensionalen Feld von Pixeln. Die Grauwerte können nun als Konzentration eines Farbstoffes angesehen werden. Dadurch erscheint das Bild als zeitabhängige Momentaufnahme eines Diffusionsprozesses. Abhängig von der eingesetzten Diffusionskonstanten D kann nun das Bild so in der Zeit vor oder zurück gerechnet werden, um den Zustand des Bildes vor oder nach Einwirkung der hypothetischen Diffusion zu erhalten. Das gegebene Bild und seine Grauwerte werden also als Startwerte für eine Diffusionsgleichung

$$u_t = \mathrm{div}(D\,\nabla u)$$

aufgefasst. Mittels einer Diskretisierung in Orts- und Zeitvariablen können wir dann die Grauwerte des Bildes im folgenden Zeitschritt wegen $(u_{ij,k+1} - u_{ij,k})/\tau \approx u_t(x_{ij}, t_k)$ näherungsweise berechnen aus

$$u_{k+1} = u_k + \tau\,\mathrm{div}(D\,\nabla u)|_{x_{ij},t_k}\,.$$

Die Orts-Diskretisierung entspricht dabei dem durch die Pixel gegebenem Gitter. Auf diese Art und Weise kann durch verschiedene Wahl der Konstanten D und eine bestimmte Anzahl von Zeitschritten das Bild weicher oder schärfer gemacht werden.

29 Aufgaben

„The essence of mathematics is not to make simple things complicated, but to make complicated things simple."

S. Gudder

Übung 133 (Verdauung der Wiederkäuer). Wiederkäuer, wie z.B. Hirsche, Schafe oder Rinder, haben einen komplizierten Magen. Frisch gefressenes, unzerkautes Futter gelangt in ein Vorratskompartiment, Pansen oder Rumen genannt. Später, wenn es zerkaut ist, geht es durch den Blättermagen (Omasum), dann in den Labmagen (Abomasum), wo es weiter verdaut wird.

Eine erste Näherung für die Futtermengen im Rumen $r(t)$ und im Abomasum $u(t)$ zur Zeit t ergibt folgendes mathematisches Modell

$$\begin{aligned} \dot{r}(t) &= -k_1 r, \qquad & r(t_0) &= r_0, \\ \dot{u}(t) &= k_1 r - k_2 u, \qquad & u(t_0) &= u_0, \end{aligned} \tag{29.1}$$

mit $k_1, k_2 > 0$ und $k_1 \neq k_2$, den so genannten spezifischen Verdauungsraten.

Überzeugen Sie sich, dass das Anfangswertproblem (29.1) ein Spezialfall des allgemeinen linearen Anfangswertproblems

$$\begin{pmatrix} \dot{x}_0(t) \\ \dot{x}_1(t) \end{pmatrix} = A \begin{pmatrix} x_0(t) \\ x_1(t) \end{pmatrix}, \quad \begin{pmatrix} x_0(t_0) \\ x_1(t_0) \end{pmatrix} = \begin{pmatrix} x_{00} \\ x_{10} \end{pmatrix},$$

mit der Kopplungsmatrix

$$A = \begin{pmatrix} a_{00} & a_{01} \\ a_{10} & a_{11} \end{pmatrix}$$

ist. Geben Sie die Besetzung von A sowie x_{00} und x_{10} in Abhängigkeit von k_0, k_1 und r_0, u_0 an!

Diskretisieren Sie das AWP (29.1) nach Euler, nach Crank-Nicolson und Rückwärts-Euler. Was ergibt sich jeweils für f in

$$\begin{pmatrix} x_0^{i+1} \\ x_1^{i+1} \end{pmatrix} = f\left(\tau, A, \begin{pmatrix} x_0^i \\ x_1^i \end{pmatrix}\right)?$$

Hinweis: Nicht nur hier bewährt sich die Formel

$$\begin{pmatrix} a & b \\ c & d \end{pmatrix}^{-1} = \frac{1}{ad-bc} \begin{pmatrix} d & -b \\ -c & a \end{pmatrix}.$$

Übung 134 (Endwertproblem). Für $y' = \Phi(y, x)$ und Intervall $[a, b]$ betrachten wir das *Endwertproblem:*

Gegeben sei $y(b)$, gesucht ist $y(a)$.

Formulieren Sie ein Verfahren zur näherungsweisen Berechnung von $y(a)$.

Übung 135. Gegeben ist ein Anfangswertproblem der Form $y'(x) = \Phi(y, x)$, $y(a) = y_0$. Bei äquidistanter Schrittweite h betrachten wir die Iterationsvorschrift

$$y_{k+1} = y_k + \frac{h}{2} \left(\Phi(y_k, x_k) + \Phi(y_{k+1}, x_{k+1}) \right).$$

a) Aus welcher Quadraturregel ergibt sich dieses Verfahren? Man beschreibe den Zusammenhang!
b) Zeigen Sie, wie man aus der obigen Beziehung bei bekannten Werten von x_k, y_k, und h den neuen Wert y_{k+1} berechnen kann. Um welche Art von Problemen handelt es sich dabei? Welche Art von Verfahren kann man benutzen? Beschreiben Sie die Startbedingungen eines solchen Verfahrens.
   Geben Sie einen Algorithmus an zur Lösung des Anfangswertproblems mit näherungsweiser Berechnung von $y(b)$ für ein $b > a$.

Übung 136 (Lokale Diskretisierungsfehler des Eulerverfahrens). Gegeben ist das Anfangswertproblem

$$y'(x) = \varphi(y, x) = x, \qquad x_0 = 0, \quad y(x_0) = 0.$$

Wir benutzen die äquidistante Einteilung $x_0 = 0$, $x_1 = h, \ldots, x_n = nh = b$.

a) Bestimmen Sie die exakte Lösung $y(x)$ und die Näherungswerte $y_j \approx y(x_j)$, $j = 1, \ldots, n$, die durch das (Vorwärts)Euler-Verfahren gegeben werden.
b) Wie groß ist der lokale Diskretisierungsfehler $|y_1 - y(x_1)|$? Wie groß ist der globale Fehler $|y_n - y(b)|$?

Übung 137. Gegeben ist das Anfangswertproblem

$$\begin{pmatrix} u \\ v \end{pmatrix}' = \begin{pmatrix} -1000 & \alpha \\ \alpha & -1 \end{pmatrix} \begin{pmatrix} u \\ v \end{pmatrix}, \quad x_0 = 0, \; u(x_0) = 1, \; v(x_0) = 1.$$

Wir benutzen die äquidistante Einteilung $x_0 = 0$, $x_1 = x_0 + h$, $\ldots$, $x_n = x_0 + nh = b$, also $h = b/n$.

a) Formulieren Sie das (Vorwärts-)Euler-Verfahren zur Bestimmung von Näherungslösungen $u_j \approx u(x_j)$ und $v_j \approx v(x_j)$.

Im Folgenden betrachten wir den Spezialfall $\alpha = 0$.

b) Bestimmen Sie die exakten Lösungen $u(x)$ und $v(x)$. Man gebe eine einfache Formel für die Näherungswerte $u_j \approx u(x_j)$ und $v_j \approx v(x_j)$ an, die durch das (Vorwärts)-Euler-Verfahren gegeben werden, in Abhängigkeit von h.
c) Wie groß darf h gewählt werden, so dass u_j und v_j beide für $j \to \infty$ das richtige Verhalten zeigen? Wie groß darf h gewählt werden, so dass v_j für $j \to \infty$ das richtige Verhalten zeigt?

Übung 138 (Einfaches Populationsmodell). Die Annahme, dass die Geburten- und Sterberate einer Population jeweils proportional zur Anzahl der Individuen ist, führt zu einem einfachen Populationsmodell, das durch folgendes Anfangswertproblem beschrieben wird:

$$\dot{x}(t) = a\, x(t), \quad x(t_0) = x_0.$$

a) Integrieren Sie das Anfangswertproblem analytisch. Stellen Sie die Ergebnisse graphisch dar.
b) Diskutieren Sie das Problem mit dem Euler-, dem Rückwärts-Euler- und dem Crank-Nicolson-Verfahren und beschreiben Sie einen Algorithmus zur numerischen Lösung des Anfangswertproblems.
c) Welche Diskretisierungsordnung $\mathcal{O}(\tau)$ haben die unterschiedlichen Verfahren?

Übung 139 (DuFort-Frankel-Diskretisierung). Die parabolische partielle Differentialgleichung

$$\partial_t u = \lambda\, \partial_{xx} u$$

wird mit der Methode der Finiten Differenzen

$$\frac{1}{\Delta t}\left[u_j^{n+1} - u_j^{n-1}\right] = \frac{\lambda}{\Delta x^2}\left[u_{j+1}^n - (u_j^{n+1} + u_j^{n-1}) + u_{j-1}^n\right] \tag{29.2}$$

mit $\Delta t > 0$ und $\Delta x > 0$ diskretisiert. Die Diskretisierung ist wegen

$$\Delta^h u_{i,j} - (u_t - u_x x) = (\Delta t)^2 u_{ttt}/6 - (\Delta x)^2 u_{xxxx}/12 + (\Delta t/\Delta x)^2 u_{tt} + \dots$$

nur dann konsistent, wenn Δt „schneller“ als Δx gegen Null geht.
Zeigen Sie, dass die Lösung der Gleichung (29.2) für $\Delta t/\Delta x \to q \neq 0$ gegen die Lösung der hyperbolischen partiellen Differentialgleichung

$$q^2 u_{tt} - u_{xx} + u_t = 0$$

konvergiert.
Hinweis: Die DuFort-Frankel-Diskretisierung empfiehlt sich insbesondere aus diesem Grund nicht für adaptive Verfeinerungsalgorithmen, da die zusätzliche Bedingung, nämlich Δt und Δx dürfen nicht gleichmäßig gegen Null gehen, zu beachten ist.

Übung 140 (Laplace-Gleichung). Zeigen Sie, dass die Funktionenschar aus (27.1)

$$u(x,y) := \sin(m\pi x)\,\sin(n\pi y), \qquad (xy) \in \Omega := [0,1]^2$$

für alle Parameter $m, n \in \mathbb{N}$ die Laplace-Gleichung (27.2)

$$-\Delta u(x,y) = 0, \qquad \forall (x,y) \in \Omega.$$

erfüllt.

Übung 141 (*d*-dimensionale Analyse). Analysieren Sie den Reduktionsfaktor q für das Modellproblem 35 (vgl. Seite 313) im d-dimensionalen Fall. Welchen Einfluss hat die Dimension d?

Übung 142 (Charakterisierung der variationellen Formulierung als Minimierungseigenschaft). Beweisen Sie das Theorem 8. Berechnen Sie den Wert des Funktionals für die Funktion $u + tv \in V$ mit $u, v \in V$ und $t \in \mathbb{R}$. Zeigen Sie zunächst, dass gilt:

$$J(u+tv) = J(u) + t\left(\int_\Omega \nabla v \circ \nabla v \mathrm{d}x - \int_\Omega v f \mathrm{d}x - \partial_\nu u \mathrm{d}S\right) + \\ + \frac{t^2}{2}\int_\Omega \nabla v \circ \nabla v \mathrm{d}x \quad (29.3)$$

Löst die Funktion u die variationelle Formulierung (27.32), so gilt

$$J(u+tv) = J(u) + t^2/2 \int_\Omega \nabla v \circ \nabla v \mathrm{d}x > J(u) \\ \forall\, 0 \neq v \in V,\ 0 \neq t \in \mathbb{R}.$$

Damit ist gezeigt, dass u das Funktional $J(.)$ minimiert. Warum?

Minimiert die Funktion u das Funktional $J(.)$, so muss die Ableitung des Funktionals $J(u+tv)/\mathrm{d}t$ nach t für alle Funktionen $v \in V$ verschwinden. Berechnen Sie diese Ableitung mittels Gleichung (29.3) und folgern Sie daraus die Gleichung (27.32).

Beweisen Sie die Eindeutigkeit der Lösung u ebenfalls mit Gleichung (29.3).

Übung 143 (Notwendige Leistungsfähigkeit für Wettervorhersage). Schätzen Sie die mindestens notwendige Rechenleistung eines Rechner(-verbundes) in Rechenoperationen pro Sekunde ab, um Zugrichtung eines Tiefdruckgebietes mit einer Geschwindigkeit von 500 bis 2500 km/Tag **vorher**sagen zu können.

Hinweis: Die Maschenweite h muss dazu mindestens sowohl die Größe einer Gewitterzelle mit einem Durchmesser von ca. 10 km als auch $f = 30$ Flächen abbilden können, siehe auch Übung 132. Geben Sie die Anzahl der Diskretisierungspunkte N an. Nehmen Sie weiter an, dass

1. der Zustand der globalen Atmosphäre alle 15 Minuten berechnet werden soll und
2. der numerische Lösungsalgorithmus optimale lineare Komplexität $\mathcal{O}(N)$ hat.

Gibt es einen solchen Supercomputer heute schon?

Übung 144 (Satellitenbahnen im Einfluss von Erde und Mond). Das System von Differentialgleichungen

$$\ddot{x} = x + 2\dot{y} - \mu' \frac{x+\mu}{\left((x+\mu)^2 + y^2\right)^{2/3}} - \mu \frac{x-\mu'}{\left((x-\mu')^2 + y^2\right)^{2/3}}$$
$$\ddot{y} = y - 2\dot{x} - \mu' \frac{y}{\left((x+\mu)^2 + y^2\right)^{2/3}} - \mu \frac{y}{\left((x-\mu')^2 + y^2\right)^{2/3}}$$

beschreibt die Bewegung eines kleinen Körpers, z.B. eines Satelliten, im Kraftfeld zweier großer Körper, z.B. von Erde und Mond. Wir nehmen an, dass die Bewegung der drei Körper in einer festen Ebene erfolgt und dass die beiden großen Körper mit konstanter Winkelgeschwindigkeit und konstantem gegenseitigem Abstand um ihren gemeinsamen Schwerpunkt rotieren. Insbesondere vernachlässigen wir die Störungen durch den kleinen Körper. In einem mitrotierenden Koordinatensystem, in welchem die beiden großen Körper als ruhend erscheinen, wird die Bahn des kleinen Körpers durch ein Funktionenpaar $(x(t), y(t))$ beschrieben, welches dem System von zwei gewöhnlichen Differentialgleichungen zweiter Ordnung genügt. Der Nullpunkt entspricht dem Schwerpunkt der beiden auf der x-Achse sitzenden großen Körper, μ und $\mu' = 1 - \mu$ dem Verhältnis der Massen des auf der positiven bzw. negativen x-Achse gelegenen Körpers zur Gesamtmasse beider Körper. Ferner ist die Längeneinheit so gewählt, dass der Abstand der beiden großen Körper gleich Eins ist, die Zeiteinheit derart, dass die Winkelgeschwindigkeit der Rotation gleich Eins ist, d.h. dass ein Umlauf 2π Zeiteinheiten dauert. Berechnen Sie mit dem Euler-Verfahren die Bewegung der kleinen Masse. Das Massenverhältnis Erde zu Mond beträgt $\mu = 0.011213$, die Anfangsbedingungen lauten $x(0) = 1.2$, $y(0) = 0$, $\dot{x}(0) = 0$ und $\dot{y}(0) = -1.04936$. Die Periode (Umlaufdauer) beträgt $T = 6.19217$.

Teil VIII

Anhang

A Werkzeuge aus der Analysis

„Das Argument gleicht dem Schuss einer Armbrust – es ist gleichermaßen wirksam, ob ein Riese oder ein Zwerg geschossen hat.“

Francis Bacon

A.1 Taylor-Entwicklung

In vielen Fällen benötigen wir lokale Näherungen für eine vorgegebene Funktion f. Als wesentliches Hilfsmittel dient uns dazu die Taylor-Entwicklung, die daher kurz beschrieben werden soll. Wir nehmen im Folgenden an, dass die Funktion f genügend oft stetig differenzierbar ist.

Die einfachste Form der Taylor-Entwicklung ist der Mittelwertsatz der Differentialrechnung

$$\frac{f(x) - f(x_0)}{x - x_0} = f'(\eta), \qquad \eta \in [x_0, x] \text{ oder } \eta \in [x, x_0].$$

Anschaulich lässt sich dies so interpretieren, dass die Verbindungsstrecke zwischen $f(x_0)$ und $f(x)$ als Tangentenrichtung in einer Zwischenstelle η vorkommt, die zwischen x_0 und x liegt. Die parallel verschobene Verbindungsstrecke zwischen $(x_0, f(x_0))$ und $(x, f(x))$ ist an einer Stelle η genau eine Tangente an f (siehe Abb. A.1).

Nun sind wir auf der Suche nach einer möglichst guten, einfachen, lokalen Näherungsfunktion für f. Daher wollen wir an einer Stelle x die Funktion durch eine Gerade möglichst gut darstellen. Diese Gerade ist dann genau die Gerade durch $(x_0, f(x_0))$ mit Steigung $f'(x_0)$, also

$$g(x) = f(x_0) + f'(x_0)(x - x_0).$$

Der Satz über die Taylor-Entwicklung gibt an, wie gut diese Approximation durch g ist:

$$\begin{aligned} f(x) &= g(x) + \frac{f''(\eta)}{2}(x - x_0)^2 \\ &= f(x_0) + f'(x_0)(x - x_0) + \frac{f''(\eta)}{2}(x - x_0)^2. \end{aligned}$$

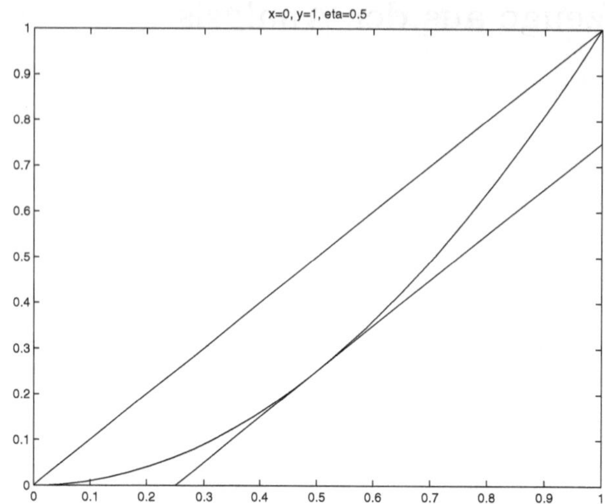

Abb. A.1. Zwischenstelle mit Tangente parallel zur Sekante.

Dabei tritt wieder eine Zwischenstelle η auf. Die Gerade stimmt um so besser mit f überein, je näher wir an die Stelle x_0 kommen und je kleiner $|f''|$ zwischen x_0 und x ist.

Dieses Resultat lässt sich verbessern, indem wir statt Geraden Parabeln, kubische Polynome, usw. zulassen. Die entsprechenden Näherungspolynome $p_m(x)$ gehen dann durch den betrachteten Punkt $(x_0, f(x_0))$ und haben mit f an der Stelle x_0 soviele Ableitungen wie möglich gemeinsam, also $p'_m(x_0) = f'(x_0)$, $p''_m(x_0) = f''(x_0), \ldots$. Diese Polynome sind gegeben durch

$$\begin{aligned} p_m(x) = f(x_0) + f'(x_0)(x - x_0) + \\ + \frac{f''(x_0)}{2}(x - x_0)^2 + \ldots + \frac{f^{(m)}(x_0)}{m!}(x - x_0)^m, \end{aligned}$$

und die dabei auftretende Abweichung von f kann durch das Restglied

$$f(x) = p_m(x) + \frac{f^{(m+1)}(\eta)}{(m+1)!}(x - x_0)^{m+1},$$

mit einer Zwischenstelle η angegeben werden. Die Darstellung wird um so besser, je kleiner $|x - x_0|$ und je kleiner $|f^{(m+1)}|$ zwischen x und x_0 ist. Für den einfachsten Fall eines konstanten Polynoms $m = 0$ erkennen wir den Mittelwertsatz.

Für Polynome immer höheren Grades erhalten wir im Grenzwert eine unendliche Reihe, die Taylor-Reihe von f in x_0. Ist diese Reihe

$$f(x) = \sum_{j=0}^{\infty} \frac{f^{(j)}(x_0)}{j!}(x - x_0)^j$$

konvergent bei x_0, so liefert sie unter gewissen Zusatzvoraussetzungen im Konvergenzintervall eine gültige Darstellung der Funktion f. In Anwendungen werden wir es oft mit Funktionen zu tun haben, die nicht explizit bekannt sind. Normalerweise kennen wir von der Funktion – z.B. aus Messungen – Funktionswerte an diskreten Stellen x_j. Statt der Funktionswerte $f(x_j)$ lässt sich f aber oft auch durch Angabe der Taylor-Koeffizienten beschreiben.

Betrachten wir als Beispiel die Exponential-Funktion an der Stelle $x_0 = 0$. Die Ableitungen sind an der Stelle Null alle gleich Eins und es ergeben sich die Taylor-Polynome

$$p_m(x) = \sum_{j=0}^{m} \frac{x^j}{j!}.$$

Die Approximation von $\exp(x)$ bei $x_0 = 0$ durch konstante, lineare, quadratische und kubische Taylor-Polynome ist in der Abbildung A.2 dargestellt. Der Fehler ist gegeben durch

$$|f(x) - p_m(x)| = \frac{\exp(\eta)|x|^{m+1}}{(m+1)!}.$$

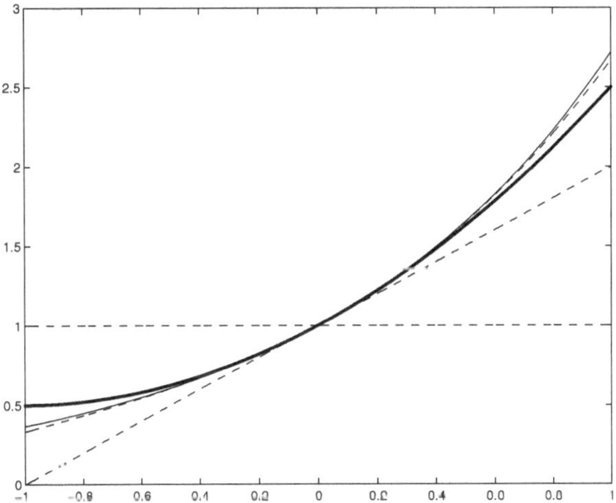

Abb. A.2. Taylor-Polynome für $\exp(x)$ wachsenden Grades um $x_0 = 0$; die dünne durchgezogene Linie ist die Funktion $\exp(x)$.

Viele der Algorithmen beruhen darauf, die gegebene Funktion f lokal durch ein Taylor-Polynom kleinen Grades zu ersetzen, und das gestellte Problem (Integration, gesuchte Nullstelle, ...) für diese wesentlich einfachere Funktion zu lösen. Den auftretenden Fehler kann man durch die Größe des Restgliedes abschätzen.

Die Ableitung einer Vektor-Funktion $y = F(x_1, ..., x_n) \in \mathbb{R}$ ist gegeben durch den Gradienten

$$\nabla F = \begin{pmatrix} \frac{\partial F}{\partial x_1} \\ \vdots \\ \frac{\partial F}{\partial x_n} \end{pmatrix}.$$

Der Gradient bestimmt alle eindimensionalen Richtungsableitungen in Richtung des Vektors u $\frac{d}{dt}F(x + tu) = \nabla F(x)^T u$. Die Verallgemeinerung auf vektorwertige Funktionen

$$f(x_1, \ldots, x_n) = \begin{pmatrix} f_1(x_1, \ldots, x_n) \\ \vdots \\ f_n(x_1, \ldots, x_n) \end{pmatrix}$$

führt dann auf die Jacobi-Matrix der Ableitungen

$$\mathrm{D}f = \begin{pmatrix} \frac{\partial f_1}{\partial x_1} & \cdots & \frac{\partial f_1}{\partial x_n} \\ \vdots & & \vdots \\ \frac{\partial f_n}{\partial x_1} & \cdots & \frac{\partial f_n}{\partial x_n} \end{pmatrix}.$$

Erzeugende Funktionen und Komplexitätsanalyse: Taylor-Reihen spielen im Bereich der Informatik auch in der Komplexitätstheorie eine wichtige Rolle. Hier kann die Reihendarstellung dazu dienen, den Aufwand eines Algorithmus für verschiedene Eingabelängen n in geschlossener Form zu beschreiben. Betrachten wir z.B. die durch die Fibonacci-Folge gegebene Zahlenfolge

$$a_{n+2} = a_{n+1} + a_n \qquad \text{mit Startwerten } a_0 \text{ und } a_1. \tag{A.1}$$

Als erzeugende Funktion der so definierten Folge können wir die Funktion $f(x) = \sum_{n=0}^{\infty} a_n x^n$ betrachten. Um f zu bestimmen, multiplizieren wir obige Gleichung mit x^n und summieren dann alle diese Gleichungen zu verschiedenen n auf:

$$\frac{1}{x^2}\sum_{n=0}^{\infty} a_{n+2}x^{n+2} = \frac{1}{x}\sum_{n=0}^{\infty} a_{n+1}x^{n+1} + \sum_{n=0}^{\infty} a_n x^n$$

oder

$$\frac{1}{x^2}\sum_{n=2}^{\infty} a_n x^n = \frac{1}{x}\sum_{n=1}^{\infty} a_n x^n + \sum_{n=0}^{\infty} a_n x^n.$$

Ergänzen wir in den Summen die fehlenden Terme, so dass überall $f(x)$ erscheint, erhalten wir

$$\frac{f(x) - a_0 - a_1 x}{x^2} = \frac{f(x) - a_0}{x} + f(x),$$

und damit

$$f(x) = \frac{a_0 + (a_1 - a_0)x}{1 - x - x^2}.$$

Diese Funktion f hat die Eigenschaft, dass der n-te Taylor-Koeffizient $f^{(n)}(0)/n! = a_n$ gleich der n-ten Fibonacci-Zahl ist. Auf diese Art und Weise lässt sich die Fibonacci-Folge auf einfache Art und Weise durch eine einzige Größe, die erzeugende Funktion f, eindeutig und geschlossen beschreiben. Bei vielen Algorithmen kennen wir eine Formel der Form (A.1), die den benötigten Aufwand beschreibt. Durch das Hilfsmittel der erzeugenden Funktion kann durch Bestimmung von f die Komplexität für alle möglichen auftretenden Fälle angegeben werden (vgl. Beispiel 32 in Kapitel 11.2 und die Kostenanalyse der FFT in Kapitel 18.3).

A.2 Landau-Notation

Bei der näherungsweisen Beschreibung des Verhaltens einer Funktion für betragsmäßig sehr große oder sehr kleine Werte werden die Landau'schen Symbole verwendet. Die Notation $\mathcal{O}(.)$ ist definiert durch

$$f(n) = \mathcal{O}(g(n)),$$

falls wir $M \in \mathbb{R}$ und $N \in \mathbb{R}$ angeben können mit

$$\frac{f(n)}{g(n)} \leq M < \infty \qquad \text{für } n > N.$$

Diese Beziehung ist z.B. erfüllt, wenn $g(n)$ der am stärksten wachsende Term in f ist, $f(n) = g(n) +$ Terme kleinerer Ordnung.

Genauso ist

$$f(h) = \mathcal{O}(g(h)),$$

falls wir $c \in \mathbb{R}$ und $\delta \in \mathbb{R}$ angeben können, mit

$$\left|\frac{f(h)}{g(h)}\right| \leq c < \infty \qquad \text{für } |h| < \delta.$$

Diese Beziehung ist erfüllt, wenn $g(h)$ der am langsamsten schrumpfende Term in f für $h \to 0$ ist, oder $f(h) = g(h) +$ kleinere Terme. Die Landau-Notation ist sehr nützlich, um die wesentlichen Kosten eines Algorithmus zu beschreiben oder eine Fehleranalyse durchzuführen.

B Werkzeuge aus der Linearen Algebra

„Strukturen sind die Waffen der Mathematiker“

Nicolas Bourbaki

B.1 Vektoren und Matrizen

Eine $n \times m$-Matrix A beschreibt eine lineare Abbildung, die einem Vektor $x \in \mathbb{R}^m$ einen anderen Vektor $y \in \mathbb{R}^n$ zuordnet durch die Festlegung $y = Ax$ oder

$$\begin{pmatrix} y_1 \\ \vdots \\ y_n \end{pmatrix} = \begin{pmatrix} a_{11} & \cdots & a_{1m} \\ \vdots & & \vdots \\ a_{n1} & \cdots & a_{nm} \end{pmatrix} \begin{pmatrix} x_1 \\ \vdots \\ x_m \end{pmatrix} = \begin{pmatrix} \sum_{j=1}^m a_{1j} x_j \\ \vdots \\ \sum_{j=1}^m a_{nj} x_j \end{pmatrix}.$$

Zu zwei Matrizen B und A wird die Hintereinanderausführung der zugehörigen Abbildungen $y = A(Bx) = (AB)x$ beschrieben durch die Matrix AB, also das Matrixprodukt von A und B.

Für eine $k \times n$-Matrix A und eine $n \times m$-Matrix B

$$A = \begin{pmatrix} a_{11} & \cdots & a_{1n} \\ \vdots & & \vdots \\ a_{k1} & \cdots & a_{kn} \end{pmatrix}, \quad B = \begin{pmatrix} b_{11} & \cdots & b_{1m} \\ \vdots & & \vdots \\ b_{n1} & \cdots & b_{nm} \end{pmatrix}$$

ergibt sich die Produktmatrix

$$C = AB = \begin{pmatrix} \sum_{j=1}^n a_{1j} b_{j1} & \cdots & \sum_{j=1}^n a_{1j} b_{jm} \\ \vdots & & \vdots \\ \sum_{j=1}^n a_{kj} b_{j1} & \cdots & \sum_{j=1}^n a_{kj} b_{jm} \end{pmatrix}.$$

Man beachte, dass die Größen der Matrizen zueinander passen müssen – A hat genau so viele Spalten, wie B Zeilen hat. Das neue Element c_{ij} ergibt sich als das Skalarprodukt zwischen der i-ten Zeile von A und der j-ten Spalte von B.

Zwei wichtige Spezialfälle sind: Das Skalarprodukt zwischen zwei Vektoren $x, y \in \mathbb{R}^n$:

$$C = x^T y$$

und das äußere Produkt

$$C = xy^T = \begin{pmatrix} x_1 y_1 \cdots x_1 y_m \\ \cdots \quad \cdots \\ x_n y_1 \cdots x_n y_m \end{pmatrix}$$

für Vektoren $x \in \mathbb{R}^n$ und $y \in \mathbb{R}^m$. Mit hochgestelltem T bezeichnen wir das Transponieren einer Matrix

$$A^T = \begin{pmatrix} a_{11} & \cdots & a_{1n} \\ \vdots & & \vdots \\ a_{k1} & \cdots & a_{kn} \end{pmatrix}^T = \begin{pmatrix} a_{11} & \cdots & a_{k1} \\ \vdots & & \vdots \\ a_{1n} & \cdots & a_{kn} \end{pmatrix}.$$

Eine Matrix A mit der Eigenschaft $A^T = A$ heißt symmetrische Matrix.

Als Rang einer Matrix beziehungsweise eines Gleichungssystems bezeichnen wir die Anzahl der linear unabhängigen Zeilen. Im ersten Beispiel 23 über Stromkreise lieferten uns die Maschen- und Knotenregel 8 Gleichungen für 6 Unbekannte. Zwei der Gleichungen konnten wir ersatzlos streichen, da sie keine neuen Bedingungen an unsere Unbekannten erbrachten, sondern automatisch mit dem Lösen der 6 Gleichungen schon miterfüllt waren. Die Ausgangsmatrix hatte also 8 Zeilen und 6 Spalten (eine 8×6-Matrix), der Rang der Matrix war aber 6. Die oben betrachte $n \times n$-Matrix xy^T hat sogar nur Rang 1, da jede Zeile nur ein anderes Vielfaches des Vektors y^T ist.

Wir hätten mit demselben Ergebnis den Rang auch als die Anzahl linear unabhängiger Spalten definieren können, da beides denselben Wert liefert.

Der Rang einer Matrix spielt für die Lösbarkeit eines Gleichungssystems eine entscheidende Rolle. $Ax = b$ ist genau dann lösbar, wenn $rang(A) = rang(A|b)$. Anders ausgedrückt, ist das Gleichungssystem nur lösbar, wenn sich die rechte Seite b als geeignete Summe über die Spaltenvektoren A_j von A darstellen lässt: $b = \sum x_j A_j = Ax$. Weiterhin bestimmt der Rang einer Matrix, wie viele verschiedene Lösungen es geben kann.

Wir sind hauptsächlich an dem Fall interessiert, dass A eine quadratische $n \times n$-Matrix mit vollem Rang n ist, dann existiert stets eine eindeutige Lösung x. Denn dann ist A invertierbar, d.h. es existiert eine $n \times n$ Matrix $A^{-1} = inv(A)$, die Inverse von A, mit

$$A^{-1} \cdot A = A \cdot A^{-1} = I = \begin{pmatrix} 1 & 0 & \cdots & 0 \\ 0 & 1 & & \vdots \\ \vdots & & \ddots & 0 \\ 0 & \cdots & 0 & 1 \end{pmatrix}.$$

Hier bezeichnet I die Einheitsmatrix, die die Eigenschaften der Eins bezüglich der Matrizenmultiplikation hat. Die Einheitsmatrix ist Spezialfall einer Diagonalmatrix, also einer Matrix, die nur Einträge auf der Hauptdiagonalen hat, $I = diag(1, ..., 1)$. Für Diagonalmatrizen $D = diag(d_1, ..., d_n)$ kann die Inverse sofort angegeben werden in der Form $D^{-1} = diag(1/d_1, ..., 1/d_n)$.

Die Lösung von $Ax = b$ ist also gegeben durch $x = A^{-1}b$. Andererseits kann die Inverse durch das Lösen der n Gleichungssysteme $Ax = e_i$ berechnet werden. e_i sei der Vektor, der überall Nulleinträge hat, aber 1 an der i-ten Komponente.

Definition 38. *Wir nennen eine quadratische Matrix A singulär, wenn keine Inverse existiert (A hat nicht vollen Rang), andernfalls heißt A regulär.*

Wir geben ein Beispiel einer singulären Matrix

$$A = \begin{pmatrix} 0 & 0 \\ 0 & 1 \end{pmatrix}. \tag{B.1}$$

Gleichungssysteme mit singulären Matrizen haben entweder gar keine Lösung, oder unendlich viele Lösungen; die Dimension eines solchen Lösungsraums (falls Lösungen existieren) ist gegeben durch $n - rang(A)$. Die Matrix A aus (B.1) und die Matrix xy^T sind z.B. Rang-1-Matrizen ($n = 2$, $rang(A) = 1$), d.h. das lineare Gleichungssystem $Ax = 0$ hat unendlich viele Lösungen, und der Raum der Lösungen ist ein 1-dimensionaler Vektorraum, der sich beschreiben lässt als die Menge der Vielfachen eines beliebigen Lösungsvektor.

Beispiel 51. Die Gleichungssysteme zu (B.1) haben folgende Lösungen:

- $b = (1, 1)^T$ hat keine Lösung,
- $b = (0, 0)^T$ hat als Lösungen alle Vektoren der Form $x = (a, 0)^T$ für beliebiges a und
- $b = (0, 1)^T$ hat als Lösungen alle Vektoren der Form $(0, 1)^T + (a, 0)^T$ für beliebiges a.

Im Zusammenhang mit der Diskreten Fourier-Transformation treten auch Matrizen auf, die komplexe Zahlen als Einträge besitzen. In diesem Fall bezeichnen wir mit $A^H = conj(A^T)$ das Hermite'sche der Matrix A. Dabei wird die Matrix A transponiert, dann aber auch noch jedes Element a_{ij} durch den konjugiert-komplexen Wert $conj(a_{ij}) = \overline{a_{ij}}$ ersetzt.

B.2 Normen

Um Aussagen über die auftretenden Fehler und die Güte der berechneten Lösung bei linearen Gleichungssystemen treffen zu können, benötigen wir als Hilfsmittel den Begriff der Norm. Sei

$$x = \begin{pmatrix} x_1 \\ \vdots \\ x_n \end{pmatrix}$$

ein Vektor der Länge n mit reellen Zahlen $x_1, \ldots, x_n$.

Definition 39. *Unter der Norm $\|x\|$ des Vektors x verstehen wir die Abbildung des Raums der Vektoren in die reellen Zahlen mit den folgende Eigenschaften:*

1. $\|x\| > 0$ *für* $x \neq 0$,
2. $\|\alpha x\| = |\alpha| \, \|x\|$ *für alle* x *und alle* $\alpha \in \mathbb{R}$ *und*
3. $\|x + y\| \leq \|x\| + \|y\|$ *für alle Vektoren* x, y.

Die dritte Bedingung der Definition 39 wird als Dreiecksungleichung bezeichnet, da sie geometrisch bedeutet, dass die Summe zweier Dreiecksseiten länger als die dritte ist. Die Norm eines Vektors ist also zu interpretieren als seine Länge, gemessen in einem evtl. verzerrten Maßstab.

Wie sich leicht nachprüfen lässt, erfüllt die euklid'sche Norm

$$\|x\|_2 = \sqrt{\sum_{j=1}^{n} |x_j|^2}$$

die obigen Forderungen. Geometrisch beschreibt $\|.\|_2$ die Länge eines Vektors im üblichen Sinne. Andere, häufig benutzte Vektornormen sind

$$\|x\|_1 = \sum_{j=1}^{n} |x_j|$$

und die Maximumsnorm

$$\|x\|_\infty = \max_{j=1}^{n} |x_j|.$$

Eng verknüpft mit dem Begriff Norm ist die Definition des Skalarprodukts (oder Inneren Produkts) zweier Vektoren x und y. So gehört zur euklid'schen Norm $\|x\|_2$ das Skalarprodukt

$$(x, y) = y^T x = x^T y = (x_1, \cdots x_n) \cdot \begin{pmatrix} y_1 \\ \vdots \\ y_n \end{pmatrix} = \sum_{j=1}^{n} x_j y_j.$$

Aus diesem Skalarprodukt ergibt sich mittels $\|x\|_2 = \sqrt{(x, x)}$ die euklid'sche Norm. Für komplexe Vektoren ist das Skalarprodukt definiert durch $(x, y) = x^H y = \sum_{j=1}^{n} \bar{x}_j y_j$.

Auch für Matrizen müssen wir den Begriff der Norm einführen, wieder durch die drei Bedingungen von Definition 39. Die häufigste Matrixnorm ist die 2-Norm, abgeleitet von der euklid'schen Vektornorm, und gegeben durch

$$\|A\|_2 = \max_{x \neq 0} \frac{\|Ax\|_2}{\|x\|_2}.$$

Neben den üblichen drei Eigenschaften von Definition 39 erfüllt diese Matrixnorm noch die Eigenschaft der Submultiplikativität, d.h.

$$\|A \cdot B\|_2 \leq \|A\|_2 \cdot \|B\|_2\,,$$

und sie ist mit der euklid'schen Vektornorm verträglich, d.h.

$$\|Ay\|_2 \leq \|A\|_2 \cdot \|y\|_2.$$

Die drei Eigenschaften von Definition 39 ergeben sich aus

$$\begin{aligned}
&\|A\|_2 = 0 \Leftrightarrow \text{ stets } \|Ax\|_2 = 0 \Leftrightarrow A = 0, \\
&\|\alpha A\|_2 = \max_x \frac{\|\alpha Ax\|_2}{\|x\|_2} = |\alpha| \max_x \frac{\|Ax\|_2}{\|x\|_2}, \\
\text{und } &\|A + B\|_2 = \max_x \frac{\|Ax + Bx\|_2}{\|x\|_2} \leq \max_x \frac{\|Ax\|_2}{\|x\|_2} + \max_x \frac{\|Bx\|_2}{\|x\|_2},
\end{aligned}$$

da die euklid'sche Norm eine Vektornorm ist.

Die Verträglichkeit folgt direkt aus

$$\frac{\|Ay\|_2}{\|y\|_2} \leq \max_x \frac{\|Ax\|_2}{\|x\|_2} = \|A\|_2,$$

und die Submultiplikativität ergibt sich durch

$$\begin{aligned}
\|AB\|_2 = \max_x \frac{\|ABx\|_2}{\|x\|_2} &\leq \max_x \frac{\|A(Bx)\|_2 \cdot \|Bx\|_2}{\|Bx\|_2 \cdot \|x\|_2} \\
&\leq \max_y \frac{\|Ay\|_2}{\|y\|_2} \max_x \frac{\|Bx\|_2}{\|x\|_2}.
\end{aligned}$$

Wir können eine so definierte Matrixnorm folgendermaßen interpretieren: Die Norm einer Matrix ist die größte Längenänderung eines Vektors x, die durch die Multiplikation mit A vorkommen kann.

Analog können wir eine Matrix-1-Norm, beziehungsweise eine Matrix-∞-Norm einführen z.B. als $\|A\|_1 = \max_x \|Ax\|_1 / \|x\|_1$. Unabhängig von Vektornormen können wir auch direkt Matrixnormen definieren, z.B. $\|A\| = \max_{i,j}\{|a_{ij}|\}$ oder die Frobenius-Norm einer Matrix

$$\|A\|_F = \sqrt{\sum_{i,j} |a_{i,j}|^2}.$$

Übung 145. Zeigen Sie für die oben definierten Normen, dass die Normeigenschaften von Definition 39 erfüllt sind. Weiterhin soll untersucht werden, ob diese beiden Normen submultiplikativ bzw. mit der euklid'schen Norm verträglich sind.

B.3 Orthogonale Matrizen

Eine wichtige Sonderklasse von quadratischen Matrizen bilden die linearen Abbildungen, die die Länge eines Vektors bezüglich der euklid'schen Norm unverändert lassen. Das bedeutet, dass für die Abbildung, die durch die Matrix Q durch $y = Qx$ definiert ist, gilt:

$$x^T x = \|x\|_2^2 = \|y\|_2^2 = \|Qx\|_2^2 = (Qx)^T (Qx) = x^T (Q^T Q) x.$$

Daher muss für ein solches Q gelten: $Q^T Q = I$ mit der Einheitsmatrix I, oder $Q^{-1} = Q^T$. Matrizen mit dieser Eigenschaft heißen orthogonale Matrizen.

Sind U und V orthogonal, so ist auch das Produkt $Q = UV$ orthogonal, da $Q^{-1} = (UV)^{-1} = V^{-1}U^{-1} = V^T U^T = (UV)^T$. Dasselbe gilt für die Inverse: $Q = U^{-1}$, dann folgt $Q^{-1} = U = (U^{-1})^T = Q^T$.

Die euklid'sche Norm einer orthogonalen Matrix ist Eins, da

$$\|Q\|_2 = \max_x \frac{\|Qx\|_2}{\|x\|_2} = 1.$$

Jede orthogonale $n \times n$-Matrix ist verbunden mit einer Orthogonal-Basis des $\mathbb{R}^n$, bestehend aus den Spalten q_j, $j = 1, \ldots, n$ von $Q = (q_1, \cdots, q_n)$. Das bedeutet, dass sich jeder Vektor des $\mathbb{R}^n$, $x = (x_1, \cdots, x_n)^T$ schreiben lässt als $x = \sum_{j=1}^n \alpha_j q_j$. Die Koeffizienten α_j dieser neuen Basisdarstellung berechnen sich wegen $x = Q(Q^T x) = (q_1, \cdots, q_n)(Q^T x)$ einfach als $(\alpha_1, \cdots, \alpha_n)^T = Q^T x$. Da die n Vektoren $q_1, \ldots, q_n$ linear unabhängig sind und sich jedes x aus ihnen kombinieren lässt, bilden die q_i eine Basis des $\mathbb{R}^n$.

Genauso sind die beiden Vektoren q_1 und q_2 eine Orthonormalbasis des Unterraums U, der von diesen beiden Vektoren aufgespannt wird, $U = \{\alpha_1 q_1 + \alpha_2 q_2 | \alpha_1, \alpha_2 \in \mathbb{R}\}$.

Um eine allgemeine Basis $a_1, \ldots, a_k$ eines Unterraums U in eine Orthonormalbasis $q_1, \ldots, q_k$ zu verwandeln, kann das QR-Verfahren aus Kapitel 10.2 verwendet werden. Dabei berechnet man für die Matrix $A = (a_1, \ldots, a_k)$ die QR-Zerlegung $A = QR$; dann bilden die Spalten von $Q = (q_1, \ldots, q_k)$ eine Orthonormalbasis von U.

Besondere Bedeutung kommt den Permutationsmatrizen P zu. Darunter verstehen wir orthogonale Matrizen, die in jeder Zeile und Spalte genau einmal 1 stehen haben und sonst überall nur aus Nullen bestehen. Multipliziert man P mit einer anderen Matrix A zu PA, so werden dadurch die Zeilen von

A permutiert. Die Umordnung der Komponenten eines Vektors entspricht der Multiplikation dieses Vektors mit einer Permutationsmatrix.

Haben wir es mit Matrizen über komplexen Zahlen zu tun, so müssen wir die Definitionen verallgemeinern. Wir nennen eine Matrix dann unitär, wenn die Inverse genau das Hermite'sche der Matrix ist, also $UU^H = I$ gilt.

B.4 Eigenwerte und Singulärwerte

Als Eigenwert einer quadratischen Matrix A bezeichnet man eine reelle oder komplexe Zahl λ, zu der ein Vektor $x \neq 0$, der Eigenvektor zu λ, existiert mit $Ax = \lambda x$. Ist A sogar symmetrisch, so weiß man, dass sogar eine Orthonormalbasis aus Eigenvektoren existiert, also $Q = (x_1, \ldots, x_n)$ mit $x_j^T x_k = 0$ für $j \neq k$, und $Ax_j = \lambda_j x_j$. Daher gilt $AQ = Q\Lambda$ mit der Diagonalmatrix $\Lambda = diag(\lambda_1, \ldots, \lambda_n)$. Für die 2-Norm einer symmetrischen Matrix A ergibt sich wegen $A = Q\Lambda Q^T$

$$\|A\|_2^2 = \max_x \frac{\|Ax\|_2^2}{\|x\|_2^2} = \max_x \frac{x^T A^T Ax}{x^T x} = \max_y \frac{y^T \Lambda^2 y}{y^T y} = \lambda_{max}^2(A).$$

Daher ist $\|A\|_2$ gleich dem Absolutbetrag des betragsgrößten Eigenwertes von A.

Eine symmetrische Matrix A, deren Eigenwerte alle positiv sind, heißt positiv definit. Dann gilt $x^T Ax = x^T Q\Lambda Q^T x = y^T \Lambda y = \sum_{j=1}^n \lambda_j y_j^2 > 0$ für jeden Vektor $x = Qy \neq 0$.

Aus der Eigenwertgleichung $Ax = \lambda x$ sieht man, dass ein Eigenvektor zu Eigenwert $\lambda \neq 0$ eine Gerade durch den Koordinatenursprung bestimmt, die durch die lineare Abbildung $x \mapsto Ax$ in sich überführt wird; eine solche Gerade bezeichnet man daher als Fixgerade.

Ein Koordinatensystem, das genau aus Eigenvektoren besteht, eignet sich sehr gut zur Beschreibung der Abbildung A. Beschränken wir uns auf den symmetrischen Fall, so existiert eine Orthonormalbasis von Eigenvektoren $x_1, \ldots, x_n$ und es gilt:

$$\begin{gathered} A(x_1, \ldots, x_n) = (x_1, \ldots, x_n) \cdot \mathrm{diag}(\lambda_1, \ldots, \lambda_n) \Longrightarrow \\ AQ = Q\Lambda \Longrightarrow Q^T AQ = \Lambda \end{gathered}$$

d.h. im Koordinatensystem der Eigenvektoren ist die Matrix A eine einfache Diagonalmatrix.

Für eine beliebige Matrix A können wir durch Übergang zu den symmetrischen Matrizen $A^T A$ bzw. AA^T eine ähnliche Zerlegung definieren. Zu jeder beliebigen reellen $n \times m$-Matrix A exisitiert eine Faktorisierung der Form

$$A = U\Sigma V, \quad \Sigma = \begin{pmatrix} \sigma_1 & 0 & \cdots & \cdots & 0 & \cdots & 0 \\ 0 & \sigma_2 & 0 & \cdots & 0 & \cdots & 0 \\ \vdots & \ddots & \ddots & & \vdots & & \vdots \\ \vdots & & 0 & \sigma_k & 0 & \cdots & 0 \\ 0 & \cdots & \cdots & 0 & 0 & \cdots & 0 \\ \vdots & & & \vdots & \vdots & & \vdots \\ 0 & \cdots & \cdots & 0 & 0 & \cdots & 0 \end{pmatrix}$$

mit orthogonalen Matrizen U und V, Σ eine $n \times m$-, U eine $n \times n$- und V eine $m \times m$-Matrix. Dabei sind die Matrizen U und V gerade die Eigenvektoren von $A^T A$ und AA^T; die σ_j heißen die Singulärwerte von A und sind die Wurzeln aus den Eigenwerten von $A^T A$ bzw. AA^T. Weiterhin bezeichnet k den Rang von A, der gleich dem Rang von $A^T A$ und AA^T ist.

Übung 146. Zeigen Sie, dass die Eigenwerte einer orthogonalen Matrix alle vom Betrag 1 sind. Welche Werte können die singulären Werte einer orthogonalen Matrix annehmen?

Übung 147. Zeigen Sie, dass $A^T A$ und AA^T stets symmetrisch positiv semidefinit sind und die selben Eigenwerte besitzen.

Für die 2-Norm erhalten wir für eine beliebige Matrix A

$$\|A\|_2^2 = \max_x \frac{\|Ax\|_2^2}{\|x\|_2^2} = \max_x \frac{x^T A^T Ax}{x^T x} =$$

$$= \max_y \frac{y^T \Sigma^T \Sigma y}{y^T y} = \lambda_{max}(A^T A) = \sigma_{max}^2(A).$$

Dabei ist $A^T A = V\Sigma^T \Sigma V^T$, und die 2-Norm einer beliebigen Matrix ist daher gleich ihrem größten Singulärwert σ_{max}.

B.5 Bestapproximation in der $\|.\|_2$-Norm

Oft stehen wir in der angewandten Mathematik vor der Aufgabe, Daten aus sehr großen oder sogar unendlich-dimensionalen Räumen durch wesentlich kleinere, endliche Unterräume anzunähern.

Wir betrachten als Modellproblem den Vektorraum $\mathbb{R}^n$ und einen k-dimensionalen Unterraum U mit $k \ll n$. Um nun für einen Vektor $x \in \mathbb{R}^n$ eine gute Näherung $u \in U$ zu gewinnen, bestimmen wir u als Orthogonalprojektion von x auf den Unterraum U. Wir verwenden die euklid'sche Norm $\|x\|_2$ und das Skalarprodukt $(x, y) = x^T y$.

Theorem 9. *$\|x - u\|_2$ ist genau dann minimal für alle $v \in U$, wenn $x - u$ orthogonal zu allen $v \in U$ ist, d.h. stets $(x - u, v) = (x - u)^T v = 0$ gilt.*

Beweis. Wir betrachten für die Optimallösung u und beliebiges $v \in U$ die Funktion

$$g(\varepsilon) := (x - u + \varepsilon v, x - u + \varepsilon v) = \|x - u\|_2^2 + 2\varepsilon(v, x - u) + \varepsilon^2 \|v\|_2^2.$$

Da $\|x - u\|_2$ minimal ist, muss $(v, x - u)$ gleich Null sein für alle $v \in U$, da ansonsten durch Wahl von ε eine bessere Lösung als u gefunden werden könnte.

Ist andererseits für ein $u \in U$ und alle $v \in U$ stets $(v, x - u) = 0$, so folgt, dass $\|x - u + \varepsilon v\|_2$ minimal ist für $\varepsilon = 0$; da dies für beliebige $v \in U$ gilt, muss u die gesuchte Optimallösung mit minimalem Abstand zu x sein.

Anmerkung 71. Aus dem Beweis sieht man, dass für die Optimallösung gilt:

$$\begin{aligned}\|x - u\|_2^2 &= (x - u)^T(x - u) = x^T(x - u) - u^T(x - u) = x^T(x - u)\\ &= x^T x - x^T u = x^T x - (x - u + u)^T u = x^T x - (x - u)^T u - u^T u\\ &= \left|\|x\|_2^2 - \|u\|_2^2\right| .\end{aligned}$$

Sei $u_1, \ldots, u_k$ eine Basis des Unterraums U. Dann berechnet sich die Optimallösung durch den Ansatz $u = \sum_{j=1}^n \alpha_j u_j$ aus

$$0 = (x - u)^T u_k = (x - \sum_{j=1}^n \alpha_j u_j)^T u_k = x^T u_k - \sum_{j=1}^n \alpha_j u_j^T u_k$$

oder aus dem Gleichungssystem

$$\sum_{j=1}^n (u_j^T u_k)\alpha_j = x^T u_k \qquad \text{für} \quad k = 1, \ldots, n.$$

Ist $u_1, \ldots, u_n$ sogar eine Orthonormalbasis von U, so erhalten wir direkt $\alpha_k = x^T u_k$.

C Komplexe Zahlen

„Von zwei wahrscheinlichen Lösungen ist meist die einfachere die richtige.“

William v. Ockham

Es sollen die komplexen Zahlen eingeführt und das Rechnen mit ihnen erklärt werden. Die imaginäre Zahl i wird definiert, um die Lösung der quadratischen Gleichung $x^2 = -1$ zu ermöglichen. Eine beliebige komplexe Zahl x lässt sich dann schreiben als $x = a + ib$, a und b reelle Zahlen, die als Real- und Imaginärteil bezeichnet werden. So wie sich reelle Zahlen mit Hilfe des Zahlenstrahles visualisieren lassen, so kann man die komplexen Zahlen auch als Vektoren mit zwei Komponenten $x = (a, b)^T$ in der Ebene darstellen.

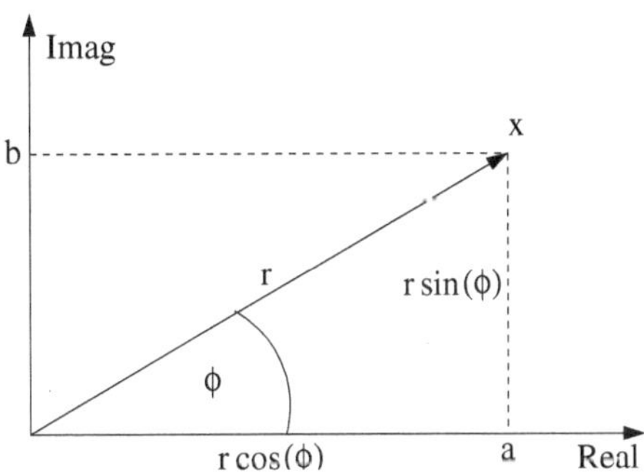

Abb. C.1. Darstellung einer komplexen Zahl.

Der Betrag einer komplexen Zahl ist – wie die Länge des entsprechenden Vektors – gegeben durch $|x| = \sqrt{a^2 + b^2}$, und mit $\bar{x} = a - ib$ bezeichnen wir die zu $x = a + ib$ konjugiert komplexe Zahl, die an der reellen Achse gespiegelte Zahl. Beschränken wir uns auf Zahlen der Länge 1, so beschreiben diese Vektoren den Einheitskreis.

Zwischen Realteil, Imaginärteil, und dem Winkel φ kann man aus obigem Bild sofort einige elementare Beziehungen ablesen. So lässt sich jede komplexe

Zahl auf dem Einheitskreis (mit Betrag $r = 1$) in Abhängigkeit von dem Winkel φ zwischen dem Vektor und der x-Achse beschreiben durch

$$x = \cos(\varphi) + \mathrm{i}\sin(\varphi) = \mathrm{e}^{\mathrm{i}\varphi}.$$

Diese letzte Beziehung ist sehr wichtig und ermöglicht eine andere Darstellung der komplexen Zahlen. Doch zunächst wollen wir diese Gleichung mittels der Reihendarstellung von Exponentialfunktion, Sinus und Cosinus begründen:

$$\begin{aligned}\mathrm{e}^{\mathrm{i}\varphi} &= \sum_{n=0}^{\infty} \frac{(\mathrm{i}\varphi)^n}{n!} = \sum_{k=0}^{\infty} \frac{(\mathrm{i}\varphi)^{2k}}{(2k)!} + \sum_{k=0}^{\infty} \frac{(\mathrm{i}\varphi)^{2k+1}}{(2k+1)!} \\ &= \sum_{k=0}^{\infty} \frac{(-1)^k \varphi^{2k}}{(2k)!} + \mathrm{i}\sum_{k=0}^{\infty} \frac{(-1)^k \varphi^{2k+1}}{(2k+1)!} = \cos(\varphi) + \mathrm{i}\sin(\varphi).\end{aligned}$$

Daraus ergibt sich die elementare Beziehung zwischen e, π und i der Form $\exp(2\mathrm{i}\pi) = \cos(2\pi) + \mathrm{i}\sin(2\pi) = 1$[1]. Umgekehrt errechnet sich der Cosinus aus der komplexen Exponentialfunktion mittels

$$\begin{aligned}\cos(x) &= \frac{1}{2}\left(\mathrm{e}^{\mathrm{i}x} + \mathrm{e}^{-\mathrm{i}x}\right) \\ &= \frac{1}{2}(\cos(x) + \mathrm{i}\sin(x) + \cos(-x) + \mathrm{i}\sin(-x)).\end{aligned}$$

Wir wollen aber wieder zu den Eigenschaften komplexer Zahlen zurückkehren. Jedes x mit Betrag $\sqrt{a^2 + b^2}$ kann auf Länge Eins normiert werden mittels $x/|x|$, und damit kann jede Zahl x dargestellt werden als

$$x = a + \mathrm{i}b = \sqrt{a^2 + b^2}(\cos(\varphi) + \mathrm{i}\sin(\varphi)) = r\mathrm{e}^{\mathrm{i}\varphi}$$

mit

$$r = \sqrt{a^2 + b^2}, \qquad \tan(\varphi) = \frac{b}{a}.$$

Damit haben wir zwei verschiedene Darstellungsformen einer komplexen Zahl hergeleitet und können bei Bedarf die jeweils günstigere wählen und jeweils von einer Form in die andere umrechnen.

Für komplexe Zahlen gelten die üblichen Rechenregeln:

$$\begin{aligned}x + y &= (a + \mathrm{i}b) + (c + \mathrm{i}d) = (a + c) + \mathrm{i}(b + d) \\ x \cdot y &= (a + \mathrm{i}b) \cdot (c + \mathrm{i}d) = (ac - bd) + \mathrm{i}(ad + bc),\end{aligned}$$

oder in der Exponentialdarstellung der komplexen Zahlen

---

[1] Diese Gleichung wird von vielen Mathematikern für eine der schönsten Formeln der Mathematik gehalten, da sie die „Extrem"-Zahlen e, π und i so verknüpft, dass sie sich gegenseitig zu Eins aufheben

$$\begin{aligned} x \cdot y &= (|x|\mathrm{e}^{\mathrm{i}\varphi}) \cdot (|y|\mathrm{e}^{\mathrm{i}\psi}) = (|x| \cdot |y|)\mathrm{e}^{\mathrm{i}(\varphi+\psi)}, \\ x^n &= (a+\mathrm{i}b)^n = \sum_{j=0}^{n} \binom{n}{j} a^{n-j} (\mathrm{i}b)^j = |x|^n \mathrm{e}^{\mathrm{i}n\varphi}, \\ \bar{x} &= a - \mathrm{i}b = \overline{|x|\mathrm{e}^{\mathrm{i}\varphi}} = |x|\mathrm{e}^{-\mathrm{i}\varphi}. \end{aligned}$$

In der zweiten Form ist das Produkt zweier komplexer Zahlen also zurückgeführt auf das Produkt der Beträge und die Summe der Winkel.

Nun wollen wir auf dem Einheitskreis äquidistante Stützstellen auswählen. Deshalb definieren wir uns die n-ten Einheitswurzeln

$$\exp\left(\frac{2\pi \mathrm{i} j}{n}\right), \qquad j = 0, 1, \ldots, n-1.$$

Der Name kommt daher, dass die n-ten Einheitswurzeln genau die eindeutigen Lösungen der Gleichung $x^n = 1$ sind, die n-ten Wurzeln aus der Eins bzw. die n Nullstellen des Polynoms $x^n - 1$.

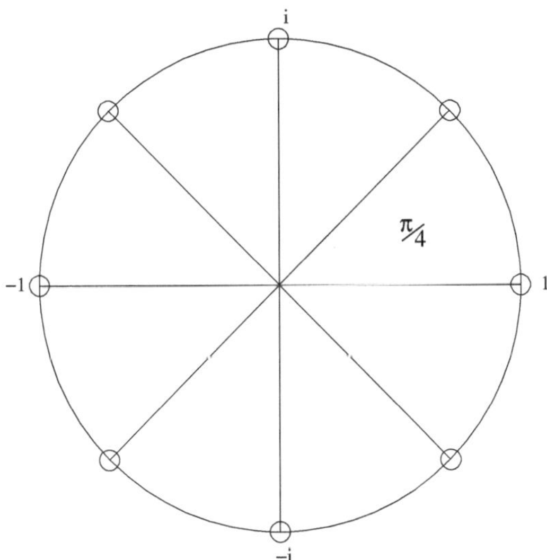

Abb. C.2. Einheitskreis mit achten Einheitswurzeln.

D Fourier-Entwicklung

„Mathematik ist die Sprache der Götter."

Novalis

Zunächst wollen wir eine Reihenentwicklung für Funktionen beschreiben, die stückweise stetig und periodisch sind. Der Einfachheit halber betrachten wir den Fall der Periode 2π, $f(x+2\pi) = f(x)$ für $x \in \mathbb{R}$. Dann kann f als unendliche Reihe geschrieben werden in der Form

$$f(x) = \frac{a_0}{2} + \sum_{k=1}^{\infty}(a_k \cos(kx) + b_k \sin(kx)). \tag{D.1}$$

Die Koeffizienten a_k, b_k heißen Fourier-Koeffizienten und lassen sich berechnen mittels

$$a_k = \frac{1}{\pi}\int_{-\pi}^{\pi} f(x)\cos(kx)\mathrm{d}x, \tag{D.2}$$

$$b_k = \frac{1}{\pi}\int_{-\pi}^{\pi} f(x)\sin(kx)\mathrm{d}x, \tag{D.3}$$

$$\text{für } k = 0, 1, \ldots.$$

Übung 148. Die obige Formel gilt, falls f periodisch auf dem Intervall $[-\pi, \pi]$ ist. Sei eine Funktion g gegeben, die periodisch auf einem beliebigen Intervall $[a, b]$ ist. Wie transformieren sich (D.1) – (D.3) auf g?

Übung 149. Die Funktion $f(x)$ aus D.1 kann auch mittels der komplexen Exponentialfunktion geschrieben werden in der Form

$$f(x) = \sum_{k=-\infty}^{\infty} c_k \exp(ikx) \tag{D.4}$$

mit komplexen Zahlen c_k. Stellen Sie die Verbindung her zwischen den reellen Zahlen a_k, b_k und den komplexen Zahlen c_k.

Die Fourier-Koeffizienten beschreiben, wie sich die Funktion aus bestimmten Frequenzanteilen zusammensetzt. Dabei bezeichnet k die Wellenzahl, $k/2\pi$ die Frequenz und $2\pi/k$ die dazugehörige Periode. Also geben die Zahlen a_k und b_k an, wie sich f im Frequenzbereich um $k/2\pi$ verhält.

Außerdem stellt das endliche trigonometrische Polynom

$$f_n(x) = \frac{a_0}{2} + \sum_{k=1}^{n} (a_k \cos(kx) + b_k \sin(kx))$$

eine Approximation an f dar, für die die Norm

$$\|f_n(x) - f(x)\|_2^2 := \int_{-\pi}^{\pi} (f_n(x) - f(x))^2 \mathrm{d}x$$

minimal ist über alle trigonometrischen Polynome vom Grad n (siehe Übungsaufgabe 96).

Wir wollen die Fourier-Koeffizienten mittels Trapezregel und Stützstellen $x_0 = -\pi$, $x_j = -\pi + \frac{2\pi}{N} j$, $x_N = \pi$ annähern. Dann folgt

$$\begin{aligned}
a_k &= \frac{1}{\pi} \int_{-\pi}^{\pi} f(x) \cos(kx) \mathrm{d}x \\
&\approx \frac{1}{\pi} \cdot \frac{2\pi}{N} \left(\frac{1}{2} f(-\pi) \cos(-k\pi) + f(x_1) \cos(kx_1) \right. \\
&\qquad \left. + \ldots + f(x_{N-1}) \cos(kx_{N-1}) + \frac{1}{2} f(\pi) \cos(k\pi) \right) \\
&= \frac{2}{N} \sum_{j=0}^{N-1} f(x_j) \cos\left(k \left(-\pi + \frac{2\pi}{N} kj \right) \right) \\
&= \frac{2}{N} \cos(kx_0) \sum_{j=0}^{N-1} f(x_j) \cos\left(\frac{2\pi kj}{N} \right) - \frac{2}{N} \sin(kx_0) \sum_{j=0}^{N-1} f(x_j) \sin\left(\frac{2\pi kj}{N} \right)
\end{aligned}$$

und wir benötigen die Koeffizienten

$$g_k = \frac{2}{N} \sum_{j=0}^{N-1} f(x_j) \cos\left(\frac{2\pi kj}{N} \right) \quad \text{und} \quad h_k = \frac{2}{N} \sum_{j=0}^{N-1} f(x_j) \sin\left(\frac{2\pi kj}{N} \right),$$

die sich beide aus

$$\sum_{j=0}^{N-1} f(x_j) \exp\left(\frac{2\pi ikj}{N} \right) \tag{D.5}$$

als Real-, bzw. Imaginärteil ergeben. Formel (D.5) beschreibt das Matrix-Vektor-Produkt, das wir in Kapitel 18.1 als Diskrete Fourier-Transformation des Vektors $(f_0, \ldots f_{N-1})$ definieren.

E Praktische Hinweise

„Die Mathematik als Fachgebiet ist so ernst, dass man keine Gelegenheit versäumen sollte, dieses Fachgebiet unterhaltsamer zu gestalten."

Blaise Pascal

E.1 Hinweise zu Übungs- und Programmieraufgaben

Dieses Lehrbuch über numerische Berechnungsmethoden ging aus der Vorlesung „Konkrete Mathematik, Numerisches Programmieren" hervor. Die Übungen zu den Vorlesungen finden sich im Internet unter `www5.in.tum.de/lehre/vorlesungen/konkr_math/`. Dort sind auch Hinweise zur Lösung vieler Übungsaufgaben aus diesem Buch zu finden, die interaktiv Hilfestellungen geben (`www5.in.tum.de/lehre/vorlesungen/konkr_math/05_06/`).

Die Lösung von Übungsaufgaben ist besonders motivierend und fördert das Verständnis für numerische Berechnungsmethoden, wenn die Aufgaben aus einer anwendungsbezogenen, kapitelübergreifenden Fragestellung kommen, wie z.B. die Diskussion der Probleme der *Bildverarbeitung* mit den Aspekten:

1. Rundungsfehler (Quantisierung)
2. Gleichungssysteme (Filter, Deblurring, Registrierung)
3. Interpolation (Bildtransformation)
4. Iterative Verfahren (z.B. bei Gleichungssystemen) und
5. Differentialgleichungen (Diffusion).

Neben der Bildverarbeitung (Wintersemester 03/04, `www5.in.tum.de/lehre/vorlesungen/konkr_math/03_04/prog/prog.html`) eignen sich hier auch folgende Fragestellungen:

1. Audioverarbeitung, siehe (Wintersemester 04/05, `www5.in.tum.de/lehre/vorlesungen/konkr_math/04_05/prog/prog.html`),
2. Computergraphik,
3. Implementierung elementarer Berechnungsmethoden sowie
4. partielle Differentialgleichungen des Wissenschaftlichen Rechnens.

E.2 Überblick zu Software für numerische Anwendungen

- Numerische Lineare Algebra (Vektoren, Matrizen):
  - BLAS: `www.netlib.org/blas/`
  - LAPACK: `www.netlib.org/lapack/`
  - Templates for the solution of Linear Systems: `netlib2.cs.utk.edu/linalg/html_templates/Templates.html`
  - Templates for the Solution of Algebraic Eigenvalue problems: `www.cs.ucdavis.edu/~bai/ET/contents.html`
  - ATLAS: `math-atlas.sourceforge.net/`
- Programme für Parallelrechner:
  - ScaLAPACK: `www.netlib.org/scalapack/scalapack_home.html`
  - PLAPACK: `www.cs.utexas.edu/users/plapack/`
  - MPI: `www.mpi-forum.org/docs/mpi-20-html/mpi2-report.html`
  - OpenMP: `www.openmp.org/drupal/`
  - PETSc: `www-unix.mcs.anl.gov/petsc/petsc-as/`
  - PARDISO: `http://www.computational.unibas.ch/cs/scicomp/software/pardiso/`
- Software-Umgebungen (kommerziell):
  - MATLAB: Mathworks `www.mathworks.com/`
  - MATHCAD: `www.mathcad.de/`
  - Mathematica: `www.wolfram.com/products/mathematica/index.html`
  - Maple: `www.maplesoft.com/`
- Graph Partitioning: Metis: `www-users.cs.umn.edu/~karypis/metis/`
- FFTW: `www.fftw.org/`
- Gewöhnliche Diff'gleichungen: ODEPACK: `www.netlib.org/odepack/`
- Computational Fluid Dynamics codes: `icemcfd.com/cfd/CFD`
- Optimierung: `plato.la.asu.edu/guide.html`
- Allgemeine Software:
  - Numerical Recipes: `www.nr.com/`
  - Netlib: `www.netlib.org/`
  - GAMS: Guide to available mathematical Software: `gams.nist.gov/`
  - Matrix Market: `math.nist.gov/MatrixMarket/`
  - JavaNumerics: `math.nist.gov/javanumerics/`
  - Object-oriented Numerics: `www.oonumerics.org/oon/`
  - GNU Scientific Library: `www.gnu.org/software/gsl/`
  - TOMS, Transactions on mathematical Software: `math.nist.gov/toms/Overview.html`
- Kommerzielle Bibliotheken:
  - IMSL: `www.vni.com/products/imsl/`
  - NAG: `www.vni.com/products/imsl/`
  - MSC/NASTRAN: `www.mscsoftware.com/products/`
  - Diffpack: `www.diffpack.com/`

E.3 Literaturhinweise

- **Grundlagen der Mathematik:**
  - Analysis 1 – Differential und Integralrechnung einer Veränderlichen, O. Forster
  - Analysis 1, Th. Bröcker
  - Lineare Algebra, G. Fischer
  - Lineare Algebra, K. Jänich
- **Numerik für Nicht-Mathematiker:**
  - Numerische Mathematik kompakt, R. Plato
  - Numerische Methoden, J. D. Faires, R. L. Burden
  - Numerische Mathematik mit Matlab, G.Gramlich, W. Werner
  - Numerik für Anfänger, G. Opfer
  - Computer-Numerik, Chr. Überhuber
  - Wissenschaftliches Rechnen, J. Herzberger
  - Numerik für Informatiker, F. Locher
- **Anwendungsbezogene Numerik:**
  - Numerical methods and software, D. Kahaner, C. Moler, S. Nash
  - An Introduction to High Peformance Computing, L. Fosdick, E. Jessup, J. C. Schauble, G. Dominik
  - Grundlagen der Numerischen Mathematik und des Wissenschaftlichen Rechnens, M. Hanke-Bourgeois
  - Numerische Mathematik, M. Bollhöfer, V. Mehrmann
- **Numerik für Mathematiker:**
  - Numerische Mathematik, H. R. Schwarz,
  - Numerische Mathematik, P. Deuflhard, A. Hohmann, F. Bornemann
  - Numerische Mathematik, J. Stoer, R. Bulirsch
  - Numerische Mathematik, R. Schaback, H. Werner
  - Numerische Mathematik, G. Hämmerlin, K.-H. Hoffmann
- **Numerische Lineare Algebra:**
  - Iterative Methods for Sparse Linear Systems, Y. Saad
  - Numerik linearer Gleichungssysteme, A. Meister
  - Numerik linearer Gleichungssysteme, Chr. Kanzow
  - Numerische Lineare Algebra, W. Bunse, A. Bunse-Gerstner
  - Applied Numerical Linear Algebra, J. Demmel
  - Matrix Computations, G. Golub, Ch. van Loan
  - Numerical Linear Algebra, L. N. Trefethen, D. Bau
- **Wavelets:**
  - Wavelets. Die Mathematik der kleinen Wellen, B. B. Hubbard
  - Wavelets – Eine Einführung, Chr. Blatter
  - A friendly guide to wavelets, G. Kaiser
- **Fast-Fourier-Transformation:**
  - FFT-Anwendungen, E. O. Brigham
  - Computational Frameworks for the Fast Fourier Transform, Ch. van Loan

- **Computer Arithmetik und Rechnerarchitektur:**
  - Numerical computing with IEEE floating point arithmetic, M. L. Overton
  - Aufbau und Arbeitsweise von Rechenanlagen, W. Coy
  - Rechnerarchitektur, W. K. Giloi
  - Rechnerarchitektur, J. Hennessy, D. Patterson, D. Goldberg
  - Accuracy and stability of Numerical Algorithms, N. Higham
- **Parallelrechner:**
  - Paralleles Rechnen, W. Huber
  - Solving linear systems on vector and shared memory computers, J. Dongarra, I. Duff, D. Sorensen
  - Numerical linear algebra for high- performance computers, J. Dongarra, I. Duff, D. Sorensen
  - Lösung linearer Gleichungssysteme auf Parallelrechnern, A. Frommer
  - Parallel Multilevel Methods for Elliptic Partial Differential Equations, B. Smith, P. Bjorstad, W. Gropp
- **Computertomographie:**
  - An Introduction to High Peformance Computing, L. Fosdick, E. Jessup, J. C. Schauble, G. Dominik
  - Mathematical Methods in Image Reconstruction, F. Natterer, F. Wübbeling
- **Audio:** Audiodesign, H. Raffaseder
- **PDE und Bildverarbeitung:**
  - Digitale Bildverarbeitung, B. Jähne
  - Anisotropic Diffusion in Image Processing, J. Weickert
  - Numerical Methods for Image Registration, J. Modersitzki
- **Data Mining:**
  - Understanding Search Engines, M. Berry, M. Browne
  - Data Mining. Introdutory and Advanced Topics, M. Dunham
- **Ordinary Differential Equations und Chip Design:**
  - Differentialgleichungen, E. Kamke
  - Analysis and Simulation of Semiconductor Devices, S. Selberherr
- **Markov Ketten und stochastische Matrizen:**
  - Nonnegative matrices in mathematical Sciences, A. Berman, R. J. Plemmons
  - Angewandte Lineare Algebra, B. Huppert
- **Neuronale Netze und Fuzzy Logik:**
  - Fuzzy Thinking, B. Kosko
  - Neuro-Fuzzy-Methoden, H.-H. Bothe
- **Iteration, Fraktale und Chaos:**
  - Chaos, B. Eckhardt
  - Dynamische Systeme und Fraktale, K.-H. Becker, M. Dörfler
  - A first course in chaotic dynamical systems, R. Devaney
  - Chaos and Fractals, H.-O. Peitgen, H. Jürgens, D. Saupe

- **Computergraphik:**
  - Einführung in die Computergraphik, H. Bungartz, M. Griebel, Chr. Zenger
  - Graphische Datenverarbeitung, R. Zavodnik, H. Kopp
- **Partielle Differentialgleichungen und Multigrid:**
  - Partielle Differentialgleichungen, J. Wloka
  - A Multigrid Tutorial, L. W. Briggs, W. van Emden Henson, S. McCormick
  - Multigrid, U. Trottenberg, C. Osterlee, A. Schüller
  - Multigrid Methods, K. Stüben, U. Trottenberg
- **Partielle Differentialgleichungen und Anwendungen:**
  - Über die partiellen Differentialgleichungen der mathematischen Physik, R. Courant, K. Friedrichs, H. Lewy
  - Methoden der Mathematischen Physik, R. Courant, D. Hilbert
  - Allgemeine Meteorologie, G. Liljequist, K. Cehak
- **Softwarefehler:**
  - Softwarefehler und ihre Folgen, `www5.in.tum.de/~huckle/bugsn.pdf`
  - Collection of Software Bugs, `www5.in.tum.de/~huckle/bugse.html`
- **Weitere interessante Themen:**
  - Audio Paradoxa: `www.noah.org/science/audio_paradox/`
  - Top 10 Algorithms, Dongarra and Sullivan, in *Computing in Science and Engineering*, 2 (1), 2000.
  - Top500 Supercomputer: `www.top500.org`
  - Heisenberg-Effekt der Arithmetik: `www.inf.ethz.ch/news/focus/res_focus/april_2005/`
  - Murphy's Law: `www.murphys-laws.com/`
  - Vierspeziesrechenmaschine von Leibniz: `www.nlb_hannover.de/Leibniz`
  - Curta: `www.curta.de`
  - Zuse: `www.konrad-zuse-computermuseum.de`, `www.zib.de/zuse` und `www.deutsches-museum.de/ausstell/meister/zuse.htm`
  - Moore's Law: `www.intel.com/technology/mooreslaw/`

Literaturverzeichnis

1. E. Anderson, Z. Bai, C. Bischof. *LAPACK user's guide.* SIAM, 1995.
2. Ariane-5: Inquiry Board traces Failure to Overflow Error. `www.siam.org/siamnews/general/ariane.htm`, 1996
3. Z. Bai, J. Demmel, J. Dongarra, A. Ruhe, H. van der Vorst. *Templates for the Solution of Algebraic Eigenvalue Problems: A Practrical Guide.* SIAM, 2000.
4. R. Barett, M. Berry, T. Chan, J. Demmel, J. Donato, V. Eijkhout, R. Pozo, Ch. Romine, H. van der Vorst. *Templates for the Solution of Linear Systems.* SIAM, 1995.
5. R. Barret, M. Berry, T. Chan. *Templates for the Solution of Linear Systems: Building Blocks for Iterative Methods.* SIAM, 1994. `http://www.netlib.org/linalg/html_templates/Templates.html`.
6. E. Batschelet. *Einführung in die Mathematik für Biologen.* Springer Verlag, Berlin, 1980.
7. K.-H. Becker, M. Dörfler. *Dynamische Systeme und Fraktale. Computergrafische Experimente mit Pascal.* Vieweg Verlag, 1989.
8. A. Berman, R. Plemmons. *Nonnegative Matrices in the Mathematical Sciences.* SIAM, 1994.
9. M. W. Berry, M. Browne. *Unterstanding Search Engines: Mathematical Modeling and Text Retrieval.* SIAM,1999.
10. L.S. Blackford, J. Choi, A. Cleary. *ScaLAPACK User's Guide.* SIAM, 1997.
11. Chr. Blatter. *Analysis 1.* Springer Verlag, 1974.
12. Chr. Blatter. *Wavelets. Eine Einführung.* Vieweg Verlag, 1998.
13. A. Bode. *Neue Architekturen für Mikroprozessoren.* Spektrum der Wissenschaften, 5, 2000.
14. M. Bollhöfer, V. Mehrmann. *Numerische Mathematik.* Vieweg Verlag, Wiesbaden, 2004.
15. H.-H. Bothe. *Neuro-Fuzzy-Methoden.* Springer Verlag, 1998.
16. M. Bozo. *Detaillierung und Dokumentation eines durchgängigen Prozesses für Entwurf und Implementierung von Software im Automobil.* Technische Universität München, 2006.
17. L. Briggs, W. van Emden Henson, S. F. McCormick. *A Multigrid Tutorial.* SIAM, 2000.
18. E. O. Brigham. *FFT-Anwendungen.* Oldenbourg Verlag, 1997.
19. Th. Bröcker. *Analysis 1.* Spektrum Akademischer Verlag, 1992.
20. H.-J. Bungartz, M. Griebel, C. Zenger. *Einführung in die Computergraphik.* Vieweg Verlag, 1996.
21. W. Bunse, A. Bunse-Gerstner. *Numerische Lineare Algebra.* Teubner Verlag, 1985.

22. The Capability Maturity Model: Guidelines for Improving the Software Process. Addison-Wesley, 1995.
23. G.J. Cody, W. Waite. *Software manual for the Elementary Functions.* Prentice Hall, 1980.
24. R. Courant, K. Friedrichs, H. Lewy. Über die partiellen Differentialgleichungen der mathematischen Physik. *Math. Ann.*, 100:32 – 74.
25. R. Courant, D. Hilbert. *Methoden der Mathematischen Physik I,II.* Springer Verlag, 1968.
26. W. Coy. *Aufbau und Arbeitsweise von Rechenanlagen.* Braunschweig, 1992.
27. T. Danzig. *Le nombre, language de la science.* Paris, 1931.
28. J. W. Demmel. *Applied numerical linear Algebra.* SIAM, 1997.
29. P. Deuflhard, A. Hohmann. *Numerische Mathematik I.* de Gruyter, 1993.
30. R. L. Devaney. *A first course in chaotic dynamical systems.* Addison-Wesley, 1992.
31. J. J. Dongarra, I. S. Duff, D. C. Sorensen. *Solving linear systems on vector and shared memory computers.* SIAM, 1991.
32. J. J. Dongarra, I. S. Duff, D. C. Sorensen. *Numerical linear algebra for high-performance computers.* SIAM, 1998.
33. W. Dröschel, M. Wiemers (Hrsg.). *Das V-Modell 97. Der Standard für die Entwicklung von IT-Systemen mit Anleitung für den Praxiseinsatz.* München, 2000.
34. M. Dunham. *Data Mining. Introductory and Advanced Topics.* Prentice Hall, 2003.
35. B. Eckhard. *Chaos.* Fischer Verlag, 2004.
36. R. L. Faires, J. D. Burden. *Numerische Methoden.* Springer Verlag, 2000.
37. G. Fischer. *Lineare Algebra.* Vieweg Verlag, 2005.
38. O. Forster. *Analysis 1.* Vieweg Verlag, 2004.
39. L. D. Fosdick, E. R. Jessup, C. J.C. Schauble, G. Domik. *An Introduction to high-performance Scientific Computing.* The MIT Press, 1995.
40. A. Frommer. *Lösung linearer Gleichungssysteme auf Parallelrechnern.* Vieweg Verlag, 1990.
41. H. Gall, K. Kemp, H. Schäbe. *Betriebsbewährung von Hard- und Software beim Einsatz von Rechnern und ähnlichen Systemen für Sicherheitsaufgaben.* Schriftenreihe der Bundesanstalt für Arbeitsschutz und Arbeitsmedizin, 2000.
42. Carl Friedrich Gauß. *disquisitio de elementis ellipticis palladis ex oppositionibus annorum 1803, 1804, 1805, 1806, 1808, 1809.* Number 6 in Carl Friedrich Gauß Werke. Königliche Gesellschaft der Wissenschaften, Göttingen, 1874.
43. W.K. Giloi. *Rechnerarchitektur.* Berlin, 1993.
44. Goldberg. What every computer scientist should know about floating-point arithmetics. *ACM Computing Surveys*, 23(1):5 – 48, 1991.
45. G. Golub, Ch. van Loan. *Matrix Computations.* Johns Hopkins University Press, second edition, 1989.
46. G. Gramlich, W. Werner. *Numerische Mathematik mit Matlab.* dpunkt Verlag, 2000.
47. G. Hämmerlin, K.-H. Hoffmann. *Numerische Mathematik.* Springer Verlag, 1989.
48. M. Hanke-Bourgeois. *Grundlagen der Numerischen Mathematik und des Wissenschaftlichen Rechnens.* Teubner Verlag, 2002.
49. L. Hatton. *Safer C - Developing Software for High-integrity and Safety-critical Systems.* McGraw-Hill, 1994.

50. J. L. Hennessy, D. A. Patterson, D. Goldberg. *Rechnerarchitektur: Analyse, Entwurf, Implementierung, Bewertung.* Vieweg Verlag, 1994.
51. J. Herzberger. *Wissenschaftliches Rechnen: Eine Einführung in das Scientific Computing.* Akademie Verlag, 1995.
52. M.R. Hestenes, E. Stiefel. Methods of conjugate gradients for solving linear systems. *J. Res. Nat. Bur. Standards*, 49:409 – 436, 1952.
53. N. J. Higham. *Accuracy and Stability of Numerical Algorithms.* SIAM, 1996.
54. C. Hills. *Embedded C -Traps and Pitfalls.*
55. B. B. Hubbard. *Wavelets - Die Mathematik der kleinen Wellen.* Birkhäuser Verlag, 1997.
56. W. Huber. *Paralleles Rechnen.* Oldenbourg Verlag, 1997.
57. B. Huppert. *Angewandte Lineare Algebra.* de Gruyter, 1990.
58. IEC International Electrotechnical Commission: IEC 60880 - Software for Computers important to Safty for Nuclear Power Plants; Software aspects of Defence against common Cause Failures, Use of Software Tools and of Predeveloped Software. International Organisation for Standardization.
59. IEC International Electrotechnical Commission: IEC 61508 - Functional Saftety of Electrical/Electronic/Programmable Electronic Safety-Related Systems. `http://www.61508.org.uk/`, 1998.
60. IEEE standard for binary floating-point arithmetic: ANSI/IEEE std 754-1985. Reprinted in SIGPLAN notices 22, 2, 1985.
61. G. Ifrah. *Universalgeschichte der Zahlen.* Frankfurt/Main, 1993.
62. ISO International Organisation for Standardization: ISO 9000 - Quality Management and Quality Assurance Standards. International Organisation for Standardization, 1994.
63. ISO International Organisation for Standardization: ISO 31-11 - Mathematical signs and symbols for use in the physical sciences and technology. International Organisation for Standardization.
64. ISO International Organisation for Standardization: ISO 9899 - Programming languages - C. International Organisation for Standardization, 1990.
65. B. Jähne. *Digitale Bildverarbeitung.* Springer Verlag, 2001.
66. K. Jänich. *Lineare Algebra.* Springer Verlag, 2003.
67. D. Kahaner, C. Moler, S. Nash. *Numerical methods and software.* Prentice Hall International, 1989.
68. G. Kaiser. *A friendly guide to wavelets.* Birkhäuser Verlag, 1994.
69. E. Kamke. *Differentialgleichungen, Lösungsmethoden und Lösungen I,II.* Teubner Verlag, Stuttgart, 1983.
70. Chr. Kanzow. *Numerik Linearer Gleichungssysteme.* Springer Verlag, 2005.
71. K. Knopp. *Theorie und Anwendung der unendlichen Reihen.* Springer Verlag, 1964.
72. A. Koenig. *C Traps ans Pitfalls.* AT&T Bell Laboratories, 1988.
73. B. Kosko. *Fuzzy Thinking.* Hyperion, 1993.
74. U. Kulisch. *Grundlagen des Numerischen Rechnens: Mathematische Begründung der Rechnerarithmetik.* Bibliographisches Institut, 1976.
75. P. Lacan, J. Monfort, L. Ribal, A. Deutsch, G. Gonthier. *ARIANE 5 The Software Reliability Verification Process: The ARIANE 5 Example.* Proceedings DASIA'98, 1998.
76. G. H. Liljequist, K. Cehak. *Allgemeine Meteorologie.* Vieweg Verlag, 1984.
77. Chr. van Loan. *Computational Frameworks for the Fast Fourier Transform.* SIAM, 1992.

78. F. Locher. *Numerische Mathematik für Informatiker.* Springer Verlag, 1992.
79. MATLAB. `http://www.mathworks.com/`.
80. A. Meister. *Numerik Linearer Gleichungssysteme.* Vieweg Verlag, 2005.
81. MISRA The Motor Industry Software Reliability Association: Guidelines for the Use of the C Language In Vehicle Based Software. Motor Industry Research Association, 2004.
82. J. Modersitzki. *Numerical Methods for Image Registration.* Oxford University Press, 2004.
83. Gordon E. Moore. Cramming more Components onto Integrated Circuits. *Electronics*, 8(38):114–117, 1965.
84. Gordon E. Moore. =`http://www.intel.com/research/silicon/mooreslaw.htm` .
85. P. Müller. *Lexikon der Datenverarbeitung, 8. Auflage.* München, 1992.
86. F. Natterer, F. Wübbeling. *Mathematical Methods in Image Reconstruction.* SIAM, 2001.
87. G. Opfer. *Numerik für Anfänger.* Vieweg Verlag, 1994.
88. M. L. Overton. *Numerical Computing with IEEE Floating Point Arithmetic.* SIAM, 2001.
89. H.-O. Peitgen, H. Jürgens, D. Saupe. *Chaos and Fractals.* Springer Verlag, 1992.
90. R. Plato. *Numerische Mathematik kompakt.* Vieweg Verlag, 2000.
91. William H. Press, Saul A. Teukolsky, William T. Vetterling, and Brian P. Flannery. *Numerical Recipes in FORTRAN: The Art of Scientific Computing.* Cambridge University Press, 1992.
92. William H. Press, Saul A. Teukolsky, William T. Vetterling, and Brian P. Flannery. *Numerical Recipes in FORTRAN 90: The Art of Parallel Scientific Computing.* Cambridge University Press,1996.
93. William H. Press, Saul A. Teukolsky, William T. Vetterling, and Brian P. Flannery. *Numerical Recipes in C: The Art of Scientific Computing.* Cambridge University Press, 1999.
94. H. Raffaseder. *Audiodesign.* Hanser, 2002.
95. RTCA: Software Considerations in Airborne Systems and Equipment Certification. `www.rtca.org`, 1992.
96. Y. Saad. *Iterative methods for sparse linear systems.* SIAM, 2003.
97. K. Samelson, F. L. Bauer. Optimale Rechengenauigkeit bei Rechenanlagen mit gleitenden Komma. Z. angew. Math. Phys. 4, 312–316, 1953.
98. R. Schaback, H. Werner. *Numerische Mathematik.* Springer Verlag, 1992.
99. J. Schäuffele, T. Zurawka. *Automotive Software Engineering: Grundlagen, Prozesse, Methoden und Werkzeuge.* Vieweg Verlag, 2003.
100. M. Schrönen *Methodology for the Development of Mircoprocessor-based Safety-critical Systems.* Aachen, 1998.
101. H. R. Schwarz. *Numerische Mathematik.* Teubner Verlag, 1993.
102. S. Selberherr. *Analysis and Simulation of Semiconductor Devices.* Springer Verlag, 1984.
103. J. R. Shewchuk. *Adaptive Precision Floating-point Arithmetic and Fast Robust Geometric Predicates.* 1996.
104. B. Smith, P. Bjorstadt, W. Gropp. *Parallel Multilevel Methods for Elliptic Partial Differential Equations.* Cambridge University Press, 1996.
105. Software Process Improvement and Capability Determination.

106. S. Stevin. *De Thiende.* 1585.
107. J. Stoer. *Numerische Mathematik 1.* Springer Verlag, 1999.
108. J. Stoer, R. Bulirsch. *Numerische Mathematik 2.* Springer Verlag, 2000.
109. K. Stüben, U. Trottenberg. Multigrid Methods: Fundamental Algorithms, Model Problem Analysis and Applications. In W. Hackbusch and U. Trottenberg, editors, *Multigrid Methods, Proceedings of the Conference held at Köln-Porz, November, 23 – 27, 1981*, Lecture Notes in Mathematics, Berlin, 1982. Springer Verlag.
110. K.-D. Thies. *Nutzung mathematischer Bibliotheksfunktionen in Assembler und C.* München, 1989.
111. L. N. Trefethen, D. Bau. *Numerical Linear Algebra.* SIAM, 1997.
112. U. Trottenberg, C. Osterlee, A. Schüller. *Multigrid.* Academic Press, 2001.
113. C. Überhuber. *Computer-Numerik 1.* Springer Verlag, 1995.
114. C. Überhuber. *Computer-Numerik 2.* Springer Verlag, 1995.
115. R. Verfürth. *A Review of A posteriori Error Estimates and adaptive mesh-refinement techniques.* Teubner Verlag,1995.
116. V-Modell 1997, Entwicklungsstandard für IT-Systeme des Bundes. Bundesministerium für Verteidigung, 1997.
117. P. von der Linden. *Expert C Programming, Deep C Secrets.* 1994.
118. J. Weickert. *Anisotropic Diffusion in Image Processing.* Teubner Verlag, 1998.
119. J. Wloka. *Partielle Differentialgleichungen.* Teubner Verlag, 1982.
120. R. Zavodnik, H. Kopp. *Graphische Datenverarbeitung.* Carl Hanser Verlag, 1995.
121. G. M. Ziegler. DMV Mitteilungen, Band 13 (1), 51, 2005.

Index